Einführung in die Quanten-Elektrodynamik

Von Prof. Dr. rer. nat. Gabriele Köpp
und Dipl.-Phys. Frank Krüger
Rheinisch-Westfälische Technische Hochschule Aachen

B. G. Teubner Stuttgart 1997

Prof. Dr. rer. nat. Gabriele Köpp

Geboren 1929 in Schneidemühl, Grenzmark Posen-Westpreußen, 1955 Beginn des Physikstudiums in Hamburg, 1965 Promotion; seit 1966 an der RWTH Aachen, 1977 Habilitation, 1986 apl. Prof., 1994 emeritiert; weiterhin wissenschaftlich tätig an der RWTH Aachen.

Dipl.-Phys. Frank Krüger

Geboren 1963 in Stolberg (Rhld.), Studium des Maschinenbaus an der RWTH Aachen, später Wechsel zur Physik mit Abschluß als Dipl.-Phys., seit 1994 wiss. Angestellter, zur Zeit Promotion auf dem Gebiet der Theoretischen Elementarteilchenphysik.

Die Deutsche Bibliothek – CIP-Einheitsaufnahme

Köpp, Gabriele:
Einführung in die Quanten-Elektrodynamik / von Gabriele Köpp und Frank Krüger. – Stuttgart : Teubner, 1997
(Teubner-Studienbücher : Physik)

ISBN 978-3-519-03235-9 ISBN 978-3-322-90518-5 (eBook)
DOI 10.1007/978-3-322-90518-5

Vorwort

Das vorliegende Buch basiert auf einer vierstündigen einführenden Vorlesung über Quanten-Elektrodynamik, die über einen Zeitraum von mehreren Jahren als Spezialvorlesung an der Rheinisch-Westfälischen Technischen Hochschule Aachen von G. K. angeboten wurde. Der Hörerkreis umfaßte Studierende der Physik in mittleren Semestern mit Interesse an der Elementarteilchenphysik. Zu den Voraussetzungen für unser Buch zählen die Quantenmechanik, Grundkenntnisse der klassischen Elektrodynamik und einfache Begriffe der speziellen Relativitätstheorie.

Die Vorlesung wurde mehrfach überarbeitet, um zum einen moderne Entwicklungen der Elementarteilchenphysik einzuarbeiten, und zum anderen konstruktiven Diskussionen mit der Hörerschaft Rechnung zu tragen.

Unser Anliegen bei der Konzeption dieses Buches war in erster Linie, durch einen systematischen und möglichst pädagogischen Aufbau dem interessierten Hörerkreis schrittweise das Handwerkszeug zur Anwendung grundlegender theoretischer Methoden der Elementarteilchenphysik zur Verfügung zu stellen. In diesem Anliegen haben wir uns bemüht, uns auf die Ebene der Studierenden zurückzudenken und mathematische Schritte zu beweisen oder doch zu erläutern, auf deren Herleitung in der Literatur häufig verzichtet wird.

In Kapitel 1 beschränken wir uns auf Aussagen der Lorentz-Transformation und der relativistischen Kinematik, die für unsere Ausarbeitung notwendig sind. Dieses Kapitel erhebt somit keinerlei Anspruch auf Vollständigkeit. Kapitel 2 umfaßt eine ausführliche Diskussion der freien Wellengleichungen für Dirac- und Photonfeld im Rahmen klassischer Felder. Unser Ziel ist, wichtige Eigenschaften dieser Felder, denen in der quantisierten Feldtheorie Teilchen zugeordnet werden, sauber herauszuarbeiten.

Das Kapitel 3 widmen wir dem Dirac-Formalismus der *bra*- und *ket*-Vektoren, da nach unserer Erfahrung den Studierenden der mittleren und oft auch höheren Semester dieser gebräuchliche Formalismus der Elementarteilchenphysik wenig geläufig ist.

Die diskreten Symmetrietransformationen in Kapitel 4 haben wir dem ursprünglichen Vorlesungskonzept wegen ihrer Bedeutung in der Elementarteilchenphysik hinzugefügt. Um das Verständnis zu vertiefen, wurden diese Transformationen am speziellen Beispiel der Dirac-Theorie diskutiert.

In Kapitel 5 gehen wir ausführlich auf die Quantisierung der freien Felder ein. Aus pädagogischen Gründen knüpfen wir dabei an das kanonische Quantisierungsverfahren der Mechanik an, da die Interessengruppe für unser Buch erfahrungsgemäß breit gefächert ist.

Da die Quanten-Elektrodynamik als Schulbeispiel einer funktionierenden Störungstheorie anzusehen ist, die das Ziel unseres Buches ist, fällt das 6. Kapitel über eine allgemeine Quantisierung wechselwirkender Felder demgemäß sehr kurz aus und beschränkt sich auf die Bereitstellung der allgemeinen Lagrange-Dichte und einige Bemerkungen zum Quantisierungsschema. Kapitel 7 enthält eine ausführliche Behandlung der Störungstheorie und macht die Studierenden mit den wichtigen Ingredienzen der Feynman-Graphen und -Regeln vertraut, über die Wirkungsquerschnitte und Zerfallsbreiten physikalischer Prozesse berechnet werden.

Die beiden letzten Kapitel unseres Buches wurden – über die ursprüngliche Vorlesungsniederschrift hinausgehend – neu konzipiert, um dem Leserkreis in Kapitel 8 durch physikalisch wichtige Beispiele von Strahlungskorrekturen die Erkenntnis zu vermitteln, daß in sieben vorangehenden Kapiteln brauchbares Handwerkszeug bereitgestellt wurde. Da Strahlungskorrekturen zu divergenten Integralen führen, sahen wir uns veranlaßt, in Kapitel 9 einen Einblick in das Konzept von Regularisierung und Renormierung zu geben, an dessen Ende endliche physikalische Ergebnisse stehen. In der Art der Darstellung und der Auswahl des Inhaltes orientierten wir uns an dem Buch von *Cheng & Li* [CHLI 84]. Durch ergänzende Rechnungen und zusätzliche Erläuterungen haben wir uns bemüht, den Leserkreis mit dem Renormierungsschema vertraut zu machen.

Das Ziel unseres Buches war eine abgerundete Einführung in die Theorie der Quanten-Elektrodynamik. In diesem Anliegen ergänzten wir das Buch durch zwei ausführliche Anhänge.

Während der Konzeption des Buches nahmen wir anregende oder auch zweifelnde Fragen junger Studierender stets dankbar zum Anlaß, unsere Ausarbeitung kritisch zu überdenken. Unserer Kollegin Dagmar Bruß danken wir für die kritische Durchsicht eines Teils unseres Manuskriptes.

Aachen, im Februar 1997 *Gabi Köpp, Frank Krüger*

Inhalt

1 Relativistische Kinematik

1.1 Lorentz-Transformation

Die Basis einer relativistischen Quantentheorie ist das Prinzip der speziellen Relativitätstheorie. Der physikalische Inhalt dieser Theorie ist die Aussage über die Konstanz der Lichtgeschwindigkeit. Genauer:

> Die Lichtgeschwindigkeit ist eine obere Grenzgeschwindigkeit, die in allen Inertialsystemen denselben Wert c hat.

Inertialsysteme sind solche Koordinatensysteme, in denen sich ein kräftefreier Körper geradlinig und gleichförmig bewegt. Diese Bezugssysteme sind die allein relevanten zur Beschreibung physikalischer Prozesse und sind untereinander gleichwertig.

Die Aussage der Gleichwertigkeit verschiedener Inertialsysteme hat zur Folge, daß Bewegungsgleichungen, die physikalische Vorgänge beschreiben, in ihrer Form systemunabhängig sein müssen. Diese physikalische Forderung der sogenannten *Forminvarianz* werden wir später an den verschiedenen relativistischen Wellengleichungen diskutieren.

Die physikalische Äquivalenz verschiedener Inertialsysteme wirft die mathematische Frage auf, durch welche Koordinatentransformation diese Systeme auseinander berechenbar sind. In der klassischen Mechanik wird diese Frage durch die Galilei-Transformation beantwortet, die als wesentliche Annahme die Absolutheit der Zeit enthält. Das heißt, die Zeit bleibt von dieser Transformation unberührt. In der relativistischen Mechanik muß diese Annahme fallen gelassen werden, da sie dem speziellen Relativitätsprinzip widerspricht. Das heißt, die Zeit muß *relativiert* werden, muß ebenfalls transformiert werden.

Die zu fordernde Konstanz der Lichtgeschwindigkeit stellt an die gesuchte Transformation eine Nebenbedingung, die man kurz als *Invarianz des vierdimensionalen Abstandes* bezeichnet. Das bedeutet, daß das Quadrat des vierdimensionalen Abstandes zwischen zwei Ereignissen, die an den Weltpunkten (x_i, y_i, z_i, t_i), $i = 1, 2$, stattfinden, durch die Transformation unberührt bleibt.

Der Abstand im vierdimensionalen Raum ist definiert durch die Größe

$$s = \left[c^2(\Delta t)^2 - (\Delta x)^2 - (\Delta y)^2 - (\Delta z)^2\right]^{1/2}, \tag{1.1}$$

mit

$$\Delta t = t_1 - t_2, \quad \Delta x = x_1 - x_2, \quad \Delta y = y_1 - y_2, \quad \Delta z = z_1 - z_2 .$$

Ist s' der entsprechende Abstand in einem anderen Inertialsystem mit den gestrichenen Koordinaten (x'_i, y'_i, z'_i, t'_i), so fordert das spezielle Relativitätsprinzip

$$s^2 = s'^2 .$$

Die Definition des invarianten vierdimensionalen Abstandes nach (1.1) läßt erkennen, daß in der speziellen Relativitätstheorie Raum und Zeit gleichwertig nebeneinander zu betrachten sind. Der wesentliche Unterschied zwischen räumlichen und zeitlichen Anteilen in der Definition von s besteht in ihrem relativen Vorzeichen. Das führt zwingend zum Übergang vom vierdimensionalen Euklidischen Raum zum *Minkowski-Raum*, die sich voneinander durch ihre Metrik unterscheiden.

Im dreidimensionalen Euklidischen Raum ist die allgemeine Transformation, die das Quadrat des dreidimensionalen Abstandes invariant läßt, die dreidimensionale Rotation. Danach ist es plausibel, daß die gesuchte Transformation im vierdimensionalen Raum eine vierdimensionale Drehung ist. Bei dieser Verallgemeinerung ist das relative Vorzeichen zwischen den Quadraten von Raum- und Zeitdifferenzen zu berücksichtigen. Durch Einführen der imaginären Einheit $i^2 = -1$ durch die Definition

$$\Delta\tau := ic\Delta t$$

läßt sich formal das relative Vorzeichen in der Abstandsdefinition eliminieren, wodurch es möglich wird, die bekannten Transformationsgleichungen für die Rotationen im Euklidischen Raum zu übernehmen. Das Rechnen mit der rein imaginären Größe $\tau = ict$ hat dabei zur Folge, daß in der Transformation rein imaginäre Drehwinkel auftreten.

Eine Rotation im vierdimensionalen Raum läßt sich in sechs Einzeldrehungen in den Ebenen xy, xz, yz und τx, τy, τz zerlegen. Neu gegenüber den bekannten Rotationen im dreidimensionalen Raum sind die Drehungen in den Raum-Zeit-Ebenen. Ohne Einschränkung der Allgemeinheit wollen wir deshalb die vierdimensionale Rotation auf eine zweidimensionale Drehung in der x-τ-Ebene reduzieren.

Eine Drehung in der x-τ-Ebene um einen Winkel ψ im mathematisch positiven Sinn wird beschrieben durch die Transformationsgleichungen

$$x' = x \cos\psi + \tau \sin\psi, \quad \tau' = -x \sin\psi + \tau \cos\psi \,. \tag{1.2}$$

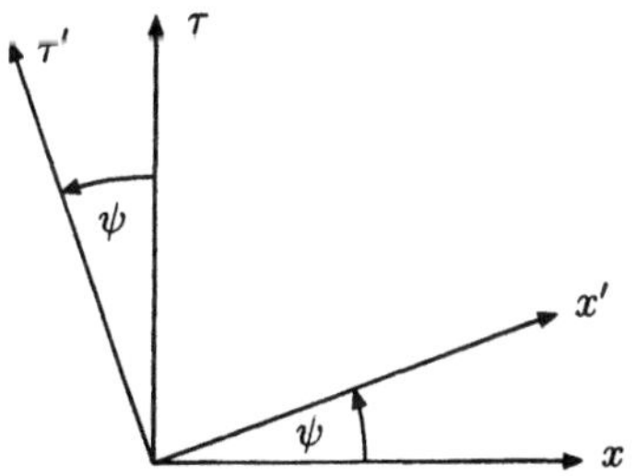

Abb. 1.1 Drehung in der x-τ-Ebene.

Da τ' mit τ eine rein imaginäre Größe ist, folgt aus der Transformation, daß $\sin\psi$ rein imaginär, $\cos\psi$ reell sein muß. Das ist erfüllt für einen rein imaginären Winkel

$$\psi = i\alpha, \quad \alpha \text{ reell} \,. \tag{1.3}$$

Die *Drehgleichungen* (1.2) stellen für festes, beliebiges x' oder τ' wegen $\tau = ict$ Bewegungsgleichungen im System $K(\mathbf{x}, t)$ dar. Wegen der Unabhängigkeit von y, z sind es Bewegungsgleichungen für einen Punkt entlang der x-Achse. Da die Zeitabhängigkeit dabei linear eingeht, handelt es sich um Bewegungen mit konstanter Geschwindigkeit (siehe später).

Der spezielle feste Wert $x' = 0$ bei τ' beliebig fest beschreibt den räumlichen Koordinatenursprung des *gedrehten* Systems $K'(x', t')$. Für ihn gilt nach (1.2):

$$\begin{aligned} x' &= 0 \\ &= x \cos\psi + \tau \sin\psi \,, \end{aligned}$$

also

$$x = -(\tan\psi)\tau \equiv (-ic\tan\psi)t \ .$$

Ersetzt man ψ nach (1.3) durch die reelle Größe α, so ergibt sich über den Zusammenhang zwischen Kreisfunktionen und hyperbolischen Funktionen

$$\sin(i\alpha) = i\sinh\alpha \ , \quad \cos(i\alpha) = \cosh\alpha \ ,$$

die reelle Relation

$$x = (c\tanh\alpha)t := vt \ , \tag{1.4}$$

wo bei der Definition der Größe v von der oben angestellten Überlegung Gebrauch gemacht wurde, daß es sich aufgrund der linearen Zeitabhängigkeit um eine Bewegung mit der konstanten Geschwindigkeit v handelt. Da wir speziell $x' = 0$ wählten, stellt v die Geschwindigkeit dar, mit der sich der Koordinatenursprung des Systems K' gegen das System K bewegt. Die Bewegungsgleichung definiert somit

$$\tanh\alpha = \frac{v}{c} \ . \tag{1.5}$$

Wir wollen das in (1.4) gewonnene Ergebnis noch einmal auf andere Weise beleuchten. Wir betrachten einen Punkt $P(x) \equiv x$, der sich im System $K(x,t)$ gleichförmig in der x-Richtung bewegt. Er genügt der Differentialgleichung zweiter Ordnung in der Zeit

$$\ddot{x} = 0 \ .$$

Zweifache Integration dieser Gleichung ergibt über $\dot{x} = v =$ konst.

$$x = vt + C \ , \quad C = \text{konst.}$$

Charakterisieren wir den Punkt x im System K zusätzlich auch durch die Koordinate x' im System K' durch folgendes Schema (wobei $y' = y$, $z' = z$)

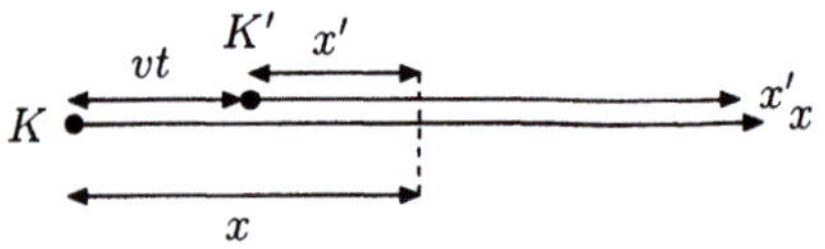

,

Abb. 1.2 Die Systeme K und K' zur Bestimmung der Integrationskonstanten C.

so können wir die Integrationskonstante C festlegen durch die Randbedingung, daß sich das System K' zur Zeit $t = 0$ noch nicht vom System K entfernt haben soll. Dann gilt:

$$\text{für } t = 0 \text{ sei } x = x', \text{ also } C = x' ,$$

wonach

$$x = vt + x' .$$

Diese Gleichung geht für $x' = 0$ wieder in (1.4) über, und macht nach Abb. 1.2 plausibel, daß sich K' mit v gegen K bewegt. Sie ist aber gemäß dem Gleichungssystem (1.2) keine vollständige Transformation, da die Gleichung für $\tau' = ict'$ unberücksichtigt blieb.

Ersetzen wir in (1.2) die Größe ψ über Gl. (1.3) durch α, so wird mit $\tau = ict$

$$x' = x\cosh\alpha - ct\sinh\alpha, \quad ct' = -x\sinh\alpha + ct\cosh\alpha .$$

Aus der Definition von $\tanh\alpha$ nach (1.5) folgen

$$\sinh\alpha = \frac{v/c}{(1-v^2/c^2)^{1/2}}, \quad \cosh\alpha = \frac{1}{(1-v^2/c^2)^{1/2}} .$$

Mit diesen Relationen ergeben sich für die spezielle Drehung in der x-τ-Ebene um den imaginären Winkel $\psi = i\alpha$ die reellen Transformationsgleichungen

$$x' = \frac{x - vt}{\sqrt{1-\beta^2}}, \quad y' = y, \quad z' = z, \quad t' = \frac{t - (v/c^2)x}{\sqrt{1-\beta^2}} , \tag{1.6}$$

mit

$$\beta = v/c . \tag{1.7}$$

Dieses Transformationsgesetz ist unter dem Namen *Lorentz-Transformation* bekannt. Aus (1.6) liest man ab, daß die Drehung in der x-τ-Ebene um einen imaginären Winkel der physikalischen Transformation von einem Inertialsystem K nach einem Inertialsystem K' entspricht, bei der sich das System K' relativ zu K gleichförmig mit der Geschwindigkeit v längs der x-Achse bewegt.

1.2 Vierervektoren und Skalarprodukte im Minkowski-Raum

Vierervektor im Ortsraum

Um die Gleichwertigkeit von Raum und Zeit in der Relativitätstheorie auch in der Schreibweise herauszuheben, definiert man Raum- und Zeitkoordinaten als die Komponenten eines sogenannten *kontravarianten* Vierervektors

$$\{x^\mu\} = \{x^0; x^1, x^2, x^3\}$$

mit der Identifikation

$$x^0 = ct, \quad x^1 = x, \quad x^2 = y, \quad x^3 = z\ .$$

Diese Zuordnung zu Komponenten mit *hochgestellten* Indizes ist reine Konvention. Wesentlich ist aber, daß das spezielle Relativitätsprinzip eine Unterscheidung zwischen Komponenten mit oberen und unteren Indizes notwendig macht. Die Ursache dafür ist wieder das relative Vorzeichen zwischen den Quadraten von Raum- und Zeitdifferenzen in der Definition des invarianten Abstandes. Unten indizierte Komponenten definieren die *kovarianten* Vierervektoren.

Führt man die relativistische Schreibweise in die Lorentz-Transformation (1.6) ein, so läßt sie sich in kompakter Form schreiben als

$$x'^\mu = \sum_{\nu=0}^{3} \Lambda^\mu{}_\nu x^\nu, \quad \mu = 0, 1, 2, 3\ , \tag{1.8}$$

mit der Transformationsmatrix

$$\Lambda^\mu{}_\nu = \begin{pmatrix} \gamma & -\beta\gamma & 0 & 0 \\ -\beta\gamma & \gamma & 0 & 0 \\ 0 & 0 & 1 & 0 \\ 0 & 0 & 0 & 1 \end{pmatrix}.$$

Darin ist μ der Zeilenindex und ν der Spaltenindex, und es wurde definiert

$\gamma = (1-\beta^2)^{-1/2}$ sowie hier und im folgenden $c = 1$ gesetzt.

Die Transformation (1.8) dient bei Beschränkung auf eigentliche Lorentz-Transformationen (d. h. $\det \Lambda = +1$) allgemein zur Definition eines kontravarianten Vierervektors. Das heißt vier Größen, die sich wie die Koordinaten nach (1.8) transformieren, bilden die Komponenten eines (kontravarianten) Vierervektors im Minkowski-Raum.

Die Rotationen im dreidimensionalen Raum zeichnen sich durch orthogonale Transformationen aus. In Verallgemeinerung davon unterliegt auch die Lorentz-Transformation einer Orthogonalitätsrelation als Folge der Invarianz des vierdimensionalen Abstandes. Um diese Relation zu gewinnen, wollen wir zunächst den metrischen Tensor des Minkowski-Raumes konstruieren und über ihn die kovarianten Vierervektoren einführen.

Im folgenden benutzen wir die *Einsteinsche Summationskonvention*, die vorschreibt, daß bei Fortlassen des Summationszeichens über gleiche Indizes, die oben und unten stehen, von 0 bis 3 zu summieren ist. Diese Operation bezeichnet man auch als *Kontraktion* der Indizes.

Definieren wir als *vierdimensionales Skalarprodukt* die durch Kontraktion zu berechnende Größe

$$A \cdot B := \sum_{\mu=0}^{3} A^\mu B_\mu \triangleq A^\mu B_\mu \,, \tag{1.9}$$

mit

$$A^\mu B_\mu \equiv A_\mu B^\mu = A^0 B_0 + A^i B_i, \quad i = 1, \ldots, 3 \,,$$

so läßt sich das Quadrat des vierdimensionalen invarianten Abstandes nach (1.1) mit den Ersetzungen $\Delta x^\mu \to x^\mu$ schreiben als

$$\begin{aligned} s^2 &= x^0 x^0 - \sum_{i=1}^{3} x^i x^i := x^0 x_0 + x^i x_i \\ &= x^\mu x_\mu = x \cdot x := x^2 \,, \end{aligned} \tag{1.10}$$

wo (1.10) als Definition für die Komponenten des kovarianten Vektors x_μ zu verstehen ist. Der Vergleich ergibt die Beziehungen

$$x_0 = x^0; \quad x_i = -x^i, \quad i = 1, 2, 3 \,.$$

Dadurch ist der Zusammenhang zwischen den Komponenten des – unten indizierten – kovarianten Vierervektors und denen des kontravarianten festgelegt. Er läßt sich formal durch Einführung des metrischen Tensors $g_{\mu\nu}$ vierdimensional darstellen. Man definiert

$$x_\mu := g_{\mu\nu} x^\nu \,, \tag{1.11}$$

und erhält durch Vergleich

$$g_{\mu\nu} \equiv g^{\mu\nu} = \begin{cases} +1 & \text{für } \mu = \nu = 0 \;, \\ -1 & \text{für } \mu = \nu = 1,2,3 \;, \\ 0 & \text{sonst} \;. \end{cases} \tag{1.12}$$

Mit der Definition (1.11) läßt sich der invariante Abstand nach (1.10) schreiben als

$$x^2 = x^\mu x_\mu = x^\mu g_{\mu\nu} x^\nu = g_{\mu\nu} x^\mu x^\nu \;.$$

Mit Hilfe des metrischen Tensors $g_{\mu\nu}$ werden somit die Minkowski-Indizes „rauf-" und „runtergezogen". Dabei tritt bei den räumlichen Komponenten ein Vorzeichenwechsel auf, die Zeitkomponenten bleiben unverändert.

Der Name *vierdimensionales Skalarprodukt* weist darauf hin, daß diese Größe eine Invariante, d.h. also ein *Skalar* bezüglich vierdimensionaler Drehungen ist. Es ist eine Verallgemeinerung des Begriffes eines *Skalars* im dreidimensionalen Raum. Diese Invariante eignet sich somit zur systemunabhängigen Beschreibung physikalischer Größen. In einer relativistischen Beschreibung physikalischer Prozesse wird man diese deshalb in Abhängigkeit vierdimensionaler Skalarprodukte darstellen.

Mit der Definition für $s^2 = x^2$ nach (1.10) und der Lorentz-Transformation (1.8) ergibt sich für die Invarianzforderung $s^2 = s'^2$

$$\begin{aligned} x'^2 &= x'^\mu x'_\mu = \Lambda^\mu{}_\nu \Lambda_\mu{}^\sigma x^\nu x_\sigma \\ &\stackrel{!}{=} x^\nu x_\nu = x^2 \;, \end{aligned}$$

woraus man als Orthogonalitätsrelation der Lorentz-Transformation abliest[1]

$$\Lambda^\mu{}_\nu \Lambda_\mu{}^\sigma = \delta_\nu{}^\sigma \;. \tag{1.13}$$

Darin ist $\delta_\nu{}^\sigma$ das bekannte Kronecker-Symbol in vier Dimensionen mit

$$\delta_\nu{}^\sigma \equiv \delta^\sigma{}_\nu = \begin{cases} +1 & \text{für } \nu = \sigma = 0,1,2,3 \;, \\ 0 & \text{sonst} \;. \end{cases}$$

[1] Berücksichtigt man die Festlegung der Indizes μ, ν als Zeilen- bzw. Spaltenindizes, so gilt für die Elemente der transponierten Matrix $(\Lambda^T)^\mu{}_\nu = \Lambda_\nu{}^\mu$, so daß im Verständnis der Matrixmultiplikation (1.13) geschrieben werden kann

$$\Lambda^\mu{}_\nu \Lambda_\mu{}^\sigma = (\Lambda^T)_\nu{}^\mu \Lambda_\mu{}^\sigma = (\Lambda^T \Lambda)_\nu{}^\sigma = \delta_\nu{}^\sigma \;,$$

wonach $\Lambda^T \Lambda = \mathbb{1}$. Diese Eigenschaft definiert eine orthogonale Transformation.

Das Kronecker-Symbol läßt sich durch die Komponenten des metrischen Tensors ausdrücken, wenn man beachtet, daß

$$g^{\mu}{}_{\nu} \equiv g^{\mu\sigma} g_{\sigma\nu} = \left\{ \begin{array}{cl} +1 & \text{für } \mu = \nu = 0,1,2,3 \\ 0 & \text{sonst} \end{array} \right\} \quad \Longrightarrow \quad \delta^{\mu}{}_{\nu} = g^{\mu}{}_{\nu} \, .$$

Das vierdimensionale Kronecker-Produkt ist jedoch kein Minkowski-Tensor. Vielmehr gilt

$$\delta^{\mu}{}_{\nu} \equiv \delta^{\mu\nu} = \left\{ \begin{array}{ll} +g^{\mu\nu} & \text{für } \mu,\nu = \text{zeitlich} \\ -g^{\mu\nu} & \text{für } \mu,\nu = \text{räumlich} \, . \end{array} \right.$$

Impulsvierervektor

Über die zeitliche Ableitung der vierdimensionalen Koordinaten lassen sich sogenannte *Vierergeschwindigkeiten* definieren. Dabei ist die räumliche Geschwindigkeit dem räumlichen Impuls proportional mit der Masse als Proportionalitätsfaktor. In vierdimensionaler Verallgemeinerung definiert die Vierergeschwindigkeit einen vierdimensionalen Impulsvektor, der mit den Koordinaten ein kontravarianter Vierervektor ist.

Aus der Diskussion der Vierergeschwindigkeiten folgt, daß dem räumlichen Impuls als *Nullkomponente* die Energie zuzuordnen ist (siehe dazu z. B. [By-Ka 73]). Danach ist der vierdimensionale Impulsvektor definiert durch die Komponenten

$$\{p^{\mu}\} = \{p^0; p^1, p^2, p^3\} = \{E; \mathbf{p}\} \, . \tag{1.14}$$

Diese Zuordnung von Energie und Linearimpuls zu einem Vierervektor ist plausibel, wenn man beachtet, daß in der Quantisierungsvorschrift der Energie der Operator der **zeitlichen** Ableitung, dem räumlichen Impuls der **räumliche** Gradient entspricht.

Betrachtet man die relativistische Energie-Impuls-Beziehung

$$E^2 = \mathbf{p}^2 + m_0^2 \, , \tag{1.15}$$

in der m_0 die Ruhmasse des Teilchens ist, die mit der relativistischen Masse m gemäß $m = \gamma m_0$ zusammenhängt, so berechnet man für den vierdimensionalen Skalar im Impulsraum

$$p^2 = p^{\mu} p_{\mu} = E^2 - \mathbf{p}^2 = m_0^2 \, .$$

Die Ruhmasse ist somit die Invariante im Impulsraum. Im folgenden werden wir den Index 0 an der Ruhmasse fortlassen, da in einer invarianten Formulierung stets nur die Ruhmassen auftreten.

Der vierdimensionale Gradient als kovarianter Vierervektor

Ein weiteres wichtiges Skalarprodukt ist die Kontraktion von Raum- und Impulsvektor. Es tritt in den Phasen der ebenen Wellen $e^{\pm ip\cdot x}$ auf, die eine (spezielle) Lösung aller Wellengleichungen sind. Aus der Definition

$$x \cdot p = x^\mu p_\mu = x^0 p^0 - \mathbf{x} \cdot \mathbf{p} = tE - \mathbf{x} \cdot \mathbf{p}$$

läßt sich eine wichtige Eigenschaft für das Transformationsverhalten des vierdimensionalen Gradienten erkennen. Der Gradient wird konsistenterweise als die Ableitung nach den **kontravarianten** Komponenten definiert. Das heißt

$$\text{Gradient} := \frac{\partial}{\partial x^\mu}, \quad \mu = 0,1,2,3 \ . \tag{1.16}$$

Übersetzen wir das Skalarprodukt $x \cdot p$ mittels des Schrödingerschen Korrespondenzprinzips in die Operatorform nach der Vorschrift[2]

$$E = p^0 \longrightarrow i\frac{\partial}{\partial t} \equiv i\frac{\partial}{\partial x^0}, \quad p^k \longrightarrow -i\nabla^k = -i\frac{\partial}{\partial x^k}, \quad k = 1,2,3 \ ,$$

so ergibt sich ($p_k = -p^k$)

$$x \cdot p = x^\mu p_\mu \longrightarrow i\left\{x^0 \frac{\partial}{\partial x^0} + x^k \frac{\partial}{\partial x^k}\right\} := i x^\mu \partial_\mu \ . \tag{1.17}$$

Das heißt, der vierdimensionale Gradient als Ableitungsoperator nach den kontravarianten Komponenten **muß** selber ein **kovarianter** Vierervektor sein, damit der skalare Charakter des vierdimensionalen Produktes erhalten bleibt. Um das an der Schreibweise ersichtlich zu machen, wurde in (1.17) das Symbol ∂_μ eingeführt mit

$$\begin{aligned} \{\partial_\mu\} &:= \left\{\frac{\partial}{\partial x^\mu}\right\} = \left\{\frac{\partial}{\partial x^0}; \frac{\partial}{\partial x^k}\right\} \\ &= \left\{\frac{\partial}{\partial x^0}; \nabla^k\right\} \equiv \{\partial_0; \partial_k\}, \quad k = 1,2,3 \ . \end{aligned} \tag{1.18}$$

Danach ist

$$\partial_k = \nabla^k \equiv -\nabla_k \quad \text{bzw.} \quad \partial^k = \nabla_k \equiv -\nabla^k, \quad k = 1,2,3 \ ,$$

so daß in kontravarianter Notation

$$\{\partial^\mu\} = \{\partial^0; \partial^k\} = \{\partial^0; -\nabla^k\}, \quad k = 1,2,3 \ . \tag{1.19}$$

[2] Hier und im folgenden wird $\hbar = 1$ gesetzt.

Zeit-, raum- und lichtartige Vierervektoren

Der für die relativistische Kinematik wichtige Begriff der *Raum-*, *Zeit-* oder *Licht-Artigkeit* von Vierervektoren beschreibt definierte Eigenschaften ihrer Skalarprodukte. Man nennt einen Vierervektor zeitartig (raumartig), wenn sein Skalarprodukt positiv (negativ) ist, und lichtartig, wenn sein Skalarprodukt verschwindet, d. h.

$$a^\mu = \begin{cases} \text{zeitartig, wenn } a^2 = (a^0)^2 - \mathbf{a}^2 > 0 \,, \\ \text{raumartig, wenn } a^2 = (a^0)^2 - \mathbf{a}^2 < 0 \,, \\ \text{lichtartig, wenn } a^2 = (a^0)^2 - \mathbf{a}^2 = 0 \,. \end{cases} \tag{1.20}$$

Im Minkowski-Raum können Skalarprodukte somit auch negativ sein!

Da das Skalarprodukt eine Invariante ist, ist auch die Eigenschaft eines Vierervektors, zeit-, raum- oder lichtartig zu sein, systemunabhängig. Sie bleibt unter Lorentz-Transformationen erhalten.

Ein Beispiel für einen zeitartigen Vektor ist der Viererimpulsvektor eines massiven Teilchens wegen $p^2 = m^2 > 0$. Speziell für das masselose Photon ist der Impulsvektor ein lichtartiger Vektor.

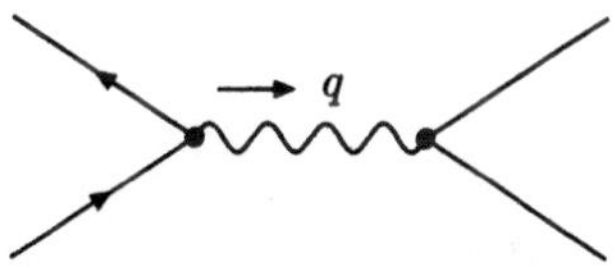

Abb. 1.3 Impulsübertrag q.

Der vierdimensionale Impulsübertrag $q^\mu = k^\mu - k'^\mu$ für einen Zwei-Teilchen-Streuprozeß nach Abb. 1.3 ist ein Beispiel für einen raumartigen Vektor (siehe im folgenden). Die Namen *zeitartig* bzw. *raumartig* weisen darauf hin, daß sich für einen zeitartigen (raumartigen) Vektor stets ein Bezugssystem finden läßt, in dem er nur eine Zeitkomponente (nur Raumkomponenten) besitzt.

Für den zeitartigen Vektor p^μ ist das gesuchte Bezugssystem das *Ruhsystem* des Teilchens, definiert durch $\mathbf{p} = \mathbf{0}$.

Ruhsystem:

$$\mathbf{p} = \mathbf{0} \to p^2 = m^2 = E^2 - \mathbf{p}^2 = E^2 \to E = p^0 = m$$

$$\to \{p^\mu\} = \{m; \mathbf{0}\}\,, \quad p^2 = m^2 > 0. \quad \text{Nur Zeitkomponente!}$$

Für den raumartigen Vektor q^μ ist das gesuchte Bezugssystem das sogenannte *Breit-System*, definiert durch $\mathbf{k} + \mathbf{k}' = \mathbf{0}$.

Breit-System:

$$\mathbf{k} + \mathbf{k}' = \mathbf{0} \to \mathbf{k} = -\mathbf{k}', \quad |\mathbf{k}| = |\mathbf{k}'| .$$

Mit $m^2 = m'^2$ als Invariante[3] folgt daraus

$$k^0 = \sqrt{\mathbf{k}^2 + m^2} = \sqrt{\mathbf{k}'^2 + m^2} = k'^0 .$$

Also wird

$$\{q^\mu\} = \{k^\mu - k'^\mu\} = \{0; 2\mathbf{k}\}. \quad \text{Nur Raumkomponenten!}$$

Für q^2 berechnet man daraus

$$q^2 = (k - k')^2 = (k^0 - k'^0)^2 - (\mathbf{k} - \mathbf{k}')^2 = -4\mathbf{k}^2 < 0 .$$

Lichtartige Impulsvektoren charakterisieren Teilchen, die sich aufgrund ihrer verschwindenden Ruhmasse mit Lichtgeschwindigkeit fortbewegen. Für sie existiert kein Ruhsystem, da wegen $k^0 = |\mathbf{k}|$ der Vierervektor $\{k^\mu\} = \{k^0; \mathbf{k}\}$ für $\mathbf{k} = \mathbf{0}$ identisch verschwinden würde!

Übungsaufgaben

1.1 Leiten Sie für einen Zwei-Teilchen-Streuprozeß den Zusammenhang zwischen der Schwerpunkts- und der Laborenergie für verschiedene Massen $m_{1,2}$ der einlaufenden Teilchen her. Wie lautet die Relation für $m_1 = m_2 = m$? (Für das Schwerpunktsystem gilt $\mathbf{p}_1 + \mathbf{p}_2 = \mathbf{0}$. Das Laborsystem sei durch $\mathbf{p}_1 = \mathbf{0}$, $\mathbf{p}_2$ beliebig definiert.)
Hinweis: Beachten Sie die Invarianz des vierdimensionalen Skalarproduktes.

1.2 Der total differentielle Wirkungsquerschnitt ist eine lorentzinvariante Größe, die für den Fall eines Zwei-Teilchen-Streuprozesses den Faktor $\rho_{\text{ein}}^{(1)} \rho_{\text{ein}}^{(2)} |\mathbf{v}_{12}|$ enthält mit den Dichten $\rho_{\text{ein}}^{(i)} = 2p_i^0/(2\pi)^3$, $i = 1, 2$, und der Relativgeschwindigkeit

$$\mathbf{v}_{12} = \mathbf{v}_1 - \mathbf{v}_2 = \frac{\mathbf{p}_1}{E_1} - \frac{\mathbf{p}_2}{E_2}$$

der einlaufenden Teilchen. Beweisen Sie die Relation

$$\rho_{\text{ein}}^{(1)} \rho_{\text{ein}}^{(2)} |\mathbf{v}_{12}| = \frac{4F}{(2\pi)^6}, \quad \text{wo } F = \sqrt{(p_1 \cdot p_2)^2 - p_1^2 p_2^2}$$

[3] Bei dem ein- und auslaufenden Teilchen handelt es sich um Teilchen gleicher Masse.

der invariante Møller-Faktor ist. Führen Sie den Beweis sowohl im Laborsystem ($\mathbf{p}_1 = \mathbf{0}$, $\mathbf{p}_2$ beliebig) als auch im Schwerpunktsystem ($\mathbf{p}_1 + \mathbf{p}_2 = \mathbf{0}$) durch.

1.3 Zur Beschreibung eines Zwei-Teilchen-Streuprozesses, symbolisiert durch das Diagramm

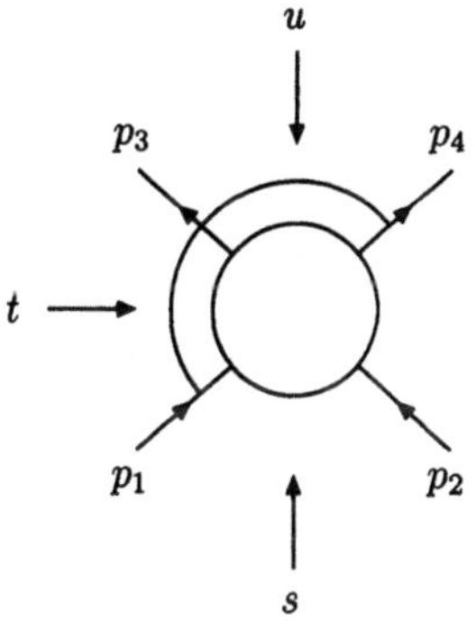

$$p_1 + p_2 = p_3 + p_4 \ ,$$

definiert man nach Mandelstam die kinematischen Variablen

$$s := (p_1 + p_2)^2, \quad t := (p_1 - p_3)^2, \quad u := (p_1 - p_4)^2 \ .$$

Die Mandelstam-Variablen genügen der Relation

$$s + t + u = \sum_{i=1}^{4} m_i^2 \quad \text{mit } m_i^2 = p_i^2 \ .$$

(i) Beweisen Sie die Aussage für den Fall gleicher Massen, also $p_i^2 = m^2$, $i = 1, \ldots, 4$.

(ii) Zeigen Sie die Gültigkeit der Aussage für beliebige Massen $p_i^2 = m_i^2$, $i = 1, \ldots, 4$.
Hinweis: Benutzen Sie die Energie-Impulserhaltung, wonach z. B.

$$s = (p_1 + p_2)^2 = (p_3 + p_4)^2 \ .$$

2 Freie relativistische Wellengleichungen für klassische Felder

In einer relativistischen Quantentheorie ist der Bewegungszustand von Elementarteilchen durch einen Formalismus zu beschreiben, in dem sowohl die Prinzipien der Quantenmechanik als auch die der speziellen Relativitätstheorie zu berücksichtigen sind. Die Basis hierfür sind die relativistischen Wellengleichungen klassischer Felder, die zwingend über die nichtrelativistische Schrödinger-Gleichung hinausgehen müssen.

Eine relativistische Verallgemeinerung der Schrödinger-Gleichung wurde bereits 1926 von Schrödinger vorgeschlagen. Betrachtet man die zeitabhängige Schrödinger-Gleichung für den kräftefreien Fall

$$i\frac{\partial}{\partial t}\psi(t,\mathbf{x}) = H\psi(t,\mathbf{x}) = -\frac{1}{2m}\boldsymbol{\nabla}^2\psi(t,\mathbf{x}) \ ,$$

wo H der Hamilton-Operator der kinetischen Energie ist, so läßt sie sich formal dadurch gewinnen, daß man den nichtrelativistischen Ausdruck für die kinetische Energie

$$E = \frac{\mathbf{p}^2}{2m}$$

über das Schrödingersche Korrespondenzprinzip

$$E \longrightarrow E = i\frac{\partial}{\partial t} \ ; \quad \mathbf{p} \longrightarrow \ \mathbf{p} = -i\boldsymbol{\nabla}$$

als Operatorgleichung schreibt, und diesen Operator auf eine Wellenfunktion $\psi(t,\mathbf{x})$ wirken läßt. In der daraus resultierenden Bewegungsgleichung treten aber zeitliche und räumliche Ableitungen in verschiedener Ordnung auf, was den Forderungen der speziellen Relativitätstheorie widerspricht.

In der relativistischen Energie-Impulsbeziehung $E^2 = \mathbf{p}^2 + m^2$ treten Energie und Linearimpuls in gleicher Ordnung auf. Die entsprechende Operatorrelation führt bei Anwendung auf eine Wellenfunktion zu der als *Klein-Gordon-Gleichung* bekannten Wellengleichung

$$-\frac{\partial^2}{\partial t^2}\psi(t,\mathbf{x}) = \left(-\boldsymbol{\nabla}^2 + m^2\right)\psi(t,\mathbf{x}) \; .$$

Diese auf Schrödinger zurückgehende Gleichung wurde zunächst verworfen, da ihre Lösungen zwei wesentliche Mängel aufwiesen. So ließ sich aus ihnen keine Bilinearform konstruieren, die als positiv definite Wahrscheinlichkeitsdichte interpretiert werden konnte. Die formale Ursache dafür ist das Auftreten der zweiten Ableitung in der Zeit in der Differentialgleichung. Weiter treten als Folge der quadratischen Energie-Impulsbeziehung Lösungen zu negativer Energie auf. Dieser Mangel erwies sich aber als typisch für alle relativistischen Wellengleichungen klassischer Felder, deren Lösungen stets im Ein-Teilchen-Raum diskutiert werden. Erst beim Übergang zu einer Mehr-Teilchen-Theorie, in der die Wellengleichung sowohl Teilchen als auch Antiteilchen zu beschreiben hat, lassen sich die Lösungen zu negativer Energie uminterpretieren in physikalische Lösungen für Antiteilchen zu positiver Energie. In einer derart erweiterten Theorie, die zur Quantisierung der Wellenfelder, der sogenannten 2. *Quantisierung* führt, ist auch die Wahrscheinlichkeitsinterpretation der Lösungen der Klein-Gordon-Gleichung möglich. Die Klein-Gordon-Gleichung charakterisiert den Bewegungszustand von Teilchen mit ganzzahligem Spin (z. B. Pionen, Vektorteilchen). Historisch führte der Weg zunächst zur *Dirac-Gleichung*, die 1928 von Dirac formuliert wurde. Die Diskussion ihrer Lösungen ergibt, daß sie die relativistische Bewegungsgleichung für Spin-1/2-Teilchen ist.

Da in der Quanten-Elektrodynamik (QED) in der ursprünglichen Form nur die Wechselwirkung zwischen Elektronen (bzw. Positronen) und dem elektromagnetischen Feld diskutiert wird, sollen in diesem Kapitel nur die Dirac-Gleichung und die Photonwellengleichung besprochen werden.

2.1 Die freie Dirac-Gleichung

Die kanonische Form

Dirac ging bei seinem Ansatz für eine relativistische Wellengleichung von der Forderung aus, daß ihre Lösungen die Definition einer positiv definiten

Wahrscheinlichkeitsdichte erlauben. Da das Auftreten der zweiten Zeitableitung im Schrödingerschen Ansatz dieser Forderung widerspricht, wählte Dirac als Ausgangspunkt die lineare Hamiltonsche Form

$$i\frac{\partial}{\partial t}\psi(t,\mathbf{x}) = H\psi(t,\mathbf{x}) \ , \tag{2.1}$$

in der die Zeitableitung in erster Ordnung erscheint.

Die spezielle Relativitätstheorie verlangt, daß die im Hamilton-Operator auftretenden räumlichen Ableitungen ebenfalls von erster Ordnung sind. Weiter muß H die relativistische quadratische Energie-Impulsbeziehung in Operatorform erfüllen.

Um beiden Forderungen zu genügen, machte Dirac einen Ansatz zur Linearisierung des Hamilton-Operators in der Form

$$H = \boldsymbol{\alpha}\cdot\mathbf{p} + \beta m, \quad \mathbf{p} = -i\boldsymbol{\nabla} \ ,$$

und forderte als Nebenbedingung

$$H^2 = (\boldsymbol{\alpha}\cdot\mathbf{p} + \beta m)^2 \stackrel{!}{=} \mathbf{p}^2 + m^2 \ .$$

Mit dem linearen Ansatz für H ergibt sich die in allen Ableitungen lineare *kanonische* Form

$$i\frac{\partial}{\partial t}\psi(x) = (-i\boldsymbol{\alpha}\cdot\boldsymbol{\nabla} + \beta m)\psi(x), \quad x = \{t;\mathbf{x}\} \tag{2.2}$$

der Dirac-Gleichung.

Aus der quadratischen Nebenbedingung für den Hamilton-Operator liest man ab, daß die α^i $(i = 1,2,3)$, β keine gewöhnlichen Zahlen sein können. Für solche – da sie kommutativ sind – würde die Forderung, daß der in $\mathbf{p}$ lineare Term verschwindet, zu den Bedingungen $\alpha^i\beta = 0$, $i = 1,2,3$, führen im Widerspruch zur rein quadratischen Form.

Eine genaue Diskussion der Nebenbedingung fordert von den α^i und β folgende Kommutatoralgebra:

$$\begin{aligned} &\alpha^i\alpha^k + \alpha^k\alpha^i = 2\delta^{ik}\mathbb{1}, \quad i,k = 1,2,3 \ , \\ &\alpha^i\beta + \beta\alpha^i = 0, \quad i = 1,2,3 \ , \end{aligned} \tag{2.3}$$

mit den speziellen Eigenschaften

$$\left(\alpha^k\right)^2 = \mathbb{1}, \quad k = 1,2,3; \quad \beta^2 = \mathbb{1} \ . \tag{2.4}$$

Der Hamilton-Operator ist als Energieoperator hermitesch. Da m als reeller Massenparameter zu deuten ist, folgt aus der linearen Form von H mit der Hermitezität des Operators $\mathbf{p} = -i\boldsymbol{\nabla}$ als zusätzliche Bedingung für die α^i, β

$$\alpha^k = \left(\alpha^k\right)^\dagger , \quad k = 1,2,3; \quad \beta = \beta^\dagger . \tag{2.5}$$

Die Vertauschungsrelationen (2.3) definieren eine Algebra, deren Matrixdarstellung gesucht ist. (2.3) mit (2.4) fordert Spurfreiheit der vier Matrizen (siehe Aufgabe 2.2), die wegen (2.4) von gerader Dimension, und wegen (2.5) hermitesch und somit quadratisch sein müssen. Die einfachste Darstellung der Algebra, die diesen Forderungen genügt, erweist sich als vierdimensional (siehe Aufgabe 2.3), und wird üblicherweise in folgender – auf Dirac zurückgehende – Form gewählt:

$$\alpha^k = \begin{pmatrix} 0 & \sigma^k \\ \sigma^k & 0 \end{pmatrix}_{k=1,2,3} \quad \text{und} \quad \beta = \begin{pmatrix} \mathbb{1} & 0 \\ 0 & -\mathbb{1} \end{pmatrix} . \tag{2.6}$$

Darin sind $\mathbb{1}$ die zweidimensionale Einheitsmatrix und die σ^k die zweidimensionalen Pauli-Matrizen

$$\sigma^1 = \begin{pmatrix} 0 & 1 \\ 1 & 0 \end{pmatrix}, \quad \sigma^2 = \begin{pmatrix} 0 & -i \\ i & 0 \end{pmatrix}, \quad \sigma^3 = \begin{pmatrix} 1 & 0 \\ 0 & -1 \end{pmatrix} .$$

In der vierdimensionalen Darstellung der α^k, β wird die Dirac-Gleichung (2.2) notwendigerweise eine vierdimensionale Matrixgleichung, deren Wellenfunktion als vierkomponentiger Spaltenvektor – ein sog. *Bispinor* –

$$\psi(x) = \begin{pmatrix} \psi_1(x) \\ \psi_2(x) \\ \psi_3(x) \\ \psi_4(x) \end{pmatrix}$$

aufzufassen ist. Die einzelnen Komponenten dieses Bispinors genügen nach Gl. (2.2) folgendem System von vier gekoppelten Differentialgleichungen

$$i\frac{\partial}{\partial t}\psi_j(x) = \sum_{k=1}^{4} \left(-i\boldsymbol{\alpha}_{jk} \cdot \boldsymbol{\nabla} + m\beta_{jk}\right) \psi_k(x), \quad j = 1,2,3,4 . \tag{2.7}$$

Diese Matrixgleichung – mit der speziellen Darstellung der α^k, β nach (2.6) – wird im engeren Sinne als *kanonische* Form der Dirac-Gleichung bezeichnet.

Übungsaufgaben

2.1 Leiten Sie aus der Nebenbedingung $H^2 = (\boldsymbol{\alpha} \cdot \mathbf{p} + \beta m)^2 \stackrel{!}{=} (\mathbf{p}^2 + m^2)$ für den linearisierten Hamilton-Operator unter Beachtung der Nichtvertauschbarkeit der α^i $(i = 1, 2, 3)$, β die Algebra her.

2.2 Beweisen Sie über die Algebra die Spurfreiheit der Matrizen α^i $(i = 1, 2, 3)$ und β. Beachten Sie $(\alpha^i)^2 = \mathbb{1}$, $\beta^2 = \mathbb{1}$.

2.3 Zeigen Sie mit den Eigenschaften der α^i $(i = 1, 2, 3)$, β (Hermitezität, $(\alpha^i)^2 = \mathbb{1}$, $\beta^2 = \mathbb{1}$, Spurfreiheit), daß die Dimension der darstellenden Matrizen gerade und mindestens $n = 4$ ist.

Die kovariante Form

Eine kovariante Formulierung der Dirac-Gleichung verlangt eine explizit erkennbare symmetrische Darstellung in Raum und Zeit, um eine vierdimensionale Schreibweise im Minkowski-Raum zu ermöglichen. In der kanonischen Form ist diese Forderung noch nicht erfüllt, da im Gegensatz zu den Raumableitungen die Zeitableitung keine Multiplikation mit einer Matrix der Algebra[1] enthält.

Zur kovarianten Form der Dirac-Gleichung gelangt man durch einfache Matrixmultiplikation der kanonischen (Gl. (2.7)). Dazu definiert man vier neue Matrizen γ^μ $(\mu = 0, 1, 2, 3)$ durch

$$\gamma^0 = \beta; \quad \gamma^k = \beta\alpha^k, \quad k = 1, 2, 3 \,, \tag{2.8}$$

deren Algebra sich aus der der α^k, β berechnet. Schreibt man letztere auf die γ^μ um, so läßt sich die Algebra der γ^μ in kompakter Form durch die Relation

$$\gamma^\mu\gamma^\nu + \gamma^\nu\gamma^\mu := \{\gamma^\mu, \gamma^\nu\} = 2g^{\mu\nu}\mathbb{1}, \quad \mu, \nu = 0, 1, 2, 3 \tag{2.9}$$

darstellen, wo $\mathbb{1}$ die vierdimensionale Einheitsmatrix ist. Dabei wurde der Zusammenhang zwischen dem metrischen Tensor $g^{\mu\nu}$ und dem Kronecker-Symbol $\delta^{\mu\nu}$ benutzt (siehe Kap. 1). Aus denen der α^k, β ergeben sich folgende Eigenschaften der γ^μ:

$$(\gamma^0)^2 = \mathbb{1}; \quad (\gamma^k)^2 = -\mathbb{1}, \quad (\gamma^0)^\dagger = \gamma^0; \quad (\gamma^k)^\dagger = -\gamma^k, \; k = 1, 2, 3 \,,$$

[1]Hier ist die Algebra der Dirac-Gleichung gemeint, die nur eine Teilalgebra der umfassenderen Clifford-Algebra mit 16 Elementen ist, zu denen auch die vierdimensionale Einheitsmatrix gehört! (Siehe im folgenden *Die Clifford-Algebra der γ-Matrizen.*)

und damit allgemein

$$\gamma^0(\gamma^\mu)^\dagger\gamma^0 = \gamma^\mu, \quad \mu = 0,1,2,3 \; .$$

Die vierdimensionale Matrixdarstellung berechnet man aus der kanonischen Form der α^k, β zu

$$\gamma^0 = \begin{pmatrix} \mathbb{1} & 0 \\ 0 & -\mathbb{1} \end{pmatrix}; \quad \gamma^k = \begin{pmatrix} 0 & \sigma^k \\ -\sigma^k & 0 \end{pmatrix}, \quad k = 1,2,3 \; . \tag{2.10}$$

Diese Darstellung ist die sogenannte *Pauli-Dirac*-Darstellung und eine mögliche der Algebra der γ^μ.[2]

Zur späteren Diskussion der Clifford-Algebra der γ^μ wollen wir die γ^5-Matrix durch die Definition

$$\gamma^5 := i\gamma^0\gamma^1\gamma^2\gamma^3$$

einführen. Für diese Matrix berechnet man $(\gamma^5)^2 = \mathbb{1}$ und die explizite Darstellung

$$\gamma^5 = \begin{pmatrix} 0 & \mathbb{1} \\ \mathbb{1} & 0 \end{pmatrix} \; .$$

Die γ^5-Matrix ist von Bedeutung für die Theorie der paritätsverletzenden schwachen Wechselwirkung. Die mit der γ^5-Matrix gebildeten Bilinearformen zeigen *Pseudocharakter* unter Lorentz-Transformation.

Für eine kovariante Formulierung der Dirac-Gleichung ist es zweckmäßig, die Matrizen γ^μ als Komponenten eines kontravarianten Vierervektors aufzufassen. Damit sind über den metrischen Tensor γ-Matrizen mit unterem Index definiert durch

$$\gamma_\mu = g_{\mu\nu}\gamma^\nu = \begin{cases} \gamma^0, & \\ -\gamma^k, & k = 1,2,3 \; . \end{cases}$$

Für die Kontraktion der γ-Matrizen berechnet man danach

$$(\gamma)^2 = \gamma^\mu\gamma_\mu = \gamma^0\gamma^0 - \sum_{k=1}^{3}\gamma^k\gamma^k = \mathbb{1} + 3\cdot\mathbb{1}, \quad \text{also } \gamma^\mu\gamma_\mu = 4\,\mathbb{1} \; .$$

Kontraktion von γ^μ mit dem vierdimensionalen Gradienten ∂_μ ergibt den Lorentz-Skalar ($\partial_k = \nabla^k$)

$$\gamma^\mu\partial_\mu = \gamma^0\partial_0 + \gamma^k\partial_k = \gamma^0\frac{\partial}{\partial t} + \boldsymbol{\gamma}\cdot\boldsymbol{\nabla} \equiv \beta\frac{\partial}{\partial t} + \beta\boldsymbol{\alpha}\cdot\boldsymbol{\nabla} \; .$$

---

[2] Für eine andere Art der Darstellung siehe z. B. [ItZu 80, Ynd 96].

Mit diesem Viererskalar erhält man nach Matrixmultiplikation der kanonischen Form (2.7) mit der Matrix $\beta = \gamma^0$ von links die *kovariante* Form der Dirac-Gleichung

$$(i\gamma^\mu \partial_\mu - m\,\mathbb{1})\psi(x) = 0\ . \tag{2.11}$$

Nach Feynman bezeichnet man die Kontraktion von γ^μ mit einem beliebigen Vierervektor a_μ durch das Symbol

$$\gamma^\mu a_\mu := \not{a} = \gamma^0 a^0 - \boldsymbol{\gamma} \cdot \mathbf{a}\ .$$

Daraus berechnet man über die Algebra der γ^μ

$$\not{a}\not{a} = \gamma^\mu \gamma^\nu a_\mu a_\nu = (2g^{\mu\nu}\mathbb{1} - \gamma^\nu\gamma^\mu)\, a_\mu a_\nu = 2a^\nu a_\nu - \not{a}\not{a}\ ,$$

also $\not{a}\not{a} = a \cdot a = (a)^2$, und allgemein

$$\not{a}\not{b} = 2(a \cdot b) - \not{b}\not{a}\ . \tag{2.12}$$

Für die Bildung **kovarianter Bilinearformen** aus dem Dirac-Spinor, die von Bedeutung für eine Theorie mit Wechselwirkung sind, ist es zweckmäßig, den *adjungierten Bispinor* $\overline{\psi}(x)$ durch folgende Definition einzuführen:

$$\overline{\psi}(x) := \psi^\dagger(x)\gamma^0,$$

wo $\psi^\dagger(x)$ der hermitesch konjugierte Bispinor[3]

$$\psi^\dagger(x) = [\psi^*(x)]^{\mathrm{T}} = \Big(\psi_1^*(x), \psi_2^*(x), \psi_3^*(x), \psi_4^*(x)\Big)\,, \tag{2.13}$$

also ein Zeilenvektor ist. Die Multiplikation mit γ^0 in der Definition von $\overline{\psi}(x)$ erfolgt aus Invarianzgründen. Es läßt sich zeigen, daß unter eigentlichen Lorentz-Transformationen die Bilinearform $\overline{\psi}(x)\psi(x)$ ein Skalar ist. Dies gilt jedoch i. allg. nicht für $\psi^\dagger(x)\psi(x)$. Siehe dazu auch Aufgabe 2.6.

Der adjungierte Bispinor genügt der *adjungierten Dirac-Gleichung*

$$\overline{\psi}(x)(i\gamma^\mu \overleftarrow{\partial_\mu} + m\mathbb{1}) = 0\ . \tag{2.14}$$

Der Pfeil über dem Ableitungssymbol ∂_μ weist auf die Richtung hin, in der die Operation auszuführen ist.

---

[3] Das *Transponieren* T eines Vektors $\psi_\alpha^*(x)$, $\alpha = 1, \ldots, 4$, – also keiner Matrix! – ist als symbolische Operation zu verstehen und durch Gl. (2.13) definiert.

Kontinuitätsgleichung und Viererstrom

Aus der nichtrelativistischen Quantenmechanik ist bekannt, daß die statistische Interpretation die Definition einer Wahrscheinlichkeitsdichte $\rho(x)$ als Bilinearform der Wellenfunktion erforderlich macht. Diese Dichte $\rho(x)$ steht über eine Kontinuitätsgleichung zur Wahrscheinlichkeitsstromdichte $\mathbf{j}(x)$ in Beziehung.

In der Schrödinger-Theorie wird die Kontinuitätsgleichung aus der Wellengleichung und ihrer konjugiert komplexen Form konstruiert. In der Dirac-Theorie ist es zweckmäßig, von der kanonischen Form der Wellengleichung und ihrer hermitesch konjugierten auszugehen, also von

$$i\frac{\partial}{\partial t}\psi(x) = (-i\boldsymbol{\alpha}\cdot\boldsymbol{\nabla} + m\,\beta)\psi(x) \ ,$$

$$-i\frac{\partial}{\partial t}\psi^\dagger(x) = \psi^\dagger(x)(i\boldsymbol{\alpha}\cdot\overleftarrow{\boldsymbol{\nabla}} + m\beta) \ .$$

Multiplikation mit $\psi^\dagger$(bzw. ψ) von links (bzw. rechts) und Subtraktion beider Gleichungen ergibt

$$i\frac{\partial}{\partial t}\left(\psi^\dagger\psi\right) = -i\boldsymbol{\nabla}\left(\psi^\dagger\boldsymbol{\alpha}\psi\right) \ ,$$

und daraus eine Kontinuitätsgleichung in der Form

$$\frac{\partial}{\partial t}\left(\psi^\dagger\psi\right) + \mathrm{div}\left(\psi^\dagger\boldsymbol{\alpha}\psi\right) = 0 \ .$$

Da

$$\psi^\dagger\psi = \sum_{i=1}^{4}\psi_i^*\psi_i = \sum_{i=1}^{4}|\psi_i(x)|^2 \geqslant 0 \ ,$$

kann in der Dirac-Theorie durch die Bilinearform

$$\rho(x) := \psi^\dagger(x)\psi(x) \tag{2.15}$$

eine positiv definite Wahrscheinlichkeitsdichte definiert werden. Entsprechend definiert man die Bilinearformen

$$j^k(x) := \psi^\dagger(x)\alpha^k\psi(x), \quad k = 1,2,3 \tag{2.16}$$

als Komponenten einer dreikomponentigen Wahrscheinlichkeitsstromdichte. Mit diesen Definitionen lautet die Kontinuitätsgleichung

$$\frac{\partial}{\partial t}\rho(x) + \operatorname{div}\mathbf{j}(x) = 0 \ .$$

Die kovariante Form der Dirac-Gleichung ergab sich aus der kanonischen durch Multiplikation mit β. Führt man diese Multiplikation auch hier formal über $\beta^2 = (\gamma^0)^2 = \mathbb{1}$ ein, so ergeben sich

$$\begin{aligned} \rho(x) &= \psi^\dagger\gamma^0\gamma^0\psi = \overline{\psi}(x)\gamma^0\psi(x) \ , \\ j^k(x) &= \psi^\dagger\gamma^0 \underbrace{\gamma^0\alpha^k}_{\gamma^k} \psi = \overline{\psi}(x)\gamma^k\psi(x), \quad k = 1,2,3 \ , \end{aligned}$$

oder kompakt

$$j^\mu(x) := \overline{\psi}(x)\gamma^\mu\psi(x), \quad \mu = 0,1,2,3 \tag{2.17}$$

mit der vierkomponentigen Größe

$$\{j^\mu(x)\} = \{j^0(x);\mathbf{j}(x)\} = \{\rho(x);\mathbf{j}(x)\} \ .$$

Dieser so definierte *Viererstrom* genügt der Kontinuitätsgleichung ($\partial_k = \nabla^k$)

$$\partial_\mu j^\mu(x) = 0 \ , \tag{2.18}$$

nach der die vierdimensionale Divergenz des Viererstroms verschwindet. Diese Aussage wird kurz als *Stromerhaltung* interpretiert. Der physikalische Hintergrund dieser Interpretation ist die Ladungserhaltung, wobei die totale Ladung als Raumintegral über die Nullkomponente des *Ladungsstroms* $J^\mu(x)$ mit $J^\mu(x) := qj^\mu(x)$ definiert ist.

Um zu erkennen, daß $\partial_\mu j^\mu$ eine lorentzinvariante Größe ist, bleibt zu beweisen, daß die durch (2.17) definierte Größe $j^\mu(x)$ ein kontravarianter Vierervektor ist, also dem Transformationsgesetz der Koordinaten genügt.

Um das Transformationsverhalten der Dirac-Theorie diskutieren zu können, sollen zuvor einige Eigenschaften der *Clifford-Algebra* der γ-Matrizen zusammengestellt werden.

Die Clifford-Algebra der γ-Matrizen

Die Clifford-Algebra wird nach Gl. (2.9) durch den Antikommutator

$$\{\gamma^\mu, \gamma^\nu\} = 2g^{\mu\nu}\mathbb{1}, \qquad \mu, \nu = 0, 1, 2, 3$$

definiert. Ihre vierdimensionale Matrixdarstellung ist aber unvollständig, beschränkt man sich nur auf die vier Matrizen γ^μ, $\mu = 0, 1, 2, 3$. Sie sind zwar linear unabhängig, bilden jedoch keine vollständige Basis im Raum der 4×4-Matrizen. So hatten wir als eine fünfte, linear unabhängige 4×4-Matrix γ^5 definiert, für die man

$$\gamma^5\gamma^\mu = -\gamma^\mu\gamma^5, \qquad \mu = 0, 1, 2, 3$$

beweist.

Die Zahl linear unabhängiger Basiselemente der Darstellung der Algebra läßt sich aus ihrer Dimension bestimmen. Eine 4×4-Matrix hat 16 Elemente. Somit lassen sich 16 linear unabhängige Matrizen angeben, die z. B. jeweils nur ein von Null verschiedenes Matrixelement an verschiedenen Plätzen enthalten.

Für die Algebra der γ-Matrizen ist es möglich, 16 linear unabhängige Basiselemente Γ_A, $A = 1, \ldots, 16$, durch einfache Matrixmultiplikation aus den vier γ^μ zu gewinnen:

Basiselemente Γ_A	Zahl der Elemente Γ_A
$\mathbb{1}$ aus $\gamma^\mu\gamma_\mu = 4\,\mathbb{1}$	$A = 1$
$\gamma^\mu \quad \mu = 0, 1, 2, 3$	$A = 2, \ldots, 5$
$\gamma^\mu\gamma^\nu$ für $\mu < \nu$	$A = 6, \ldots, 11$
$\gamma^5 = i\gamma^0\gamma^1\gamma^2\gamma^3$	$A = 12$
$\gamma^\mu\gamma^5 \quad \mu = 0, 1, 2, 3$	$A = 13, \ldots, 16$.

Die Vollständigkeit dieses Systems von 16 Elementen folgt aus der Tatsache, daß jedes Produkt von mehr als vier γ-Matrizen[4] solche mit gleichem Index enthalten muß, so daß sich das Produkt über die Vertauschungsrelation auf eines der 16 Elemente zurückführen läßt. Die in fünf Typen $\tilde{\Gamma}_c$, $c = 1, \ldots, 5$

[4] $\gamma^\mu\gamma^5$ entspricht wegen $(\gamma^\mu)^2 = g^{\mu\mu}\mathbb{1}$ einem Produkt von drei γ-Matrizen $\gamma^\mu\gamma^\nu\gamma^\sigma$, $\mu \neq \nu \neq \sigma$.

(z. B. $\tilde{\Gamma}_2 = \gamma^\mu$, also $\tilde{\Gamma}_2 = (\Gamma_2, \ldots, \Gamma_5)$) zusammengefaßten Basiselemente definieren die *kovarianten Bilinearformen*

$$B_c(x) = \overline{\psi}(x)\tilde{\Gamma}_c\psi(x), \quad c = 1, \ldots, 5 \ ,$$

die sich in ihrem Transformationsverhalten unterscheiden (siehe Aufgabe 2.6). Speziell $B_2(x)$ entspricht dem durch (2.17) definierten Viererstrom $j^\mu(x)$.

Für die spätere Anwendung der Dirac-Theorie sind Spurbildungen über Produkte von γ-Matrizen wichtig. Im Anhang B.1 sind die notwendigen Spurtheoreme aufgeführt.

Übungsaufgaben

2.4 Beweisen Sie die lineare Unabhängigkeit der 16 Basiselemente Γ_A, $A = 1, \ldots, 16$, der Clifford-Algebra.
Hinweis:

(i) Benutzen Sie die Vollständigkeit der Elemente Γ_A.

(ii) Zeigen Sie

$$(\Gamma_A \Gamma_B) = \begin{cases} \pm\delta_{AB}\mathbb{1}, \\ \sim \Gamma_C \quad \text{für} \quad A \neq B \neq C \text{ i. allg.} \end{cases}$$

(iii) Beweisen Sie mit den Spurtheoremen

$$\text{Sp}\,(\Gamma_A) = 0 \quad \text{für} \quad A \neq 1 \ ,$$
$$\text{Sp}\,(\Gamma_1) = \text{Sp}\,(\mathbb{1}) = 4 \ .$$

Mit diesen Eigenschaften konstruiere man einen Widerspruch aus der Annahme der linearen Abhängigkeit.

Lorentz-Kovarianz (Forminvarianz) der Dirac-Gleichung

Die spezielle Relativitätstheorie fordert, daß die Bewegungsgleichung, die einen physikalischen Vorgang beschreibt, *forminvariant* ist. Das heißt, sie muß ihre äußere Form behalten, wenn man durch Lorentz-Transformation in ein anderes Inertialsystem übergeht.

Definieren wir für eine Lorentz-Transformation $S(\Lambda)$ im Spinorraum die Transformation von Koordinaten und Wellenfunktion durch

$$\begin{aligned} x^\mu &\xrightarrow{S(\Lambda)} x'^\mu = \Lambda^\mu{}_\nu x^\nu , \\ \psi(x) &\xrightarrow{S(\Lambda)} \psi'(x') = S(\Lambda)\psi(x) = S(\Lambda)\psi(\Lambda^{-1}x') , \end{aligned} \tag{2.19}$$

so verlangt die Forderung der Forminvarianz für die Dirac-Gleichung im gestrichenen System nach (2.11)

$$(i\gamma^\mu \partial'_\mu - m\,\mathbb{1})\psi'(x') = 0 . \tag{2.20}$$

Dabei wurde angenommen, daß die γ^μ invariant unter der Transformation sind. Mit Hilfe des Fundamentaltheorems von Pauli (siehe Anhang B.1) läßt sich zeigen, daß diese Annahme keine Einschränkung der Allgemeinheit bedeutet.

Die Forderung der Forminvarianz führt zu einer Bedingung an die Matrix $S(\Lambda)$ im Bispinorraum, die wir durch Rücktransformation der Gleichung (2.20) in das ungestrichene System herleiten wollen.

Als Folge der Orthogonalitätsrelation (1.13) transformiert sich ein kovarianter Vierervektor mit der inversen Matrix

$$x'_\mu = \Lambda_\mu{}^\nu x_\nu \equiv (\Lambda^{-1})^\nu{}_\mu x_\nu .$$

Mit dieser Transformationsvorschrift für den vierdimensionalen (kovarianten) Gradienten ∂'_μ geht (2.20) mit (2.19) über nach

$$(i\gamma^\mu(\Lambda^{-1})^\nu{}_\mu \partial_\nu - m\,\mathbb{1})S(\Lambda)\psi(x) = 0 .$$

Multiplikation von links mit $S^{-1}(\Lambda)$ – deren Existenz zunächst vorausgesetzt wird – ergibt

$$(iS^{-1}(\Lambda)\gamma^\mu(\Lambda^{-1})^\nu{}_\mu S(\Lambda)\partial_\nu - m\,\mathbb{1})\psi(x) = 0 .$$

Die Dirac-Gleichung ist somit genau dann forminvariant, wenn es eine Matrix $S(\Lambda)$ gibt mit

$$S^{-1}(\Lambda)\gamma^\mu(\Lambda^{-1})^\nu{}_\mu S(\Lambda) = \gamma^\nu, \quad \nu = 0,1,2,3 .$$

Da $S(\Lambda)$ eine Matrix im Bispinorraum, $(\Lambda^{-1})^\nu{}_\mu$ dagegen eine solche im Minkowski-Raum ist, können wir die gewonnene Relation umschreiben in

$$S^{-1}(\Lambda)\gamma^\mu S(\Lambda) = \Lambda^\mu{}_\nu \gamma^\nu, \quad \mu = 0,1,2,3 . \tag{2.21}$$

Die Existenz einer nichtsingulären Matrix $S(\Lambda)$, die (2.21) erfüllt, folgt aus dem Fundamentaltheorem. Bildet man mit der Definition

$$\hat{\gamma}^\mu = \Lambda^\mu{}_\nu \gamma^\nu$$

die Vertauschungsrelation der Clifford-Algebra, so ergibt sich über die Orthogonalitätsrelation (1.13)

$$\begin{aligned} \{\hat{\gamma}^\mu, \hat{\gamma}^\rho\} &= \{\Lambda^\mu{}_\nu \gamma^\nu, \Lambda^\rho{}_\sigma \gamma^\sigma\} = \Lambda^\mu{}_\nu \Lambda^\rho{}_\sigma \underbrace{\{\gamma^\nu, \gamma^\sigma\}}_{2g^{\nu\sigma}\mathbb{1}} \\ &= 2\Lambda^{\mu\sigma}\Lambda^\rho{}_\sigma \mathbb{1} \equiv 2g^{\mu\alpha} \underbrace{\Lambda_\alpha{}^\sigma \Lambda^\rho{}_\sigma}_{g_\alpha{}^\rho} \mathbb{1} = 2g^{\mu\rho}\mathbb{1} \; . \end{aligned}$$

Die $\hat{\gamma}^\mu$ erfüllen somit ebenfalls die Algebra der γ^μ, so daß nach dem Fundamentaltheorem die Matrix $S^{-1}(\Lambda)$ existiert. Das beweist die Forminvarianz der Dirac-Gleichung.

Die Spinortransformation

Wir wollen die Matrix $S(\Lambda)$ für das Beispiel einer eigentlichen Lorentz-Transformation konstruieren. Die eigentlichen Lorentz-Transformationen zeichnen sich durch $\det(\Lambda) = +1$ aus, und lassen sich durch eine unendliche Folge von infinitesimalen Transformationen erzeugen.

Für eine infinitesimale Transformation weicht die Matrix $\Lambda^\mu{}_\nu$ nur infinitesimal von der Einheitsmatrix ab. Es muß deshalb für ihre Elemente gelten

$$\Lambda^\mu{}_\nu = g^\mu{}_\nu + \epsilon^\mu{}_\nu \quad \text{mit } \epsilon^\mu{}_\nu \ll 1 \text{ für alle } \mu, \nu \; . \tag{2.22}$$

Aus der Orthogonalität erhalten wir damit in erster Ordnung der $\epsilon^\mu{}_\nu$

$$\Lambda^\mu{}_\nu \Lambda_\mu{}^\sigma = g_\nu{}^\sigma = (g^\mu{}_\nu + \epsilon^\mu{}_\nu)(g_\mu{}^\sigma + \epsilon_\mu{}^\sigma) \simeq g_\nu{}^\sigma + \epsilon^\sigma{}_\nu + \epsilon_\nu{}^\sigma \; ,$$

wonach

$$\epsilon^\sigma{}_\nu = -\epsilon_\nu{}^\sigma \quad \text{bzw.} \quad \epsilon_{\sigma\nu} = -\epsilon_{\nu\sigma}$$

für alle ν, σ erfüllt sein muß. Die Erzeugenden der infinitesimalen Transformation müssen somit antisymmetrisch sein.

Mit $\Lambda^\mu{}_\nu$ weicht auch die gesuchte Matrix $S(\Lambda)$ nur infinitesimal von der Einheitstransformation ab. Wir machen deshalb einen in den $\epsilon_{\mu\nu}$ linearen Ansatz

$$S(\Lambda) = \mathbb{1} - i\Sigma_{\mu\nu}\epsilon^{\mu\nu} \; . \tag{2.23}$$

$\Sigma_{\mu\nu}$ ist mit $S(\Lambda)$ für festes μ, ν eine Matrix im Bispinorraum. Ohne Einschränkung der Allgemeinheit kann $\Sigma_{\mu\nu}$ mit den $\epsilon_{\mu\nu}$ antisymmetrisch in den Minkowski-Indizes gefordert werden, also $\Sigma_{\mu\nu} = -\Sigma_{\nu\mu}$. Mit den infinitesimalen Transformationen (2.22) und (2.23) folgt somit in erster Ordnung der $\epsilon_{\mu\nu}$ aus der Bedingung (2.21)

$$\begin{aligned}(\mathbb{1} + i\Sigma_{\alpha\beta}\epsilon^{\alpha\beta})\gamma^\mu(\mathbb{1} - i\Sigma_{\lambda\sigma}\epsilon^{\lambda\sigma}) &\simeq \gamma^\mu + i\epsilon^{\alpha\beta}(\Sigma_{\alpha\beta}\gamma^\mu - \gamma^\mu\Sigma_{\alpha\beta}) \\ &\stackrel{!}{=} \gamma^\mu + \epsilon^\mu{}_\nu\gamma^\nu \ ,\end{aligned}$$

wonach zu fordern ist

$$i\epsilon^{\alpha\beta}(\Sigma_{\alpha\beta}\gamma^\mu - \gamma^\mu\Sigma_{\alpha\beta}) = \epsilon^\mu{}_\nu\gamma^\nu \ .$$

Unter Berücksichtigung der Asymmetrie der $\epsilon^\mu{}_\nu$ benutzen wir die Identität

$$\epsilon^\mu{}_\nu = \frac{1}{2}\epsilon^{\alpha\beta}(g^\mu{}_\alpha g_{\nu\beta} - g^\mu{}_\beta g_{\nu\alpha}) \ ,$$

womit die Matrix $\Sigma_{\alpha\beta}$ aus der Relation

$$i(\Sigma_{\alpha\beta}\gamma^\mu - \gamma^\mu\Sigma_{\alpha\beta}) = \frac{1}{2}(g^\mu{}_\alpha\gamma_\beta - g^\mu{}_\beta\gamma_\alpha)$$

zu bestimmen bleibt.

Die Matrizen im Bispinorraum sind für festen Minkowski-Index die γ^α. Für den antisymmetrischen Minkowski-Tensor $\Sigma_{\alpha\beta}$ machen wir deshalb den Ansatz

$$\Sigma_{\alpha\beta} = \frac{A}{2}\gamma_\alpha\gamma_\beta\big/_{\alpha\neq\beta}, \quad A = \text{konst.}$$

und erhalten

$$iA(\gamma_\alpha\gamma_\beta\gamma^\mu - \gamma^\mu\gamma_\alpha\gamma_\beta)\big/_{\alpha\neq\beta} = (g^\mu{}_\alpha\gamma_\beta - g^\mu{}_\beta\gamma_\alpha) \ .$$

Zur Bestimmung von A summieren wir beide Gleichungsseiten über $\mu = \alpha \neq \beta$, β fest, wonach

$$\sum_{\alpha\neq\beta}\gamma^\alpha\gamma_\alpha = 3\mathbb{1}, \quad \sum_{\alpha\neq\beta}\gamma_\alpha\gamma_\beta\gamma^\alpha = -3\gamma_\beta \ ,$$

$$\sum_{\alpha\neq\beta} g^\alpha{}_\alpha = 3, \quad g^\alpha{}_\beta\big/_{\alpha\neq\beta} = 0 \ ,$$

und berechnen $-6iA = 3$. Also wird

$$\Sigma_{\alpha\beta} = \frac{i}{4}\gamma_\alpha\gamma_\beta\big/_{\alpha\neq\beta} \equiv \frac{i}{8}[\gamma_\alpha, \gamma_\beta] := \frac{1}{4}\sigma_{\alpha\beta} \ , \qquad (2.24)$$

mit der üblichen Definition

$$\sigma_{\alpha\beta} = -\sigma_{\beta\alpha} = \frac{i}{2}[\gamma_\alpha, \gamma_\beta] \equiv \frac{i}{2}[\gamma_\alpha\gamma_\beta - \gamma_\beta\gamma_\alpha] . \tag{2.25}$$

Die **infinitesimale** eigentliche Lorentz-Transformation im Spinorraum wird somit nach (2.23) durch die Matrix

$$S(\Lambda) = \mathbb{1} - \frac{i}{4}\sigma_{\mu\nu}\epsilon^{\mu\nu} \tag{2.26}$$

beschrieben. Daraus ergibt sich durch Exponieren (Gl. (2.26) ist als erste Näherung der e-Funktion anzusehen) für eine endliche Transformation

$$S(\Lambda) = e^{-\frac{i}{4}\sigma_{\mu\nu}\epsilon^{\mu\nu}} . \tag{2.27}$$

Man nennt $S(\Lambda)$ die *endliche (eigentliche!) Spinortransformation.*

Die Matrix $S(\Lambda)$ ist im allgemeinen nicht unitär. Es läßt sich zeigen, daß gilt (siehe Aufgabe 2.5):

$$S^\dagger(\Lambda) = \frac{\Lambda^0{}_0}{|\Lambda^0{}_0|}\gamma^0 S^{-1}(\Lambda)\gamma^0 . \tag{2.28}$$

Die Spinortransformation des adjungierten Spinors $\overline{\psi}(x)$ berechnet sich nach (2.19) zu

$$\begin{aligned}\overline{\psi}(x) \xrightarrow{S(\Lambda)} \overline{\psi}'(x') &= \overline{S(\Lambda)\psi(x)} = (S(\Lambda)\psi(x))^\dagger\gamma^0 \\ &= \psi^\dagger(x)S^\dagger(\Lambda)\gamma^0 \equiv \overline{\psi}(x)\gamma^0 S^\dagger(\Lambda)\gamma^0 ,\end{aligned}$$

so daß nach (2.28)

$$\overline{\psi}(x) \xrightarrow{S(\Lambda)} \overline{\psi}'(x') = \frac{\Lambda^0{}_0}{|\Lambda^0{}_0|}\overline{\psi}(x)S^{-1}(\Lambda) .$$

Für eigentliche Lorentz-Transformationen (strenger nur für orthochrone Lorentz-Transformationen für die stets $\Lambda^0{}_0/|\Lambda^0{}_0| = 1$) folgt daraus als Transformationsgesetz

$$\overline{\psi}(x) \xrightarrow{S(\Lambda)} \overline{\psi}'(x') = \overline{\psi}(x)S^{-1}(\Lambda) . \tag{2.29}$$

Mit den Transformationsvorschriften (2.19) und (2.29) für die Spinoren und der Eigenschaft (2.21) für die Spinortransformation können wir nun das

Transformationsverhalten des durch (2.17) definierten Viererstroms $j^\mu(x)$ unter eigentlichen Lorentz-Transformationen diskutieren. Wir erhalten

$$
\begin{aligned}
j^\mu(x) \xrightarrow{S(\Lambda)} j'^\mu(x') &= \overline{\psi'}(x')\gamma^\mu\psi'(x') \\
&= \overline{\psi}(x)\underbrace{S^{-1}(\Lambda)\gamma^\mu S(\Lambda)}_{\Lambda^\mu{}_\nu\gamma^\nu}\psi(x) = \Lambda^\mu{}_\nu\overline{\psi}(x)\gamma^\nu\psi(x) \;,
\end{aligned}
$$

also

$$j'^\mu(x') = \Lambda^\mu{}_\nu j^\nu(x) \;.$$

$j^\mu(x)$ transformiert sich somit wie die Koordinaten, und ist damit ein kontravarianter Vierervektor. Danach wird die *Stromerhaltung* nach (2.18) zu einer lorentzinvarianten Aussage:

$$\partial'_\mu j'^\mu(x') = \partial_\mu j^\mu(x) = 0 \;.$$

Übungsaufgaben

2.5 Beweisen Sie für beliebige Spinortransformationen die Relation

$$S^\dagger(\Lambda) = \frac{\Lambda^0{}_0}{|\Lambda^0{}_0|}\gamma^0 S^{-1}(\Lambda)\gamma^0 \;.$$

(i) Für eigentliche Lorentz-Transformationen ($\det\Lambda = +1$; $\Lambda^0{}_0/|\Lambda^0{}_0| = 1$) führe man den Beweis mittels der infinitesimalen Darstellung für $S(\Lambda)$ durch.

(ii) Für die uneigentlichen Lorentz-Transformationen $\Lambda_{\mathrm{R(T)}}$ der Raumspiegelung (Zeitspiegelung) benutze man die Definitionen

$$x^\mu \xrightarrow{\Lambda_\mathrm{R}} x'^\mu = \begin{cases} x^0, & \\ -x^k, & k = 1,2,3 \;, \end{cases}$$

$$x^\mu \xrightarrow{\Lambda_\mathrm{T}} x'^\mu = \begin{cases} -x^0, & \\ +x^k, & k = 1,2,3 \;, \end{cases}$$

und konstruiere $S(\Lambda_{\mathrm{R(T)}})$ aus der allgemeinen Bedingung

$$S^{-1}(\Lambda)\gamma^\mu S(\Lambda) = \Lambda^\mu{}_\nu\gamma^\nu, \quad \mu = 0,1,2,3 \;.$$

Dann prüfe man die Relation.

2.6 Diskutieren Sie für orthochrone Lorentz-Transformationen die Transformationseigenschaften der kovarianten Bilinearformen

$$B_A(x) = \overline{\psi}(x)\Gamma_A\psi(x), \quad A = 1, \ldots, 5 \ ,$$

mit $\Gamma_1 = \mathbb{1}$, $\Gamma_2 = \gamma^\mu$, $\Gamma_3 = \gamma^\mu\gamma^\nu$, $\Gamma_4 = \gamma^5$, $\Gamma_5 = \gamma^\mu\gamma^5$ $(\gamma^5 = i\gamma^0\gamma^1\gamma^2\gamma^3)$.
Hinweis:

(i) Ohne Einschränkung der Allgemeinheit kann für die Matrizen im gestrichenen System $\Gamma'_A = \Gamma_A$ angenommen werden.

(ii) Diskutieren Sie zur Berechnung von $S^{-1}(\Lambda)\gamma^5 S(\Lambda)$ eigentliche $(\det\Lambda = +1)$ und uneigentliche $(\det\Lambda = -1$, hier aber orthochron!) Lorentz-Transformationen getrennt. Beachten Sie die Hinweise in Aufgabe 2.5.

Der Spin der Dirac-Teilchen

Aus der Drehimpulsalgebra ist bekannt, daß die Komponenten des totalen Drehimpulses $\mathbf{J}$ die Erzeugenden der infinitesimalen Rotationen sind. Danach sollte die spezielle Spinortransformation der infinitesimalen dreidimensionalen Drehungen Informationen über den Spin der Dirac-Teilchen geben, der den Bahndrehimpuls $\mathbf{L}$ zum totalen Drehimpuls $\mathbf{J} = \mathbf{L} + \mathbf{S}$ ergänzt.

Wir wollen die spezielle infinitesimale Drehung um die z-Achse um einen – mathematisch positiven – Winkel α diskutieren. Diese spezielle Rotation hat als Erzeugende die dritte Komponente des totalen Drehimpulses. Für einen endlichen Winkel α lauten die Transformationsgesetze im Minkowski-Raum:

$$\begin{aligned}
x'^0 &= x^0 \ , \\
x'^1 &= \cos\alpha\, x^1 + \sin\alpha\, x^2 \ , \\
x'^2 &= -\sin\alpha\, x^1 + \cos\alpha\, x^2 \ , \\
x'^3 &= x^3 \ ,
\end{aligned}$$

wonach wir für kleine Winkel $\alpha \ll 1$ für die Transformationsmatrix $\Lambda^\mu{}_\nu$ ablesen:

$$\Lambda^\mu{}_\nu(\alpha \ll 1) = \begin{pmatrix} 1 & 0 & 0 & 0 \\ 0 & 1 & \alpha & 0 \\ 0 & -\alpha & 1 & 0 \\ 0 & 0 & 0 & 1 \end{pmatrix} := [\mathfrak{D}_3(\alpha)]^\mu{}_\nu \ . \tag{2.30}$$

Für die Matrixelemente dieser infinitesimalen Rotation gilt somit

$$\Lambda^\mu{}_\nu = g^\mu{}_\nu + \alpha(g^\mu{}_1 g_\nu{}^2 - g^\mu{}_2 g_\nu{}^1) \stackrel{!}{=} g^\mu{}_\nu + \epsilon^\mu{}_\nu \ ,$$

wonach durch Vergleich

$$\epsilon^{\mu}{}_{\nu} = \alpha(g^{\mu}{}_{1}g_{\nu}{}^{2} - g^{\mu}{}_{2}g_{\nu}{}^{1}), \quad \alpha \ll 1 .$$

Kontrahieren wir mit dem antisymmetrischen Minkowski-Tensor $\sigma_{\mu}{}^{\nu}$, so folgt

$$\sigma_{\mu}{}^{\nu}\epsilon^{\mu}{}_{\nu} \equiv \sigma_{\mu\nu}\epsilon^{\mu\nu} = \alpha(\sigma_{1}{}^{2} - \sigma_{2}{}^{1}) \equiv -2\alpha\sigma_{12} .$$

Die infinitesimale Drehung um die z-Achse wird somit nach (2.26) und (2.27) durch die Spinor-Transformation

$$S(\mathfrak{D}_3(\alpha)) = e^{\frac{i}{2}\alpha\sigma_{12}} := e^{\frac{i}{2}\alpha\Sigma^3} \simeq \mathbb{1} + \frac{i}{2}\alpha\Sigma^3, \quad \alpha \ll 1 \tag{2.31}$$

beschrieben mit der Definition

$$\Sigma^i := \sigma^{jk} = \frac{i}{2}[\gamma^j, \gamma^k] \; (\equiv \sigma_{jk}!) \quad i, j, k \text{ zyklisch } 1, 2, 3 . \tag{2.32}$$

Speziell für $i = 3$ berechnet man

$$\Sigma^3 = \frac{i}{2}[\gamma^1, \gamma^2] = \begin{pmatrix} \sigma^3 & 0 \\ 0 & \sigma^3 \end{pmatrix} . \tag{2.33}$$

Zur Definition der Matrizen $\mathbf{\Sigma}$ ist zu bemerken, daß ihre Komponenten Σ^i ($i = 1, 2, 3$) verabredungsgemäß durch kontravariante Indizes i, j, k definiert werden. Diese Zuordnung von drei räumlichen Indizes transformiert sich jedoch nicht über den metrischen Tensor, denn nach (2.32) gilt offensichtlich

$$\Sigma^i = \sigma^{jk} \equiv \sigma_{jk} \neq -\Sigma_i .$$

Für die Drehung $\mathfrak{D}_3(\alpha)$ erhalten wir nach (2.19) die Spinortransformation

$$\psi(x) \xrightarrow{S(\mathfrak{D}_3(\alpha))} \psi'(x') = S(\mathfrak{D}_3(\alpha))\psi(x) = S(\mathfrak{D}_3(\alpha))\psi(\mathfrak{D}_3^{-1}(\alpha)x') ,$$

die für $\alpha \ll 1$ und mit der Eigenschaft $\mathfrak{D}_3^{-1}(\alpha) = \mathfrak{D}_3(-\alpha)$ für die Drehmatrix nach Gl. (2.31) übergeht in

$$\psi'(x') \underset{\alpha \ll 1}{\simeq} (\mathbb{1} + \frac{i}{2}\alpha\Sigma^3)\psi(\mathfrak{D}_3(-\alpha)x') . \tag{2.34}$$

Um die Spinortransformation nach (2.34) mit der allgemeinen Definition einer Drehung, erzeugt durch den Operator des totalen Drehimpulses, vergleichen zu können, müssen wir den Zusammenhang zwischen aktiver und passiver Drehung ausnutzen. Danach ist eine Drehung des Koordinatensystems um einen Winkel α bei festgehaltenem physikalischem System äquivalent einer Drehung des physikalischen Systems um $-\alpha$ bei festgehaltenen Koordinaten. Ausgedrückt durch Transformationsbeziehungen bedeutet dies:

$$\begin{cases} \mathbf{r} \longrightarrow \mathbf{r}' = \mathfrak{D}(\alpha)\mathbf{r} \\ \psi(\mathbf{r}) \longrightarrow \psi(\mathbf{r}') \end{cases} \quad \text{entspricht} \quad \begin{cases} \mathbf{r} \longrightarrow \mathbf{r} \\ \psi(\mathbf{r}) \longrightarrow \psi'(\mathbf{r}) = \mathfrak{D}(-\alpha)\psi(\mathbf{r}) \ , \end{cases}$$

also

$$\psi(\mathbf{r}') = \psi'(\mathbf{r}) = \mathfrak{D}(-\alpha)\psi(\mathbf{r}) \ . \tag{2.35}$$

In (2.34) haben wir die Spinortransformation für $\psi'(x')$ berechnet. Das entspricht der zu (2.35) inversen Relation, in der $\mathfrak{D}(-\alpha)$ durch $\mathfrak{D}(\alpha)$ zu ersetzen ist, wonach

$$\psi'(\mathbf{r}') = \mathfrak{D}(\alpha)\psi(\mathbf{r}') \ .$$

Vergleichen wir diese Transformation mit den Aussagen der Drehimpulsalgebra, so entspricht $\mathfrak{D}(\alpha)$ dem speziellen Drehoperator (siehe z. B. [MES 90])

$$D(0\,0\,\alpha) = e^{i\alpha J^3}$$

mit einem Eulerschen Winkel. Wir erhalten danach

$$\psi'(t';\mathbf{r}') = e^{i\alpha J^3}\psi(t';\mathbf{r}') \underset{\alpha \ll 1}{\simeq} (\mathbb{1} + i\alpha J^3)\psi(t';\mathbf{r}') \ . \tag{2.36}$$

Zum Vergleich von (2.34) mit (2.36) können wir nun x' in x umbenennen. Für die Spinortransformation (2.34) ist nach (2.30)

$$\psi(\mathfrak{D}_3(-\alpha)x) \underset{\alpha \ll 1}{=} \psi(x^0; x^1 - \alpha x^2, x^2 + \alpha x^1, x^3) \ , \tag{2.37}$$

Mit der Definition des Differentialquotienten

$$f(x^i + \Delta x^i)_{/\Delta x^i \ll x^i} = (\mathbb{1} + \Delta x^i \frac{\partial}{\partial x^i}) f(x^i)$$

läßt sich Gl. (2.37) für $\Delta x^1 = -\alpha x^2$ und $\Delta x^2 = +\alpha x^1$ approximieren durch

$$\begin{aligned} \psi(\mathfrak{D}_3(-\alpha)x) &= (\mathbb{1} + \alpha \left\{ x^1 \frac{\partial}{\partial x^2} - x^2 \frac{\partial}{\partial x^1} \right\}) \psi(x) \\ &\equiv (\mathbb{1} + \alpha(\mathbf{r} \times \boldsymbol{\nabla})^3)\psi(x) \ . \end{aligned}$$

Schreiben wir den Gradienten um in den Impulsoperator $\mathbf{p} = -i\boldsymbol{\nabla}$, so wird schließlich

$$\psi(\mathfrak{D}_3(-\alpha)x) \underset{\alpha \ll 1}{=} (\mathbb{1} + i\alpha(\mathbf{r} \times \mathbf{p})^3)\psi(x) \equiv (\mathbb{1} + i\alpha L^3)\psi(x) .$$

Damit ergibt sich für die Spinortransformation nach (2.34)

$$\psi'(x) \underset{\alpha \ll 1}{=} (\mathbb{1} + \frac{i}{2}\alpha\Sigma^3)(\mathbb{1} + i\alpha L^3)\psi(x) \simeq (\mathbb{1} + i\alpha(L^3 + \frac{1}{2}\Sigma^3)\psi(x) . \tag{2.38}$$

Ein Vergleich mit den Aussagen der Drehimpulsalgebra nach (2.36) ergibt die Operatorbeziehung

$$J^3 = L^3 + \frac{1}{2}\Sigma^3 \equiv L^3 + S^3 ,$$

wonach

$$S^3 = \frac{1}{2}\Sigma^3 = \frac{1}{2}\begin{pmatrix} \sigma^3 & 0 \\ 0 & \sigma^3 \end{pmatrix} . \tag{2.39}$$

Für eine beliebige Drehung im dreidimensionalen Raum um die Winkel $\alpha = (\alpha^1, \alpha^2, \alpha^3)$ ist in Verallgemeinerung von Gl. (2.39) für den Spinvektoroperator zu setzen

$$\mathbf{S} = \frac{1}{2}\boldsymbol{\Sigma} = \frac{1}{2}\begin{pmatrix} \boldsymbol{\sigma} & 0 \\ 0 & \boldsymbol{\sigma} \end{pmatrix} . \tag{2.40}$$

Der Eigenwert s folgt nach den Regeln der Drehimpulsalgebra aus der Zuordnung

$$\mathbf{S}^2 \longrightarrow s(s+1) ,$$

also

$$\frac{1}{4}\boldsymbol{\Sigma}^2 = \frac{1}{4}\begin{pmatrix} \boldsymbol{\sigma}^2 & 0 \\ 0 & \boldsymbol{\sigma}^2 \end{pmatrix} = \frac{3}{4}\mathbb{1} \longrightarrow s(s+1) = \frac{3}{4} ,$$

wonach, da $s > 0$, $s = 1/2$ der Spin der Dirac-Teilchen ist.

Lösungen der freien Dirac-Gleichung

Die Dirac-Gleichung ist ein System von 4 gekoppelten Differentialgleichungen für die Komponenten $\psi_i(x)$ des Dirac-Bispinors:

$$\sum_{k=1}^{4} \left(i(\gamma^\mu)_{jk}\partial_\mu - m\mathbb{1}_{jk}\right)\psi_k(x) = 0, \quad j = 1,2,3,4\ . \tag{2.41}$$

Die ebene Welle ist für jede Komponente des Bispinors eine spezielle Lösung, so daß der Ansatz gemacht werden kann

$$\psi_i(x) = \varphi_i(p)e^{-ip\cdot x}, \quad i = 1,2,3,4\ . \tag{2.42}$$

Darin bilden die Funktionen $\varphi_i(p)$ einen Bispinor im Impulsraum

$$\varphi(p) = \begin{pmatrix} \varphi_1(p) \\ \varphi_2(p) \\ \varphi_3(p) \\ \varphi_4(p) \end{pmatrix} .$$

Nach (2.41) muß $\varphi(p)$ der Gleichung genügen

$$(i\gamma^\mu\partial_\mu - m\mathbb{1})\varphi(p)e^{-ip\cdot x} = (i\gamma^\mu(-ip_\mu) - m\mathbb{1})\varphi(p)e^{-ip\cdot x} = 0\ ,$$

also

$$\begin{aligned}(\gamma^\mu p_\mu - m\mathbb{1})\varphi(p) &= 0 \\ &\equiv (\not p - m\mathbb{1})\varphi(p)\ .\end{aligned} \tag{2.43}$$

Der Operator $(\not p - m\mathbb{1})$ hat in der Pauli-Dirac-Darstellung die Matrixform

$$(\not p - m\mathbb{1}) = \begin{pmatrix} (p^0 - m)\mathbb{1} & -\boldsymbol{\sigma}\cdot\mathbf{p} \\ +\boldsymbol{\sigma}\cdot\mathbf{p} & -(p^0 + m)\mathbb{1} \end{pmatrix} . \tag{2.44}$$

Eine nichttriviale Lösung der Matrixgleichung (2.43) verlangt die Determinantenbedingung $\det(\not p - m\mathbb{1}) = 0$. Berücksichtigt man die zweidimensionalen Untermatrizen in (2.44), so folgt aus der Determinantenbedingung

$$(p^2 - m^2)^2 = 0\ .$$

Diese Gleichung genügt der bekannten Impuls-Masserelation

$$p^2 = m^2 = (p^0)^2 - \mathbf{p}^2\ ,$$

und liefert darüber hinaus, aufgrund der biquadratischen Form, die Aussage, daß die Matrixgleichung 4 Lösungen besitzt für die Energiewerte

$$p_1^0 = p_2^0 = +\sqrt{\mathbf{p}^2 + m^2} \quad \text{und} \quad p_3^0 = p_4^0 = -\sqrt{\mathbf{p}^2 + m^2}\ . \tag{2.45}$$

Der zunächst unphysikalische Aspekt der Existenz von Lösungen zu negativer Energie findet seine physikalische Deutung im erweiterten Rahmen einer Mehr-Teilchen-Theorie, d. h. beim Übergang zur 2. Quantisierung. Verstehen wir im folgenden unter p^0 stets die positive Wurzel

$$p^0 = +\sqrt{\mathbf{p}^2 + m^2}\ ,$$

so lassen sich die, den vier Eigenwerten entsprechenden, Lösungen (2.42) zusammenfassend schreiben als

$$\psi_r(x) = \varphi_r(p) e^{-i\varepsilon_r (p^0 x^0 - \varepsilon_r \mathbf{p}\cdot\mathbf{x})}, \quad r = 1, \ldots, 4\ ,$$

mit

$$\varepsilon_{1,2} = +1, \quad \varepsilon_{3,4} = -1\ . \tag{2.46}$$

Um den Exponenten als vierdimensionales Skalarprodukt schreiben zu können, wird die durch ε_r gegebene Richtungsabhängigkeit im Linearimpuls in eine neue Impulswellenfunktion $w_r(\varepsilon_r \mathbf{p})$ aufgenommen, womit schließlich

$$\psi_r(x) = w_r(\varepsilon_r \mathbf{p}) e^{-i\varepsilon_r p\cdot x}, \quad r = 1, \ldots, 4\ . \tag{2.47}$$

(i) Lösungen im Ruhsytem

Im Ruhsytem der Dirac-Teilchen gilt für den Viererimpuls

$$\{p^\mu\} = \{p^0; \mathbf{p}\} = \{m; \mathbf{0}\}\ ,$$

so daß für die speziellen Lösungen $\hat{\psi}_r(x)$ im Ruhsytem nach Gl. (2.47)

$$\hat{\psi}_r(x) = w_r(\mathbf{0}) e^{-i\varepsilon_r m x^0}, \quad r = 1, \ldots, 4\ . \tag{2.48}$$

Wenden wir auf diese Lösung den Dirac-Operator $(i\gamma^\mu \partial_\mu - m\mathbb{1})$ an, so wird in Analogie zu Gl. (2.43)

$$(\varepsilon_r \gamma^0 - \mathbb{1}) w_r(\mathbf{0}) = 0, \quad r = 1, \ldots, 4\ .$$

Nach (2.45) und (2.46) legt ε_r das Vorzeichen der Energie fest, und es ergeben sich als Gleichungen im Impulsraum

$$(\gamma^0 - \mathbb{1})w_{1,2}(\mathbf{0}) = 0, \qquad \text{positive Energie ,} \tag{2.49}$$

$$(\gamma^0 + \mathbb{1})w_{3,4}(\mathbf{0}) = 0, \qquad \text{negative Energie .} \tag{2.50}$$

Die zugehörigen adjungierten Gleichungen lauten

$$\overline{w}_{1,2}(\mathbf{0})(\gamma^0 - \mathbb{1}) = 0 ,$$
$$\overline{w}_{3,4}(\mathbf{0})(\gamma^0 + \mathbb{1}) = 0 .$$

Mit $(\gamma^0 \mp \mathbb{1})/2 \equiv (\gamma^0 \pm \mathbb{1})/2 \mp \mathbb{1}$ folgt aus (2.49) und (2.50), daß die Operatoren $\frac{1}{2}(\gamma^0 \mp \mathbb{1})$ die Lösungen zu $\binom{\text{positiver}}{\text{negativer}}$ Energie annullieren, die entgegengesetzten Lösungen jedoch herausprojizieren. Die vierdimensionale Matrixform der Projektionsoperatoren ist

$$\frac{1}{2}(\gamma^0 - \mathbb{1}) = \begin{pmatrix} 0 & 0 \\ 0 & -\mathbb{1} \end{pmatrix}, \quad \frac{1}{2}(\gamma^0 + \mathbb{1}) = \begin{pmatrix} \mathbb{1} & 0 \\ 0 & 0 \end{pmatrix} . \tag{2.51}$$

Bezüglich des Bispinors projiziert somit der erste Operator auf die beiden unteren Komponenten , der zweite auf die beiden oberen Komponenten des Bispinors. Sollen die Gleichungen (2.49) und (2.50) erfüllt sein, so müssen danach für positive (negative) Energie die beiden unteren (oberen) Komponenten des Bispinors verschwinden. Die Lösungen im Ruhsystem haben somit die Form

$$w_{1,2}(\mathbf{0}) = \begin{pmatrix} W_{1,2}(\mathbf{0}) \\ 0 \\ 0 \end{pmatrix}; \quad w_{3,4}(\mathbf{0}) = \begin{pmatrix} 0 \\ 0 \\ W_{3,4}(\mathbf{0}) \end{pmatrix} .$$

Darin sind die $W_r(\mathbf{0})$, $r = 1, \ldots, 4$, Zweierspinoren, in denen die Gleichungen (2.49) und (2.50) identisch erfüllt sind. Man kann deshalb für sie die beiden linear unabhängigen Basisvektoren

$$\chi^1 = \begin{pmatrix} 1 \\ 0 \end{pmatrix}, \quad \chi^2 = \begin{pmatrix} 0 \\ 1 \end{pmatrix} \tag{2.52}$$

des Spinorraumes wählen. Ihre Eigenwerte zur diagonalen Pauli-Matrix $\sigma^3 = \begin{pmatrix} 1 & 0 \\ 0 & -1 \end{pmatrix}$ sind ± 1. Diese Aussage bestätigt, daß die Dirac-Gleichung Teilchen mit Spin 1/2 ($m \neq 0$) zu beschreiben gestattet.

Bei geeigneter Normierung ergeben sich schließlich als linear unabhängige Lösungen im Ruhsystem

$$u^r(\mathbf{0}) = \sqrt{2m}\, w_r(\mathbf{0})\Big/_{r=1,2} = \sqrt{2m} \begin{pmatrix} \chi^r \\ 0 \\ 0 \end{pmatrix}_{r=1,2} \qquad \text{positive Energie ,}$$

(2.53)

$$v^r(\mathbf{0}) = \sqrt{2m}\, w_{r+2}(\mathbf{0})\Big/_{r=1,2} = \sqrt{2m} \begin{pmatrix} 0 \\ 0 \\ \chi^r \end{pmatrix}_{r=1,2} \qquad \text{negative Energie .}$$

(2.54)

Mit $\chi^{r\dagger}\chi^s = \delta^{rs}$ und

$$u^{r\dagger}(\mathbf{0})\gamma^0 = u^{r\dagger}(\mathbf{0}) = \bar{u}^r(\mathbf{0}), \quad v^{r\dagger}(\mathbf{0})\gamma^0 = -v^{r\dagger}(\mathbf{0}) = \bar{v}^r(\mathbf{0}) ,$$

folgen als Normierungen

$$\begin{aligned} \bar{u}^r(\mathbf{0})u^s(\mathbf{0}) &= u^{r\dagger}(\mathbf{0})u^s(\mathbf{0}) = 2m\,\delta^{rs} , \\ \bar{v}^r(\mathbf{0})v^s(\mathbf{0}) &= -v^{r\dagger}(\mathbf{0})v^s(\mathbf{0}) = -2m\,\delta^{rs} . \end{aligned} \tag{2.55}$$

Mit vier linear unabhängigen Lösungen besitzt die Dirac-Gleichung im *Ein-Teilchen-Raum* zur Beschreibung eines Spin-1/2-Teilchens zwei Freiheitsgrade zuviel. Es sind dies die Lösungen $v^r(\mathbf{0})$, $r = 1, 2$, zu negativer Energie, die im *Mehr-Teilchen-Raum* als physikalische Lösungen – d. h. zu positiver Energie – von Anti-Dirac-Teilchen von Bedeutung sind. Zur mathematischen Diskussion der Dirac-Theorie sind diese Lösungen aber auch im Ein-Teilchen-Raum zu berücksichtigen, da sonst kein vollständiges System von Basisbispinoren vorliegt.

(ii) Lösungen für beliebigen Impuls p

Um aus den Lösungen im Ruhsystem Spinoren zu beliebigem Impuls **p** zu konstruieren, kann man eine spezielle endliche Spinortransformation auf die Ruhlösungen anwenden. Dazu ist der Exponent dieser Spinortransformation (siehe Gl. (2.27)) aus der sogenannten *boost-Operation* (siehe Anhang B.2), die im Impulsraum vom Ruhsystem in eine beliebige Impulsrichtung transformiert, in den Ortsraum zu übersetzen.

Wir wollen ein anderes Verfahren wählen und von der Operatorbeziehung

$$(\not{p} + m\mathbb{1})(\not{p} - m\mathbb{1}) = \not{p}^2 - m^2 = p^2 - m^2 = 0 \tag{2.56}$$

Gebrauch machen.

Für einen beliebigen Impuls $\mathbf{p}$ ist in Verallgemeinerung der Ruhlösungen (2.48) nach (2.47) zu setzen

$$\psi_r(x) = w_r(\varepsilon_r \mathbf{p}) e^{-i\varepsilon_r p \cdot x}, \quad r = 1,2,3,4 \ , \tag{2.57}$$

mit

$$\varepsilon_{1,2} = +1, \quad \varepsilon_{3,4} = -1 \ .$$

Abweichend von der Normierung in (2.53) und (2.54) definieren wir

$$w_{1,2}(\mathbf{p}) = u^{1,2}(\mathbf{p}) \quad \text{und} \quad w_{3,4}(-\mathbf{p}) = v^{1,2}(\mathbf{p}) \ .$$

Wenden wir den Dirac-Operator $(i\gamma^\mu \partial_\mu - m\mathbb{1})$ auf die Lösungen (2.57) an, so ergeben sich

$$(\varepsilon_r \gamma^\mu p_\mu - m\mathbb{1}) w_r(\varepsilon_r \mathbf{p}) = 0, \quad r = 1,2,3,4 \ ,$$

wonach

$$(\not{p} - m\mathbb{1}) u^r(\mathbf{p}) = 0 \ , \tag{2.58}$$

$$(\not{p} + m\mathbb{1}) v^r(\mathbf{p}) = 0, \quad r = 1,2 \ . \tag{2.59}$$

Die entsprechenden adjungierten Gleichungen sind

$$\bar{u}^r(\mathbf{p})(\not{p} - m\mathbb{1}) = 0 \ , \tag{2.60}$$

$$\bar{v}^r(\mathbf{p})(\not{p} + m\mathbb{1}) = 0, \quad r = 1,2 \ . \tag{2.61}$$

Die Operatoren $(\not{p} \mp m\mathbb{1})/2m$ besitzen danach – analog zu den Operatoren $(\gamma^0 \mp \mathbb{1})/2$ im Ruhsystem nach (2.51) – die Eigenschaften, für beliebigen Impuls $\mathbf{p}$ Lösungen zu vorgegebenem Vorzeichen der Energie ($E \gtrless 0$) herauszuprojizieren.

Berücksichtigen wir die Operatorrelation (2.56), so ist wegen (2.58) und (2.59) ein möglicher Ansatz für die Konstruktion von $u^r(\mathbf{p})$, $v^r(\mathbf{p})$ aus den Ruhlösungen

$$u^r(\mathbf{p}) = N(\not{p} + m\mathbb{1}) u^r(\mathbf{0}), \quad r = 1,2 \ , \tag{2.62}$$

$$v^r(\mathbf{p}) = N'(\not{p} - m\mathbb{1})(-1)^r V^s(\mathbf{0}), \quad r \neq s = 1,2 \ , \tag{2.63}$$

mit $N = N(p)$ und $N' = N'(p)$. In Gl. (2.63) wurde für die in (2.54) gegebenen Ruhlösungen das neue Symbol $V^s(\mathbf{0})$ eingeführt, denn man berechnet aus Gl. (2.63) für $\mathbf{p} = \mathbf{0}$

$$v^r(\mathbf{0}) = 2mN'(-1)^s V^s(\mathbf{0}); \quad r \neq s = 1,2 \ .$$

Gl. (2.62) ist dagegen konsistent mit (2.53), denn es wird sich ergeben, daß $N(\mathbf{p}=\mathbf{0}) = N'(\mathbf{p}=\mathbf{0}) = (2m)^{-1}$.

Die spezielle Zuordnung von $v^r(\mathbf{p})$ zu $(-1)^r V^s(\mathbf{0})$, $r \neq s$, ist zweckmäßig, da sie im Rahmen einer Mehr-Teilchen-Theorie zu einer vom Spinindex r unabhängigen Interpretation der Spinoren $v^r(\mathbf{p})$ als Lösungen der Antiteilchen führt.

Die Normierungskonstanten N, N' lassen sich z. B. dadurch festlegen, daß man auch für die impulsabhängigen Lösungen die Normierungen der Ruhlösungen fordert. Das ergibt nach (2.55)

$$\bar{u}^r(\mathbf{p})u^s(\mathbf{p}) \overset{!}{=} \bar{u}^r(\mathbf{0})u^s(\mathbf{0}) = 2m\,\delta^{rs} ,$$

$$\bar{v}^r(\mathbf{p})v^s(\mathbf{p}) \overset{!}{=} \bar{V}^r(\mathbf{0})V^s(\mathbf{0}) = -2m\,\delta^{rs} .$$

Für die linke Seite der ersten Forderung ergibt der Ansatz (2.62)

$$\bar{u}^r(\mathbf{p})u^s(\mathbf{p}) = |N|^2\bar{u}^r(\mathbf{0})(\not{p} + m\mathbb{1})(\not{p} + m\mathbb{1})u^s(\mathbf{0}) ,$$

mit

$$(\not{p} + m\mathbb{1})^2 = 2m(\not{p} + m\mathbb{1}) .$$

Beachtet man, daß in diesem Operator nur γ^0 und $\mathbb{1}$ Diagonalmatrizen, die γ^k $(k = 1,2,3)$ aber Block-Antidiagonalmatrizen sind, die aus einem $u(\mathbf{0})$-Bispinor einen $v(\mathbf{0})$-Spinor erzeugen, der orthogonal zu $\bar{u}(\mathbf{0})$ ist, so reduziert sich die Forderung wegen $\gamma^0 u^s(\mathbf{0}) = u^s(\mathbf{0})$ auf

$$\bar{u}^r(\mathbf{p})u^s(\mathbf{p}) = 2m(p^0 + m)|N|^2\bar{u}^r(\mathbf{0})u^s(\mathbf{0}) \overset{!}{=} \bar{u}^r(\mathbf{0})u^s(\mathbf{0}) ,$$

also

$$|N|^2 = \frac{1}{2m(p^0 + m)} .$$

Nimmt man N, N' reell positiv an, so ergeben sich für die beiden Konstanten übereinstimmend

$$N = N' = \frac{1}{\sqrt{2m(p^0 + m)}} .$$

Nach Anwenden der Operatoren $(\not{p} \pm m\mathbb{1})$ (in der Pauli-Dirac-Darstellung) auf die Ruhlösungen (2.53) und (2.54) erhält man schließlich als impulsabhängige Lösungen

$$u^r(\mathbf{p}) = \sqrt{p^0 + m}\begin{pmatrix} \chi^r \\ \dfrac{\boldsymbol{\sigma}\cdot\mathbf{p}}{p^0 + m}\,\chi^r \end{pmatrix}_{r=1,2} , \qquad (2.64)$$

$$v^r(\mathbf{p}) = (-1)^s \sqrt{p^0+m} \begin{pmatrix} \dfrac{\boldsymbol{\sigma}\cdot\mathbf{p}}{p^0+m}\chi^s \\ \chi^s \end{pmatrix}_{r\neq s=1,2} , \quad p^0 = +\sqrt{\mathbf{p}^2+m^2} . \tag{2.65}$$

Als Normierungen ergeben sich zusammenfassend

$$\begin{aligned} \bar{u}^r(\mathbf{p})u^s(\mathbf{p}) &= 2m\,\delta^{rs}; \quad u^{r\dagger}(\mathbf{p})u^s(\mathbf{p}) = 2p^0\delta^{rs} , \\ \bar{v}^r(\mathbf{p})v^s(\mathbf{p}) &= -2m\,\delta^{rs}; \quad v^{r\dagger}(\mathbf{p})v^s(\mathbf{p}) = 2p^0\delta^{rs}, \quad r,s=1,2 . \end{aligned} \tag{2.66}$$

Darin wurde Gebrauch gemacht von den Relationen (siehe Aufgabe 2.8)

$$\bar{u}^r(\mathbf{p})\gamma^\mu u^s(\mathbf{p}) = 2p^\mu\delta^{rs}, \quad \bar{v}^r(\mathbf{p})\gamma^\mu v^s(\mathbf{p}) = 2p^\mu\delta^{rs} .$$

Als Orthogonalitätsrelationen notieren wir (siehe Aufgabe 2.7)

$$\begin{aligned} \bar{u}^r(\mathbf{p})v^s(\mathbf{p}) &\equiv 0; \quad u^{r\dagger}(\mathbf{p})v^s(-\mathbf{p}) \equiv 0 , \\ \bar{v}^r(\mathbf{p})u^s(\mathbf{p}) &\equiv 0; \quad v^{r\dagger}(\mathbf{p})u^s(-\mathbf{p}) \equiv 0, \quad \text{für alle } r,s . \end{aligned} \tag{2.67}$$

Weiter genügen die vier impulsabhängigen Lösungen der Vollständigkeitsrelation (Beweis siehe Seite 45 ff.).

$$\sum_{r=1,2} \left(u^r_\alpha(\mathbf{p})\otimes\bar{u}^r_\beta(\mathbf{p}) - v^r_\alpha(\mathbf{p})\otimes\bar{v}^r_\beta(\mathbf{p})\right) = 2m\,\delta_{\alpha\beta}\mathbb{1} , \tag{2.68}$$

wo unter $u\otimes\bar{u}$ das direkte Produkt von Spalten- und Zeilenvektor zu verstehen ist, das zu einer Matrix im Spinorraum führt.

Übungsaufgaben

2.7 Beweisen Sie die Orthogonalitätsrelationen

$$\bar{u}^r(\mathbf{p})v^s(\mathbf{p}) = 0; \quad u^{r\dagger}(\mathbf{p})v^s(-\mathbf{p}) = 0 .$$

Hinweis: Benutzen Sie die Dirac-Gleichungen im Impulsraum, nicht die explizite Darstellung der Bispinoren.

2.8 Beweisen Sie die Relationen

$$\bar{u}^r(\mathbf{p})\gamma^\mu u^s(\mathbf{p}) = 2p^\mu\delta^{rs}, \quad \bar{v}^r(\mathbf{p})\gamma^\mu v^s(\mathbf{p}) = 2p^\mu\delta^{rs} .$$

Hinweis: Berechnen Sie die Antikommutatoren $\{\mp\not{p}+m,\gamma^\mu\}$ zwischen den Spinoren

$$\begin{matrix}\bar{u}^r(\mathbf{p})\\ \bar{v}^r(\mathbf{p})\end{matrix} \left\{\begin{matrix} -\not{p}\cdots \\ +\not{p}\cdots \end{matrix}\right\} \begin{matrix} u^s(\mathbf{p}) \\ v^s(\mathbf{p})\end{matrix} ,$$

auf zweierlei Art:

(i) unter Beachtung der Dirac-Gleichungen,

(ii) unter Ausnutzen der Algebra der γ^μ.

2.9 Leiten Sie die Gordon-Zerlegung des Dirac-Stroms im Impulsraum her:

$$\bar{u}(p_2)\gamma^\mu u(p_1) = \bar{u}(p_2)\left\{\frac{(p_1+p_2)^\mu}{2m} + \frac{i}{2m}\sigma^{\mu\nu}q_\nu\right\}u(p_1) \ ,$$

mit $q_\nu = (p_2 - p_1)_\nu$.
Hinweis: Benutzen Sie die Definition $\sigma^{\mu\nu} = i\left[\gamma^\mu, \gamma^\nu\right]/2$ und die Dirac-Gleichung im Impulsraum.

Projektionsoperatoren der Dirac-Theorie • Spinsummation

In der Dirac-Theorie lassen sich Operatoren konstruieren, die aus einer allgemeinen Lösung solche zu gegebenem Vorzeichen der Energie bei beliebiger Polarisationsrichtung r, bzw. zu gegebener Spinrichtung bei beliebiger Energie herausprojizieren. Die zwei Arten von Operatoren müssen miteinander kommutieren, da sie beide die Dirac-Lösungen als ein gemeinsames System von Eigenvektoren besitzen.

Energieprojektoren

Die Projektoren auf definierte Energielösungen ergeben sich unmittelbar aus den Dirac-Gleichungen (2.58) und (2.59) im Impulsraum:

$$\begin{aligned} \not{p}u^r(\mathbf{p}) &= mu^r(\mathbf{p}) \ , \\ \not{p}v^r(\mathbf{p}) &= -mv^r(\mathbf{p}), \quad r = 1,2 \ . \end{aligned} \tag{2.69}$$

Definiert man danach

$$\Lambda_+(\mathbf{p}) = \frac{\not{p}+m}{2m}, \qquad \Lambda_-(\mathbf{p}) = \frac{-\not{p}+m}{2m} \ , \tag{2.70}$$

so gelten offensichtlich

$$\Lambda_+(\mathbf{p})\begin{cases} u^r(\mathbf{p}) = u^r(\mathbf{p}) \\ v^r(\mathbf{p}) = 0 \end{cases} ; \quad \Lambda_-(\mathbf{p})\begin{cases} u^r(\mathbf{p}) = 0 \\ v^r(\mathbf{p}) = v^r(\mathbf{p}), \ r = 1,2 \end{cases} \tag{2.71}$$

$\Lambda^\pm(\mathbf{p})$ sind somit Projektoren auf $\binom{\text{positive}}{\text{negative}}$ Energielösungen bei beliebiger Polarisationsrichtung r.

Für das vollständige System der Energieprojektoren $\Lambda_\pm(\mathbf{p})$ gelten die charakteristischen Eigenschaften

$$\Lambda_\pm^2(\mathbf{p}) = \Lambda_\pm(\mathbf{p}) \,, \tag{2.72a}$$

$$\Lambda_\pm(\mathbf{p})\Lambda_\mp(\mathbf{p}) = 0, \quad \Lambda_+(\mathbf{p}) + \Lambda_-(\mathbf{p}) = \mathbb{1} \,. \tag{2.72b}$$

Im Ruhsystem haben die Projektoren die Form

$$\Lambda_\pm(\mathbf{0}) = \frac{\pm\gamma^0 + \mathbb{1}}{2} \,.$$

Spinprojektoren

Zu einer kovarianten Darstellung der Spinprojektoren im vierdimensionalen Minkowski-Raum gelangt man durch Verallgemeinerung der nichtrelativistischen – zweidimensionalen – Spinprojektoren

$$S_\pm = \frac{1}{2}(\mathbb{1} \pm \sigma^3) \,. \tag{2.73}$$

Diese Projektoren projizieren die Spineigenzustände $\chi^1 = \binom{1}{0}$, $\chi^2 = \binom{0}{1}$ für Spin in bzw. entgegen der 3-Richtung heraus (z. B. $S_+\chi^1 = \chi^1$; $S_+\chi^2 = 0$).

Im zweidimensionalen Spinorraum erhält man eine skalare, also invariante Darstellung im dreidimensionalen Vektorraum durch formale Umschreibung von Gl. (2.73) in ein dreidimensionales Skalarprodukt. Mit dem Einheitsvektor $\mathbf{e}^3 = (0, 0, 1)$ in 3-Richtung ersetzt man σ^3 durch das Skalarprodukt

$$\sigma^3 = \boldsymbol{\sigma} \cdot \mathbf{e}^3 \,. \tag{2.74}$$

Bei der Diskussion der Spinortransformation für eine Drehung um die 3-Achse haben wir in vierdimensionaler Verallgemeinerung von σ^3 den diagonalen Operator

$$\Sigma^3 = \begin{pmatrix} \sigma^3 & 0 \\ 0 & \sigma^3 \end{pmatrix}$$

kennengelernt (siehe (2.33)). Der vierdimensionale Spinprojektor wird danach in einer kovarianten Verallgemeinerung der Operatoren

$$\Sigma_\pm = \frac{1}{2}(\mathbb{1} \pm \Sigma^3) \tag{2.75}$$

zu suchen sein. Dabei ist jedoch zu beachten, daß der Operator Σ^3 nur im Ruhsystem auf die 3-Richtung projiziert. Denn für die impulsabhängigen Komponenten der Bispinoren (2.64) und (2.65) gilt i. allg. $\sigma^3(\boldsymbol{\sigma}\cdot\mathbf{p})\chi^r \neq (\boldsymbol{\sigma}\cdot\mathbf{p})\sigma^3\chi^3$. Betrachten wir also zunächst das Ruhsystem, in dem nach (2.49) und (2.50) folgende Eigenwertgleichungen für den Matrixoperator γ^0 gelten.

$$\gamma^0 u^r(\mathbf{0}) = u^r(\mathbf{0}); \quad \gamma^0 v^r(\mathbf{0}) = -v^r(\mathbf{0}), \quad r = 1,2\ . \tag{2.76}$$

Das dreidimensionale Skalarprodukt (2.74) ist im Minkowski-Raum zu einem Viererskalar zu verallgemeinern. In einem ersten Schritt definieren wir einen Einheitsvektor in 3-Richtung durch den raumartigen Vierervektor

$$\{\hat{n}_3^\mu\} := \{0;\hat{\mathbf{n}}^3\} \equiv \{0;\mathbf{e}^3\}\ . \tag{2.77}$$

Kontrahiert mit γ^μ ergibt sich daraus $\gamma_\mu \hat{n}_3^\mu \equiv \hat{\not{n}}_3 = -\boldsymbol{\gamma}\cdot\mathbf{e}^3 = -\gamma^3$. Über die Eigenschaft der γ-Matrizen läßt sich Σ^3 umschreiben auf

$$\Sigma^3 = \frac{i}{2}[\gamma^1,\gamma^2] \equiv i\gamma^1\gamma^2 \equiv \gamma^5\gamma^0\gamma^3\ ,$$

wonach

$$\Sigma^3 = -\gamma^5\gamma^0\hat{\not{n}}_3 = +\gamma^5\hat{\not{n}}_3\gamma^0, \quad \text{da } \hat{n}_3^0 = 0\ .$$

Die kovariante Formulierung von (2.75) ist somit

$$\Sigma_\pm = \frac{1}{2}(\mathbb{1} \pm \Sigma^3) = \frac{1}{2}(\mathbb{1} \pm \gamma^5\hat{\not{n}}_3\gamma^0)\ .$$

Beachten wir die unterschiedlichen Zuordnungen der Polarisationsindizes in den Bispinoren nach (2.64) und (2.65), so ergeben sich mit $\sigma^3\chi^r = (-1)^s\chi^r$, $r \neq s = 1,2$, für die Ruhlösungen

$$\Sigma^3 u^r(\mathbf{0}) = (-1)^s u^r(\mathbf{0})\ ,$$
$$\Sigma^3 v^r(\mathbf{0}) = (-1)^r v^r(\mathbf{0}) \equiv -(-1)^s v^r(\mathbf{0}), \quad r \neq s = 1,2\ .$$

Berücksichtigen wir nun die Eigenwertgleichungen (2.76), so erhalten wir für beide Energielösungen

$$\Sigma^3\gamma^0 \left\{ \begin{matrix} u^r(\mathbf{0}) \\ v^r(\mathbf{0}) \end{matrix} \right. \equiv \gamma^5\hat{\not{n}}_3 \left\{ \begin{matrix} u^r(\mathbf{0}) \\ v^r(\mathbf{0}) \end{matrix} \right.$$
$$= (-1)^s \left\{ \begin{matrix} u^r(\mathbf{0}) \\ v^r(\mathbf{0}) \end{matrix} \right.\ , \quad r \neq s = 1,2\ ,$$

wonach zum Beispiel

$$\Sigma_+ \begin{cases} u^r(\mathbf{0}) \\ v^r(\mathbf{0}) \end{cases} = \frac{1}{2}(\mathbb{1} + (-1)^s) \begin{cases} u^r(\mathbf{0}) \\ v^r(\mathbf{0}) \end{cases} = \delta^{r1} \begin{cases} u^r(\mathbf{0}) \\ v^r(\mathbf{0}) \end{cases} ,$$

und $r = 1$ den Spin in positiver 3-Richtung charakterisiert. Die Spinprojektoren in bzw. entgegen der 3-Richtung im Ruhsystem sind somit unabhängig vom Vorzeichen der Energie

$$\Sigma_\pm = \frac{1}{2}(\mathbb{1} \pm \gamma^5 \hat{\not{n}}_3) . \tag{2.78}$$

Die Spinprojektoren in einer beliebigen Raumrichtung im Ruhsystem gewinnt man aus (2.78) durch den Übergang von $\hat{n}_3^\mu$ nach (2.77) zu dem raumartigen Einheitsvektor

$$\{\hat{n}_3^\mu\} \longrightarrow \{\hat{s}^\mu\} = \{0, \hat{\mathbf{s}}\} , \tag{2.79}$$

mit

$$\hat{s}^\mu \hat{s}_\mu = -\hat{\mathbf{s}}^2 = -1 .$$

Man bezeichnet den Vektor $\hat{s}^\mu$ auch als Polarisationsvektor des Teilchens im Ruhsystem. In einem letzten Schritt verallgemeinern wir die Darstellung der Spinprojektoren durch den Übergang vom Ruhsystem in ein System mit beliebigem Impuls. Dies geschieht durch die spezielle Lorentz-Transformation $L^\mu{}_\nu(p)$ im Impulsraum (auch *boost-Operation*, siehe Anhang B.2), die definiert ist durch

$$p^\mu = L^\mu{}_\nu(p)\hat{p}^\nu = \{p^0; \mathbf{p}\}, \quad \text{mit } \hat{p}^\nu = \{m; \mathbf{0}\} . \tag{2.80}$$

Angewandt auf den Polarisationsvektor $\hat{s}^\mu$ führt sie zum vierdimensionalen Spinvektor

$$s^\mu = L^\mu{}_\nu(p)\hat{s}^\nu . \tag{2.81}$$

Da nach Gl. (2.79) und (2.80) $\hat{s} \cdot \hat{p} = 0$, folgt aus der Orthogonalitätsrelation der Lorentz-Transformation als Nebenbedingung für den Spinvektor

$$s \cdot p = \hat{s} \cdot \hat{p} = 0 . \tag{2.82}$$

Ersetzen wir also in (2.78) sukzessive $\hat{n}_3^\mu \to \hat{s}^\mu \to s^\mu$, so ergibt sich für die Darstellung der allgemeinen Spinprojektoren in und entgegen der Richtung einer beliebigen Achse

$$\Sigma(\pm s) = \frac{1}{2}(\mathbb{1} \pm \gamma^5 \not{s}) . \tag{2.83}$$

Die beiden Spinprojektoren genügen den Gleichungen

$$\Sigma(+s) + \Sigma(-s) = \mathbb{1}, \quad (\Sigma(\pm s))^2 = \Sigma(\pm s), \quad \Sigma(+s)\Sigma(-s) = 0 \; .$$

Verstehen wir im folgenden das Argument s von Σ formal als einen diskreten Index und definieren

$$\Sigma(1) := \Sigma(+s) \quad \text{und} \quad \Sigma(2) := \Sigma(-s) \; ,$$

so daß

$$\sum_{s=1,2} \Sigma(s) = \mathbb{1} \; ,$$

so gelten per constructionem die Eigenwertgleichungen

$$\Sigma(s) \begin{Bmatrix} u^r(\mathbf{p}) \\ v^r(\mathbf{p}) \end{Bmatrix} = \delta^{rs} \begin{Bmatrix} u^r(\mathbf{p}) \\ v^r(\mathbf{p}) \end{Bmatrix} , \quad r, s = 1, 2 \; . \tag{2.84}$$

Spinsummation

Aus den Eigenschaften der vier Projektionsoperatoren $\Lambda_\pm(\mathbf{p})$, $\Sigma(s)$, $s = 1, 2$, läßt sich eine Regel für die Spinsummation über die direkten Produkte der Impulsbispinoren herleiten. Als Beispiel wollen wir die positiven Energielösungen $u^r(\mathbf{p})$, $r = 1, 2$, betrachten. Das direkte Produkt $u^r_\alpha(\mathbf{p}) \otimes \bar{u}^r_\beta(\mathbf{p})$ ist ein Matrixoperator im Bispinorraum, abhängig vom Polarisationsindex r und dem Viererimpuls p^μ. So machen wir den Ansatz

$$u^r_\alpha(\mathbf{p}) \otimes \bar{u}^r_\beta(\mathbf{p}) = \mathcal{O}^r_{\alpha\beta}(p) \; . \tag{2.85}$$

Mit den Eigenschaften (2.71) der Energieprojektoren ergeben sich folgende Bedingungen für den Operator $\mathcal{O}^r(p)$:

(i) $[\Lambda_+(\mathbf{p})u^r(\mathbf{p})]_\alpha \otimes \bar{u}^r_\beta(\mathbf{p}) = u^r_\alpha(\mathbf{p}) \otimes \bar{u}^r_\beta(\mathbf{p})$,

$$\text{also} \quad [\Lambda_+(\mathbf{p})\, \mathcal{O}^r(p)]_{\alpha\beta} = \mathcal{O}^r_{\alpha\beta}(p) \; , \tag{2.86}$$

(ii) $[\Lambda_-(\mathbf{p})u^r(\mathbf{p})]_\alpha \otimes \bar{u}^r_\beta(\mathbf{p}) = 0$,

$$\text{also} \quad [\Lambda_-(\mathbf{p})\, \mathcal{O}^r(p)]_{\alpha\beta} = 0 \; . \tag{2.87}$$

Die beiden Bedingungen (2.86) und (2.87) werden für beliebiges r erfüllt durch den Operator

$$\mathcal{O}^r(p) = N\Lambda_+(\mathbf{p})A^r \; , \tag{2.88}$$

denn $\Lambda_\pm(\mathbf{p})$ bilden ein vollständiges System im Raum der Energieprojektoren. In Gl. (2.88) ist A^r ein vom Polarisationsindex r abhängiger Matrixoperator, N ein Normierungsfaktor. Zur Festlegung von $A^r_{\alpha\beta}$ benutzen wir die Eigenschaft (2.84) der Spinprojektoren und erhalten aus unserem Ansatz nach Gl. (2.85) mit (2.88) als zusätzliche Bedingung

$$\text{(iii)} \quad [\Sigma(s)u^r(\mathbf{p})]_\alpha \otimes \bar{u}^r_\beta(\mathbf{p}) = \delta^{rs} u^r_\alpha(\mathbf{p}) \otimes \bar{u}^r_\beta(\mathbf{p}) \ ,$$

also

$$\begin{aligned}[\Sigma(s)\Lambda_+(\mathbf{p})A^r]_{\alpha\beta} &\equiv [\Lambda_+(\mathbf{p})\Sigma(s)A^r]_{\alpha\beta} \\ &= \delta^{rs}[\Lambda_+(\mathbf{p})A^r]_{\alpha\beta} \ ,\end{aligned}$$

wo wir von der Vertauschbarkeit $[\Sigma(s), \Lambda_+(\mathbf{p})] = 0$ Gebrauch machten. Wegen $\Lambda_+(\mathbf{p}) \neq 0$ unterliegt der Matrixoperator somit der Bedingung

$$\Sigma(s)A^r = \delta^{rs} A^r \ ,$$

also

$$\begin{aligned}&\Sigma(s)A^r = 0 \quad \text{für } r \neq s \ , \\ &\Sigma(s)A^s = A^s \quad \text{für } r = s \ .\end{aligned}$$

Diese zu fordernde Eigenschaft von A^s besitzt aber der Spinprojektionsoperator $\Sigma(r)$, und da $\Sigma(\pm s)$ ein vollständiges System bilden, folgern wir

$$A^r = \Sigma(r) \ ,$$

und nach (2.88)

$$\mathcal{O}^r(p) = N[\Lambda_+(\mathbf{p})\Sigma(r)] \equiv N[\Sigma(r)\Lambda_+(\mathbf{p})] \ . \tag{2.89}$$

Den Normierungsfaktor N bestimmen wir aus unserem Ansatz (2.85) durch Multiplikation mit $u^s_\beta(\mathbf{p})$ von rechts und Summation über den Bispinorindex β:

$$u^r_\alpha(\mathbf{p}) \otimes \underbrace{\sum_\beta \bar{u}^r_\beta(\mathbf{p}) u^s_\beta(\mathbf{p})}_{2m\,\delta^{rs}} = N \underbrace{\sum_\beta (\Sigma(r)\Lambda_+(\mathbf{p}))_{\alpha\beta} u^s_\beta(\mathbf{p})}_{\delta^{rs} u^r_\alpha(\mathbf{p})} \ .$$

Folglich ist $N = 2m$ und wir gewinnen nach unserem Ansatz mit (2.89)

$$u^r_\alpha(\mathbf{p}) \otimes \bar{u}^r_\beta(\mathbf{p}) = 2m(\Sigma(r)\Lambda_+(\mathbf{p}))_{\alpha\beta}, \quad r = 1, 2 \ . \tag{2.90}$$

Analog berechnet man

$$v_\alpha^r(\mathbf{p}) \otimes \bar{v}_\beta^r(\mathbf{p}) = -2m(\Sigma(r)\Lambda_-(\mathbf{p}))_{\alpha\beta}, \quad r = 1,2 \; . \tag{2.91}$$

Summation über den Spinindex r ergibt die für die Anwendung wichtigen Relationen

$$\begin{aligned} \sum_{r=1,2} u_\alpha^r(\mathbf{p}) \otimes \bar{u}_\beta^r(\mathbf{p}) &= 2m(\Lambda_+(\mathbf{p}))_{\alpha\beta} \\ &= (\not{p} + m)_{\alpha\beta} \; , \end{aligned} \tag{2.92}$$

$$\begin{aligned} \sum_{r=1,2} v_\alpha^r(\mathbf{p}) \otimes \bar{v}_\beta^r(\mathbf{p}) &= -2m(\Lambda_-(\mathbf{p}))_{\alpha\beta} \\ &= (\not{p} - m)_{\alpha\beta} \; , \end{aligned} \tag{2.93}$$

und daraus die in Gl. (2.68) vorweggenommene Vollständigkeitsrelation

$$\sum_{r=1,2} \left(u_\alpha^r(\mathbf{p}) \otimes \bar{u}_\beta^r(\mathbf{p}) - v_\alpha^r(\mathbf{p}) \otimes \bar{v}_\beta^r(\mathbf{p})\right) = 2m\,\delta_{\alpha\beta}\mathbb{1} \; . \tag{2.94}$$

2.2 Die freie Photonwellengleichung

Die kovariante Form der Wellengleichung

Die kovariante Beschreibung des Bewegungszustandes eines Photons basiert auf der klassischen Maxwell-Theorie der elektromagnetischen Strahlung. Sie ist das erste Beispiel einer relativistisch invarianten, klassischen Feldtheorie.

Für ein freies Photon besteht die Aufgabe somit darin, die Maxwell-Gleichungen für das Vakuum ($\mathbf{B} = \mathbf{H}$; $\mathbf{D} = \mathbf{E}$)[5] in einer kompakten, vierdimensionalen Schreibweise zusammenzufassen, die als Bewegungsgleichung des Photons zu interpretieren ist.

Die Bewegungsgleichungen für Feldtensor und Vektorpotential

Die Maxwell-Gleichungen für das Vakuum lauten

$$\begin{aligned} &\operatorname{rot}\mathbf{H} = \frac{\partial}{\partial t}\mathbf{E}, \qquad \operatorname{rot}\mathbf{E} = -\frac{\partial}{\partial t}\mathbf{H}, \\ &\operatorname{div}\mathbf{E} = 0, \qquad \operatorname{div}\mathbf{H} = 0 \; . \end{aligned} \tag{2.95}$$

[5] Wir benutzen hier und im folgenden rationalisierte Heaviside-Lorentz-Einheiten. Siehe dazu Anhang A.

Den dreidimensionalen Differentialoperatoren entsprechen in vierdimensionaler Verallgemeinerung:

$$\begin{array}{lcl}
\mathbf{grad} = \boldsymbol{\nabla} & \xrightarrow{\text{4-dim.}} & \{\partial^\mu\} \ldots\ldots\ \text{Vierervektor}\ , \\
\operatorname{div} \mathbf{a} = \boldsymbol{\nabla} \cdot \mathbf{a} & \longrightarrow & \partial_\mu a^\mu \ldots\ldots\ \text{Viererskalar}\ , \\
\operatorname{rot} \mathbf{a} = \boldsymbol{\nabla} \times \mathbf{a} & \longrightarrow & \partial^\mu a^\nu - \partial^\nu a^\mu\ \text{Vierertensor}\ .
\end{array}$$

In den Maxwell-Gleichungen (2.95) wirken die dreidimensionalen Differentialoperatoren auf die Komponenten von **H** und **E**. Diese Komponenten definieren in folgender Weise den Feldtensor $F^{\mu\nu}$:

$$F^{\mu\nu} = -F^{\nu\mu} = \begin{pmatrix} 0 & E^1 & E^2 & E^3 \\ -E^1 & 0 & H^3 & -H^2 \\ -E^2 & -H^3 & 0 & H^1 \\ -E^3 & H^2 & -H^1 & 0 \end{pmatrix} , \quad \mu, \nu = 0,1,2,3\ . \tag{2.96}$$

Damit ist es plausibel, daß die dreidimensionalen Maxwell-Gleichungen in einer kovarianten Formulierung in vierdimensionale Differentialgleichungen für die Komponenten des Feldtensors übergehen. In dieser kompakten Form entsprechen den Gleichungspaaren (2.95) die Differentialgleichungen

$$\partial_\mu F^{\mu\nu} = 0, \quad \nu = 0,1,2,3\ , \tag{2.97}$$

$$\partial^\mu F^{\nu\sigma} + \partial^\sigma F^{\mu\nu} + \partial^\nu F^{\sigma\mu} = 0, \quad \mu, \nu, \sigma = 0,1,2,3\ , \tag{2.98}$$

wo $\mu \neq \nu \neq \sigma$ im allgemeinen (siehe Aufgabe 2.10). Die Gleichungen (2.98) lassen sich über den dualen Feldtensor ${}^*F^{\mu\nu}$ in einer zu (2.97) analogen Gleichung

$$\partial_\mu {}^*F^{\mu\nu} = 0, \quad \nu = 0,1,2,3$$

darstellen, wobei der duale Tensor definiert ist durch

$${}^*F^{\mu\nu} = -\frac{1}{2}\epsilon^{\mu\nu\lambda\rho} F_{\lambda\rho}$$

mit dem total antisymmetrischen Tensor $\epsilon_{\mu\nu\lambda\rho} = -\epsilon^{\mu\nu\lambda\rho}$ in vier Dimensionen und der Festlegung $\epsilon_{0123} = +1$.

Kontraktion von (2.98) mit ∂_μ ergibt mit (2.97)

$$\partial_\mu \partial^\mu F^{\nu\sigma} = 0, \quad \nu, \sigma = 0,1,2,3\ . \tag{2.99}$$

Definieren wir den *Viereckoperator* $\Box$ durch den Viererskalar

$$\Box := \partial_\mu \partial^\mu\ ,$$

so folgt aus (2.99) als Wellengleichung für die Komponenten des Feldtensors

$$\Box F^{\nu\sigma} = 0, \quad \nu, \sigma = 0, 1, 2, 3 \; . \tag{2.100}$$

Die klassischen Maxwell-Gleichungen gestatten die Einführung der elektromagnetischen Potentiale A^μ, $\mu = 0, 1, 2, 3$, die die Komponenten eines Vierervektors $\{A^\mu\} = \{A^0; \mathbf{A}\}$ bilden und mit den Komponenten von $F^{\mu\nu}$ in folgendem Zusammenhang stehen:

$$\mathbf{H} = \text{rot}\, \mathbf{A}; \quad \mathbf{E} = -\frac{\partial}{\partial t}\mathbf{A} - \mathbf{grad}\, A^0 \; . \tag{2.101}$$

Diese Gleichungen lassen sich vierdimensional zusammenfassen zu der Relation (siehe Aufgabe 2.11)

$$F^{\mu\nu} = \partial^\nu A^\mu - \partial^\mu A^\nu, \quad \mu, \nu = 0, 1, 2, 3 \; . \tag{2.102}$$

Kontraktion mit ∂_μ ergibt nach (2.97)

$$\partial_\mu F^{\mu\nu} = 0 = \partial_\mu \partial^\nu A^\mu - \partial_\mu \partial^\mu A^\nu \; ,$$

und somit als Bewegungsgleichungen für die Komponenten der Potentiale

$$\Box A^\nu - \partial^\nu \partial_\mu A^\mu = 0, \quad \nu = 0, 1, 2, 3 \; . \tag{2.103}$$

Die Gleichungen (2.98) sind mit (2.102) identisch erfüllt. Letztere sind somit die Maxwell-Gleichungen (2.98) in anderer Formulierung.

Lorentz-Bedingung

Das Vektorpotential A^μ ist durch die Definition (2.101) bzw. (2.102) nicht eindeutig bestimmt. Ein Vektorfeld $\mathbf{A}(x)$ ist allgemein erst eindeutig festgelegt durch Vorgabe seiner Wirbel und Quellen, d. h. durch Vorgabe von rot $\mathbf{A}$ und div $\mathbf{A}$. Nach Gl. (2.101) ist aber nur die Rotation durch $\mathbf{H}$ festgelegt. Für die Divergenz berechnet man aus (2.101) wegen div $\mathbf{E} = 0$

$$\frac{\partial}{\partial t} \boldsymbol{\nabla} \cdot \mathbf{A} = -\boldsymbol{\nabla}^2 A^0 \; ,$$

bzw. mit

$$\nabla^i = \partial_i = -\partial^i \longrightarrow \sum_{i=1}^{3} \nabla^i \nabla^i = \sum_{i=1}^{3} \partial^i \partial^i = -\partial_i \partial^i$$

$$\partial^0 \partial_i A^i = \partial_i \partial^i A^0 \; . \tag{2.104}$$

Legt man die Divergenz nun in üblicher Weise fest durch die Forderung der

$$\textbf{Lorentz-Bedingung}: \qquad \partial_\mu A^\mu(x) = 0 \,, \tag{2.105}$$

wonach $\partial_i A^i = -\partial_0 A^0$, so muß nach (2.104) gelten $-\partial^0\partial_0 A^0 = \partial_i \partial^i A^0$ bzw.

$$\partial_\mu \partial^\mu A^0 \equiv \Box A^0 = 0 \,.$$

Diese Bedingung steht in Übereinstimmung mit der Wellengleichung (2.103), da bei Gültigkeit der Lorentz-Bedingung sogar für alle ν

$$\Box A^\nu(x) = 0, \quad \nu = 0,1,2,3 \,. \tag{2.106}$$

Das Photon kann nun gleichermaßen durch die Bewegungsgleichungen des Feldtensors oder die des Potentials beschrieben werden. Dabei sind $F^{\mu\nu}$ oder A^ν als mehrkomponentige Wellenfunktionen des Photons zu interpretieren.

Coulomb- oder Strahlungseichung

Die physikalischen Observablen, d. h. die Feldgrößen **E** und **H** und damit der Feldtensor $F^{\mu\nu}$ sind ebenso wie die Bewegungsgleichungen (2.97) und (2.98) invariant gegenüber der Eichtransformation II. Art

$$A^\mu(x) \xrightarrow{\text{Eichtransf. II. Art}} A'^\mu(x) = A^\mu(x) + \partial^\mu \Lambda(x) \,, \tag{2.107}$$

wo $\Lambda(x)$ eine zunächst beliebige Eichfunktion mit existierenden Ableitungen bis zur dritten Ordnung ist. So läßt sich leicht prüfen, daß $F'^{\mu\nu} = \partial^\nu A'^\mu - \partial^\mu A'^\nu = F^{\mu\nu}$. Für die Observablen sind somit A'^μ und A^μ äquivalente Potentiale. Fordert man auch für das transformierte Feld A'^μ die Lorentz-Bedingung (2.105), so muß die Eichfunktion der Wellengleichung $\Box \Lambda(x) = 0$ genügen.

Im Fall des masselosen Vektorfeldes kann die Eichfunktion $\Lambda(x)$ so gewählt werden, daß die Nullkomponente des Viererpotentials, d. h. das Coulomb-Potential A^0 *weggeeicht* wird. Man bezeichnet diese spezielle Eichung deshalb auch als *Coulomb-* oder *Strahlungseichung*, da sie nur für das masselose Photon möglich ist. In den Beweis geht ein, daß das Photon wegen der für $m = 0$ gültigen Relation $k^0 = |\mathbf{k}|$ in nur zwei Helizitätszuständen auftritt, wodurch eine zusätzliche Eichung möglich ist.

Für das Folgende wollen wir die spezielle Coulomb-Eichung

$$A'^0 = A^0 + \partial^0 \hat{\Lambda}(x) \stackrel{!}{=} 0$$

voraussetzen und werden das Photon beschreiben durch:

(α) Wellenfunktion

$$A^\mu(x) = \{A^0; \mathbf{A}\} \xrightarrow{\text{Coulomb-Eichung}} A^\mu(x) = \{0; \mathbf{A}(x)\} \ ,$$

(β) Wellengleichung

$$\Box\, A^\mu(x) = 0 \xrightarrow{\text{Coulomb-Eichung}} \underset{(k=1,2,3)}{\Box\, A^k(x) = 0} \ ,$$

(γ) Lorentz-Bedingung

$$\partial_\mu A^\mu(x) = 0 \xrightarrow{\text{Coulomb-Eichung}} \partial_k A^k(x) = 0 \ .$$

Übungsaufgaben

2.10 Zeigen Sie über die Definition des Feldtensors $F^{\mu\nu}$, daß die kovarianten Gleichungen

$$\partial_\mu F^{\mu\nu} = 0, \quad \nu = 0,1,2,3 \ ,$$

$$\partial^\mu F^{\nu\sigma} + \partial^\sigma F^{\mu\nu} + \partial^\nu F^{\sigma\mu} = 0, \quad \mu,\nu,\sigma = 0,1,2,3, \\ \mu \neq \nu \neq \sigma \text{ i. allg.}$$

die dreidimensionalen Maxwell-Gleichungen im Vakuum vollständig reproduzieren.

2.11 Die elektromagnetischen Potentiale $\{A^0; \mathbf{A}\}$ werden in die Maxwell-Theorie durch die Gleichungen

$$\mathbf{H} = \operatorname{rot} \mathbf{A}; \quad \mathbf{E} = -\frac{\partial}{\partial t}\mathbf{A} - \mathbf{grad}\, A^0$$

eingeführt.

Zeigen Sie, daß diesen dreidimensionalen Gleichungen die vierdimensionale Relation

$$F^{\mu\nu} = \partial^\nu A^\mu - \partial^\mu A^\nu, \quad \mu,\nu = 0,1,2,3$$

entspricht.

Der Spin der Photonen

In der Coulomb-Eichung wird das masselose Photon durch eine dreikomponentige Wellenfunktion $\mathbf{A}(x)$ beschrieben. Solch eine Wellenfunktion charakterisiert ein Vektorfeld, das allgemein *Vektorteilchen* mit beliebiger Masse zugeordnet wird.

Um den Spin des Photons – in Analogie zu den Betrachtungen für das Dirac-Teilchen – aus der speziellen Lorentz-Transformation der räumlichen Drehung für ein Vektorfeld zu bestimmen, wollen wir zunächst in größerer Allgemeinheit ein massives Vektorfeld betrachten.

Spin von (allgemein massiven)Vektorteilchen

Der Spin von Vektorteilchen ist aus dem Vergleich zwischen einer infinitesimalen räumlichen Drehung eines Vektorfeldes und der infinitesimalen Rotation der Drehimpulsalgebra zu bestimmen.

Betrachten wir zunächst die spezielle Drehung um die z-Achse um den infinitesimalen Winkel $\alpha \ll 1$, so sind für die Komponenten des Vektorfeldes – analog zu der Diskussion für das Dirac-Feld – als Transformationsgleichungen zu fordern

$$\begin{aligned} A'^i(x) &= (\mathcal{D}_3(\alpha))^i{}_j A^j(\mathcal{D}_3^{-1}(\alpha)x) \\ &\stackrel{!}{=} e^{i\alpha J^3} A^i(x) \simeq (\mathbb{1} + i\alpha J^3) A^i(x), \;\; \alpha \ll 1, \;\; i = 1,2,3 \;. \end{aligned} \tag{2.108}$$

In dieser Transformationsgleichung wurde berücksichtigt, daß sich im Gegensatz zum Dirac-Feld, das mit der Spinortransformation $S(\Lambda)$ transformiert wird, das dreidimensionale Vektorfeld wie der räumliche Vektor $\mathbf{x}$ transformiert. In (2.108) sind $(\mathcal{D}_3(\alpha))^i{}_j$ die räumlichen Elemente der Drehmatrix $\Lambda^\mu{}_\nu(\alpha)$ für $\alpha \ll 1$ und Drehung um die z-Achse. Somit gilt nach Gl. (2.30)

$$(\mathcal{D}_3(\alpha))^i{}_j = \Lambda^i{}_j(\alpha) = g^i{}_j + \alpha(g^i{}_1 g_j{}^2 - g^i{}_2 g_j{}^1) \;,$$

und wir erhalten für die i-te Komponente des gedrehten Feldes nach (2.108)

$$\begin{aligned} A'^i(x) &= (g^i{}_j + \alpha(g^i{}_1 g_j{}^2 - g^i{}_2 g_j{}^1)) A^j(\mathcal{D}_3^{-1}(\alpha)x) \\ &= (A^i + \alpha(g^i{}_1 A^2 - g^i{}_2 A^1))(\mathcal{D}_3^{-1}(\alpha)x) \;. \end{aligned}$$

Ersetzen wir in dem zu α proportionalen Term die Kronecker-Symbole durch die Komponenten der kartesischen Einheitsvektoren $g^i{}_j = (\mathbf{e}^i)^j$, so wird

$$\begin{aligned}(g^i{}_1 A^2 - g^i{}_2 A^1) &= ((\mathbf{e}^i)^1 A^2 - (\mathbf{e}^i)^2 A^1) \\ &= (\mathbf{e}^i \times \mathbf{A})^3 \equiv (\mathbf{e}^i \times \mathbf{A}) \cdot \mathbf{e}^3 \\ &\equiv (\mathbf{A} \times \mathbf{e}^3) \cdot \mathbf{e}^i = (\mathbf{A} \times \mathbf{e}^3)^i \ .\end{aligned}$$

Somit gilt

$$(g^i{}_1 A^2 - g^i{}_2 A^1) = (\mathbf{A} \times \mathbf{e}^3)^i = -(\mathbf{e}^3 \times \mathbf{A})^i \ ,$$

und wir erhalten

$$A'^i(x) = (A^i - \alpha(\mathbf{e}^3 \times \mathbf{A})^i)(\mathcal{D}_3^{-1}(\alpha)x) \ .$$

Für die Transformation des Argumentes übernehmen wir aus der Diskussion für das Dirac-Feld in erster Ordnung von $\alpha \ll 1$

$$A^i(\mathcal{D}_3^{-1}(\alpha)x) \underset{\alpha \ll 1}{\simeq} (\mathbb{1} + i\alpha L^3)A^i(x) \ ,$$

womit

$$\begin{aligned}A'^i(x) &= (\mathbb{1} + i\alpha L^3)(A^i - \alpha(\mathbf{e}^3 \times \mathbf{A})^i)(x) \\ &\simeq \{(\mathbb{1} + i\alpha L^3)A^i - \alpha(\mathbf{e}^3 \times \mathbf{A})^i\}(x) \ .\end{aligned}$$

Daraus folgt für das Vektorfeld $\mathbf{A}'$ nach (2.108)

$$\mathbf{A}'(x) = (\mathbb{1} + i\alpha L^3 - \alpha\mathbf{e}^3\times)\mathbf{A}(x) \stackrel{!}{=} (\mathbb{1} + i\alpha J^3)\mathbf{A}(x) \ ,$$

woraus man für die infinitesimale Drehung um die 3-Achse als Operatorrelation abliest:

$$\begin{aligned}J^3 &= L^3 + i\mathbf{e}^3 \times \\ &\equiv L^3 + S^3 \ .\end{aligned}$$

Darin ist das Symbol $\mathbf{e}^3\times$ als Operator aufzufassen, der bei Anwendung auf einen Vektor $\mathbf{B}$ zum Vektorprodukt $(\mathbf{e}^3 \times \mathbf{B})$ führt.

Die 3-Komponente des Spinoperators des Vektorfeldes ist somit gegeben durch

$$S^3 = i\mathbf{e}^3 \times \ . \qquad (2.109)$$

Bei Verallgemeinerung auf eine infinitesimale Drehung um eine beliebige Achse ergeben sich aus (2.109) für die drei räumlichen Komponenten

$$S^k = i\mathbf{e}^k\times, \quad k = 1,2,3 \,. \tag{2.110}$$

Matrixdarstellung des Spinoperators

Für ein Vektorfeld wirkt der Drehimpulsoperator auf eine dreikomponentige Wellenfunktion. In Matrixform muß somit der Spinoperator eine dreidimensionale Darstellung besitzen. Man berechnet sie aus der Anwendung des Operators (2.110) auf den Einheitsvektor $\mathbf{e}^j$, wonach

$$S^k\mathbf{e}^j = i(\mathbf{e}^k \times \mathbf{e}^j) = i\epsilon_{kjl}\mathbf{e}^l \,.$$

Daraus folgt für die Matrixelemente

$$(S^k)_{mn}(\mathbf{e}^j)_n = i\epsilon_{kjl}(\mathbf{e}^l)_m \,,$$

und wegen $(\mathbf{e}^j)_n = \delta^j{}_n$ schließlich

$$(S^k)_{mj} = i\epsilon_{kjm} = -i\epsilon_{kmj}, \quad k,m,j = 1,2,3 \,. \tag{2.111}$$

Darin ist ϵ_{kmj} der total antisymmetrische Tensor in drei Dimensionen mit der Festlegung $\epsilon_{123} = +1$. Die Matrixdarstellungen sind danach

$$S^1 = \frac{1}{i}\begin{pmatrix} 0 & 0 & 0 \\ 0 & 0 & 1 \\ 0 & -1 & 0 \end{pmatrix}, S^2 = \frac{1}{i}\begin{pmatrix} 0 & 0 & -1 \\ 0 & 0 & 0 \\ 1 & 0 & 0 \end{pmatrix}, S^3 = \frac{1}{i}\begin{pmatrix} 0 & 1 & 0 \\ -1 & 0 & 0 \\ 0 & 0 & 0 \end{pmatrix}. \tag{2.112}$$

Für das Quadrat des totalen Spinoperators berechnet man daraus

$$(\mathbf{S})^2 = \sum_{k=1}^{3}(S^k)^2 = 2\,\mathbb{1} \,,$$

wonach der Eigenwert aus $s(s+1) = 2$ zu $s = 1$ folgt. Einem beliebigen – auch massiven – Vektorfeld ist somit die Spinquantenzahl $s = 1$ zuzuordnen.

Übungsaufgaben

2.12 Leiten Sie aus der Darstellung

$$(S^k)_{mj} = -i\epsilon_{kmj}, \quad k,m,j = 1,2,3$$

für die Matrixelemente des Spinvektors die Matrixelemente $(\mathbf{S}^2)_{mn}$ her.

Eigenvektoren zum Spinoperator

Legen wir die Quantisierungsrichtung zunächst in die 3-Richtung, so gilt es Eigenvektoren zur dritten Komponente des Spinoperators aufzusuchen. Multiplizieren wir S^3 nach (2.110) sukzessive mit den drei kartesischen Einheitsvektoren, so ergeben sich

$$\begin{aligned} S^3\mathbf{e}^1 &= i(\mathbf{e}^3 \times \mathbf{e}^1) = i\mathbf{e}^2 \ , \\ S^3\mathbf{e}^2 &= i(\mathbf{e}^3 \times \mathbf{e}^2) = -i\mathbf{e}^1 \ , \\ S^3\mathbf{e}^3 &= i(\mathbf{e}^3 \times \mathbf{e}^3) = 0 \ . \end{aligned}$$

Danach wird zum Beispiel

$$S^3(\mathbf{e}^1 + i\mathbf{e}^2) = i\mathbf{e}^2 + \mathbf{e}^1 \ .$$

Allgemein berechnet man als ein vollständiges, normiertes System von Eigenvektoren zum Operator S^3 die drei Vektoren

$$\begin{aligned} \boldsymbol{\xi}_{+1} &= \frac{1}{\sqrt{2}}(\mathbf{e}^1 + i\mathbf{e}^2) = \frac{1}{\sqrt{2}}\begin{pmatrix} 1 \\ i \\ 0 \end{pmatrix} , \\ \boldsymbol{\xi}_0 &= \mathbf{e}^3 = \begin{pmatrix} 0 \\ 0 \\ 1 \end{pmatrix} , \\ \boldsymbol{\xi}_{-1} &= \boldsymbol{\xi}^*_{+1} = \frac{1}{\sqrt{2}}(\mathbf{e}^1 - i\mathbf{e}^2) = \frac{1}{\sqrt{2}}\begin{pmatrix} 1 \\ -i \\ 0 \end{pmatrix} , \end{aligned} \tag{2.113}$$

mit den Eigenwerten $+1, 0, -1$, so daß folgende Eigenwertgleichungen gelten:

$$S^3 \begin{cases} \boldsymbol{\xi}_{+1} \\ \boldsymbol{\xi}_0 \\ \boldsymbol{\xi}_{-1} \end{cases} = \begin{cases} \boldsymbol{\xi}_{+1} \\ 0 \\ -\boldsymbol{\xi}_{-1} \end{cases} . \tag{2.114}$$

Der Helizitätsoperator • Eigenvektoren und Eigenwerte

Der Spinformalismus ist nur im Ruhsystem des Teilchens eine sinnvolle Beschreibung, da der totale Drehimpuls $\mathbf{J} = \mathbf{L} + \mathbf{S}$ als Erhaltungsgröße wegen $\mathbf{L} = (\mathbf{r} \times \mathbf{k})$ nur für $\mathbf{k} = \mathbf{0}$ dem Spin äquivalent ist. Das masselose Photon besitzt aber kein Ruhsystem.

Da für beliebigen Linearimpuls $\mathbf{k} \neq \mathbf{0}$, $\mathbf{L} \cdot \mathbf{k} \equiv 0$, gilt weiter $\mathbf{J} \cdot \mathbf{k} = \mathbf{S} \cdot \mathbf{k}$. Diese Aussage begründet den Übergang zum Helizitätsformalismus in der Theorie des Photonfeldes.

Der Helizitätsoperator ist definiert als die Komponente des Spinoperators in Richtung des Impulses des Teilchens.

Sei $\mathbf{k}$ der Linearimpuls des Teilchens. Dann ist die Definition für den Helizitätsoperator $\hbar_k$

$$\hbar_k = \frac{\mathbf{S} \cdot \mathbf{k}}{|\mathbf{k}|} = \frac{1}{|\mathbf{k}|} \sum_{j=1}^{3} S^j k^j \ , \tag{2.115}$$

wo S^j $(j = 1, 2, 3)$ die kartesischen Komponenten des Spinoperators nach (2.110) sind, wonach

$$\hbar_k = i \frac{1}{|\mathbf{k}|} \sum_{j=1}^{3} k^j \mathbf{e}^j \times := i \mathbf{e}_k \times \ , \tag{2.116}$$

und $\mathbf{e}_k$ der Einheitsvektor in Richtung des Impulses ist, also

$$\mathbf{e}_k = \frac{1}{|\mathbf{k}|} \sum_{j=1}^{3} k^j \mathbf{e}^j = \frac{1}{|\mathbf{k}|} \begin{pmatrix} k^1 \\ k^2 \\ k^3 \end{pmatrix} \equiv \frac{\mathbf{k}}{|\mathbf{k}|} \ .$$

Die Matrixdarstellung des Helizitätsoperators berechnet sich aus denen der S^j nach (2.112) zu

$$\hbar_k = \frac{1}{|\mathbf{k}|} \sum_{j=1}^{3} k^j S^j = \frac{i}{|\mathbf{k}|} \begin{pmatrix} 0 & -k^3 & k^2 \\ k^3 & 0 & -k^1 \\ -k^2 & k^1 & 0 \end{pmatrix} \ . \tag{2.117}$$

Zur Auffindung von Eigenvektoren von $\hbar_k$ multiplizieren wir (2.116) mit einem impulsabhängigen Vektor $\mathbf{a}(k)$ ($\mathbf{a}(k) = \{a^1(k), a^2(k), a^3(k)\}$), und erhalten

$$\hbar_k \mathbf{a}(k) = i \mathbf{e}_k \times \mathbf{a}(k) \equiv \frac{i[\mathbf{k} \times \mathbf{a}(k)]}{|\mathbf{k}|} \ . \tag{2.118}$$

Die Eigenwerte des Helizitätsoperators – die Helizitäten λ – berechnen sich nach (2.117) aus folgender Eigenwertgleichung

$$\hbar_k \mathbf{a}(k) = \frac{i}{|\mathbf{k}|} \begin{pmatrix} 0 & -k^3 & k^2 \\ k^3 & 0 & -k^1 \\ -k^2 & k^1 & 0 \end{pmatrix} \begin{pmatrix} a^1(k) \\ a^2(k) \\ a^3(k) \end{pmatrix} \stackrel{!}{=} \lambda \begin{pmatrix} a^1(k) \\ a^2(k) \\ a^3(k) \end{pmatrix} \ .$$

Für eine nichttriviale Lösung dieses Gleichungssystems ist die Determinantenbedingung

$$\det \begin{vmatrix} i|\mathbf{k}|\lambda & -k^3 & k^2 \\ k^3 & i|\mathbf{k}|\lambda & -k^1 \\ -k^2 & k^1 & i|\mathbf{k}|\lambda \end{vmatrix} \stackrel{!}{=} 0$$

zu fordern, deren Lösungen $\lambda = 0$, $\lambda^2 = 1$ sind. Die Helizitäten eines allgemeinen Vektorfeldes sind somit $\lambda = +1, 0, -1$, und die Eigenwertgleichungen lauten

$$\hbar_k \left\{ \begin{array}{l} \mathbf{a}_+(k) \\ \mathbf{a}_0(k) \\ \mathbf{a}_-(k) \end{array} \right. = \left\{ \begin{array}{c} \mathbf{a}_+(k) \\ 0 \\ -\mathbf{a}_-(k) \end{array} \right. . \tag{2.119}$$

$\mathbf{a}_{\pm,0}(k)$ sind die gesuchten Eigenvektoren, die nach Vergleich von (2.119) mit (2.118) folgenden Relationen genügen müssen:

$$\begin{aligned} i\frac{[\mathbf{k}\times\mathbf{a}_+(k)]}{|\mathbf{k}|} &= \mathbf{a}_+(k) , \\ i\frac{[\mathbf{k}\times\mathbf{a}_0(k)]}{|\mathbf{k}|} &= 0 , \\ i\frac{[\mathbf{k}\times\mathbf{a}_-(k)]}{|\mathbf{k}|} &= -\mathbf{a}_-(k) . \end{aligned} \tag{2.120}$$

Der normierte Eigenvektor für $\lambda = 0$ ist danach

$$\mathbf{a}_0(k) = \frac{\mathbf{k}}{|\mathbf{k}|} . \tag{2.121}$$

Zwischen den Eigenvektoren $\mathbf{a}_\pm(k)$ läßt sich aus folgenden Überlegungen eine Relation gewinnen.

Da der Helizitätsoperator nach Gl. (2.116) rein imaginär, also $\hbar_k^* = -\hbar_k$ ist, folgt aus den Eigenwertgleichungen (2.119)

$$\begin{aligned} [\hbar_k \mathbf{a}_+(k)]^* &= \hbar_k^* \mathbf{a}_+^*(k) = -\hbar_k \mathbf{a}_+^*(k) \\ &\equiv \mathbf{a}_+^*(k) . \end{aligned}$$

Das heißt der Eigenwert von $\hbar_k$ zu $\mathbf{a}_+^*(k)$ und zu $\mathbf{a}_-(k)$ ist derselbe. Damit können sich diese beiden Eigenvektoren höchstens um eine Phase unterscheiden. Diese Phase kann aber zu -1 gewählt werden, da sie für die Erwartungswerte von $\hbar_k$ keine Rolle spielt. Man kann somit ohne Einschränkung der Allgemeinheit annehmen

$$\mathbf{a}_+^*(k) = -\mathbf{a}_-(k) . \tag{2.122}$$

Für eine allgemeine Diskussion der Eigenvektoren $\mathbf{a}_{\pm,0}(k)$ sei auf den Anhang C.2 über Polarisationsvektoren hingewiesen. An dieser Stelle wollen wir spezielle Vektoren in einem häufig benutzten Impulssystem diskutieren.

Nach (2.120) ist für die Komponenten von $\mathbf{a}_+(k)$ folgendes Gleichungssystem zu lösen:

$$
\begin{aligned}
a_+^1(k) &= i\frac{[\mathbf{k}\times\mathbf{a}_+(k)]^1}{|\mathbf{k}|} = i\frac{(k^2a_+^3 - k^3a_+^2)}{|\mathbf{k}|} \,, \\
a_+^2(k) &= \qquad \cdots \qquad = i\frac{(k^3a_+^1 - k^1a_+^3)}{|\mathbf{k}|} \,, \\
a_+^3(k) &= \qquad \cdots \qquad = i\frac{(k^1a_+^2 - k^2a_+^1)}{|\mathbf{k}|} \,.
\end{aligned}
$$

Sei $\mathbf{k} = |\mathbf{k}|(0,0,1)$ in 3-Richtung. Dann ergeben sich aus dem Gleichungssystem

$$
\begin{aligned}
a_+^1(k) &= -ia_+^2(k) \,, \\
a_+^2(k) &= ia_+^1(k) \,, \\
a_+^3(k) &= 0 \,,
\end{aligned}
$$

also $\mathbf{a}_+(k) = \{a_+^1(k), ia_+^1(k), 0\}$. Mit $a_+^1(k) = -1/\sqrt{2}$ ergibt sich für den speziellen – normierten – Eigenvektor

$$\mathbf{a}_+(k) = \frac{-1}{\sqrt{2}}\{1, i, 0\} \,, \tag{2.123a}$$

und wegen (2.121) und (2.122)

$$\mathbf{a}_0(k) = \mathbf{e}^3 \,, \tag{2.123b}$$

$$\mathbf{a}_-(k) = -\mathbf{a}_+^*(k) = \frac{1}{\sqrt{2}}\{1, -i, 0\} \,. \tag{2.123c}$$

Für die – i. allg. komplexen – Eigenvektoren ergeben sich die Normierungen

$$|\mathbf{a}_+|^2 = |\mathbf{a}_-|^2 = |\mathbf{a}_0|^2 = 1$$

und

$$\mathbf{a}_+^* \cdot \mathbf{a}_- = -(\mathbf{a}_-)^2 = \mathbf{a}_+^* \cdot \mathbf{a}_0 = \mathbf{a}_-^* \cdot \mathbf{a}_0 = 0 \,.$$

Da für das gewählte Impulssystem der Helizitätsoperator mit der Spinkomponente S^3 übereinstimmt, erhalten wir folglich – bis auf ein Vorzeichen – in den $\mathbf{a}_{\pm,0}(k)$ die Spineigenvektoren $\boldsymbol{\xi}_{\pm,0}$ zurück.

Helizitäten des Photonfeldes

Von den drei Helizitäten $\lambda = +1, 0, -1$ eines allgemeinen Vektorfeldes sind für das Photon nur zwei realisiert. Das folgt aus der – nur für masselose Vektorfelder gültigen – speziellen Form der Lorentz-Bedingung in der Coulomb-Eichung

$$\partial_k A^k(x) = 0 \; .$$

Überträgt man diese Bedingung auf den Impulsraum, in dem das reelle Photonfeld über die Fourier-Darstellung

$$\mathbf{A}(x) \simeq \int \frac{d^3\,\mathbf{k}}{2k^0}\left[\mathbf{a}(k)e^{-ik\cdot x} + \mathbf{a}^*(k)e^{+ik\cdot x}\right]$$

durch die Wellenfunktion $\mathbf{a}(k)$ beschrieben wird, so erhält man als Lorentz-Bedingung im Impulsraum

$$\mathbf{k}\cdot\mathbf{a}(k) = 0 \; . \tag{2.124}$$

Die Eigenvektoren $\mathbf{a}_{\pm,0}(k)$ des Helizitätsoperators $\hbar_k$ bilden im Impulsraum ein vollständiges orthonormiertes Basissystem, nach dem die Wellenfunktion $\mathbf{a}(k)$ entwickelt werden kann. Wegen der linearen Unabhängigkeit der Vektoren $\mathbf{a}_\lambda(k)$, $\lambda = +, 0, -$, ist die Lorentz-Bedingung (2.124) getrennt für jeden dieser Basisvektoren zu fordern. Das führt nach (2.120) und (2.121) zu den Bedingungen

$$\mathbf{k}\cdot\mathbf{a}_\pm(k) = 0 \equiv \pm i\,\frac{\mathbf{k}\cdot(\mathbf{k}\times\mathbf{a}_\pm(k))}{|\mathbf{k}|}, \quad \lambda = \pm 1 \; , \tag{2.125}$$

$$\mathbf{k}\cdot\mathbf{a}_0(k) = 0 \equiv \frac{\mathbf{k}\cdot\mathbf{k}}{|\mathbf{k}|} = |\mathbf{k}| \equiv k^0, \quad \lambda = 0 \; . \tag{2.126}$$

Die Bedingungen (2.125) sind identisch erfüllt. Die Bedingung (2.126) dagegen läßt sich für das masselose Photonfeld – für das speziell $k^0 \equiv |\mathbf{k}|$ – im allgemeinen nicht erfüllen. Daraus folgt zwingend, daß das Photonfeld nur die beiden Helizitäten $\lambda = \pm 1$ besitzt. Die Photonen sind somit longitudinal – d. h. in und entgegen der Impulsrichtung – polarisiert. Da aber die Lorentz-Bedingungen (2.125) im Impulsraum als Transversalitätsbedingung für das **Photonfeld** interpretiert werden können, bezeichnet man die Photonen üblicherweise als *transversale Photonen.*

Im Gegensatz dazu werden uns später die – physikalisch nicht realisierten – longitudinalen und skalaren Photonen begegnen.

Polarisationsvektoren

Es ist im allgemeinen üblich, das Photonfeld im Impulsraum durch ein vollständiges System von vierdimensionalen Polarisationsvektoren $\epsilon_\lambda^\mu(k)$ zu beschreiben. Darin ist μ der Minkowski-Index, λ charakterisiert den Polarisationszustand. Für ein vollständiges, orthonormiertes System haben wir vier Polarisationsvektoren $\epsilon_\lambda^\mu(k)$ $(\lambda = 0, 1, 2, 3)$ zu unterscheiden. Wir werden diese Vierervektoren, in denen λ einen Minkowski-Index abzählt, im Anhang C.2 diskutieren. Hier werden wir uns auf das Teilsystem für $\lambda = \pm 1$ beschränken, das für das masselose Photon allein relevant ist. Die Definition der Polarisationsvektoren erfolgt über die Eigenvektoren $\mathbf{a}_\lambda(k)$ $(\lambda = \pm 1)$ des Helizitätsoperators:

$$\{\epsilon_\lambda^\mu(k)\} = \{\epsilon_\lambda^0(k); \boldsymbol{\epsilon}_\lambda(k)\} := \{\epsilon_\lambda^0(k); \mathbf{a}_\lambda(k)\}, \quad \lambda = \pm 1 . \tag{2.127}$$

Der Coulomb-Eichung entspricht im Impulsraum die Eichung

$$\epsilon_\lambda^0(k) = 0, \quad \lambda = \pm 1 ,$$

und nach (2.125) die spezielle Lorentz-Bedingung

$$\mathbf{k} \cdot \boldsymbol{\epsilon}_\lambda(k) = 0, \quad \lambda = \pm 1 . \tag{2.128}$$

Entwickelt man die Wellenfunktion $\mathbf{a}(k)$ nach der Basis der Polarisationsvektoren

$$\mathbf{a}(k) = \sum_{\lambda=\pm 1} \chi(\lambda, k) \boldsymbol{\epsilon}_\lambda(k) , \tag{2.129}$$

so läßt sich die – reelle – Lösung $\mathbf{A}(x)$ der Photonwellengleichung durch folgendes Fourier-Integral darstellen:

$$\mathbf{A}(x) = \frac{1}{(2\pi)^{3/2}} \int \frac{d^3\, \mathbf{k}}{2k^0} \sum_{\lambda=\pm 1} [\chi(\lambda, k) \boldsymbol{\epsilon}_\lambda(k) e^{-ik\cdot x} + \chi^*(\lambda, k) \boldsymbol{\epsilon}_\lambda^*(k) e^{+ik\cdot x}], \quad k^0 = |\mathbf{k}| . \tag{2.130}$$

Diese Zerlegung im Impulsraum bezeichnet man auch als eine Superposition von positivem und negativem Frequenzanteil.

In dem speziellen Koordinatensystem $\mathbf{k} = |\mathbf{k}|\mathbf{e}^3$ in dem wegen $k^0 = |\mathbf{k}|$

$$\{k^\mu\} = |\mathbf{k}|\{1; 0, 0, 1\} ,$$

erhält man als normierte Polarisationsvektoren nach (2.123)

$$\begin{aligned}\boldsymbol{\epsilon}_+(k) \equiv \mathbf{a}_+(k) &= \frac{-1}{\sqrt{2}}(1, i, 0)\\ &\equiv \frac{-1}{\sqrt{2}}(\mathbf{e}^1 + i\mathbf{e}^2) \ ,\end{aligned} \tag{2.131}$$

$$\begin{aligned}\boldsymbol{\epsilon}_-(k) \equiv \mathbf{a}_-(k) &= -\boldsymbol{\epsilon}_+^*(k) = \frac{1}{\sqrt{2}}(1, -i, 0)\\ &\equiv \frac{1}{\sqrt{2}}(\mathbf{e}^1 - i\mathbf{e}^2) \ .\end{aligned} \tag{2.132}$$

Sie genügen den Relationen

$$\begin{aligned}-\boldsymbol{\epsilon}_+(k)\boldsymbol{\epsilon}_-(k) &\equiv \boldsymbol{\epsilon}_+(k)\boldsymbol{\epsilon}_+^*(k) = 1 \ ,\\ -\boldsymbol{\epsilon}_+(k)\boldsymbol{\epsilon}_+(k) &\equiv \boldsymbol{\epsilon}_+(k)\boldsymbol{\epsilon}_-^*(k) = 0 \ ,\end{aligned}$$

d. h. allgemein der vierdimensionalen **Orthogonalitätsrelation**

$$\epsilon_\lambda^\mu(k)\epsilon_{\lambda',\mu}^*(k) \equiv -\boldsymbol{\epsilon}_\lambda(k)\boldsymbol{\epsilon}_{\lambda'}^*(k) = -\delta_{\lambda,\lambda'}, \quad \lambda, \lambda' = \pm 1 \ . \tag{2.133}$$

Polarisationssumme • Vollständigkeitsrelation

In der Dirac-Theorie führte die Spinsummation zu einer Vollständigkeitsrelation der Lösungen im Impulsraum. In Analogie dazu führt im Fall des Photonfeldes die Polarisationssumme zu einer Vollständigkeitsrelation der Polarisationsvektoren. In dem speziellen Koordinatensystem

$$\mathbf{k} = |\mathbf{k}|\mathbf{e}^3 \ , \tag{2.134}$$

in dem nach (2.131) und (2.132) die Polarisationsvektoren $\boldsymbol{\epsilon}_\lambda(k)$ durch die Einheitsvektoren $\mathbf{e}^1$, $\mathbf{e}^2$ definiert sind, bilden die $\mathbf{e}^i$, $i = 1, 2, 3$, eine orthonormierte Basis mit der speziellen Vollständigkeitsrelation (wegen (2.134))

$$\mathbf{e}^{1,r}\mathbf{e}^{1*,s} + \mathbf{e}^{2,r}\mathbf{e}^{2*,s} + \frac{k^r k^s}{\mathbf{k}^2} = \delta^{rs}, \quad r, s = 1, 2, 3 \ .$$

Schreibt man diese Relation mit (2.131) und (2.132) auf die Polarisationsvektoren um, so ergibt sich die **Vollständigkeitsrelation**

$$\epsilon_+^r \epsilon_+^{s*} + \epsilon_-^r \epsilon_-^{s*} + \frac{k^r k^s}{\mathbf{k}^2} = \delta^{rs}, \quad r, s = 1, 2, 3 \ .$$

Sie entspricht im dreidimensionalen Raum der **Polarisationssumme**

$$\sum_{\lambda=\pm1} \epsilon_\lambda^r \epsilon_\lambda^{s*} = \delta^{rs} - \frac{k^r k^s}{\mathbf{k}^2}, \quad r,s = 1,2,3 \ . \tag{2.135}$$

Um zu einer kovarianten Formulierung der Polarisationssumme zu gelangen, muß (2.135) formal auf die vierdimensionalen Minkowski-Indizes erweitert werden. Dann ist jedoch zu beachten, daß zu einer Vollständigkeitsrelation alle vier $\epsilon_\lambda^\mu(k)$ für $\lambda = 0,1,2,3$ beitragen. Diese Frage wird im Anhang C.2 ausgearbeitet. Hier nehmen wir als Ergebnis vorweg, daß für physikalische Photonen, für die sich die Beiträge von longitudinalen und skalaren Photonen kompensieren, die Polarisationssumme in kovarianter Formulierung übergeht in

$$\sum_{\lambda=\pm1} \epsilon_\lambda^{\mu*} \epsilon_\lambda^\nu = -g^{\mu\nu} \ . \tag{2.136}$$

3 Hilbert-Raum und Dirac-Formalismus

In der Elementarteilchen-Physik ist es üblich, physikalische Prozesse wie z. B. Streuung und Zerfall von Teilchen im *Dirac-Formalismus* zu interpretieren.

Dazu berechnet man die Matrixelemente des Streuoperators zwischen sogenannten *bra*- und *ket*-Vektoren, die Vektoren eines Hilbert-Raumes sind. Der Zusammenhang zwischen *bra*- und *ket*-Vektoren entspricht dem zwischen den Kovektoren und Vektoren einer linearen Vektoralgebra [MES 91, MES 90, WAE 66]. Den Wellenfunktionen im Orts- oder Impulsraum werden im *Dirac-Formalismus* bestimmte Skalarprodukte im Hilbert-Raum zugeordnet.

3.1 Hilbert-Raum der freien Wellenfunktionen

Bei der Beschreibung eines quantenmechanischen Zustands durch Wellenfunktionen erfordert die Wahrscheinlichkeitsinterpretation, daß die Wellenfunktionen quadratintegrabel in drei Dimensionen (Ort $\mathbf{r}$ oder Linearimpuls $\mathbf{p}$) sind. Der Funktionenraum, der dieser Forderung genügt, stellt einen Hilbert-Raum dar. Ein Hilbert-Raum wird durch folgende Eigenschaften definiert:

(i) Der Hilbert-Raum ist ein linearer Vektorraum. Übertragen auf den Funktionenraum heißt dies:

Sind $\psi_1(\mathbf{r})$, $\psi_2(\mathbf{r})$ quadratintegrabel, dann auch ihre Linearkombination

$$\psi(\mathbf{r}) = \lambda_1\psi_1(\mathbf{r}) + \lambda_2\psi_2(\mathbf{r}), \quad \lambda_i = \text{komplex} .$$

(ii) Zwischen den Vektoren ψ, φ des Hilbert-Raumes läßt sich ein Skalarprodukt definieren mit folgenden Eigenschaften:

Definiert man das Skalarprodukt von ψ mit φ durch das Symbol (φ, ψ), so gelten

(α) Das Skalarprodukt von φ mit ψ ist das komplex Konjugierte von ψ mit φ. Das heißt:

$$(\psi, \varphi) = (\varphi, \psi)^* \ . \tag{3.1}$$

(β) Das Skalarprodukt (φ, ψ) ist linear in ψ. Das heißt:

$$(\varphi, \psi) = (\varphi, \lambda_1\psi_1 + \lambda_2\psi_2) = \lambda_1(\varphi, \psi_1) + \lambda_2(\varphi, \psi_2) \ . \tag{3.2}$$

Daraus folgt mit (3.1) für eine Linearkombination φ

$$\begin{aligned}(\varphi, \psi)^* &= (\lambda_1\varphi_1 + \lambda_2\varphi_2, \psi)^* \\ &= (\psi, \lambda_1\varphi_1 + \lambda_2\varphi_2) = \lambda_1(\psi, \varphi_1) + \lambda_2(\psi, \varphi_2) \\ &= \lambda_1(\varphi_1, \psi)^* + \lambda_2(\varphi_2, \psi)^* = [\lambda_1^*(\varphi_1, \psi) + \lambda_2^*(\varphi_2, \psi)]^* ,\end{aligned}$$

also

$$(\varphi, \psi) = \lambda_1^*(\varphi_1, \psi) + \lambda_2^*(\varphi_2, \psi) \ . \tag{3.3}$$

Das heißt, das Skalarprodukt (φ, ψ) ist antilinear in φ.

(γ) Das Skalarprodukt von ψ mit sich selbst heißt die Norm N_ψ von ψ. Sie ist eine reelle, nicht negative Zahl:

$$N_\psi := (\psi, \psi) \geqslant 0 \ . \tag{3.4}$$

Ist $N_\psi = 0$, so gilt zwingend $\psi \equiv 0$.

(δ) Verschwindet das Skalarprodukt zwischen zwei verschiedenen Vektoren ψ, φ, so heißen diese Vektoren orthogonal aufeinander. Das heißt, wenn

$$(\varphi, \psi) = 0 \ , \tag{3.5}$$

dann ist ψ orthogonal auf $\varphi \neq \psi$.

In der nichtrelativistischen Quantenmechanik ist das Skalarprodukt mit den Eigenschaften (3.1)–(3.5) definiert durch das Raumintegral

$$(\varphi, \psi) := \int d^3\mathbf{x}\, \varphi^*(\mathbf{x})\psi(\mathbf{x}) \ .$$

Dem entspricht die Norm

$$N_\psi = (\psi, \psi) = \int d^3\mathbf{x}\, |\psi(\mathbf{x})|^2 := \int d^3\mathbf{x}\, \rho(\mathbf{x}) \geqslant 0 \ ,$$

wo $\rho(\mathbf{x}) = |\psi(\mathbf{x})|^2$ die Wahrscheinlichkeitsdichte im Ortsraum ist mit $\rho(\mathbf{x}) \geqslant 0$.

In der relativistischen Quantentheorie ist die Wahrscheinlichkeitsdichte $\rho(x) = \rho(x^0, \mathbf{x})$ durch die Kontinuitätsgleichung der betrachteten Teilchensorte gegeben, die über die individuellen Bewegungsgleichungen konstruiert wird. Folglich ist $\rho(x)$ von Teilchensorte zu Teilchensorte verschieden. Somit ist auch die Definition des Skalarproduktes abhängig von der Teilchensorte. Also gilt zwingend:

> Die Hilbert-Räume der Lösungsfunktionen der verschiedenen relativistischen Wellengleichungen sind verschieden. Sie stehen orthogonal aufeinander.

Da außerdem die Wellenfunktionen der relativistischen Wellengleichungen vom Vierervektor $\{x^\mu\} = \{x^0, \mathbf{x}\}$ abhängen, ist die Norm i. allg. zeitabhängig.

Übungsaufgaben

3.1 Zeigen Sie am Beispiel der Dirac-Theorie mit der Wahrscheinlichkeitsdichte $\rho(x) = \psi^\dagger(x)\psi(x)$, daß das zugehörige Skalarprodukt

$$(\psi_1, \psi_2)_{x^0} = \int_{x^0} d^3\mathbf{x}\, \psi_1^\dagger(x)\psi_2(x)$$

die Bedingungen (3.1)–(3.4) erfüllt.

3.2 Der Dirac-Formalismus

Im Dirac-Formalismus sind die Wellenfunktionen im Orts- bzw. Impulsraum als Projektionen der Vektoren des Hilbert-Raumes auf die Orts- bzw. Impulsbasis definiert. Das entspricht den speziellen Skalarprodukten von ψ mit $\mathbf{r}$ oder $\mathbf{p}$, wo $\mathbf{r}$, $\mathbf{p}$ als Basisvektoren im Hilbert-Raum aufzufassen sind.

Die Tatsache, daß $\mathbf{r}$ und $\mathbf{p}$ im quantenmechanischen Sinne kanonische Variablen sind, hat zur Folge, daß die durch scharfen Ort $\mathbf{r}$ bzw. scharfen Impuls $\mathbf{p}$ definierten Zustandsvektoren *uneigentlich* sind. Das heißt, sie besitzen keine endliche Norm $(\mathbf{r}, \mathbf{r})$ oder $(\mathbf{p}, \mathbf{p})$, sondern sind auf eine δ-Funktion normiert.

Diese uneigentlichen Zustandsvektoren heißen nach Dirac *bra*- bzw. *ket*-Vektoren. Sie werden durch die Symbole

$\langle\mathbf{r}|\,,\ \langle\mathbf{p}|$	bzw.	$|\mathbf{r}\rangle\,,\ |\mathbf{p}\rangle$
bra-		ket-Vektoren

bezeichnet. Es wird sich im folgenden ergeben, daß im Verständnis der linearen Vektoralgebra die Wellenfunktionen $\psi(\mathbf{r})$ bzw. $\varphi(\mathbf{p})$ durch die Skalarprodukte

$$\psi(\mathbf{r}) := \langle \mathbf{r}|\psi\rangle\,, \quad \varphi(\mathbf{p}) := \langle \mathbf{p}|\varphi\rangle$$

zu definieren sind. Darin sind $|\psi\rangle$ und $|\varphi\rangle$ allgemeine Hilbert-Raum-Vektoren.

Bra- und ket-Vektoren als Vektoren einer linearen Vektoralgebra

In der linearen Vektoralgebra unterscheidet man Vektoren und Kovektoren. Der Raum der Kovektoren heißt der *duale* Vektorraum. Er ist von derselben Dimension wie der Vektorraum.

(i) Der duale Vektorraum

Die Konstruktion des dualen Vektorraumes der Kovektoren erfolgt über eine *lineare* Funktion $f(\mathbf{x})$ der Vektoren mit den Eigenschaften

$$(\alpha) \quad f(\mathbf{x}+\mathbf{y}) = f(\mathbf{x}) + f(\mathbf{y})\,, \tag{3.6a}$$

$$(\beta) \quad f(\mathbf{x}\lambda) = f(\mathbf{x})\lambda, \quad \lambda = \text{komplex}\,. \tag{3.6b}$$

Wegen der Eigenschaft (β) heißen die Vektoren $\mathbf{x}$ auch *Rechtsvektoren.*

Der Vektor $\mathbf{x}$ sei nach einer diskreten orthonormierten Basis $\mathbf{a}_n$ entwickelbar, so daß

$$\mathbf{x} = \sum_n \mathbf{a}_n \tilde{x}_n \quad \text{mit } \mathbf{a}_m \cdot \mathbf{a}_n = \delta_{mn}\,, \tag{3.7}$$

und

$$\tilde{x}_n = \mathbf{a}_n \cdot \mathbf{x} \tag{3.8}$$

die Komponenten des Vektors $\mathbf{x}$ in der Basis $\mathbf{a}_n$ sind. Dann läßt sich die lineare Funktion $f(\mathbf{x})$ nach (α), (β) folgendermaßen darstellen

$$f(\mathbf{x}) = f(\sum_n \mathbf{a}_n \tilde{x}_n) \overset{(\alpha)}{=} \sum_n f(\mathbf{a}_n \tilde{x}_n) \overset{(\beta)}{=} \sum_n f(\mathbf{a}_n)\tilde{x}_n\,,$$

bzw. mit (3.8)

$$f(\mathbf{x}) = \sum_n f(\mathbf{a}_n)(\mathbf{a}_n \cdot \mathbf{x}) \equiv \sum_k \left(\sum_n f(\mathbf{a}_n)(\mathbf{a}_n)_k \right) x_k := \mathbf{f} \cdot \mathbf{x} \,.$$

$f(\mathbf{x})$ definiert somit einen *neuen* Vektor **f** mit den Komponenten

$$f_k = \sum_n f(\mathbf{a}_n)(\mathbf{a}_n)_k \,.$$

Für ein festes **x** ist $f(\mathbf{x})$ eine – i. allg. komplexe – Zahl, die durch das Symbol

$$f(\mathbf{x}) = \mathbf{f} \cdot \mathbf{x} \tag{3.9}$$

dargestellt wird, das man Skalarprodukt nennt.

Der *neue* Vektor **f**, der auch *Linksvektor* heißt, ist ein *Kovektor* aus dem *dualen* Vektorraum. Im Sinne der Matrixmultiplikation sind

$$\begin{array}{lll} \textit{Kovektoren} & \text{Zeilenvektoren} & \mathbf{f} = (f_1, f_2, \dots f_k) \,, \\ \textit{Vektoren} & \text{Spaltenvektoren} & \mathbf{x} = \begin{pmatrix} x_1 \\ x_2 \\ \vdots \\ x_k \end{pmatrix} . \end{array}$$

Der duale Vektorraum ist von derselben Dimension wie der entsprechende Vektorraum.

(ii) Der Vektorraum der ket-Vektoren $|\ \rangle$

Das Symbol $|\ \rangle$ definiert nach Dirac einen Vektor eines linearen Vektorraumes.

Das heißt, sind $|v_1\rangle$, $|v_2\rangle$ ket-Vektoren, so ist es auch ihre Linearkombination $|\lambda_1 v_1 + \lambda_2 v_2\rangle$, und es gilt insbesondere

$$|v\rangle = |\lambda_1 v_1 + \lambda_2 v_2\rangle = \lambda_1 |v_1\rangle + \lambda_2 |v_2\rangle \quad \textbf{Linearität!} \tag{3.10}$$

Ist die Zahl linear unabhängiger ket-Vektoren unendlich, so bilden sie einen Hilbert-Raum.

(iii) Der duale Vektorraum der bra-Vektoren $\langle\ |$

Die bra-Vektoren mit dem Symbol $\langle\ |$ sind nach Dirac per definitionem die Kovektoren des dualen Vektorraumes.

Wir wollen die Konstruktionsschritte für den dualen Vektorraum in der Diracschen Schreibweise nachvollziehen.

(α) $\mathbf{x}$ und $\mathbf{a}_n$ sind in der Entwicklung (3.7) Vektoren, so daß nach Dirac

$$|\mathbf{x}\rangle = \sum_n |\mathbf{a}_n\rangle\, \tilde{x}_n \ .$$

(β) In $\tilde{x}_n = \mathbf{a}_n \cdot \mathbf{x}$ ist $\mathbf{a}_n$ *Links*- oder Kovektor, so daß nach Dirac

$$\tilde{x}_n = \langle \mathbf{a}_n | \mathbf{x} \rangle \ ,$$

und wir erhalten für die Entwicklung von $|\mathbf{x}\rangle$

$$|\mathbf{x}\rangle = \sum_n |\mathbf{a}_n\rangle\, \langle \mathbf{a}_n | \mathbf{x}\rangle \ . \tag{3.11}$$

Damit folgt für die lineare Funktion $f(|\mathbf{x}\rangle)$ mit den definierenden Eigenschaften (α), (β) nach Gl. (3.6)

$$f(|\mathbf{x}\rangle) = f(\sum_n |\mathbf{a}_n\rangle\, \langle \mathbf{a}_n|\mathbf{x}\rangle) \overset{(\alpha)}{=} \sum_n f(|\mathbf{a}_n\rangle\, \langle \mathbf{a}_n|\mathbf{x}\rangle) \overset{(\beta)}{=} \sum_n f(|\mathbf{a}_n\rangle)\, \langle \mathbf{a}_n|\mathbf{x}\rangle$$
$$\equiv \left(\sum_n f(|\mathbf{a}_n\rangle)\, \langle \mathbf{a}_n|\right) |\mathbf{x}\rangle := \langle \mathbf{f}|\mathbf{x}\rangle \ ,$$

mit

$$\langle \mathbf{f}| = \sum_n f(|\mathbf{a}_n\rangle)\, \langle \mathbf{a}_n| \ .$$

Die lineare Funktion $f(|\mathbf{x}\rangle)$ definiert somit einen *neuen* Vektor $\langle \mathbf{f}|$, der nach Dirac bra-Vektor heißt. Für einen festen ket-Vektor $|\mathbf{x}\rangle$ ist $f(|\mathbf{x}\rangle)$ eine – i. allg. komplexe – Zahl, dargestellt durch das Symbol

$$f(|\mathbf{x}\rangle) := \langle \mathbf{f}|\mathbf{x}\rangle \ , \tag{3.12}$$

das man Skalarprodukt nennt.

Die bra-Vektoren spannen den *dualen* Vektorraum auf, der von derselben Dimension ist, wie der entsprechende Raum der ket-Vektoren.

(iv) Bra-Konjugation

Die bra-Konjugation setzt bra- und ket-Vektoren in dieselbe Beziehung, in der Wellenfunktion und ihr komplex Konjugiertes stehen.

Definition:

> Der bra-Vektor $\langle \mathbf{f}|$ ist das *bra-Konjugierte* des ket-Vektors $|\mathbf{f}\rangle$. Das heißt in Symbolen

$$|\mathbf{f}\rangle \xrightarrow{\text{bra-Konjugation}} \langle\mathbf{f}| := |\mathbf{f}\rangle^* \ . \tag{3.13}$$

Daraus folgt automatisch, daß bra-Vektoren antilinear sind. Denn mit der Definition (3.13) ergibt sich über (3.10)

$$\begin{aligned} |\lambda_1 v_1 + \lambda_2 v_2\rangle^* &= \langle\lambda_1 v_1 + \lambda_2 v_2| \\ &= (\lambda_1 |v_1\rangle + \lambda_2 |v_2\rangle)^* \\ &= \lambda_1^* |v_1\rangle^* + \lambda_2^* |v_2\rangle^* = \lambda_1^* \langle v_1| + \lambda_2^* \langle v_2| \ , \end{aligned}$$

wonach

$$\langle\lambda_1 v_1 + \lambda_2 v_2| = \lambda_1^* \langle v_1| + \lambda_2^* \langle v_2| \ .$$

Diese Eigenschaft definiert aber die Antilinearität von Vektoren.

(v) Vollständigkeitsrelation • Projektionsoperatoren

Aus der Entwicklung (3.11) folgert man als formale Vollständigkeitsrelation

$$\sum_n |\mathbf{a}_n\rangle \langle\mathbf{a}_n| = \mathbb{1} \ . \tag{3.14}$$

Die in Gl. (3.7) notierte Orthogonalitätsrelation lautet im Dirac-Formalismus

$$\langle\mathbf{a}_m|\mathbf{a}_n\rangle = \delta_{mn} \ . \tag{3.15}$$

Betrachtet man einen festen Term in der Summe (3.11) für festes n, so gilt

$$|\mathbf{a}_n\rangle \langle\mathbf{a}_n|\mathbf{x}\rangle \equiv |\mathbf{a}_n\rangle \tilde{x}_n \ .$$

Vergleicht man dies mit der Entwicklung (3.11), so projiziert der Operator $|\mathbf{a}_n\rangle \langle\mathbf{a}_n|$ für festes n aus dem Vektor $|\mathbf{x}\rangle$ auf den n-ten Basisvektor $|\mathbf{a}_n\rangle$ mit dem Koeffizienten $\langle\mathbf{a}_n|\mathbf{x}\rangle = \tilde{x}_n$. Man definiert danach

$$\mathcal{P}_n := |\mathbf{a}_n\rangle \langle\mathbf{a}_n| \tag{3.16}$$

als *Projektionsoperator*. Als solcher besitzt $\mathcal{P}_n$ die – einen Projektor definierenden – Eigenschaften

$$\begin{aligned} \mathcal{P}_n |\mathbf{x}\rangle &= |\mathbf{a}_n\rangle \tilde{x}_n \ , \\ \mathcal{P}_n \mathcal{P}_m &= |\mathbf{a}_n\rangle \underbrace{\langle\mathbf{a}_n|\mathbf{a}_m\rangle}_{\delta_{mn}} \langle\mathbf{a}_m| = \delta_{mn} |\mathbf{a}_n\rangle \langle\mathbf{a}_n| \ , \end{aligned}$$

also $\mathcal{P}_n \mathcal{P}_m = \delta_{mn} \mathcal{P}_n$, und wegen (3.14) gilt

$$\sum_n \mathcal{P}_n = \mathbb{1} \ .$$

Wellenfunktionen im Dirac-Formalismus

Die Wellenfunktionen als Lösungen der Bewegungsgleichungen gehören einem linearen Funktionenraum an. Im Dirac-Formalismus werden die ket-Vektoren einem linearen Vektorraum zugeordnet (siehe (3.10)), aus denen durch bra-Konjugation die antilinearen bra-Vektoren gewonnen werden. Das führt dazu, in Abweichung von (3.12)), die Wellenfunktionen als Projektionen von ket-Vektoren auf eine Basis ($|\mathbf{r}\rangle$ oder $|\mathbf{p}\rangle$) zu definieren:

$$\psi(\mathbf{r}) := \langle \mathbf{r}|\psi\rangle \ ,$$

wonach

$$\psi^*(\mathbf{r}) \equiv \langle \mathbf{r}|\psi\rangle^* = \langle \psi|\mathbf{r}\rangle \ , \tag{3.17}$$

bzw. im Impulsraum

$$\varphi(\mathbf{p}) := \langle \mathbf{p}|\varphi\rangle \ ,$$

mit

$$\varphi^*(\mathbf{p}) \equiv \langle \mathbf{p}|\varphi\rangle^* = \langle \varphi|\mathbf{p}\rangle \ . \tag{3.18}$$

Orts- und Impulsbasis sind kontinuierliche Basen. Entwickelt man nach einer kontinuierlichen Basis, so ist die diskrete Summe durch ein Integral zu ersetzen. Berücksichtigt man zusätzlich einen diskreten Spinindex s, so lautet die Verallgemeinerung von (3.7) bei Entwicklung nach der Impuls-Spinbasis

$$\sum_n |\mathbf{a}_n\rangle\, \tilde{x}_n \longrightarrow \sum_s \int \frac{d^3\mathbf{p}}{2p^0}\, |\mathbf{p},s\rangle\, c(\mathbf{p},s) \ .$$

Für die Entwicklung eines ket-Vektors $|u\rangle$ nach dieser kontinuierlichen Basis gilt somit

$$|u\rangle = \sum_s \int \frac{d^3\mathbf{p}}{2p^0}\, |\mathbf{p},s\rangle\, c(\mathbf{p},s) \ . \tag{3.19}$$

Die Funktionen $c(\mathbf{p},s)$ sind die Komponenten von $|u\rangle$ in der Basis $|\mathbf{p},s\rangle$, und der Vergleich mit $\tilde{x}_n = \langle \mathbf{a}_n|\mathbf{x}\rangle$ ergibt

$$c(\mathbf{p},s) = \langle \mathbf{p},s|u\rangle \equiv u(\mathbf{p},s) \ ,$$

womit wir

$$|u\rangle = \sum_s \int \frac{d^3\mathbf{p}}{2p^0}\, |\mathbf{p},s\rangle\, \langle \mathbf{p},s|u\rangle \equiv \sum_s \int \frac{d^3\mathbf{p}}{2p^0}\, |\mathbf{p},s\rangle\, u(\mathbf{p},s) \tag{3.20}$$

als *Spektraldarstellung* des ket-Vektors $|u\rangle$ nach dem Spektrum der Impuls-Spinbasis erhalten. Projizieren wir $|u\rangle$ auf die Basis $|\mathbf{p}', s'\rangle$, so folgt aus

$$\langle \mathbf{p}', s'|u\rangle = u(\mathbf{p}', s') = \sum_s \int \frac{d^3\mathbf{p}}{2p^0} \langle \mathbf{p}', s'|\mathbf{p}, s\rangle\, u(\mathbf{p}, s)$$

als *uneigentliche* Normierung der kontinuierlichen Impuls-Spinbasis

$$\langle \mathbf{p}', s'|\mathbf{p}, s\rangle = 2p^0 \delta^{ss'} \delta^{(3)}(\mathbf{p} - \mathbf{p}') \ . \tag{3.21}$$

Weiter lesen wir aus (3.20) als Vollständigkeitsrelation

$$\sum_s \int \frac{d^3\mathbf{p}}{2p^0} |\mathbf{p}, s\rangle \langle \mathbf{p}, s| = \mathbb{1} \tag{3.22}$$

ab, wonach

$$\mathcal{P}(\mathbf{p}, s) = |\mathbf{p}, s\rangle \langle \mathbf{p}, s|$$

der Projektionsoperator der kontinuierlichen Basis ist mit

$$\sum_s \int \frac{d^3\mathbf{p}}{2p^0} \mathcal{P}(\mathbf{p}, s) = \mathbb{1} \ .$$

Die Spektraldarstellung (3.20) kann als Ausgangspunkt zur Berechnung der Fourier-Transformation dienen. Projizieren wir auf die Ortsbasis $|\mathbf{r}\rangle$, wonach

$$\langle \mathbf{r}|u\rangle = u(\mathbf{r}) = \sum_s \int \frac{d^3\mathbf{p}}{2p^0} \langle \mathbf{r}|\mathbf{p}, s\rangle\, u(\mathbf{p}, s) \ , \tag{3.23}$$

so gilt es, das Skalarprodukt zwischen den beiden kontinuierlichen Basen $|\mathbf{r}\rangle$ und $|\mathbf{p}, s\rangle$ zu bestimmen.

Wir betrachten zunächst die Ortsbasis $|\mathbf{r}\rangle$, in der der Ortsoperator $\mathbb{R}$ ein multiplikativer Faktor ist, wonach

$$\mathbb{R}\,|\mathbf{r}'\rangle = \mathbf{r}'\,|\mathbf{r}'\rangle \quad \text{mit} \quad \langle \mathbf{r}'|\mathbf{r}''\rangle = \delta^{(3)}(\mathbf{r}' - \mathbf{r}''), \ \int d^3\mathbf{r}'\ |\mathbf{r}'\rangle \langle \mathbf{r}'| = \mathbb{1} \ . \tag{3.24}$$

Für den Kommutator $[R^i, P^k] = i\delta^{ik}$ berechnen wir mit Gl. (3.24) als Matrixelement in der Ortsbasis

$$\begin{aligned} \langle \mathbf{r}'|\,[R^i, P^k]\,|\mathbf{r}''\rangle &= i\delta^{ik}\,\langle \mathbf{r}'|\mathbf{r}''\rangle = i\delta^{ik}\delta^{(3)}(\mathbf{r}' - \mathbf{r}'') \\ &\equiv (r'^i - r''^i)\,\langle \mathbf{r}'|\,P^k\,|\mathbf{r}''\rangle \ , \end{aligned}$$

wonach

$$\langle \mathbf{r}'|\, P^k \,|\mathbf{r}''\rangle = i\delta^{ik}\frac{\delta^{(3)}(\mathbf{r}'-\mathbf{r}'')}{(r'^i - r''^i)} = i\frac{\delta^{(3)}(\mathbf{r}'-\mathbf{r}'')}{(r'^k - r''^k)} \ .$$

Mit der Eigenschaft

$$\frac{\partial}{\partial x}\delta(x) = -\frac{\delta(x)}{x}$$

der δ-Funktion folgt daraus

$$\langle \mathbf{r}'|\, P^k \,|\mathbf{r}''\rangle = -i\frac{\partial}{\partial r'^k}\delta^{(3)}(\mathbf{r}'-\mathbf{r}'') \ . \tag{3.25}$$

In der Impulsbasis $|\mathbf{p}, s\rangle$ wirkt der Operator $\mathbb{P}$ als multiplikativer Faktor, wonach $\mathbb{P}\,|\mathbf{p}', s'\rangle = \mathbf{p}'\,|\mathbf{p}', s'\rangle$. Somit gilt mit (3.24) und (3.25)

$$\begin{aligned}\mathbf{p}'\,\langle \mathbf{r}'|\mathbf{p}', s'\rangle \equiv \langle \mathbf{r}'|\,\mathbb{P}\,|\mathbf{p}', s'\rangle &= \int d^3\mathbf{r}''\ \langle \mathbf{r}'|\,\mathbb{P}\,|\mathbf{r}''\rangle\,\langle \mathbf{r}''|\mathbf{p}', s'\rangle \\ &= -i\frac{\partial}{\partial \mathbf{r}'}\,\langle \mathbf{r}'|\mathbf{p}', s'\rangle \ ,\end{aligned}$$

und wir erhalten die Differentialgleichung

$$\frac{\partial}{\partial \mathbf{r}}\,\langle \mathbf{r}|\mathbf{p}, s\rangle = i\mathbf{p}\,\langle \mathbf{r}|\mathbf{p}, s\rangle$$

mit der Lösung

$$\langle \mathbf{r}|\mathbf{p}, s\rangle = C e^{i\mathbf{p}\cdot\mathbf{r}}, \quad C = \text{konst.} \tag{3.26}$$

Die Fourier-Transformation (3.23) im Dirac-Formalismus ist somit von der üblichen Form

$$u(\mathbf{r}) = C\sum_s \int \frac{d^3\mathbf{p}}{2p^0}\, e^{i\mathbf{p}\cdot\mathbf{r}} u(\mathbf{p}, s) \ . \tag{3.27}$$

Zustände und Operatoren im Dirac-Formalismus

Die Anfangszustände eines quantenmechanischen Systems werden im Dirac-Formalismus durch *ket*-Vektoren charakterisiert. Auf diese Zustandsvektoren wirken Operatoren, wodurch sich im allgemeinen die Zustände verändern. So ist z. B. der *Streuoperator* ein spezieller Operator, der den Zusammenhang zwischen Anfangs- und Endzustand eines Streuprozesses herstellt.

Den Endzuständen eines Prozesses entsprechen im Dirac-Formalismus die *bra*-Vektoren.

Für die Beschreibung physikalischer Vorgänge spielen sowohl *lineare* als auch *antilineare* Operatoren eine Rolle. Um ihre Eigenschaften definieren zu können, müssen wir zunächst die Operation der *Adjunktion* von Operatoren einführen, die der Operation der *bra-Konjugation* von Zuständen entspricht.

(i) Adjungierte Operatoren

Der komplexen Konjugation von komplexen Zahlen c entsprach nach (3.13) die *bra-Konjugation* von Zuständen. Danach führt

$$|f\rangle \xrightarrow{\text{bra-Konjugation}} |f\rangle^* = \langle f|$$

zu

$$c := \langle h|f\rangle \xrightarrow{\text{komplexe Konjugation}} c^* = \langle h|f\rangle^* = \langle f|h\rangle \ .$$

Um die Operation des komplex Konjugierens auch auf Operatoren zu erweitern, definiert man als *adjungierten* Operator $\mathcal{A}^\dagger$ den durch folgende Operation berechneten Operator:

$$\mathcal{A}\,|u\rangle = |v\rangle \xrightarrow{\text{bra-Konjugation}} (\mathcal{A}\,|u\rangle)^* = \langle v| := \langle u|\,\mathcal{A}^\dagger \ ,$$

also

$$(\mathcal{A}\,|u\rangle)^* = (\langle u|\,\mathcal{A}^\dagger) \ . \tag{3.28}$$

Übungsaufgaben

3.2 Zeigen Sie, daß die *bra-Konjugation*, definiert durch das Symbol

$$\langle f| := |f\rangle^* \ ,$$

und die Definition des adjungierten Operators $\mathcal{O}^\dagger$ über die Relation

$$(\mathcal{O}\,|f\rangle)^* := \langle f|\,\mathcal{O}^\dagger$$

der komplexen Konjugation des Matrixelementes

$$\mathcal{M} = \langle a|\,\mathcal{O}\,|b\rangle$$

entspricht mit

$$\begin{aligned}\mathcal{M}^* &= \langle a|\,\mathcal{O}\,|b\rangle^* \\ &= \langle b|\,\mathcal{O}^\dagger\,|a\rangle\ .\end{aligned}$$

Zeigen Sie ferner, daß *rein formal* die Operation $\mathcal{M}^\dagger$ zu

$$\begin{aligned}\mathcal{M}^\dagger &= \langle a|\,\mathcal{O}\,|b\rangle^\dagger \\ &= \langle b|\,\mathcal{O}^*\,|a\rangle\end{aligned}$$

führt. *Hinweis*: Benutzen Sie für $\mathcal{M}$ die explizite Matrixschreibweise $\mathcal{M} = a_k^* \mathcal{O}_{kj} b_j$ und beachten Sie die Definition einer adjungierten Matrix.

(ii) Lineare Operatoren

Ist $\mathbb{L}$ ein linearer Operator, so gilt

$$\begin{aligned}\mathbb{L}\,|v\rangle &= \mathbb{L}(\lambda_1\,|v_1\rangle + \lambda_2\,|v_2\rangle) \\ &:= \lambda_1(\mathbb{L}\,|v_1\rangle) + \lambda_2(\mathbb{L}\,|v_2\rangle), \quad \lambda_i = \text{komplex}, \quad i = 1,2\ .\end{aligned} \tag{3.29}$$

Definieren wir $|u_i\rangle := \mathbb{L}\,|v_i\rangle$ und setzen $|u\rangle = \lambda_1\,|u_1\rangle + \lambda_2\,|u_2\rangle$, so folgt aus (3.29)

$$\mathbb{L}\,|v\rangle = |u\rangle = \lambda_1\,|u_1\rangle + \lambda_2\,|u_2\rangle\ . \tag{3.30}$$

Ein linearer Operator $\mathbb{L}$ ist somit linear im ket-Vektor.

Durch *bra-Konjugation* von (3.30) berechnet man

$$\begin{aligned}(\mathbb{L}\,|v\rangle)^* = |u\rangle^* = \langle u| &= (\lambda_1\,|u_1\rangle + \lambda_2\,|u_2\rangle)^* \\ &= \lambda_1^*\,\langle u_1| + \lambda_2^*\,\langle u_2|\ .\end{aligned} \tag{3.31}$$

Danach ist ein linearer Operator $\mathbb{L}$ antilinear im bra-Vektor.

Bildet man das Skalarprodukt von $\mathbb{L}\,|v\rangle$ mit einem bra-Vektor $\langle u|$, so gelten:

$$\langle u|\,(\mathbb{L}\,|v\rangle) \quad \text{ist} \quad \begin{cases} \text{linear in } |v\rangle, \text{ da } \mathbb{L} \text{ linear} \\ \text{antilinear in } \langle u| \text{ als Eigenschaft des Skalarproduktes}\ , \end{cases}$$

und

$$(\langle u|\,\mathbb{L})\,|v\rangle \quad \text{ist} \quad \begin{cases} \text{linear in } |v\rangle \text{ (Skalarprodukt)} \\ \text{antilinear in } \langle u|, \text{ da } \mathbb{L} \text{ linear}\ . \end{cases}$$

Daraus folgt

$$\langle u| (\mathbb{L} |v\rangle) = (\langle u| \mathbb{L}) |v\rangle \equiv \langle u| \mathbb{L} |v\rangle \ . \tag{3.32}$$

Das heißt, für lineare Operatoren $\mathbb{L}$ braucht man nicht darauf zu achten, ob der Operator auf den ket-Vektor oder auf den bra-Vektor wirkt.

Aus (3.32) folgt weiter mit (3.28)

$$\langle u| \mathbb{L} |v\rangle = [(\langle v| \mathbb{L}^\dagger) |u\rangle]^* = \langle v| \mathbb{L}^\dagger |u\rangle^* \ ,$$

denn mit $\mathbb{L}$ ist auch $\mathbb{L}^\dagger$ linear.

(iii) Antilineare Operatoren

Ist $\mathbb{A}$ ein antilinearer Operator, so gilt

$$\mathbb{A} |v\rangle = \mathbb{A}(\lambda_1 |v_1\rangle + \lambda_2 |v_2\rangle) := \lambda_1^*(\mathbb{A} |v_1\rangle) + \lambda_2^*(\mathbb{A} |v_2\rangle) \ . \tag{3.33}$$

Setzen wir

$$|u\rangle = \mathbb{A} |v\rangle \quad \text{und} \quad |u_i\rangle = \mathbb{A} |v_i\rangle \,, \quad i = 1, 2 \ ,$$

so folgt aus (3.33)

$$\mathbb{A} |v\rangle = |u\rangle = \lambda_1^* |u_1\rangle + \lambda_2^* |u_2\rangle \ . \tag{3.34}$$

Ein antilinearer Operator $\mathbb{A}$ ist danach antilinear im ket-Vektor. Durch *bra-Konjugation* von (3.34) ergibt sich

$$\begin{aligned} (\mathbb{A} |v\rangle)^* = |u\rangle^* &= \langle u| \\ &= [\lambda_1^* |u_1\rangle + \lambda_2^* |u_2\rangle]^* = \lambda_1 \langle u_1| + \lambda_2 \langle u_2| \,. \end{aligned} \tag{3.35}$$

Folglich ist ein antilinearer Operator $\mathbb{A}$ linear im bra-Vektor.

Bildet man das Skalarprodukt von $\mathbb{A} |v\rangle$ mit einem bra-Vektor $\langle u|$, so gelten:

$$\langle u| (\mathbb{A} |v\rangle) \quad \text{ist} \quad \begin{cases} \text{antilinear in } |v\rangle, \text{ da } \mathbb{A} \text{ antilinear} \\ \text{antilinear in } \langle u| \text{ (Skalarprodukt)} \ , \end{cases} \tag{3.36}$$

und

$$(\langle u| \mathbb{A}) |v\rangle \quad \text{ist} \quad \begin{cases} \text{linear in } |v\rangle \text{ (Skalarprodukt)} \\ \text{linear in } \langle u|, \text{ da } \mathbb{A} \text{ antilinear} \ . \end{cases}$$

Durch komplexe Konjugation dieses Skalarprodukts ergeben sich mit (3.28) als Aussagen

$$[(\langle u|\,\mathbb{A})\,|v\rangle]^* = \langle v|\,(\mathbb{A}^\dagger\,|u\rangle)$$
$$\text{ist}\begin{cases}\text{antilinear in } \langle v|, \text{ (Skalarprodukt)}\\ \text{antilinear in } |u\rangle, \text{ da } \mathbb{A}^\dagger \text{ (mit } \mathbb{A}) \text{ antilinear .}\end{cases} \tag{3.37}$$

Aus dem Vergleich von (3.36) und (3.37) folgt somit

$$\langle u|\,(\mathbb{A}\,|v\rangle) = [(\langle u|\,\mathbb{A})\,|v\rangle]^* = \langle v|\,(\mathbb{A}^\dagger\,|u\rangle)\ . \tag{3.38}$$

Bei antilinearen Operatoren ist somit darauf zu achten, ob sie auf den ket- oder auf den bra-Vektor wirken.

Transformationen von Zuständen und Operatoren im Dirac-Formalismus

(i) Transformation von Zustandsvektoren

Die Transformation eines Hilbert-Raum-Vektors $|\psi\rangle$ sei durch einen Operator $\mathbb{R}$ beschrieben. Es gelte also

$$|\psi\rangle \xrightarrow{\mathbb{R}} |\psi'\rangle = \mathbb{R}\,|\psi\rangle\ .$$

Die Wellenfunktionen sind definiert durch die Projektion von $|\psi\rangle$ auf die Eigenbasen $|\mathbf{x}\rangle$ bzw. $|\mathbf{p}\rangle$. Bilden wir z. B. das Skalarprodukt von $|\psi'\rangle$ mit $|\mathbf{x}\rangle$, so wird

$$\langle \mathbf{x}|\psi'\rangle = \langle \mathbf{x}|\,(\mathbb{R}\,|\psi\rangle)\ .$$

Sei $\mathbb{R}$ linear. Dann folgt weiter

$$\langle \mathbf{x}|\psi'\rangle = \langle \mathbf{x}|\,(\mathbb{R}\,|\psi\rangle) \equiv (\langle \mathbf{x}|\,\mathbb{R})\,|\psi\rangle := \langle \mathbf{x}'|\psi\rangle\ , \tag{3.39}$$

und da dies für beliebige $|\psi\rangle$ gelten soll, gilt für die Eigenbasis

$$\langle \mathbf{x}'| = (\langle \mathbf{x}|\,\mathbb{R})\ ,$$

bzw. durch bra-Konjugation

$$|\mathbf{x}'\rangle = \mathbb{R}^\dagger\,|\mathbf{x}\rangle\ . \tag{3.40}$$

Transformiert sich also der Hilbert-Raum-Vektor $|\psi\rangle$ mit einem linearen Operator $\mathbb{R}$, so transformiert sich die Eigenbasis mit dem adjungierten Operator $\mathbb{R}^\dagger$.

Für die Wellenfunktion lesen wir in diesem Fall aus (3.39) ab:

$$\begin{aligned}\langle \mathbf{x}|\psi'\rangle &= \langle \mathbf{x}|\left(\mathbb{R}\,|\psi\rangle\right) = (\mathbb{R}\psi)(\mathbf{x}) \\ &\equiv \langle \mathbf{x}'|\psi\rangle = \left(\langle \mathbf{x}|\,\mathbb{R}\right)|\psi\rangle = \psi(\mathbb{R}^\dagger \mathbf{x}) \ ,\end{aligned}$$

d. h. es gilt

$$(\mathbb{R}\psi)(\mathbf{x}) = \psi(\mathbb{R}^\dagger \mathbf{x}), \quad \text{für } \mathbb{R} \text{ linear} \ .$$

Diese Aussage ist mit dem in Kapitel 2 diskutierten Zusammenhang zwischen aktiver und passiver Drehung zu vergleichen (Gl. (2.35)).

(ii) Transformation von Observablen

Für die Anwendung interessieren die Transformationen von Operatoren $\mathbb{O}$ physikalischer Observabler und ihrer Eigenbasis $|u\rangle$.

Sei eine Transformation der Basis $|u\rangle$ durch einen Operator $\mathbb{R}$ definiert derart, daß

$$|u\rangle \xrightarrow{\mathbb{R}} |u'\rangle = \mathbb{R}\,|u\rangle \,, \quad \langle u'| = \langle u|\,\mathbb{R}^\dagger \ ,$$

und sei $|u\rangle$ Eigenvektor des Operators $\mathbb{O}$, das heißt

$$\mathbb{O}\,|u\rangle = o_u\,|u\rangle \,, \quad o_u = \text{Eigenwert} \ .$$

Die physikalische Bedingung, daß Erwartungswerte von Observablen invariant sind, ergibt für die transformierten Operatoren $\mathbb{O}'$ die Forderung

$$\langle u|\,\mathbb{O}\,|u\rangle \stackrel{!}{=} \langle u'|\,\mathbb{O}'\,|u'\rangle = \left(\langle u|\,\mathbb{R}^\dagger\right)\mathbb{O}'\left(\mathbb{R}\,|u\rangle\right) .$$

Für einen linearen Operator $\mathbb{R}$ folgt daraus

$$\langle u|\,\mathbb{O}\,|u\rangle = \langle u|\,\mathbb{R}^\dagger\mathbb{O}'\mathbb{R}\,|u\rangle \ ,$$

und durch Vergleich

$$\mathbb{O} = \mathbb{R}^\dagger\mathbb{O}'\mathbb{R} \ ,$$

wonach

$$\mathbb{O}' = (\mathbb{R}^\dagger)^{-1}\mathbb{O}\mathbb{R}^{-1} \ .$$

Physikalisch relevante Operatoren sind stets unitär, d. h. es gilt

$$\mathbb{R}^\dagger \mathbb{R} = \mathbb{R}\mathbb{R}^\dagger = \mathbb{1} \longrightarrow \mathbb{R}^\dagger = \mathbb{R}^{-1} \ .$$

Das heißt, wird eine Transformation durch einen linearen, unitären Operator $\mathbb{R}$ beschrieben, so gelten die Transformationsgesetze:

$$\textbf{Eigenbasen :}\ |u'\rangle = \mathbb{R}\,|u\rangle\,, \quad \langle u'| = \langle u|\,\mathbb{R}^\dagger = \langle u|\,\mathbb{R}^{-1}\ , \tag{3.41}$$

$$\textbf{Observable :}\ \mathbb{O}' = \mathbb{R}\mathbb{O}\mathbb{R}^\dagger = \mathbb{R}\mathbb{O}\mathbb{R}^{-1}, \quad \text{für } \mathbb{R}^\dagger = \mathbb{R}^{-1}\ . \tag{3.42}$$

Es genügt an dieser Stelle, die Diskussion auf lineare Operatoren zu beschränken, da Erwartungswerte von Observablen reell sind.

(iii) Invariante Operatoren

Als invariante Operatoren bezeichnet man solche, die in der transformierten Basis von derselben Form sind.

• **Lineare Transformation $\mathbb{L}$.** Es seien die transformierten Zustände gegeben durch

$$|a\rangle \xrightarrow{\mathbb{L}} |a'\rangle = \mathbb{L}\,|a\rangle\ ,$$
$$\langle b| \xrightarrow{\mathbb{L}} \langle b'| = \langle b|\,\mathbb{L}^\dagger, \quad \text{mit } \mathbb{L}^\dagger\mathbb{L} = \mathbb{1}\ .$$

Invarianzforderung:

$$\langle b|\,\mathbb{O}\,|a\rangle \xrightarrow[\text{Invarianz von } \mathbb{O}]{\mathbb{L}} \langle b'|\,\mathbb{O}\,|a'\rangle\ . \tag{3.43}$$

Dann folgt

$$\begin{aligned}\langle b|\,\mathbb{O}\,|a\rangle &\equiv \langle b|\,\mathbb{L}^\dagger\mathbb{L}\mathbb{O}\mathbb{L}^\dagger\mathbb{L}\,|a\rangle \\ &\equiv (\langle b|\,\mathbb{L}^\dagger)\mathbb{L}\mathbb{O}\mathbb{L}^\dagger(\mathbb{L}\,|a\rangle) \quad \text{Linearität!} \\ &= \langle b'|\,\mathbb{L}\mathbb{O}\mathbb{L}^\dagger\,|a'\rangle \stackrel{!}{=} \langle b'|\,\mathbb{O}\,|a'\rangle\end{aligned}$$

wegen (3.43). Dann muß

$$\mathbb{L}\mathbb{O}\mathbb{L}^\dagger = \mathbb{O} \tag{3.44}$$

gelten in Übereinstimmung mit (3.42) für einen invarianten Operator $\mathcal{O}' = \mathcal{O}$. Für invariante Operatoren gilt somit bei linearen Transformationen die gewohnte Vertauschbarkeit

$$[\mathcal{O}, \mathbb{L}] = 0.$$

• **Antilineare Transformation $\mathbb{A}$**. Es seien die transformierten Zustände gegeben durch

$$|a\rangle \xrightarrow{A} |a'\rangle = \mathbb{A}\,|a\rangle \;,$$
$$\langle b| \xrightarrow{A} \langle b'| = \langle b|\,\mathbb{A}^\dagger, \quad \text{mit } \mathbb{A}^\dagger\mathbb{A} = \mathbb{1} \;.$$

Da antilineare Operatoren antilinear (linear) im *ket*- (*bra*)- *Vektor* sind, lautet die **Invarianzforderung**:

$$\langle b|\,\mathcal{O}\,|a\rangle \xrightarrow[\text{Invarianz von } \mathcal{O}]{A} \langle a'|\,\mathcal{O}\,|b'\rangle \;. \tag{3.45}$$

Dann folgt

$$\begin{aligned}\langle b|\,\mathcal{O}\,|a\rangle &\equiv \langle b|\,\mathbb{A}^\dagger\mathbb{A}\mathcal{O}\mathbb{A}^\dagger\mathbb{A}\,|a\rangle \\ &= [(\langle b|\,\mathbb{A}^\dagger)\mathbb{A}\mathcal{O}\mathbb{A}^\dagger(\mathbb{A}\,|a\rangle)]^* \quad \text{Antilinearität!} \\ &= [\langle b'|\,(\mathbb{A}\mathcal{O}\mathbb{A}^\dagger)\,|a'\rangle]^* = \langle a'|\,(\mathbb{A}\mathcal{O}\mathbb{A}^\dagger)^\dagger\,|b'\rangle \\ &= \langle a'|\,\mathbb{A}\mathcal{O}^\dagger\mathbb{A}^\dagger\,|b'\rangle \stackrel{!}{=} \langle a'|\,\mathcal{O}\,|b'\rangle\end{aligned}$$

wegen (3.45). Danach muß gelten

$$\mathbb{A}\mathcal{O}^\dagger\mathbb{A}^\dagger = \mathcal{O} \quad \text{bzw.} \quad \mathcal{O}^\dagger = \mathbb{A}^\dagger\mathcal{O}\mathbb{A} \;. \tag{3.46}$$

Invariante Operatoren sind somit nur dann vertauschbar mit einer antilinearen Transformation, wenn sie hermitesch sind, d. h. wenn $\mathcal{O}^\dagger = \mathcal{O}$ gilt. Ein Beispiel dafür ist der hermitesche Hamilton-Operator $H = H^\dagger$, der aus diesem Grund z. B. mit dem antilinearen Operator der Zeitspiegelung kommutiert.

(iv) Der Streuoperator als linearer Operator im Hilbert-Raum

Ein für die Anwendung wichtiges Beispiel eines linearen Operators im Hilbert-Raum ist der Streuoperator. Er beschreibt die Änderung, die die Wellenfunktion eines Teilchens, z. B. bei Streuung an einem äußeren Feld, erfährt.

Dieser spezielle lineare Operator $\mathcal{T}$ kann in folgender Weise über eine Integralgleichung für die Wellenfunktion $\varphi'(\mathbf{p})$ nach der Streuung dargestellt werden:

$$\varphi(\mathbf{p}) \xrightarrow{\text{Streuung}} \varphi'(\mathbf{p}) = (\mathcal{T}\varphi)(\mathbf{p}) = \int \frac{d^3\mathbf{p}'}{2p'^0} K(p;p')\varphi(\mathbf{p}') \,. \qquad (3.47)$$

Diese Darstellung von $\varphi'(\mathbf{p})$ bezeichnet man als *quellenmäßige Darstellung* durch den Kern $K(p;p')$ der Integralgleichung und die ursprüngliche Wellenfunktion $\varphi(\mathbf{p}')$. Sie definiert durch $\varphi' = \mathcal{T}\varphi$ den Streuoperator $\mathcal{T}$, weshalb man $K(p;p')$ auch als Kern des Streuoperators bezeichnet.

Schreiben wir (3.47) im Dirac-Formalismus, wobei wegen der Linearität von $\mathcal{T}$

$$(\mathcal{T}\varphi)(\mathbf{p}) = \langle\mathbf{p}|\,(\mathcal{T}\,|\varphi\rangle) \equiv (\langle\mathbf{p}|\,\mathcal{T})\,|\varphi\rangle \;,$$

so wird

$$\varphi'(\mathbf{p}) = (\langle\mathbf{p}|\,\mathcal{T})\,|\varphi\rangle = \int \frac{d^3\mathbf{p}'}{2p'^0} K(p;p')\,\langle\mathbf{p}'|\varphi\rangle \;.$$

Die gestreute Wellenfunktion $\varphi'(\mathbf{p})$ definiert danach den bra-Vektor

$$\langle\mathbf{p}|\,\mathcal{T}| = \int \frac{d^3\mathbf{p}'}{2p'^0} K(p;p')\,\langle\mathbf{p}'| \;,$$

aus dem man über die Normierung (3.21) (hier für ein Teilchen ohne Spin) für das Matrixelement des Streuoperators berechnet

$$\langle\mathbf{p}|\,\mathcal{T}\,|\mathbf{p}'\rangle = K(p;p') \,. \qquad (3.48)$$

Der Kern des Streuoperators ist somit das Matrixelement des Operators $\mathcal{T}$ zwischen den uneigentlichen Zuständen $|\mathbf{p}\rangle$.

Liegt keine Streuung vor, d. h. ist $\mathcal{T} = \mathbb{1}$ der Einheitsoperator, dann entartet der Kern zur Distribution

$$\langle\mathbf{p}|\,\mathcal{T} = \mathbb{1}\,|\mathbf{p}'\rangle = K(p;p')_{/\mathcal{T}=\mathbb{1}} = \langle\mathbf{p}|\mathbf{p}'\rangle = 2p^0\delta^{(3)}(\mathbf{p}-\mathbf{p}') \;.$$

Diese Eigenschaft entspricht der Definition von $K(p;p')$ durch die Integralgleichung (3.47) für den speziellen Fall $\varphi'(\mathbf{p}) = \varphi(\mathbf{p})$.

Betrachtet man Teilchen mit Spin, so ist der Ansatz (3.47) für den Streuoperator $\mathcal{T}$ durch Berücksichtigung des diskreten Spinindex zu erweitern. Für diesen Fall setzt man

$$\psi(\mathbf{p},r) \xrightarrow{\text{Streuung}} \psi'(\mathbf{p},r) = (\mathcal{T}\psi)(\mathbf{p},r) = \sum_{r'} \int \frac{d^3\mathbf{p}'}{2p'^0} K(p,r;p',r')\psi(\mathbf{p}',r') \;. \quad (3.49)$$

Wir wollen unter Ausnutzung der Linearität von $\mathcal{T}$ die Gl. (3.49) wieder in den Dirac-Formalismus übertragen, wonach

$$\langle \mathbf{p},r|\,(\mathcal{T}\,|\psi\rangle) = (\langle \mathbf{p},r|\,\mathcal{T})\,|\psi\rangle = \sum_{r'} \int \frac{d^3\mathbf{p}'}{2p'^0} K(p,r;p',r')\,\langle \mathbf{p}',r'|\psi\rangle \;,$$

und die gestreute Wellenfunktion $\psi'(\mathbf{p},r)$ somit den bra-Vektor

$$\langle \mathbf{p},r|\,\mathcal{T}| = \sum_{r'} \int \frac{d^3\mathbf{p}'}{2p'^0} K(p,r;p',r')\,\langle \mathbf{p}',r'|$$

definiert. Über die uneigentliche Normierung der Impuls-Spinbasis erhalten wir in diesem allgemeinen Fall

$$\langle \mathbf{p},r|\,\mathcal{T}\,|\mathbf{p}',r'\rangle = K(p,r;p',r') \;. \quad (3.50)$$

Betrachten wir als Beispiel die Dirac-Theorie, in der die Operatoren (und somit auch der Streuoperator) im Raum der Bispinoren eine vierdimensionale Matrixdarstellung besitzen. Folglich sollte sich auch der Kern $K(p,r;p',r')$ über eine Matrixfunktion $\tilde{K}_{ab}(p,p')$ zwischen den spinabhängigen Bispinoren $\bar{u}^r_a(\mathbf{p})$, $u^{r'}_b(\mathbf{p}')$ darstellen lassen. Wir machen danach den Ansatz

$$\langle \mathbf{p},r|\,\mathcal{T}\,|\mathbf{p}',r'\rangle = \bar{u}^r_a(\mathbf{p})\tilde{K}_{ab}(p,p')u^{r'}_b(\mathbf{p}') \equiv K(p,r;p',r') \;. \quad (3.51)$$

Diese Beziehung läßt sich in der Störungstheorie wechselwirkender Felder beweisen (siehe dazu als Beispiel Anhang C.1).

Für den speziellen Fall $\mathcal{T} = \mathbb{1}$ geht der Kern wieder in eine Distribution über

$$K(p,r;p',r')_{/\mathcal{T}=\mathbf{1}} = \langle \mathbf{p},r|\mathbf{p}',r'\rangle = 2p^0\delta^{rr'}\delta^{(3)}(\mathbf{p}-\mathbf{p}') \;.$$

Übertragen auf die Matrixfunktion ergibt sich wegen der Normierung

$$\bar{u}^r_a(\mathbf{p})u^{r'}_a(\mathbf{p}) = 2m\delta^{rr'} \quad \text{(summiert über } a = 1,\ldots,4) \;,$$

$$\tilde{K}_{ab}(p,p')\big/_{T=\mathbf{1}} = \frac{p^0}{m}\delta^{(3)}(\mathbf{p}-\mathbf{p}')\mathbb{1}_{ab} \ .$$

Wir können danach in der Dirac-Theorie schreiben

$$\begin{aligned} \langle \mathbf{p}, r|\mathbf{p}', r'\rangle &= \frac{p^0}{m}\delta^{(3)}(\mathbf{p}-\mathbf{p}')\bar{u}^r(\mathbf{p})u^{r'}(\mathbf{p}') \\ &\equiv \frac{p^0}{m}\delta^{(3)}(\mathbf{p}-\mathbf{p}')\bar{u}^r(\mathbf{p})u^{r'}(\mathbf{p}) \ . \end{aligned} \tag{3.52}$$

4 Diskrete Symmetrietransformationen

Bei der Diskussion der vier linear unabhängigen Lösungen der Dirac-Gleichung im Ein-Teilchen-Raum haben wir darauf hingewiesen, daß die Lösungen $v^r(\mathbf{p})$, $r = 1, 2$, zu negativer Energie im Mehr-Teilchen-Raum als physikalische Lösungen der Antiteilchen zu positiver Energie aufzufassen sind. Um dies zu erkennen, bedarf es der Operation der Ladungskonjugation, die Teilchen und Antiteilchen in Beziehung setzt.

In Kapitel 3 haben wir die Eigenschaften linearer und antilinearer Transformationen im Dirac-Formalismus entwickelt und als ein spezielles Beispiel antilinearer Transformationen die Zeitspiegelung erwähnt. Sowohl die Ladungskonjugation als auch die Zeitspiegelung gehören zu den sog. *diskreten Symmetrietransformationen*, zu denen als dritte die Raumspiegelung hinzuzuzählen ist. *Diskret* steht darin als Gegensatz zu kontinuierlich und umfaßt Transformationen, die einer Spiegelung entsprechen. Diese Transformationen sind von Bedeutung für physikalisch begründete Symmetrieforderungen, wonach eine ausführliche Diskussion gerechtfertigt ist.

Die Raum- und Zeitspiegelung sind uneigentliche Lorentz-Transformationen ($\det \Lambda = -1$), die Ladungskonjugation dagegen läßt Raum- und Zeitkomponenten unverändert und wirkt nur auf die ladungsartigen Quantenzahlen eines Zustandes.

4.1 Raumspiegelung

Die Raumspiegelung ist definiert als die Transformation, die den räumlichen Anteil des vierdimensionalen Ortsvektors x^μ am Koordinatenursprung spiegelt, die Nullkomponente dagegen unverändert läßt. Bezeichnen wir diese spezielle (uneigentliche) Lorentz-Transformation mit $U(\Lambda_R)$, wonach per definitionem

$$x^0 \xrightarrow{U(\Lambda_R)} x'^0 = x^0 \ ,$$

$$x^k \xrightarrow{U(\Lambda_R)} x'^k = -x^k, \quad k = 1, 2, 3 \ ,$$

so gilt in vierdimensionaler Form

$$x^\mu \xrightarrow{U(\Lambda_R)} x'^\mu = (\Lambda_R)^\mu{}_\nu x^\nu, \quad \mu = 0,1,2,3 \ , \tag{4.1}$$

mit der Matrix

$$(\Lambda_R)^\mu{}_\nu = \begin{pmatrix} 1 & 0 & 0 & 0 \\ 0 & -1 & 0 & 0 \\ 0 & 0 & -1 & 0 \\ 0 & 0 & 0 & -1 \end{pmatrix} \equiv g^{\mu\mu} g^\mu{}_\nu \mathbb{1}, \text{ nicht summiert über } \mu \ , \tag{4.2}$$

wobei $\det(\Lambda_R) = -1$. Die räumlichen Komponenten p^k des vierdimensionalen Impulses sind proportional zu dx^k/dt. Daraus folgt für die Transformation des Viererimpulses ($p^0 = \sqrt{\mathbf{p}^2 + m^2}$) unter Raumspiegelung

$$p^\mu = \{p^0; \mathbf{p}\} \xrightarrow{U(\Lambda_R)} p'^\mu = \{p^0; -\mathbf{p}\} \ . \tag{4.3}$$

Aus dem Transformationsverhalten der räumlichen Anteile in (4.1) und (4.3) ergibt sich für den Drehimpulsvektor $\mathbf{L}$, der als Vektorprodukt von $\mathbf{r}$ und $\mathbf{p}$ ein Axial- (oder *Pseudo-*) Vektor ist, das Transformationsgesetz

$$\mathbf{L} = \mathbf{r} \times \mathbf{p} \xrightarrow{U(\Lambda_R)} \mathbf{L}' = \mathbf{r}' \times \mathbf{p}' = (-\mathbf{r}) \times (-\mathbf{p}) = \mathbf{r} \times \mathbf{p} = \mathbf{L} \ .$$

Der Drehimpulsvektor ist somit invariant unter Raumspiegelung, die dreidimensionale Transformation läßt sich jedoch wegen (4.2) – zunächst rein formal – schreiben

$$L^i \xrightarrow{U(\Lambda_R)} L'^i = \det(\Lambda_R)(\Lambda_R)^i{}_k L^k, \quad i = 1,2,3 \ . \tag{4.4}$$

Diese Aussage gilt aber allgemein. Das heißt, per definitionem transformieren sich *Pseudogrößen* (Pseudoskalar, Pseudovektor) wie die *Größen* mit dem zusätzlichen Vorzeichenfaktor $\det(\Lambda)$, wonach

Skalar $S \xrightarrow{U(\Lambda_R)} S' = S$,

Pseudoskalar $P \xrightarrow{U(\Lambda_R)} P' = \det(\Lambda) P$,

Vektor $V^\mu \xrightarrow{U(\Lambda_R)} V'^\mu = \Lambda^\mu{}_\nu V^\nu$,

Pseudo- oder Axial- Vektor $A^\mu \xrightarrow{U(\Lambda_R)} A'^\mu = \det(\Lambda)\Lambda^\mu{}_\nu A^\nu$.

Aus dieser Zusammenstellung folgt, daß sich das Transformationsverhalten von *Größen* und *Pseudogrößen* lediglich bei uneigentlichen Lorentz-Transformationen voneinander unterscheidet.

Die Raumspiegelung in der Dirac-Theorie

Als Beispiel wollen wir die Raumspiegelung im Spinorraum betrachten. Das Transformationsgesetz für den Dirac-Bispinor war nach (2.19) gegeben durch

$$\psi(x) \xrightarrow{S(\Lambda)} \psi'(x') = S(\Lambda)\psi(x) ,$$

mit der Bedingung (siehe Gl. (2.21))

$$S^{-1}(\Lambda)\gamma^\mu S(\Lambda) = \Lambda^\mu{}_\nu\gamma^\nu$$

für die Spinortransformation $S(\Lambda)$. Nennen wir speziell für die Raumspiegelung $S(\Lambda) = U(\Lambda_R)$, wonach wir

$$U^{-1}(\Lambda_R)\gamma^\mu U(\Lambda_R) = (\Lambda_R)^\mu{}_\nu\gamma^\mu$$

zu fordern haben, so folgen aus der Darstellung (4.2) der Matrix Λ_R die Bedingungen

$$U^{-1}(\Lambda_R)\gamma^\mu U(\Lambda_R) = g^{\mu\mu}\gamma^\mu, \quad \mu = 0,1,2,3 , \tag{4.5}$$

wobei hier nicht über μ zu summieren ist. $U(\Lambda_R)$ muß danach mit γ^0 kommutieren, mit allen γ^k $(k = 1,2,3)$ antikommutieren. Diese Bedingungen werden – bis auf eine Phase – erfüllt durch die Matrix

$$U(\Lambda_R) = \gamma^0 , \tag{4.6}$$

die in der Pauli-Dirac-Darstellung der γ^μ folgende Eigenschaften besitzt:

$$U^\dagger(\Lambda_R) = U(\Lambda_R) = U^{-1}(\Lambda_R) = U^*(\Lambda_R), \quad U^2(\Lambda_R) = \mathbb{1} . \tag{4.7}$$

Insbesondere ist also $U(\Lambda_R)$ eine unitäre Matrix. Die freie Phase in der Matrixdarstellung des Raumspiegelungsoperators wird i. allg. zur Definition der *inneren Parität* ξ des Feldes benutzt (d. h. Dirac-Feld, Klein-Gordon-Feld, Vektorfeld, etc.). Danach definieren wir die Spinortransformation der Raumspiegelung durch die Gleichung

$$\psi(x) \xrightarrow{S(\Lambda)} \psi'(x') = \xi U(\Lambda_R)\psi(x), \quad U(\Lambda_R) = \gamma^0 ,$$
$$\xi = \textbf{innere}\ \text{Parität}, \quad |\xi| = 1 . \tag{4.8}$$

Die innere Parität ξ als Phasenfaktor dient zur Unterscheidung von Feldern und *Pseudofeldern*. Da $|\xi| = 1$, ist diese Unterscheidung erst in einer Theorie mit Wechselwirkung von Bedeutung. Die totale Parität eines Feldes setzt sich aus innerer Parität und *Bahnparität* zusammen.

Bahnparität und innere Parität

(i) Die Bahnparität

Der Begriff der Bahnparität wird bereits in der nichtrelativistischen Schrödinger-Theorie eingeführt. Die Bahnparität P ist der Eigenwert des Bahnparitätsoperators $\mathbb{P}^{(0)}$, der definiert ist durch die Gleichung

$$\mathbb{P}^{(0)}\psi(t,\mathbf{r}) = \psi(t,-\mathbf{r}) \; . \tag{4.9}$$

$\mathbb{P}^{(0)}$ wirkt somit nur auf die Koordinaten, nicht auf die Felder, und es gilt

$$(\mathbb{P}^{(0)})^2\psi(t,\mathbf{r}) = \mathbb{P}^{(0)}\psi(t,-\mathbf{r}) = \psi(t,\mathbf{r}) \; .$$

$(\mathbb{P}^{(0)})^2$ ist somit ein Einheitsoperator, so daß die Eigenwerte P von $\mathbb{P}^{(0)}$ auf die Werte ± 1 beschränkt sind. Folglich ergibt sich als Eigenwertgleichung von $\mathbb{P}^{(0)}$

$$\mathbb{P}^{(0)}\psi(t,\mathbf{r}) = \psi(t,-\mathbf{r}) = P\psi(t,\mathbf{r}), \quad P = \pm 1 \; . \tag{4.10}$$

Man unterscheidet danach Wellenfunktionen *gerader* ($P = +1$) und *ungerader* ($P = -1$) Bahnparität.

Spezielle Eigenfunktionen zum Operator der Bahnparität sind die *sphärischen Harmonischen* $Y_\ell^m(\theta,\varphi)$, die auch Eigenfunktionen zu den Operatoren $\mathbf{L}^2$ und L_z des Bahndrehimpulses sind.

Unter Raumspiegelung transformieren sich die Polarkoordinaten nach

$$(\theta,\varphi) \xrightarrow{\Lambda_R} (\pi-\theta,\varphi+\pi) \; ,$$

und damit folgt aus der Eigenschaft der Funktionen $Y_\ell^m(\theta,\varphi)$ (siehe z. B. [MES 91, MES 90, YND 96])

$$Y_\ell^m(\theta,\varphi) \xrightarrow{\Lambda_R} Y_\ell^m(\pi-\theta,\varphi+\pi) = (-1)^\ell Y_\ell^m(\theta,\varphi) \; .$$

Da die reine Koordinatentransformation der Operation $\mathbb{P}^{(0)}$ entspricht, ergibt sich die Eigenwertgleichung

$$\mathbb{P}^{(0)}Y_\ell^m(\theta,\varphi) = (-1)^\ell Y_\ell^m(\theta,\varphi) \; , \tag{4.11}$$

wonach die Bahnparität der sphärischen Harmonischen $P = (-1)^\ell$ ist.

(ii) Die innere Parität

Die innere Parität ist über die Wirkung eines Operators $\mathbb{P}_i$ definiert, der außer den Koordinaten auch die Felder ψ transformiert. Da der Spinorcharakter der Dirac-Theorie eine zusätzliche Komplikation enthält, soll die innere Parität zunächst für Skalar- und Vektorfelder diskutiert werden.

- Innere Parität von Skalar- und Vektorfeldern

Für skalare Felder und Vektorfelder läßt sich die innere Parität zusammenfassend durch ihre Definition in der nichtrelativistischen Schrödinger-Theorie einführen:

$$\mathbb{P}_i F(x) := F'(x') := \xi F(x) \; . \tag{4.12}$$

Darin kann $F(x)$ z. B. ein einkomponentiges Klein-Gordon-Feld $\phi(x)$ oder die Komponenten des Photonfeldes $A^\mu(x)$ bedeuten.

Die Raumspiegelung wird im Ortsraum definiert. Das bedingt eine Unbestimmtheit, da das Produkt von Raumspiegelung und Drehung um $\alpha = 2\pi$ ebenfalls eine Raumspiegelung ist. Denn es gilt bei Drehung um 2π

$$x^i \xrightarrow{\mathcal{D}(\alpha=2\pi)} x'^i = (\mathcal{D}(\alpha = 2\pi))^i{}_k\, x^k = g^i{}_k x^k = x^i \; ,$$

so daß mit $U(\Lambda_R)$ auch

$$\begin{aligned} x^\mu \xrightarrow{U(\Lambda_R)\mathcal{D}(\alpha=2\pi)} x'^\mu &= (\Lambda_R)^\mu{}_\sigma\,(\mathcal{D}(2\pi))^\sigma{}_\nu\, x^\nu \\ &= (\Lambda_R)^\mu{}_\sigma g^\sigma{}_\nu x^\nu = (\Lambda_R)^\mu{}_\nu x^\nu \end{aligned}$$

eine Raumspiegelung ist. Dies wirkt sich aber in gleicher Weise auf die räumlichen Komponenten eines Vektorfeldes aus, die sich unter Drehung per definitionem wie die räumlichen Komponenten des Ortsvektors transformieren. Dadurch ist es möglich, die innere Parität für skalare Felder und Vektorfelder zusammenfassend durch die Gleichung (4.12) zu definieren. Beim Spinorfeld ergibt sich eine Besonderheit, da sich der Bispinor bei Drehung im Gegensatz zur Koordinate mit dem halben Winkel transformiert.

Zweimalige Anwendung des Operators $\mathbb{P}_i$ führt zu $F(x)$ zurück, und wir erhalten nach Gl. (4.12)

$$\begin{aligned} (\mathbb{P}_i)^2 F(x) &:= (F'(x'))' = \xi \mathbb{P}_i F(x) = \xi^2 F(x) \\ &\equiv F(x), \quad \text{also } \xi^2 = 1 \; . \end{aligned}$$

Die Eigenwerte des Operators der inneren Parität $\mathbb{P}_i$ für Skalar- und Vektorfelder sind somit

$$\xi = \pm 1 \,. \tag{4.13}$$

Die Zuordnung der Werte $\xi = \pm 1$ der inneren Parität zu den Feldern erfolgt konventionell in Anlehnung an das Transformationsverhalten von Größen und Pseudogrößen unter der uneigentlichen Lorentz-Transformation der Raumspiegelung. Man überträgt danach auf die Feldgrößen die Definitionen[1]

$$\begin{array}{lll}
\text{Skalares Feld} & S(x): & S'(x') = S(x) \quad \rightarrow \quad \xi = +1 \\[2ex]
\text{Pseudoskalares Feld} & P(x): & P'(x') = -P(x) \quad \rightarrow \quad \xi = -1 \\[2ex]
\text{Vektorfeld} & V^\mu(x): & \begin{cases} V'^0(x') = V^0(x) \\ V'^k(x') = -V^k(x) \quad \rightarrow \quad \xi = -1 \\ k = 1,2,3 \end{cases} \\[4ex]
\text{Axialvektorfeld} & A^\mu(x): & \begin{cases} A'^0(x') = -A^0(x) \\ A'^k(x') = A^k(x) \quad \rightarrow \quad \xi = +1 \,. \\ k = 1,2,3 \end{cases}
\end{array}$$

Bezieht man also bei Vektorfeldern das Vorzeichen von ξ auf die räumlichen Komponenten, so läßt sich zusammenfassend schreiben:

$$\begin{aligned}
&\left.\begin{array}{l}\text{Skalares} \\ \text{Pseudoskalares}\end{array}\right\} \text{Feld} \longrightarrow \xi = \begin{cases} +1 \\ -1 \end{cases} \\
&\left.\begin{array}{l}\text{Vektor-} \\ \text{Axialvektor-}\end{array}\right\} \text{Feld} \longrightarrow \xi = \begin{cases} -1 \\ +1 \,. \end{cases}
\end{aligned} \tag{4.14}$$

Da das Vorzeichen von ξ dem *Index* P in der Klassifizierung J^P von Teilchen entspricht, ergibt sich nach (4.14) folgender Zusammenhang:

Tab. 4.1

Feld (Teilchen)	ξ	J^P
S	+1	0^+
P	−1	0^-
V	−1	1^-
A	+1	1^+

[1] Das Vektorfeld transformiert sich wie die Koordinaten x^μ.

• Innere Parität des Spinorfeldes

Die spezielle Spinortransformation der Drehung $S(\mathcal{D}(\alpha))$ enthält im Gegensatz zur Drehung der Koordinaten nur den halben Winkel $\alpha/2$ (siehe Gl. (2.31) und (2.34)). Das hat zur Folge, daß die beiden Spinortransformationen $U(\Lambda_R)$ und $U(\Lambda_R)S(\mathcal{D}(\alpha = 2\pi))$ zu unterschiedlichen Ergebnissen führen, wodurch eine eindeutige Zuordnung von $\xi = \pm 1$ zum Spinorfeld nicht möglich ist. Da die Koordinaten zwischen beiden Operationen nicht unterscheiden, hat man zur Festlegung der inneren Parität beide Spinortransformationen

$$\begin{aligned} U_1(\Lambda_R) &= U(\Lambda_R) \, , \\ U_2(\Lambda_R) &= U(\Lambda_R) \otimes S(\mathcal{D}(\alpha = 2\pi)) \\ &\equiv S(\mathcal{D}(\alpha = 2\pi)) \otimes U(\Lambda_R) \end{aligned} \tag{4.15}$$

zuzulassen. Die Vertauschbarkeit von Drehung und Raumspiegelung ist eine Folge der Raumspiegelungsinvarianz des totalen Drehimpulsoperators $\mathbf{J}$ (siehe Gl. (4.4)).

Betrachten wir – ohne Einschränkung der Allgemeinheit – die Spinordrehung um die z-Achse, so gilt nach (2.31) für einen endlichen Winkel α

$$\begin{aligned} S(\mathfrak{D}_3(\alpha)) &= e^{\frac{i}{2}\alpha\Sigma^3} \\ &= \mathbb{1} + \frac{i}{2}\alpha\Sigma^3 + \frac{1}{2!}\left(\frac{i\alpha}{2}\Sigma^3\right)^2 + \frac{1}{3!}\left(\frac{i\alpha}{2}\Sigma^3\right)^3 + \cdots \, . \end{aligned}$$

Mit

$$\left(i\Sigma^3\right)^{2n} = (-1)^n \begin{pmatrix} (\sigma^3)^{2n} & 0 \\ 0 & (\sigma^3)^{2n} \end{pmatrix} = (-1)^n \mathbb{1}, \qquad n = 0, 1, \ldots \, ,$$

folgt daraus

$$S(\mathfrak{D}_3(\alpha)) = (\cos\frac{\alpha}{2})\mathbb{1} + i(\sin\frac{\alpha}{2})\Sigma^3 \, ,$$

und speziell für $\alpha = 2\pi$

$$S(\mathfrak{D}_3(\alpha = 2\pi)) = -\mathbb{1} \equiv e^{i\pi\Sigma^3} \, .$$

Ein Spinor ist somit – im Gegensatz zum Vektorfeld – nicht invariant gegenüber einer Drehung um $\alpha = 2\pi$, sondern es gilt

$$S(\mathfrak{D}(\alpha = 2\pi))\psi(x) = -\psi(x) \, ,$$

und wir erhalten für die beiden möglichen Spinortransformationen nach (4.15)

$$\begin{aligned} U_1(\Lambda_R) &= U(\Lambda_R) \;, \\ U_2(\Lambda_R) &= -U(\Lambda_R) \\ &= -U_1(\Lambda_R) \;, \end{aligned} \tag{4.16}$$

die sich nur noch auf die Raumspiegelung beziehen. Definieren wir

$$\psi'(x') = U(\Lambda_R)\psi(x) \;,$$

so folgen aus (4.16)

$$\psi'_{1,2}(x') = \pm U(\Lambda_R)\psi(x) = \pm\psi'(x') \;,$$

und nach nochmaliger Anwendung der Raumspiegelung $U(\Lambda_R)$

$$\begin{aligned} (\psi'_{1,2}(x'))' &= \pm(U(\Lambda_R))^2\psi(x) \\ &= \pm\,(\psi'(x'))' \\ &\equiv \pm\psi(x) \;, \end{aligned} \tag{4.17}$$

denn für die Matrix $U(\Lambda_R)$ der Raumspiegelung im Spinorraum gilt nach Gl. (4.7)

$$U^2(\Lambda_R) = \mathbb{1} \;.$$

Damit und mit der Definition der inneren Parität im Spinorraum nach Gl (4.8)

$$(\psi'(x'))' = \xi^2\psi(x)$$

folgern wir aus (4.17)

$$[\psi'_{1,2}(x')]' := \xi^2_{1,2}\psi(x), \quad \text{mit } \xi^2_{1,2} = \pm 1 \;.$$

In der Spinortheorie hat man somit zwischen zwei Klassen von inneren Paritäten zu unterscheiden, die gekennzeichnet sind durch

$$\xi_1 = \pm 1, \quad \text{und} \quad \xi_2 = \pm i \;, \tag{4.18}$$

wonach

$$\xi_2 = i\xi_1 = e^{i\frac{\pi}{2}}\xi_1 \;.$$

Im Prinzip sind beide Klassen zur Definition der inneren Parität der Spinorfelder zulässig. Im allgemeinen benutzt man aber die reelle Klasse $\xi_1 = \pm 1$.

(iii) Paritätstransformation im Hilbert-Raum

Die Parität eines Feldes, die sich aus innerer und Bahnparität zusammensetzt, und für den Fall Skalar- oder Vektorfelder durch die Gleichungen (4.10) und (4.12) im Raum der Wellenfunktionen $\phi(x)$ definiert wird, läßt sich auf den Hilbert-Raum übertragen, in dem die Wellenfunktion durch das Skalarprodukt $\phi(x) = \langle x|\phi\rangle$ dargestellt wird. Die totale Parität entspricht dem Eigenwert des Produktoperators

$$\mathbb{P} := \mathbb{P}_i \mathbb{P}^{(0)} \equiv \mathbb{P}^{(0)} \mathbb{P}_i \ , \tag{4.19}$$

denn es folgt aus (4.10) und (4.12)

$$\mathbb{P}\phi(x) = \mathbb{P}_i \mathbb{P}^{(0)} \phi(x) = P\mathbb{P}_i \phi(x) = \xi P \phi(x) \ . \tag{4.20}$$

Die Ortswellenfunktion ist somit per definitionem Eigenfunktion des Paritätsoperators $\mathbb{P}$ mit dem Eigenwert ξP. Beachten wir, daß bei Raumspiegelung wegen $x'^{\mu} = \{x^0; -\mathbf{x}\}$ $x'' = x$ gilt, ergibt sich als eine weitere Eigenschaft des Operators $\mathbb{P}$ nach (4.10) und (4.12):

$$\mathbb{P}\phi(x) = \mathbb{P}_i(\mathbb{P}^{(0)}\phi(x)) = \mathbb{P}_i\phi(x') = \phi'(x'') = \phi'(x) \ . \tag{4.21}$$

Der Operator $\mathbb{P}$ transformiert danach nur das Feld, nicht aber das Argument. Diese Aussage haben wir folgendermaßen auf den Dirac-Formalismus zu übersetzen:

$$\mathbb{P}\phi(x) \triangleq (\mathbb{P}\phi)(x) = \langle x|\,(\mathbb{P}\,|\phi\rangle) = \langle x|\phi'\rangle \ .$$

Folglich gilt für einen beliebigen Hilbert-Raum-Vektor

$$\mathbb{P}\,|\phi\rangle = |\phi'\rangle \ . \tag{4.22}$$

Da die Ortswellenfunktion Eigenfunktion von $\mathbb{P}$ ist, interessiert im Hilbert-Raum der bra- und ket-Vektoren insbesondere die Orts-Spinbasis $|\mathbf{x}, s_z\rangle$, in der s_z der Eigenwert der z-Komponente des Spinoperators ist. Als spezieller Drehimpulsoperator ist der Spin invariant unter Raumspiegelung, wonach auch $s'_z = s_z$ gilt.

Bei Beschränkung auf Skalar- und Vektorfelder besitzen die Operatoren $\mathbb{P}_i$ und $\mathbb{P}^{(0)}$ reelle Eigenwerte, so daß wir $\mathbb{P}_i$, $\mathbb{P}^{(0)}$, und damit (wegen (4.19)) auch $\mathbb{P}$, als hermitesch annehmen können:

$$\mathbb{P}_i = \mathbb{P}_i^\dagger; \quad \mathbb{P}^{(0)} = \mathbb{P}^{(0)\dagger}; \quad \mathbb{P} = \mathbb{P}^\dagger .$$

Weiter sind die Operatoren linear, wie sich z. B. aus der Operatorform $\mathbf{p} = -i\boldsymbol{\nabla}$ des Linearimpulses herleiten läßt:

Für die Operatoren gelten nach Gl. (4.1) und (4.3)

$$\mathbb{P}^{(0)}\mathbf{p}(\mathbb{P}^{(0)})^{-1} = -\mathbf{p}, \quad \mathbb{P}^{(0)}\boldsymbol{\nabla}(\mathbb{P}^{(0)})^{-1} = -\boldsymbol{\nabla} ,$$

wonach

$$\begin{aligned} i\mathbb{P}^{(0)}\boldsymbol{\nabla}(\mathbb{P}^{(0)})^{-1} &= -i\boldsymbol{\nabla} \\ &\equiv \mathbf{p} = -\mathbb{P}^{(0)}\mathbf{p}(\mathbb{P}^{(0)})^{-1}_{/\mathbf{p}=-i\boldsymbol{\nabla}} . \end{aligned}$$

Folglich gilt

$$i\mathbb{P}^{(0)}\boldsymbol{\nabla}(\mathbb{P}^{(0)})^{-1} = \mathbb{P}^{(0)}i\boldsymbol{\nabla}(\mathbb{P}^{(0)})^{-1} ,$$

was die Linearität des Operators $\mathbb{P}^{(0)}$ beweist (vgl. Kapitel 3, Gl. (3.29) und (3.33)).

Hermitezität und Linearität der Paritätsoperatoren erlauben – in Übereinstimmung mit ihrer Definition im Raum der Wellenfunktionen – ihre Wirkung auf die Orts-Spinbasis durch folgende Eigenwertgleichungen festzulegen:

- Bahnparität

$$\begin{aligned} \mathbb{P}^{(0)}\left|\mathbf{x}, s_z\right\rangle = P\left|\mathbf{x}, s_z\right\rangle = \left|\mathbf{x}', s_z\right\rangle = \left|-\mathbf{x}, s_z\right\rangle , \\ \mathbb{P}^{(0)\dagger} = \mathbb{P}^{(0)}; \quad P^* = P, \; P^2 = 1 . \end{aligned} \tag{4.23}$$

Bra-Konjugation ergibt

$$\left\langle\mathbf{x}, s_z\right| \mathbb{P}^{(0)\dagger} = \left\langle\mathbf{x}, s_z\right| \mathbb{P}^{(0)} = P\left\langle\mathbf{x}, s_z\right| = \left\langle\mathbf{x}', s_z\right| = \left\langle-\mathbf{x}, s_z\right| .$$

Aus der Linearität folgt ferner

$$(\left\langle\mathbf{x}, s_z\right| \mathbb{P}^{(0)})\left|\phi\right\rangle = \left\langle\mathbf{x}, s_z\right|(\mathbb{P}^{(0)}\left|\phi\right\rangle) = P\left\langle\mathbf{x}, s_z|\phi\right\rangle = \left\langle\mathbf{x}', s_z|\phi\right\rangle ,$$

woraus wir für die Wellenfunktionen ablesen

$$(\mathbb{P}^{(0)}\phi)(\mathbf{x}, s_z) = P\phi(\mathbf{x}, s_z) = \phi(\mathbf{x}', s_z) .$$

Diese Relationen stimmen mit der Definition von $\mathbb{P}^{(0)}$ nach (4.10) überein, wobei wir $\mathbb{P}^{(0)}\phi(x)$ als $(\mathbb{P}^{(0)}\phi)(x)$ zu lesen haben.

- Innere Parität

$$\mathbb{P}_i\,|\mathbf{x}, s_z\rangle = \xi\,|\mathbf{x}, s_z\rangle\,, \quad \mathbb{P}_i^\dagger = \mathbb{P}_i; \quad \xi = \xi^*, \quad \xi^2 = 1\,. \tag{4.24}$$

Bra-Konjugation ergibt

$$\langle \mathbf{x}, s_z|\,\mathbb{P}_i^\dagger = \langle \mathbf{x}, s_z|\,\mathbb{P}_i = \xi\,\langle \mathbf{x}, s_z|\ .$$

Aus der Linearität folgt mit (4.22) und (4.23), und wegen $(\mathbb{P}^{(0)})^2\,|\mathbf{x}, s_z\rangle = |\mathbf{x}, s_z\rangle$ sowie (4.19)

$$\begin{aligned}(\langle \mathbf{x}, s_z|\,\mathbb{P}_i)\,|\phi\rangle = \langle \mathbf{x}, s_z|\,(\mathbb{P}_i\,|\phi\rangle) &\equiv \langle \mathbf{x}, s_z|\,\mathbb{P}^{(0)}(\mathbb{P}^{(0)}\mathbb{P}_i\,|\phi\rangle)\\ &= \langle \mathbf{x}', s_z|\phi'\rangle = \xi\,\langle \mathbf{x}, s_z|\phi\rangle\ ,\end{aligned} \tag{4.25}$$

also

$$(\mathbb{P}_i\phi)(\mathbf{x}, s_z) = \xi\phi(\mathbf{x}, s_z) = \phi'(\mathbf{x}', s_z)$$

in Übereinstimmung mit (4.12), wobei wir $\mathbb{P}_i\phi(x)$ wieder als $(\mathbb{P}_i\phi)(x)$ zu lesen haben.

- Totale Parität

Mit der Definition der Eigenwertgleichungen (4.23) und (4.24) für die Operatoren $\mathbb{P}^{(0)}$ und $\mathbb{P}_i$ wird die Orts-Spinbasis auch Eigenbasis zum Operator $\mathbb{P}$ der totalen Parität, und es gilt

$$\begin{aligned}\mathbb{P}\,|\mathbf{x}, s_z\rangle &= \mathbb{P}_i\mathbb{P}^{(0)}\,|\mathbf{x}, s_z\rangle = \mathbb{P}_i\,|\mathbf{x}', s_z\rangle = \mathbb{P}_i\,|-\mathbf{x}, s_z\rangle = \xi\,|-\mathbf{x}, s_z\rangle\\ &= \mathbb{P}_i P\,|\mathbf{x}, s_z\rangle = \xi P\,|\mathbf{x}, s_z\rangle\ .\end{aligned} \tag{4.26}$$

bra-Konjugation dieser Gleichung führt wegen der Hermitezität und Linearität von $\mathbb{P}$ zu

$$\begin{aligned}(\langle \mathbf{x}, s_z|\,\mathbb{P})\,|\phi\rangle &= \langle \mathbf{x}, s_z|\,(\mathbb{P}\,|\phi\rangle) = (\langle \mathbf{x}, s_z|\,\mathbb{P}^{(0)}\mathbb{P}_i)\,|\phi\rangle\\ &= \langle \mathbf{x}', s_z|\,(\mathbb{P}_i\,|\phi\rangle) = \langle \mathbf{x}'', s_z|\phi'\rangle = \langle \mathbf{x}, s_z|\phi'\rangle\ ,\end{aligned}$$

wonach

$$(\mathbb{P}\phi)(\mathbf{x}, s_z) = \phi'(\mathbf{x}, s_z)$$

in Übereinstimmung mit (4.22). Zusammenfassend erhalten wir als Transformationsgleichungen:

Tab. 4.2

Hilbert-Raum der Orts-Spinbasis[a]	Raum der Wellenfunktionen
$\mathbb{P}^{(0)}\,\lvert\mathbf{x},s_z\rangle = P\,\lvert\mathbf{x},s_z\rangle = \lvert\mathbf{x}',s_z\rangle$	$(\mathbb{P}^{(0)}\phi)(\mathbf{x},s_z) = P\phi(\mathbf{x},s_z) = \phi(\mathbf{x}',s_z)$
$\mathbb{P}_i\,\lvert\mathbf{x},s_z\rangle = \xi\,\lvert\mathbf{x},s_z\rangle$	$(\mathbb{P}_i\phi)(\mathbf{x},s_z) = \xi\phi(\mathbf{x},s_z) = \phi'(\mathbf{x}',s_z)$
$\mathbb{P}\,\lvert\mathbf{x},s_z\rangle = \xi P\,\lvert\mathbf{x},s_z\rangle = \xi\,\lvert\mathbf{x}',s_z\rangle$	$(\mathbb{P}\phi)(\mathbf{x},s_z) = \phi'(\mathbf{x},s_z)$

[a] $\lvert\mathbf{x}',s_z'\rangle = \lvert\mathbf{x}',s_z\rangle = \lvert-\mathbf{x},s_z\rangle$.

Eigenvektoren zum Operator $\mathbb{P}$

Die Orts-Spinbasis $\lvert\mathbf{x},s_z\rangle$ ist per definitionem eine Eigenbasis zum Paritätsoperator $\mathbb{P}$. Gehen wir im Ort speziell zu einer Drehimpulsbasis über (vgl. Wellenfunktion $Y_\ell^m(\theta,\varphi)$ nach (4.11)), so ergibt sich für die *ket*-Vektoren dieser Basis hinsichtlich der Bahnparität mit dem Eigenwert $(-1)^\ell$

$$\mathbb{P}^{(0)}\,\lvert\mathbf{r}(\theta,\varphi),s_z\rangle \mathrel{\hat{=}} \mathbb{P}^{(0)}\,\lvert\mathbf{r}(\theta,\varphi),\ell,m,s_z\rangle = (-1)^\ell\,\lvert\mathbf{r}(\theta,\varphi),\ell,m,s_z\rangle \ .$$

Für $\mathbb{P} = \mathbb{P}_i\mathbb{P}^{(0)}$ folgt daraus

$$\mathbb{P}\,\lvert\mathbf{r}(\theta,\varphi),\ell,m,s_z\rangle = (-1)^\ell\xi\,\lvert\mathbf{r}(\theta,\varphi),\ell,m,s_z\rangle \ . \tag{4.27}$$

Eine für die Anwendung wichtige Basis ist die Impuls-Spinbasis $\lvert\mathbf{p},s_z\rangle$. Da nach (4.3) $\mathbb{P}^{(0)}\mathbf{p} = -\mathbf{p}$, folgt für die Basisvektoren (siehe Tabelle 4.2)

$$\begin{aligned}\mathbb{P}^{(0)}\,\lvert\mathbf{p},s_z\rangle &= \lvert-\mathbf{p},s_z\rangle \ ,\\ \mathbb{P}\,\lvert\mathbf{p},s_z\rangle &= \xi\,\lvert-\mathbf{p},s_z\rangle \ .\end{aligned} \tag{4.28}$$

Im Gegensatz zur Ortsbasis, die per definitionem Eigenbasis zu den Paritätsoperatoren ist, läßt sich Gl. (4.28) im allgemeinen nicht in eine Eigenwertgleichung umschreiben. Entwickeln wir die Impulsbasis – bei Vernachlässigung der für die Paritätstransformation uninteressanten Spinquantenzahl s_z – nach der Ortsbasis, so wird nach (3.26)

$$\lvert\mathbf{p}\rangle = \int d^3x\,\lvert\mathbf{x}\rangle\,\langle\mathbf{x}\vert\mathbf{p}\rangle = \mathcal{C}\int d^3x\,\lvert\mathbf{x}\rangle\,e^{i\mathbf{p}\cdot\mathbf{x}}, \quad \mathcal{C} = \text{konst.}\ ,$$

und somit

$$|-\mathbf{p}\rangle = \mathcal{C} \int d^3\mathbf{x}\ |\mathbf{x}\rangle\, e^{-i\mathbf{p}\cdot\mathbf{x}} = \frac{\mathcal{C}}{\mathcal{C}^*} \int d^3\mathbf{x}\ |\mathbf{x}\rangle\, \langle \mathbf{p}|\mathbf{x}\rangle \ .$$

Das heißt, der Zustand $|-\mathbf{p}\rangle$ läßt sich im allgemeinen nicht durch den Zustand $|\mathbf{p}\rangle$ darstellen. Geht man jedoch in das Ruhsystem des Teilchens, so gilt $\langle \mathbf{x}|\mathbf{p}\rangle = \mathcal{C}$ und damit

$$|\mathbf{p} = \mathbf{0}\rangle = |-\mathbf{p} = \mathbf{0}\rangle = \mathcal{C} \int d^3\mathbf{x}\ |\mathbf{x}\rangle \ .$$

Für diesen speziellen Fall erhalten wir aus (4.28) die Eigenwertgleichung

$$I\!P\,|\mathbf{0}, s_z\rangle = \xi\,|\mathbf{0}, s_z\rangle \ . \tag{4.29}$$

Im Ruhsystem werden somit (massive) Teilchen durch Eigenzustände $|\mathbf{0}, s_z\rangle$ zum Paritätsoperator mit dem Eigenwert ξ beschrieben. Diese Tatsache bedingt den Namen *innere* Parität für die Quantenzahl ξ.

4.2 Die Operation der Ladungskonjugation

Die Ladungskonjugation ist definiert als die Transformation, die bei Anwendung auf einen Teilchenzustand das Vorzeichen aller *ladungsartigen* Quantenzahlen umdreht, dagegen Raum- und Spinkoordinaten sowie die Masse des Teilchens invariant läßt. Da durch diese Operation der Zustand des Antiteilchens definiert ist, bezeichnet man die Ladungskonjugation auch als *Teilchen-Antiteilchenkonjugation.*

Zu den ladungsartigen Quantenzahlen gehören

- Q = elektrische Ladung,
- B = Baryonenzahl,
- $L_{e,\mu,\tau}$ = Leptonzahlen für e, μ, τ
- Y = Hyperladung,

deren Operatoren im Raum der Hadronen nach Gell-Mann und Nishijima der Relation

$$Q = I^3 + \frac{1}{2}Y$$

genügen mit der Definition

$$Y = B + S\ .$$

I^3 ist die Dreikomponente des Isotopenspinoperators und S der Operator der *strangeness*.[2]

Der Operation der Ladungskonjugation wird ein Operator $\tilde{\mathbb{C}}$ zugeordnet mit der Forderung

$$\tilde{\mathbb{C}}^2 = \mathbb{1}\ , \tag{4.30}$$

da per definitionem das Antiteilchen des Antiteilchens wieder das Teilchen ist. Dabei ist es reine Konvention, welches der beiden Teilchen man als Antiteilchen bezeichnet. Besitzt ein Teilchen keinerlei ladungsartige Quantenzahlen (z. B. π^0, γ), so ist es mit seinem Antiteilchen identisch. Man nennt solche Teilchen auch *selbstkonjugiert.*

Da $\tilde{\mathbb{C}}$ nur auf Ladungen, nicht aber auf Raum- oder Impulskomponenten wirkt, müssen die **freien** Bewegungsgleichungen für Teilchen und Antiteilchen identisch sein, da sie keine Ladungsparameter enthalten. Wir werden auf diese Feststellung zu einem späteren Zeitpunkt zurückkommen.

Die Diskussion der Ladungskonjugation erfordert als Ausgangspunkt eine Bewegungsgleichung mit Wechselwirkungsterm, der in der Quanten-Elektrodynamik – im ursprünglichen Sinn – die Kopplung zwischen Dirac- und Photonfeld beschreibt, mit der Elementarladung e als Kopplungsparameter.

Ladungskonjugation für das Dirac-Feld

(i) Die Ladungskonjugation $\tilde{\mathbb{C}}$ im Ortsraum

Die Quanten-Elektrodynamik ist eine exakte lokale, abelsche Eichtheorie (siehe später Kapitel 6), nach der der Wechselwirkungsterm in der Dirac-Gleichung durch den Übergang

$$\partial_\mu \longrightarrow \partial_\mu + iqA_\mu, \quad q = \mp e \quad \text{für} \begin{Bmatrix} \text{Elektron} \\ \text{Positron} \end{Bmatrix}, \quad e > 0\ ,$$

[2]Diese Operatoren wurden erstmalig zur Deutung der beobachteten Ladungsunabhängigkeit der starken Wechselwirkung eingeführt.

in der freien Gleichung (siehe (2.11)) gewonnen wird. Als Wechselwirkungsgleichung ergibt sich somit

$$(i\gamma^\mu \partial_\mu - q\gamma^\mu A_\mu(x) - m\,\mathbb{1})\psi(x) = 0\ , \tag{4.31}$$

wo q die Ladung des Teilchens und $A_\mu(x)$ das reelle Photonfeld ist. Das Antiteilchen koppelt mit entgegengesetzter Ladung $Q_C = -q$ an das Photonfeld, so daß der Bispinor $\psi_C(x)$ des ladungskongugierten Teilchens der Bewegungsgleichung

$$(i\gamma^\mu \partial_\mu + q\gamma^\mu A_\mu(x) - m\,\mathbb{1})\psi_C(x) = 0 \tag{4.32}$$

genügt. Der Operator $\tilde{\mathbb{C}}$ muß seiner Definition entsprechend die beiden Gleichungen ineinander überführen.

Vergleichen wir die Terme proportional zu γ^μ, wonach

$$i\gamma^\mu[\partial_\mu \pm iqA_\mu(x)] \mathrel{\hat{=}} \begin{cases} \text{Teilchen} \\ \text{Antiteilchen}\ , \end{cases}$$

so gehen die unterschiedlichen Kopplungsterme durch komplexe Konjugation ineinander über. Führen wir diese Operation in der Teilchengleichung (4.31) durch, so ergibt sich

$$\{-\gamma^{\mu *}[i\partial_\mu + qA_\mu(x)] - m\,\mathbb{1}\}\psi^*(x) = 0\ . \tag{4.33}$$

Die so umgeschriebene Teilchengleichung geht genau dann in die Gleichung (4.32) des Antiteilchens über, wenn es eine 4-dimensionale, nichtsinguläre Matrixdarstellung $\tilde{C}$ des Operators $\tilde{\mathbb{C}}$ gibt derart, daß

$$\tilde{C}\gamma^{\mu *}\tilde{C}^{-1} = -\gamma^\mu, \quad \tilde{C}^2 = \mathbb{1}\ . \tag{4.34}$$

Multiplikation der Gl. (4.33) mit $\tilde{C}$ von links ergibt[3]

$$(i\gamma^\mu \partial_\mu + q\gamma^\mu A_\mu(x) - m\,\mathbb{1})\tilde{C}\psi^*(x) = 0\ ,$$

und wir erhalten durch Vergleich mit Gl. (4.32) als Zusammenhang zwischen Teilchen- und Antiteilchenspinor

$$\psi_C(x) = \tilde{C}\psi^*(x)\ . \tag{4.35}$$

Die Existenz einer nichtsingulären Matrix $\tilde{C}$ mit den Eigenschaften (4.34) folgt aus dem Pauli-Fundamentaltheorem (siehe Anhang B.1), denn mit den γ^μ genügen auch die $-\gamma^{\mu *}$ der Algebra, da die Metrik reell ist.

[3]Wir setzten Linearität des Operators $\tilde{\mathbb{C}}$ voraus, wonach $\tilde{\mathbb{C}}i = i\tilde{\mathbb{C}}$.

In der Pauli-Dirac-Darstellung der γ^μ gelten für die komplex konjugierten Matrizen

$$(\gamma^0)^* = \gamma^0; \quad (\gamma^k)^* = \gamma^k, \; k = 1,3, \quad (\gamma^2)^* = -\gamma^2 \; .$$

Folglich muß die Matrix $\tilde{C}$ nach (4.34) den Bedingungen genügen

$$\tilde{C}\gamma^0\tilde{C}^{-1} = -\gamma^0, \quad \tilde{C}\gamma^k\tilde{C}^{-1} = -\gamma^k, \; k = 1,3, \quad \tilde{C}\gamma^2\tilde{C}^{-1} = \gamma^2 \; .$$

Eine Matrix, die nur mit γ^2 kommutiert, muß selber proportional zu γ^2 sein. Um aber die zusätzliche Forderung nach $\tilde{C}^2 = \mathbb{1}$ zu erfüllen, erhalten wir als Darstellung – bis auf eine Phase –

$$\tilde{C} = i\gamma^2 \; , \tag{4.36a}$$

mit

$$\left.\begin{array}{l} \tilde{C}^2 = \mathbb{1} \longrightarrow \tilde{C} = \tilde{C}^{-1} \\ \tilde{C}^\dagger = \tilde{C} \end{array}\right\} \longrightarrow \tilde{C}^\dagger = \tilde{C}^{-1} \; . \tag{4.36b}$$

Die Matrix $\tilde{C}$ ist somit hermitesch und unitär.

In der Literatur benutzt man zur Beschreibung der Ladungskonjugation anstelle der Matrix $\tilde{C}$ auch eine Matrix C mit der Definition

$$C := \tilde{C}\gamma^0 = i\gamma^2\gamma^0 \longrightarrow \tilde{C} = C\gamma^0 \; . \tag{4.37}$$

Für diese Matrix gilt aber im Gegensatz zu (4.34)

$$C^2 = \tilde{C}\gamma^0\tilde{C}\gamma^0 = -\tilde{C}^2 = -\mathbb{1} \; . \tag{4.38}$$

Schreiben wir die Transformationsgleichung (4.34) auf die Matrix C um, so wird

$$C\gamma^0\gamma^{\mu *}\gamma^0 C^{-1} = -\gamma^\mu \; ,$$

und wegen der allgemeinen Eigenschaft

$$\gamma^0\gamma^{\mu\dagger}\gamma^0 = \gamma^\mu \; ,$$

wonach

$$\gamma^0\gamma^{\mu *}\gamma^0 = \gamma^{\mu \mathrm{T}} \; ,$$

schließlich

$$C\gamma^{\mu \mathrm{T}} C^{-1} = -\gamma^\mu \; . \tag{4.39}$$

Spezielle Eigenschaften der Matrix C sind

$$C^* = -C^\dagger = C = -C^{\mathrm{T}}, \quad C^\dagger = C^{-1} . \tag{4.40}$$

Die Matrix C ist also wie $\tilde{C}$ eine unitäre Matrix, sie ist aber nicht hermitesch.

Mit der Matrix C ergibt sich für den ladungskonjugierten Spinor ψ_C nach (4.35)

$$\psi_C(x) = C\gamma^0\psi^*(x) \equiv C(\psi^{*\mathrm{T}}\gamma^{0\mathrm{T}})^{\mathrm{T}} = C(\psi^\dagger(x)\gamma^0)^{\mathrm{T}} ,$$

also

$$\psi_C(x) = C\overline{\psi}^{\mathrm{T}}(x) \tag{4.41}$$

als gebräuchliche Definition des ladungskonjugierten Spinors.

(ii) Die Ladungskonjugation $\tilde{\mathbb{C}}$ im Impulsraum

Bei der Diskussion der freien Dirac-Gleichung haben wir mehrfach darauf hingewiesen, daß die Lösungen $v^r(\mathbf{p})$, $r = 1, 2$, – im Ein-Teilchen-Raum Lösungen zu negativer Energie – im Mehr-Teilchen-Raum Antiteilchen zu positiver Energie beschreiben. Um diese Aussage zu prüfen, wollen wir die freie Bewegungsgleichung des ladungskonjugierten Spinors

$$v_C^r(\mathbf{p}) = C(\bar{v}^r(\mathbf{p}))^{\mathrm{T}} \tag{4.42}$$

im Impulsraum diskutieren.

Die freie adjungierte Dirac-Gleichung für $\bar{v}^r(\mathbf{p})$ ist nach Gl. (2.61)

$$\bar{v}^r(\mathbf{p})(\not{p} + m\mathbb{1}) = 0 ,$$

woraus durch Transposition

$$(\not{p}^{\mathrm{T}} + m\mathbb{1})\bar{v}^{r\mathrm{T}}(\mathbf{p}) = 0$$

folgt. Multiplikation von links mit der Matrix C ergibt mit der Eigenschaft (4.39)

$$(\not{p} - m\mathbb{1})C\bar{v}^{r\mathrm{T}}(\mathbf{p}) = 0 . \tag{4.43}$$

Der Spinor $C\bar{v}^{r\mathrm{T}}(\mathbf{p})$ genügt somit nach (2.58) der freien Bewegungsgleichung eines Teilchens zu positiver Energie, dessen Spinor $u^r(\mathbf{p})$ war. Man kann somit für eine freie Theorie den ladungskonjugierten Spinor $v_C^r(\mathbf{p})$ mit $u^r(\mathbf{p})$ identifizieren nach der Relation

$$v_C(\mathbf{p}) = C\bar{v}^{\mathrm{T}}(\mathbf{p}) \equiv u(\mathbf{p}) \tag{4.44}$$

in Übereinstimmung mit der zu Beginn dieses Abschnitts gemachten Aussage. Die in Gl. (2.63) gewählte Zuordnung der Spinindizes $r \neq s$ für $v^r(\mathbf{p})$ und $V^s(\mathbf{0})$ hat zur Folge, daß die Relation (4.44) zwischen $v_C(\mathbf{p})$ und $u(\mathbf{p})$ unabhängig vom Spinindex gilt.

Übungsaufgaben

4.1 Zeigen Sie, daß für festen Spinindex r für eine freie Theorie

$$v_C^r(\mathbf{p}) = C\bar{v}^{r\mathrm{T}}(\mathbf{p}) \equiv u^r(\mathbf{p}) \, ,$$

mit der Matrix $C = i\gamma^2\gamma^0$ der Ladungskonjugation in der Pauli-Dirac-Darstellung.
Hinweis: Benutzen Sie die Darstellungen der Bispinoren $v^r(\mathbf{p})$, $u^r(\mathbf{p})$ durch die Ruhlösungen $V^s(\mathbf{0})$, $u^r(\mathbf{0})$ nach Gl. (2.62) und (2.63) bei gleicher Normierung.

Ladungskonjugation im Hilbert-Raum

Der Operator $\mathbb{C}$ der Ladungskonjugation[4] wirkt per definitionem ausschließlich auf ladungsartige Quantenzahlen. Im Hilbert-Raum der bra- und ket-Vektoren kann man die ladungsartigen Quantenzahlen als diskrete Indizes mitführen. Charakterisieren wir solch einen Zustand durch das Symbol $|\psi(Q)\rangle$, wo $\psi(Q)$ für alle ladungsartigen Quantenzahlen (also Q, B, L_e, Y, etc.) stehen soll, so läßt sich ein Ladungsoperator Q^{op} dadurch definieren, daß er folgenden zwei Eigenwertgleichungen genügt:

$$Q^{\mathrm{op}}\,|\psi(Q)\rangle = Q\,|\psi(Q)\rangle \, , \tag{4.45}$$

$$Q^{\mathrm{op}}\,|\psi(-Q)\rangle = -Q\,|\psi(-Q)\rangle \, . \tag{4.46}$$

Darin stellt der Eigenwert Q die totale Ladung des Zustandes dar, und ist als c-Zahl mit einem linearen Operator vertauschbar. Das gilt insbesondere auch für den $\mathbb{C}$ Operator, der per definitionem linear ist. Im Zustand dagegen

[4]In diesem Abschnitt schreiben wir $\mathbb{C}$ für $\tilde{\mathbb{C}}$.

transformiert der Operator $\mathbb{C}$ gemäß seiner Definition Q nach $-Q$. Somit definiert man die Wirkung von $\mathbb{C}$ im Hilbert-Raum durch

$$\mathbb{C}\,|\psi(Q)\rangle = |\psi(-Q)\rangle \ . \tag{4.47}$$

Wendet man $\mathbb{C}$ auf die Eigenwertgleichung (4.45) an, so wird

$$\mathbb{C}Q^{\text{op}}\,|\psi(Q)\rangle = Q\mathbb{C}\,|\psi(Q)\rangle = Q\,|\psi(-Q)\rangle \ .$$

Anwendung des Ladungsoperators Q^{op} auf Gleichung (4.47) ergibt dagegen

$$Q^{\text{op}}\mathbb{C}\,|\psi(Q)\rangle = Q^{\text{op}}\,|\psi(-Q)\rangle = -Q\,|\psi(-Q)\rangle \ .$$

Folglich gilt die Operatorrelation

$$Q^{\text{op}}\mathbb{C} = -\mathbb{C}Q^{\text{op}} \ , \tag{4.48a}$$

bzw.

$$[\mathbb{C}, Q^{\text{op}}] \neq 0, \quad \text{solange } Q \neq 0 \ . \tag{4.48b}$$

Darin steht Q^{op} für irgendeinen Operator der Ladungsquantenzahlen, z. B. für die Hyperladung, wonach $Y\mathbb{C} = -\mathbb{C}Y$.

Das heißt, für nichtverschwindende Ladung Q vertauschen die Operatoren $\mathbb{C}$ und Q^{op} nicht und besitzen damit kein gemeinsames System von Eigenvektoren. Insbesondere ist nach (4.47) auch der Zustand $|\psi(Q)\rangle$ kein Eigenzustand zum Operator $\mathbb{C}$, solange die totale Ladung $Q \neq 0$ ist. Folglich sind nur Zustände selbstkonjugierter Teilchen (z. B. $|\pi^0\rangle$, $|\gamma\rangle$) bzw. allgemein Zustände selbstkonjugierter Systeme (z. B. $|e^+e^-\rangle$) Eigenzustände zum Operator $\mathbb{C}$ der Ladungskonjugation.

Da $\mathbb{C}^2 = \mathbb{1}$, sind die möglichen Eigenwerte des $\mathbb{C}$-Operators im Hilbert-Raum auf $C = \pm 1$ beschränkt. Danach kann $\mathbb{C}$ als hermitesch angenommen werden, mit folgenden Eigenschaften:

$$\mathbb{C} = \mathbb{C}^\dagger; \quad \mathbb{C} = \mathbb{C}^{-1}; \longrightarrow \mathbb{C}^\dagger = \mathbb{C}^{-1} \ .$$

Die Ladungskonjugation wird somit auch im Hilbert-Raum durch einen unitären Operator beschrieben.

Die Eigenwerte von $\mathbb{C}$ bezeichnet man auch als *Ladungsparitäten*. Sie sind – wie die inneren Paritäten – erst in einer Theorie mit Wechselwirkung von Bedeutung.

4.3 Zeitspiegelung

Die Zeitspiegelung wird – wie die Raumspiegelung – im Ortsraum definiert. Ihr entspricht eine uneigentliche Lorentz-Transformation, definiert durch die Gleichungen

$$x^0 \xrightarrow{U(\Lambda_T)} x'^0 = -x^0 \; ,$$
$$x^k \xrightarrow{U(\Lambda_T)} x'^k = x^k, \quad k = 1, 2, 3 \; ,$$

die sich vierdimensional zusammenfassen lassen durch

$$x^\mu \xrightarrow{U(\Lambda_T)} x'^\mu = (\Lambda_T)^\mu{}_\nu x^\nu, \quad \mu = 0, 1, 2, 3 \; , \tag{4.49}$$

mit der Matrix

$$(\Lambda_T)^\mu{}_\nu = \begin{pmatrix} -1 & 0 & 0 & 0 \\ 0 & 1 & 0 & 0 \\ 0 & 0 & 1 & 0 \\ 0 & 0 & 0 & 1 \end{pmatrix} \equiv -g^{\mu\mu} g^\mu{}_\nu \mathbb{1}, \text{ nicht summiert über } \mu \; , \tag{4.50}$$

und $\det(\Lambda_T) = -1$. Die räumlichen Komponenten p^k des vierdimensionalen Impulsvektors sind proportional zu dx^k/dt. Mit (4.49) – und wegen $p^0 = \sqrt{\mathbf{p}^2 + m^2}$ – folgt danach für das Transformationsverhalten des Impulsvektors

$$p^\mu = \{p^0; \mathbf{p}\} \xrightarrow{U(\Lambda_T)} p'^\mu = \{p^0; -\mathbf{p}\} \; . \tag{4.51}$$

Das Transformationsgesetz (4.51) genügt der physikalischen Forderung der *Positivität* der Energie unter Zeitspiegelung. Umgekehrt folgt aus der Forderung der Positivität der Energie zwingend, daß der Operator der Zeitspiegelung antilinear sein muß. Betrachten wir dazu die Operatordarstellung der Energie

$$E \longrightarrow p^0 = i\frac{\partial}{\partial t}$$

mit den Transformationen (siehe (4.49) und (4.51))

$$U(\Lambda_T) p^0 U(\Lambda_T)^{-1} = p^0, \quad U(\Lambda_T) \frac{\partial}{\partial t} U(\Lambda_T)^{-1} = -\frac{\partial}{\partial t} \; ,$$

wonach

$$iU(\Lambda_T)\frac{\partial}{\partial t}U(\Lambda_T)^{-1} = -i\frac{\partial}{\partial t}$$
$$\equiv -p^0 = -U(\Lambda_T)p^0U(\Lambda_T)^{-1}_{/p^0=i\frac{\partial}{\partial t}} .$$

Folglich gilt

$$iU(\Lambda_T)\frac{\partial}{\partial t}U(\Lambda_T)^{-1} = -U(\Lambda_T)i\frac{\partial}{\partial t}U(\Lambda_T)^{-1} ,$$

was nach Gl. (3.33) die Antilinearität des Operators $U(\Lambda_T)$ beweist. Für den Bahndrehimpuls $\mathbf{L}$ folgt, daß er mit dem Linearimpuls $\mathbf{p}$ unter Zeitspiegelung das Vorzeichen wechselt:

$$\mathbf{L} = \mathbf{r} \times \mathbf{p} \xrightarrow{U(\Lambda_T)} \mathbf{L}' = \mathbf{r}' \times \mathbf{p}' = \mathbf{r} \times (-\mathbf{p}) = -\mathbf{L} .$$

Dieses Transformationsverhalten wird übertragen auf den totalen Drehimpuls $\mathbf{J}$ und den Spinvektor $\mathbf{S}$, wonach

$$\mathbf{J} \xrightarrow{U(\Lambda_T)} \mathbf{J}' = -\mathbf{J} , \tag{4.52}$$

$$\mathbf{S} \xrightarrow{U(\Lambda_T)} \mathbf{S}' = -\mathbf{S} . \tag{4.53}$$

Geht man zu den Operatoren der Drehimpulse über, so interessiert das Verhalten ihrer Eigenwerte unter Zeitspiegelung. Die Quantenzahl des totalen Drehimpulses $\mathbb{J}$ berechnet sich aus der quadratischen Zuordnung

$$\mathbb{J}^2 \longrightarrow j(j+1) ,$$

wonach

$$\mathbb{J}^2 \xrightarrow{U(\Lambda_T)} \mathbb{J}'^2 = \mathbb{J}^2 \longrightarrow j(j+1) .$$

Die Quantenzahl des totalen Drehimpulses ist somit invariant unter Zeitspiegelung. Für die z-Komponente J_z ergibt sich dagegen mit (4.52)

$$\begin{array}{ccc} J_z & \longrightarrow & m \\ \downarrow & & \downarrow \\ U(\Lambda_T) & & U(\Lambda_T) \\ J_z' = -J_z & \longrightarrow & m' = -m . \end{array} \tag{4.54}$$

Die Eigenwerte der z-Komponenten der Drehimpulse ändern somit bei Zeitspiegelung ihr Vorzeichen.

Ergänzend sei das Transformationsverhalten des Helizitätsoperators $\mathbb{h}_p$ bzw. seines Eigenwertes λ angegeben, mit der Zuordnung

$$\mathbb{h}_p = \frac{\mathbf{S}\cdot\mathbf{p}}{|\mathbf{p}|} \quad \longrightarrow \quad \lambda\,.$$

Unter Zeitspiegelung gilt

$$\begin{aligned} \mathbb{h}'_{p'} &= \frac{\mathbf{S}'\cdot\mathbf{p}'}{|\mathbf{p}'|} = \frac{(-\mathbf{S})\cdot(-\mathbf{p})}{|-\mathbf{p}|} \\ &= \mathbb{h}_p \quad \longrightarrow \quad \lambda' = \lambda\,. \end{aligned} \tag{4.55}$$

Dagegen erhält man unter Raumspiegelung (siehe (4.3) und (4.4))

$$\begin{aligned} \mathbb{h}'_{p'} &= \frac{\mathbf{S}'\cdot\mathbf{p}'}{|\mathbf{p}'|} = \frac{\mathbf{S}\cdot(-\mathbf{p})}{|-\mathbf{p}|} \\ &= -\mathbb{h}_p \quad \longrightarrow \quad \lambda' = -\lambda\,. \end{aligned} \tag{4.56}$$

Die Zeitspiegelung in der Dirac-Theorie

Als Beispiel wollen wir die Zeitspiegelung im Spinorraum betrachten. Dem antilinearen Zeitspiegelungsoperator entspricht eine antilineare Spinortransformation.

Jeder antilineare Operator läßt sich als ein Produkt von zwei Operatoren darstellen, von denen der eine linear, der andere antilinear ist.

Speziell kann man für einen antilinearen Operator $\mathbb{A}$ folgenden Produktansatz wählen:

$$\mathbb{A} = \mathbb{L} \otimes \mathbb{K}\,. \tag{4.57}$$

Darin sei $\mathbb{L}$ ein linearer Operator und $\mathbb{K}$ ein unitärer antilinearer[5] Operator, der die Operation der komplexen Konjugation definiert:

$$\mathbb{L}(\lambda_1\,|1\rangle + \lambda_2\,|2\rangle) = \lambda_1(\mathbb{L}\,|1\rangle) + \lambda_2(\mathbb{L}\,|2\rangle)\,,$$

$$\mathbb{K}(\lambda_1\,|1\rangle + \lambda_2\,|2\rangle) = \lambda_1^*(\mathbb{K}\,|1\rangle) + \lambda_2^*(\mathbb{K}\,|2\rangle)\,,$$

[5] In der Literatur finden wir sehr oft die etwas verwirrende Bezeichnung *antiunitär*.

mit

$$\mathbb{K}^\dagger \mathbb{K} = \mathbb{1}; \quad \mathbb{K}^2 = \mathbb{1}; \longrightarrow \mathbb{K}^\dagger = \mathbb{K}^{-1} = \mathbb{K} \,, \tag{4.58}$$

und folglich

$$\begin{aligned} \langle \mathbb{K}\phi | \mathbb{K}\psi \rangle &\equiv (\langle \phi | \mathbb{K}^\dagger)(\mathbb{K}\,|\psi\rangle) = [\langle \phi | (\mathbb{K}^\dagger \mathbb{K}\,|\psi\rangle)]^* \\ &= \langle \phi | \psi \rangle^* = \langle \psi | \phi \rangle \,. \end{aligned} \tag{4.59}$$

Die Wellenfunktion $\psi(\mathbf{x})$ entspricht im Hilbert-Raum einem Skalarprodukt, also einer komplexen Zahl. Damit sollte bei Anwendung des Operators $\mathbb{K}$ auf die Wellenfunktion diese in ihr komplex Konjugiertes übergehen:

$$\psi(\mathbf{x}) \xrightarrow{\mathbb{K}} \psi^*(\mathbf{x}) \,. \tag{4.60}$$

Übertragen wir diese Aussage in den Dirac-Formalismus, so folgt mit (4.58) und der Antilinearität von $\mathbb{K}$

$$\begin{aligned} \langle \mathbf{x} | (\mathbb{K}\,|\psi\rangle) &= [(\langle \mathbf{x} | \mathbb{K})\,|\psi\rangle]^* = \langle \psi | (\mathbb{K}^\dagger\,|\mathbf{x}\rangle) \\ &\equiv \langle \psi | (\mathbb{K}\,|\mathbf{x}\rangle) \,. \end{aligned}$$

Ein Vergleich mit der Aussage (4.60) führt zu der Festlegung

$$\mathbb{K}\,|\mathbf{x}\rangle = |\mathbf{x}\rangle \,,$$

wonach

$$\langle \mathbf{x} | (\mathbb{K}\,|\psi\rangle) = \langle \psi | \mathbf{x} \rangle = \langle \mathbf{x} | \psi \rangle^*$$

mit der Deutung

$$\psi(\mathbf{x}) \xrightarrow{\mathbb{K}} \mathbb{K}\psi(\mathbf{x}) \mathrel{\hat{=}} (\mathbb{K}\psi)(\mathbf{x}) = \psi^*(\mathbf{x}) \,. \tag{4.61}$$

Danach definieren wir die antilineare Spinortransformation der Zeitspiegelung durch das Produkt

$$S(\Lambda_T) = \tilde{T}(\Lambda_T) \otimes \mathbb{K} \,, \tag{4.62}$$

und berechnen die **lineare** Transformation $\tilde{T}(\Lambda_T)$ aus der definierenden Gleichung

$$\psi(x) \xrightarrow{S(\Lambda_T)} \psi'(x') = \tilde{T}(\Lambda_T)\psi^*(x) \,. \tag{4.63}$$

Zur Konstruktion der darstellenden Matrix $\tilde{T}(\Lambda_T)$ betrachten wir – entsprechend dem Transformationsgesetz (4.63) – die komplex konjugierte freie Dirac-Gleichung:

$$(-i\gamma^{\mu*}\partial_\mu - m\,\mathbb{1})\psi^*(x) = 0 \ .$$

Multiplikation von links mit $\tilde{T}(\Lambda_T)$ und Transformation von ∂_μ nach ∂'_μ ergibt als Bedingung aus der physikalischen Forderung der Forminvarianz (vgl. dazu Gl. (2.21))

$$\tilde{T}(\Lambda_T)\gamma^{\mu*}\tilde{T}^{-1}(\Lambda_T) = -(\Lambda_T)^\mu{}_\nu\gamma^\nu \ .$$

Mit der expliziten Form der Matrix Λ_T nach (4.50) ergeben sich als Bestimmungsgleichungen:

$$\begin{aligned} \tilde{T}(\Lambda_T)\gamma^{0*}\tilde{T}^{-1}(\Lambda_T) &= \gamma^0 \ , \\ \tilde{T}(\Lambda_T)\gamma^{k*}\tilde{T}^{-1}(\Lambda_T) &= -\gamma^k, \quad k = 1,2,3 \ . \end{aligned} \tag{4.64}$$

In Analogie zur Matrix der Ladungskonjugation – die wie $\tilde{T}$ aus einer komplex konjugierten Wellengleichung konstruiert wird – ist es auch bei der Zeitspiegelung üblich, anstelle von $\tilde{T}$ eine Matrix T zu betrachten mit der Definition

$$T := \tilde{T}\gamma^0, \quad \text{also } \tilde{T} = T\gamma^0 \ .$$

Vergleichen wir die Bedingung (4.64) an die Matrix $\tilde{T}$ mit der an die Matrix $\tilde{C}$ nach Gl. (4.34), so können wir aus Gl. (4.39) als Forderungen für T übertragen

$$\begin{aligned} T\gamma^{0\mathrm{T}}T^{-1} &= \gamma^0 \ , \\ T\gamma^{k\mathrm{T}}T^{-1} &= -\gamma^k, \quad k = 1,2,3 \ . \end{aligned} \tag{4.65}$$

Die Transformationsgleichungen (4.65) lassen sich vierdimensional zusammenfassen als

$$T\gamma^{\mu\mathrm{T}}T^{-1} = g^{\mu\mu}\gamma^\mu, \quad \text{nicht summiert über } \mu, \quad \mu = 0,\ldots,3 \ .$$

Vergleichen wir diese Aussage mit der Eigenschaft der Matrix C nach Gleichung (4.39), so folgt

$$T\gamma^{\mu\mathrm{T}}T^{-1} = -g^{\mu\mu}C\gamma^{\mu\mathrm{T}}C^{-1} \ ,$$

woraus sich nach Multiplikation mit $C^{-1}(C)$ von links (rechts) und Transposition der Gleichung folgender Zusammenhang ergibt:

$$(T^{-1}C)^{\mathrm{T}}\gamma^{\mu}\left((T^{-1}C)^{\mathrm{T}}\right)^{-1} = -g^{\mu\mu}\gamma^{\mu}, \quad \text{nicht summiert über } \mu\ , \quad \mu = 0,\dots,3\ .$$

Danach antikommutiert die Matrix $(T^{-1}C)^{\mathrm{T}}$ mit γ^0 und kommutiert mit allen γ^k, $k = 1,2,3$. Diese Forderung wird – bis auf eine Phase – erfüllt durch die Darstellung

$$\begin{aligned}(T^{-1}C)^{\mathrm{T}} &= \gamma^5\gamma^0\\ &\equiv (\gamma^0\gamma^5)^{\mathrm{T}}, \quad \text{(Pauli-Dirac-Darstellung)}\ ,\end{aligned}$$

wonach

$$T = C\gamma^5\gamma^0 = i\gamma^5\gamma^2 \tag{4.66}$$

mit der expliziten Darstellung (4.37) für die Matrix C.

Für den zeitgespiegelten Bispinor $\psi'(x')$ nach (4.63) ergibt sich endlich – in Analogie zum ladungskonjugierten Spinor $\psi_C(x)$ nach (4.41) –

$$\psi'(x') = T\overline{\psi}^{\mathrm{T}}(x)\ . \tag{4.67}$$

Zeitspiegelung im Hilbert-Raum

Der Operator der Zeitspiegelung transformiert als antilinearer Operator Matrixelemente (da c-Zahlen) in ihr komplex konjugiertes, wobei per definitionem die Zeitkoordinate, und mit ihr die Linearimpulse und Spinquantenzahlen, das Vorzeichen wechseln.

Diese Aussagen lassen sich anschaulich interpretieren, wenn man die Zeitspiegelung als Bewegungsumkehr deutet, bei der Anfangs- (ket)-Zustände zu End- (bra)-Zuständen und vice versa werden (siehe Abb. 4.1). Wir definieren danach den antilinearen Operator $\mathbb{T}$ der Zeitspiegelung im Hilbert-Raum durch folgende Eigenschaften:

Orts-Spinbasis:

Transformation der Basis:

$$\mathbb{T}^{\dagger}\,|\mathbf{x}, s_z\rangle = |\mathbf{x}, -s_z\rangle\ . \tag{4.68}$$

Daraus folgt durch bra-Konjugation

$$(\langle\mathbf{x}, s_z|\,\mathbb{T}) = \langle\mathbf{x}, -s_z|\ .$$

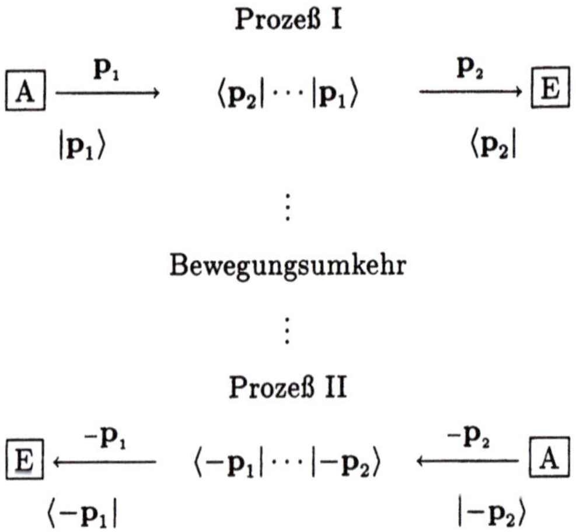

Abb. 4.1 Schematischer Zusammenhang zwischen Zeitspiegelung und Bewegungsumkehr.

Transformation der Wellenfunktion: Aus der Antilinearität folgt

$$\begin{aligned}(\langle\mathbf{x}, s_z|\,\mathbb{T})\,|\phi\rangle &= \langle\mathbf{x}, -s_z|\phi\rangle = [\langle\mathbf{x}, s_z|\,(\mathbb{T}\,|\phi\rangle)]^* \\ &= (\langle\phi|\,\mathbb{T}^\dagger)\,|\mathbf{x}, s_z\rangle \equiv \langle\mathbb{T}\phi|\mathbf{x}, s_z\rangle \ .\end{aligned}$$

Folglich gilt

$$(\mathbb{T}\phi)^*(\mathbf{x}, s_z) = \phi(\mathbf{x}, -s_z) \ . \tag{4.69}$$

Impuls-Spinbasis:

Transformation der Basis:

$$\mathbb{T}^\dagger\,|\mathbf{p}, s_z\rangle = |-\mathbf{p}, -s_z\rangle \ , \tag{4.70}$$

wonach

$$(\langle\mathbf{p}, s_z|\,\mathbb{T}) = \langle -\mathbf{p}, -s_z| \ .$$

Transformation der Wellenfunktion:

$$\begin{aligned}(\langle\mathbf{p}, s_z|\,\mathbb{T})\,|\phi\rangle &= \langle -\mathbf{p}, -s_z|\phi\rangle = [\langle\mathbf{p}, s_z|\,(\mathbb{T}\,|\phi\rangle)]^* \\ &= (\langle\phi|\,\mathbb{T}^\dagger)\,|\mathbf{p}, s_z\rangle \equiv \langle\mathbb{T}\phi|\mathbf{p}, s_z\rangle \ ,\end{aligned}$$

wonach

$$(\mathbb{T}\phi)^*(\mathbf{p}, s_z) = \phi(-\mathbf{p}, -s_z) \ . \tag{4.71}$$

5 Quantisierung freier Wellenfelder

Die Quantisierung der Wellenfelder – auch *Feldquantisierung* oder 2. *Quantisierung* – wurde bereits 1929 von Heisenberg und Pauli für den Spezialfall der Quanten-Elektrodynamik (QED) formuliert. Sie war eine notwendige Verallgemeinerung über das Schema der 1. *Quantisierung* – der Quantenmechanik – hinaus, deren grundlegende Voraussetzung die Erhaltung von Teilchenart und Teilchenzahl während eines quantenmechanischen Prozesses war. Diese Voraussetzung war für die bereits bekannten Prozesse der Absorption und Emission von Lichtquanten (z. B. Paarerzeugung und Paarvernichtung) nicht erfüllt, weshalb eine theoretische Beschreibung dieser Experimente mit den Methoden der 1. Quantisierung nicht möglich war.

Die Feldfunktionen (Lösungen der Wellengleichungen), die in der 1. Quantisierung sogenannte *c-Zahl-Funktionen* sind, werden in der *Feldquantisierung* zu Operatoren mit einer Kommutatoralgebra verallgemeinert. Damit wird die Materiemenge, die in der 1. Quantisierung durch das Raumintegral über die Wahrscheinlichkeitsdichte $\rho(x) = \psi^*(x)\psi(x)$ als

$$N_\psi(x^0) = \int\limits_{x^0} d^3\mathbf{x}\, \rho_\psi(x), \quad x = \{x^0; \mathbf{x}\} \tag{5.1}$$

definiert ist, ebenfalls zu einem – i. allg. zeitabhängigen – Operator. Wie bereits in Kapitel 3 ausgeführt – die Materiemenge nach (5.1) stimmt mit der dort diskutierten Norm überein – ist der Operator $N_\psi(x^0)$ von Teilchensorte zu Teilchensorte verschieden, was durch den Feldindex ψ angedeutet wird.

In einem späteren Abschnitt wird sich ergeben, daß der durch (5.1) definierte Operator $N_\psi(x^0)$ als – eine bestimmte Teilchensorte charakterisierender – *Teilchenzahloperator* interpretiert werden kann, der i. allg. keine Bewegungskonstante mehr ist. Der Teilchenzahloperator ordnet somit jedem Feldoperator bestimmte Teilchen zu, was einer Vereinigung von Wellen- und Teilchenbild bei variabler Teilchenzahl entspricht.

Ein möglicher Zugang zur *Quantenfeldtheorie* ist das *kanonische Quantisierungsverfahren* der nichtrelativistischen Mechanik, übertragen nun auf die Feldfunktionen. Dabei ist es plausibel, daß die Quantisierungsvorschrift für die Feldfunktionen – wie auch die Definition von $N_\psi(x^0)$ – abhängig von der Teilchensorte wird. Ein wesentlicher Punkt für diese Aussage ist die unterschiedliche Statistik verschiedener Teilchensorten.

Die Zuordnung zwischen den zu quantisierenden Größen von Mechanik und Feldtheorie erfolgt durch das Schema:

Mechanik		**Feldtheorie**
Verallgemeinerte Koordinaten		*Feldkoordinaten*
$q^k(t)$	$\longleftrightarrow$	$\varphi(x)$
Kanonisch konjugierte Impulse		*Feldimpulse*
$p^k(t)$	$\longleftrightarrow$	$\pi(x)$.

Im kanonischen Formalismus werden die Impulse p^k über die Ableitung der Lagrange-Funktion $L(q^k, \dot{q}^k)$ nach den $\dot{q}^k$ definiert. Entsprechendes gilt in der Feldtheorie für die *Feldimpulse* $\pi(x)$, die wegen der Abhängigkeit der Feldkoordinaten $\varphi(x)$ von der kontinuierlichen Variablen $x^\mu = \{x^0; \mathbf{x}\}$ über die Ableitung einer Lagrange-Dichte $\mathcal{L}(\varphi(x), \cdots)$ nach den $\partial^0\varphi(x)$ definiert werden.

Der Ausgangspunkt für eine Feldquantisierung wird somit eine Lagrange-Dichte sein, von der zu fordern ist, daß sie über die Euler-Lagrange-Gleichungen zu der – eine bestimmte Teilchensorte charakterisierende – Wellengleichung führt.

5.1 Der kanonische Formalismus

Wir wollen den kanonischen Formalismus der Feldtheorie parallel zu dem der Mechanik betrachten.

Die Lagrange-Funktion

Die Lagrange-Funktion der Mechanik ist definiert als die Differenz von kinetischer und potentieller Energie. Sie ist eine Funktion von q^k, $\dot{q}^k$, wobei die verallgemeinerten Koordinaten q^k (und damit i. allg. auch $\dot{q}^k$) von der Zeit als Parameter abhängen. Der Index k gibt den Freiheitsgrad des mechanischen Systems an.

Übertragen auf die Feldtheorie entspricht den k diskreten Freiheitsgraden das Kontinuum der vierdimensionalen Koordinaten $\{x^\mu\} = \{x^0; \mathbf{x}\}$, der zeitlichen Ableitung $\dot{q}^k$ als Variable in der Lagrange-Funktion der vierdimensionale Gradient $\partial_\mu \varphi(x)$. Dies führt zur Definition einer *Lagrange-Dichte*, aus der durch Raumintegration die Lagrange-Funktion gewonnen wird.

Mechanik	**Feldtheorie**	
$\downarrow$	$\downarrow$	
$\vdots$	Lagrange-Dichte	
$\vdots$	$\mathcal{L}(x) = \mathcal{L}(\varphi(x), \partial_\mu \varphi(x))$	(5.2)
$\vdots$	$x = x^\mu, \ \mu = 0,1,2,3$	
$\downarrow$	$\downarrow$	
Lagrange-Funktion	Lagrange-Funktion	
$L(t) = \sum_k L(q^k, \dot{q}^k) = T - V$	$L(t) = \int d^3\mathbf{x}\, \mathcal{L}(\varphi(x), \partial_\mu \varphi(x))$.	

Das Hamiltonsche Prinzip

Das Hamiltonsche Prinzip ist ein integrales Variationsprinzip, das unter definierten Nebenbedingungen auf die über die Zeit integrierte Lagrange-Funktion angewandt wird.

Mechanik	**Feldtheorie**	
$\downarrow$	$\downarrow$	
Variationsaufgabe	Variationsaufgabe	
$\delta \int_{t_1}^{t_2} dt\, L(t) =$	$\delta \int_{t_1}^{t_2} dt\, L(t) =$	
$\delta \int_{t_1}^{t_2} dt \sum_k L(q^k, \dot{q}^k) = 0$	$\delta \int_{t_1}^{t_2} dt \int d^3\mathbf{x}\, \mathcal{L}(\varphi(x), \partial_\mu \varphi(x)) = 0$	(5.3)
$\uparrow$	$\uparrow$	
Nebenbedingungen	Nebenbedingungen	
$\delta t = 0$	$\delta x^\mu = 0, \ \mu = 0,1,2,3$	
$\delta q^k(t = t_1) =$	$\delta \varphi(t = t_1; \mathbf{x}) =$	
$\delta q^k(t = t_2) = 0$	$\delta \varphi(t = t_2; \mathbf{x}) = 0$.	

Die Euler-Lagrange-Gleichungen

Die Euler-Lagrange-Gleichungen sind die Lösungen der Variationsaufgabe in (5.3) unter Berücksichtigung der Nebenbedingungen. Sie führen zu den Bewegungsgleichungen. Aufgrund dieser Nebenbedingungen lautet die spezielle Variationsaufgabe

Mechanik

$$\downarrow$$

$$\int_{t_1}^{t_2} dt \sum_k \delta L(q^k, \dot{q}^k) = 0$$

$$\downarrow$$

$$\delta L(q^k, \dot{q}^k) = L(q^k + \delta q^k, \dot{q}^k + \delta \dot{q}^k) - L(q^k, \dot{q}^k) = \frac{\partial L}{\partial q^k}\delta q^k + \frac{\partial L}{\partial \dot{q}^k}\delta \dot{q}^k \ .$$

Feldtheorie

$$\downarrow$$

$$\int_{t_1}^{t_2} dt \int d^3\mathbf{x}\, \delta \mathcal{L}(\varphi(x), \partial_\mu \varphi(x)) = 0$$

$$\downarrow$$

$$\delta \mathcal{L}(\varphi(x), \partial_\mu \varphi(x)) = \frac{\partial L}{\partial \varphi(x)}\delta\varphi(x) + \frac{\partial L}{\partial(\partial_\mu \varphi(x))}\delta\partial_\mu\varphi(x) \ .$$

Mit den Nebenbedingungen in (5.3) lassen sich die Variationen der Ableitungen auf die der Koordinaten bzw. Felder umschreiben (siehe Aufgabe 5.1). Da diese virtuellen Verrückungen – bis auf ihre zeitlichen Randwerte – beliebig sind, erhält man als Lösungen der Variationsaufgabe die *Euler-Lagrange-Gleichungen*

Mechanik $$\frac{d}{dt}\frac{\partial L}{\partial \dot{q}^k} - \frac{\partial L}{\partial q^k} = 0 \ , \tag{5.4a}$$

Feldtheorie $$\partial_\mu \frac{\partial \mathcal{L}}{\partial(\partial_\mu \varphi(x))} - \frac{\partial \mathcal{L}}{\partial \varphi(x)} = 0 \ . \tag{5.4b}$$

Die kanonisch konjugierten Impulse

Mechanik		**Feldtheorie**	
$p^k := \dfrac{\partial L}{\partial \dot{q}^k}$	$\longleftrightarrow$	$\pi(x) := \dfrac{\partial \mathcal{L}}{\partial(\partial_0 \varphi(x))}$	(5.5)
$\dot{q}^k \triangleq$ Geschwindigkeit	$\longleftrightarrow$	$\partial_0\varphi(x) \triangleq$ Feldgeschwindigkeit .	

Die Hamilton-Funktion

Mechanik	**Feldtheorie**	
$\downarrow$	$\downarrow$	
$\vdots$	Hamilton-Dichte	
$\vdots$	$\mathcal{H}(x) = \pi(x)\partial_0\varphi(x) - \mathcal{L}(x)$	(5.6)
$\downarrow$	$\downarrow$	
Hamilton-Funktion	Hamilton-Funktion	
$H = T + V \equiv 2T - L$	$H = \int d^3\mathbf{x}\,(\pi(x)\partial_0\varphi(x) - \mathcal{L}(x))$	
$H = \sum\limits_k p^k \dot{q}^k - L$	$\equiv \int d^3\mathbf{x}\,\mathcal{H}(x)$.	

Kanonische Quantisierung

Mechanik		**Feldtheorie**	
$[p^k, q^j] = -i\delta^{kj}$	$\xrightarrow{\text{Formal}}$	$[\pi(t;\mathbf{x}), \varphi(t;\mathbf{y})] = -i\delta^{(3)}(\mathbf{x}-\mathbf{y})$	
$[p^k, p^j] = 0$	$\cdots$	$[\pi(t;\mathbf{x}), \pi(t;\mathbf{y})] = 0$	(5.7)
$[q^k, q^j] = 0$	$\cdots$	$[\varphi(t;\mathbf{x}), \varphi(t;\mathbf{y})] = 0$	
mit $\begin{cases} p^k = p^k(t) \\ q^k = q^k(t) \end{cases}$		Gleichzeitige Vertauschungsrelationen .	

Die formale Übertragung des kanonischen Quantisierungsverfahrens auf die Feldtheorie ergibt zunächst lediglich einen Ansatz für die gleichzeitigen Vertauschungsrelationen. Für eine freie Theorie genügt dieser Ansatz, um aus ihm unter Hinzunahme der Statistik der den verschiedenen Feldern zugeordneten Teilchen die Algebra für beliebige Zeiten zu entwickeln. Eine andere Herleitung der Algebra freier Feldoperatoren für beliebige Zeiten basiert auf einem Quantisierungspostulat. Wir werden diesen Ausgangspunkt an späterer Stelle wählen und die gleichzeitigen Vertauschungsrelationen (5.7) für verschiedene Felder herleiten.

Impulsvierervektor und Spinvektor

Der Impulsvierervektor und der Vektor des totalen Drehimpulses sind Bewegungskonstante, denen die eigentlichen Lorentz-Transformationen der Raum-Zeittranslation und der räumlichen Drehung zugeordnet sind. Im Lagrange-Formalismus gewinnt man ihre Darstellung über das *Noether-Theorem*, das zur Konstruktion von *Feldinvarianten* als Lösung einer Variationsaufgabe dient. Für die Herleitung des Energie-Impulstensors und des Drehimpulstensors verweisen wir auf Anhang C.3 und übernehmen die folgenden Darstellungen für den Impulsvierervektor und den Spinvektor.

Bezeichnen wir mit $U^\rho(x)$ eine beliebige Feldfunktion mit Komponenten $\rho = 1, 2, \ldots, n$, so ergeben sich für die Dichten von Energie-Impuls- und Spintensor die Definitionen

$$\Theta^{0\mu}(x) = \frac{\partial \mathcal{L}(x)}{\partial(\partial_0 U^\rho(x))} \partial^\mu U^\rho(x) - \mathcal{L}(x) g^{0\mu}, \quad \mu = 0, 1, 2, 3 \; , \tag{5.8}$$

$$S^{mn}(x) = \pm i \frac{\partial \mathcal{L}(x)}{\partial(\partial_0 U^\rho(x))} (\epsilon^{mnl} S_l)^\rho{}_\sigma U^\sigma(x), \quad m, n = 1, 2, 3, \quad \text{für} \begin{cases} \text{Vektor} \\ \text{Spinor} \end{cases} , \tag{5.9}$$

worin $(S^l)^\rho{}_\sigma$, $l = 1, 2, 3$, die Matrixdarstellung des dem Feld $U^\sigma(x)$ zugeordneten Spinvektors ist. Durch Raumintegration über (5.8) und (5.9) gewinnt man den

$$\text{Impulsvierervektor } P^\mu = \int d^3\mathbf{x}\, \Theta^{0\mu}(x), \quad \mu = 0, 1, 2, 3 \; , \tag{5.10}$$

und den[1]

$$\text{Spinvektor } S^k = \int d^3\mathbf{x}\, S^{mn}(x), \quad k, m, n = 1, 2, 3, \text{ zyklisch} \; . \tag{5.11}$$

---

[1]Die Dichte $S^{mn}(x)$ entspricht im Anhang C.3 dem Tensor $S^{mn}(x) \equiv -S^{0,mn}(x)$. Siehe dazu Gl. (C.3.45) und (C.3.53).

Quantisierungspostulat

Die Aussagen des Noether-Theorems, die auf Invarianzeigenschaften klassischer Felder beruhen, werden korrespondenzmäßig auf die Feldtheorie übertragen. Das bedeutet, daß alle Feldgrößen in den Gln. (5.8) und (5.9) Operatorcharakter annehmen, womit auch der Impulsvierervektor und der Spinvektor zu Operatoren werden, die auf eine Basis im Hilbert-Raum wirken.

Aus der speziellen Lorentz-Transformation der infinitesimalen Translation in Raum und Zeit läßt sich für die Feldtheorie ein Quantisierungspostulat ableiten. Da die Feldgrößen als Operatoren auf eine Basis wirken, ist der allgemeinen Koordinatentransformation

$$x^\mu \xrightarrow{L} x'^\mu = \Lambda^\mu{}_\nu x^\nu + a^\mu, \qquad \mu = 0, 1, 2, 3$$

über einen unitären Operator $U(L)$ folgende Transformation der Basis zuzuordnen

$$|\phi\rangle \longrightarrow |\phi'\rangle = U(L)\,|\phi\rangle, \qquad U^\dagger U = UU^\dagger = \mathbb{1}\ , \tag{5.12}$$

wo die Unitarität die Invarianz der Norm $\langle\phi|\phi\rangle = \langle\phi'|\phi'\rangle$ der Basis gewährleistet.

Aus der Transformationseigenschaft der Basis läßt sich die der Feldgrößen $u(x)$ herleiten, wenn man für die Feldoperatoren dieselbe Eigenschaft annimmt, die aus physikalischen Gründen für die Transformation von Observablen gilt. Damit folgt aus (5.12) (siehe Kapitel 3, Gl. (3.41) und (3.42))

$$u'(x) = U(L)u(x)U^\dagger(L); \qquad U^\dagger = U^{-1}\ . \tag{5.13}$$

Einer infinitesimalen Lorentz-Transformation entspricht die lineare Näherung

$$U(L) \simeq \mathbb{1} + i\delta U, \qquad \delta U \ll \mathbb{1}\ ,$$

mit der Hermitezität $\delta U = \delta U^\dagger$ des infinitesimalen Operators δU als Folge der Unitarität von $U(L)$. Die lineare Näherung in δU ergibt für den transformierten Feldoperator nach Gl. (5.13)

$$u'(x) = (\mathbb{1} + i\delta U)u(x)(\mathbb{1} - i\delta U) \simeq u(x) + i[\delta U, u(x)]\ ,$$

und somit

$$\begin{aligned} u'(x) - u(x) &:= \bar{\delta} u \\ &= i[\delta U, u(x)]\ . \end{aligned} \tag{5.14}$$

Die Erzeugenden der infinitesimalen Translationen

$$x'^{\mu} = x^{\mu} + \delta a^{\mu}, \quad \delta a^{\mu} \ll 1 \text{ für alle } \mu ,$$

sind die Komponenten des Viererimpulses P^{μ}, so daß wir für den infinitesimalen Operator δU den in δa_{μ} linearen Ansatz

$$\delta U = \mathcal{C}\mathcal{P}^{\mu}\delta a_{\mu}$$

machen. Darin ist $\mathcal{P}^{\mu}$ der Operator des Viererimpulses und $\mathcal{C}$ die freie Phase der unitären Transformation. Für $\bar{\delta}u$ nach Gl. (5.14) ergibt sich somit die in δa_{μ} lineare Näherung

$$\bar{\delta}u = i\mathcal{C}[\mathcal{P}^{\mu}, u(x)]\delta a_{\mu} \ . \tag{5.15}$$

Diese Gleichung beschreibt den Zusammenhang zwischen den Transformationseigenschaften von Feldoperator (bei festem Argument) und Zustand für das Beispiel der infinitesimalen Translationen. Für dieselbe Transformation liefert das Noether-Theorem für den Feldoperator $u'(x')$ die Aussage (siehe Anhang C.3)

$$\begin{aligned} u'(x') &= u(x) + \delta u(x) \\ &\equiv u(x) \ , \end{aligned}$$

also $\delta u(x) = 0$ mit der Definition

$$\delta u(x) = \bar{\delta}u + u(x') - u(x), \quad x'^{\mu} = x^{\mu} + \delta a^{\mu} \ .$$

Da

$$u(x'^{\nu}) \simeq u(x^{\nu}) + \delta a^{\mu}\partial_{\mu}u(x^{\nu}) \ ,$$

gilt folglich

$$\bar{\delta}u = -\delta a_{\mu}\partial^{\mu}u(x) \ ,$$

und der Vergleich mit der Näherung (5.15) ergibt für den Feldoperator $u(x)$ die Relation

$$i\partial^{\mu}u(x) = \mathcal{C}[\mathcal{P}^{\mu}, u(x)] \ .$$

Wir nehmen an dieser Stelle vorweg, daß die physikalische Forderung der positiven Norm des Ein-Teilchen-Zustandes $|\mathbf{p}, s\rangle$ die freie Phase zu $\mathcal{C} = -1$ festlegt. Danach lautet das Quantisierungspostulat

$$i\partial^{\mu}u(x) = [u(x), \mathcal{P}^{\mu}] \ . \tag{5.16}$$

Darin ist $u(x)$ ein beliebiger Feldoperator und $\mathcal{P}^\mu$ der diesem Feld zugeordnete Operator des Viererimpulses nach Gl. (5.10). In integrierter Form geht das Postulat (5.16) in die bekannte Relation

$$u(x) = e^{i\mathcal{P}\cdot x} u(0) e^{-i\mathcal{P}\cdot x} \tag{5.17}$$

über. Sie gilt für jeden Operator $\mathcal{O}(x)$ als Folge der Translationsinvarianz in Raum und Zeit.

Übungsaufgaben

5.1 Leiten Sie aus dem Hamiltonschen Variationsprinzip die Euler-Lagrange-Gleichungen der Feldtheorie her.
Hinweis: Beachten Sie die Randbedingungen

(i) $\delta x^\mu = 0; \quad \mu = 0, 1, 2, 3,$

(ii) $\delta\varphi(t = t_1; \mathbf{x}) = \delta\varphi(t = t_2; \mathbf{x}) = 0.$

5.2 Quantisierung des freien Dirac-Feldes

In der Dirac-Theorie sind der Spinor $\psi(x)$ und der adjungierte Spinor $\overline{\psi}(x)$ als unabhängige Feldgrößen zu betrachten. Die freie Lagrange-Dichte $\mathcal{L}_\mathrm{f}(x)$ ist somit in Abhängigkeit von $\psi(x)$, $\overline{\psi}(x)$ und den entsprechenden vierdimensionalen Gradienten darzustellen.

Die Lagrange-Dichte

Eine mögliche Form der freien Lagrange-Dichte $\mathcal{L}_\mathrm{f}(x)$, die über das Variationsprinzip zu den freien Bewegungsgleichungen für $\psi(x)$ und $\overline{\psi}(x)$ führt, ist

$$\mathcal{L}_\mathrm{f}(x) = \mathcal{L}_\mathrm{f}(\psi, \overline{\psi}, \partial_\mu\psi, \partial_\mu\overline{\psi}) = \overline{\psi}(x)(i\gamma^\mu \overrightarrow{\partial_\mu} - m\mathbb{1})\psi(x) \ . \tag{5.18}$$

Der Bispinor $\psi(x) = \psi_\mathrm{f}(x)$ einer freien Theorie genügt der Dirac-Gleichung $(i\gamma^\mu\overrightarrow{\partial_\mu} - m\mathbb{1})\psi_\mathrm{f}(x) = 0$. Das bedeutet nach (5.18), daß für diesen Fall $\mathcal{L}_\mathrm{f}(x)$ identisch verschwindet. Die freie Lagrange-Dichte (5.18) bleibt aber auch beim Übergang zu einer wechselwirkenden Theorie, für die $\psi(x) \neq \psi_\mathrm{f}(x)$ –

und damit $\mathcal{L}_f(x) \neq 0$ – eine gültige Form für den freien Anteil des Dirac-Feldes (siehe Kapitel 6, *Quantisierung wechselwirkender Felder*).

Für die freie Theorie bleibt zu prüfen, ob $\mathcal{L}_f(x)$ zu den freien Bewegungsgleichungen führt. Haben wir uns davon überzeugt und aus der Dichte die für den Lagrange-Formalismus notwendigen Größen (z. B. $\pi(x)$ nach (5.5)) bestimmt, so dürfen wir für das freie Dirac-Feld überall dort $\mathcal{L}_f(x) \equiv 0$ setzen, wo die Lagrange-Dichte explizit auftritt (z. B. in $\mathcal{H}(x)$ nach (5.6)).

Euler-Lagrange-Gleichungen

$\mathcal{L}_f(x)$ ist unabhängig nach $\overline{\psi}(x)$ und $\psi(x)$ zu variieren.

Variation nach $\overline{\psi}(x)$:

$$\frac{\partial \mathcal{L}_f(x)}{\partial(\partial_\mu \overline{\psi}(x))} = 0; \qquad \frac{\partial \mathcal{L}_f(x)}{\partial \overline{\psi}(x)} = (i\gamma^\mu \overrightarrow{\partial_\mu} - m\mathbb{1})\psi(x) \ .$$

Bildet man damit die Euler-Lagrange-Gleichungen nach (5.4b), so folgt

$$(i\gamma^\mu \overrightarrow{\partial_\mu} - m\mathbb{1})\psi(x) = 0 \ .$$

Variation nach $\psi(x)$:

$$\frac{\partial \mathcal{L}_f(x)}{\partial(\partial_\mu \psi(x))} = \overline{\psi}(x) i\gamma^\mu; \qquad \frac{\partial \mathcal{L}_f(x)}{\partial \psi(x)} = -\overline{\psi}(x) m \ ,$$

so daß nach (5.4b)

$$\partial_\mu(\overline{\psi}(x) i\gamma^\mu) + \overline{\psi}(x) m = 0 \ ,$$

bzw.

$$\overline{\psi}(x)(i\gamma^\mu \overleftarrow{\partial_\mu} + m\mathbb{1}) = 0 \ .$$

Die freie Lagrange-Dichte nach (5.18) führt somit über das Variationsprinzip zu den bekannten **freien** Bewegungsgleichungen der Dirac-Theorie.

Die Hamilton-Funktion

Zur Berechnung der Hamilton-Funktion als Raumintegral über die freie Dichte $\mathcal{H}_f(x)$ bestimmen wir zunächst die *kanonischen Feldimpulse* nach (5.5). Dann gilt wegen ψ, $\overline{\psi}$ unabhängig

$$\pi(x) = \frac{\partial \mathcal{L}_f(x)}{\partial(\partial_0 \psi(x))} = i\overline{\psi}(x)\gamma^0 \equiv i\psi^\dagger(x) \;, \tag{5.19a}$$

$$\bar{\pi}(x) = \frac{\partial \mathcal{L}_f(x)}{\partial(\partial_0 \overline{\psi}(x))} = 0 \;. \tag{5.19b}$$

Damit folgt für die freie Hamilton-Dichte nach (5.6)

$$\begin{aligned} \mathcal{H}_f(x) &= \Big(\pi(x)(\partial_0\psi(x)) + \bar{\pi}(x)(\partial_0\overline{\psi}(x)) - \mathcal{L}_f(x)\Big)_{/\mathcal{L}_f(x)=0} \\ &= \pi(x)(\partial_0\psi(x)) \;, \end{aligned}$$

und mit (5.19)

$$\mathcal{H}_f(x) = i\psi^\dagger(x)\partial_0\psi(x) \equiv i\psi^\dagger(x)\partial^0\psi(x) \;.$$

Durch Raumintegration ergibt sich daraus für die Hamilton-Funktion des freien Dirac-Feldes

$$H_f(t) = \int d^3\mathbf{x}\, \mathcal{H}_f(x) = i \int d^3\mathbf{x}\, \psi^\dagger(x)\partial^0\psi(x) \;. \tag{5.20}$$

Der Viererimpuls P^μ des Feldes

P^μ ist nach (5.10) über die Dichte $\Theta^{0\mu}(x)$ nach (5.8) bestimmt. Setzt man dort $U^\rho(x) = \psi(x), \overline{\psi}(x)$, so gilt nach (5.18) und (5.19)

$$\frac{\partial \mathcal{L}_f(x)}{\partial(\partial_0\psi(x))} = \pi(x) = i\psi^\dagger(x), \qquad \frac{\partial \mathcal{L}_f(x)}{\partial(\partial_0\overline{\psi}(x))} = 0 \;,$$

und wegen $\mathcal{L}_f(x) = 0$ nach (5.8)

$$\Theta^{0\mu}(x) = i\psi^\dagger(x)\partial^\mu\psi(x) \;,$$

so daß nach (5.10)

$$P^\mu = i \int d^3\mathbf{x}\, \psi^\dagger(x)\partial^\mu\psi(x), \qquad \mu = 0,1,2,3 \;. \tag{5.21}$$

Vergleichen wir dies mit (5.20), so gilt erwartungsgemäß

$$P^0 \equiv H_\mathrm{f}(t) \ .$$

Da P^μ seiner Herleitung nach eine Bewegungskonstante ist, wonach

$$\partial^0 P^\mu = 0 \quad \text{für alle } \mu \ ,$$

folgt speziell

$$H_\mathrm{f} \neq H_\mathrm{f}(t) \ .$$

Der Spinvektor S des Feldes

Zur Berechnung des Spinvektors des Dirac-Feldes nach (5.9) und (5.11) übernehmen wir die Matrixdarstellung des Spinoperators nach (2.39) mit der Definition (2.32), wonach[2]

$$\begin{aligned}(S^l)_{\rho\sigma} = \frac{1}{2}(\Sigma^l)_{\rho\sigma} &\equiv \frac{1}{2}(\sigma^{ik})_{\rho\sigma} \\ &\equiv -\frac{1}{4}\epsilon_{ik}{}^{l}(\sigma^{ik})_{\rho\sigma}, \quad l,i,k \text{ zyklisch} \ .\end{aligned}$$

Wie in Anhang C.3 (siehe dort Gl. (C.3.65) ff.) gezeigt wird, ergeben diese Matrixelemente, kontrahiert mit $\epsilon^{mn}{}_l$ über die Definitionen (5.9) und (5.11) für den Spinvektor die feldtheoretische Darstellung

$$\mathbf{S} = \frac{1}{2}\int d^3\mathbf{x}\, \psi^\dagger(x)\boldsymbol{\Sigma}\psi(x) \ , \tag{5.22}$$

mit

$$\boldsymbol{\Sigma} = \begin{pmatrix} \boldsymbol{\sigma} & 0 \\ 0 & \boldsymbol{\sigma} \end{pmatrix}, \quad \boldsymbol{\sigma} = (\sigma^1, \sigma^2, \sigma^3) \ .$$

Feldquantisierung

Beim Übergang zur Feldquantisierung werden alle Feldgrößen zu Operatoren mit einer von der Statistik der betrachteten Teilchensorte abhängigen Kommutatoralgebra. Das heißt insbesondere, daß für die dem kanonischen

[2] Man beachte $\Sigma^l = \sigma^{ik} \equiv \frac{1}{2}\epsilon_{ikl}\sigma^{ik} = -\frac{1}{2}\epsilon_{ik}{}^{l}\sigma^{ik}$ mit l, i, k zyklisch und $\epsilon_{123} = +1$.

Verfahren nachgebildete Feldalgebra nach Gl. (5.7) zunächst offenbleibt, ob es sich um eine *Minus-* oder *Plusquantisierung* handelt mit den Definitionen[3]

$$[\pi(x), \varphi(y)]_{\mp} := \pi(x)\varphi(y) \mp \varphi(y)\pi(x) \ . \tag{5.23}$$

Mit den Feldern werden nach (5.21) und (5.22) auch der Impulsvierervektor P^μ und der Spinvektor $\mathbf{S}$ zu Operatoren, deren Eigenvektoren die Impuls-Spinbasis sein wird. Das erfordert für die Feldoperatoren eine Fourier-Darstellung im Impulsraum.

(i) Die Feldoperatoren

Die Feldoperatoren $\psi(x)$ müssen der freien Dirac-Gleichung genügen, deren vier linear unabhängige Lösungen im Impulsraum über die Wellenpakete (siehe Gl. (2.57))

$$\begin{aligned} \psi_{1,2}(x) &= u^{1,2}(\mathbf{p})e^{-ip\cdot x} \ , \\ \psi_{3,4}(x) &= v^{1,2}(\mathbf{p})e^{+ip\cdot x} \ , \end{aligned}$$

definiert waren. Da die Frequenzanteile $e^{\mp ip\cdot x}$ linear unabhängig sind, können wir die allgemeine Lösung $\psi(x)$ durch folgendes Fourier-Integral darstellen:[4]

$$\psi(x) = \frac{1}{(2\pi)^{3/2}} \sum_{r=1,2} \int \frac{d^3\mathbf{p}}{2p^0} \left(b_r(\mathbf{p})u^r(\mathbf{p})e^{-ip\cdot x} + \tilde{b}_r^\dagger(\mathbf{p})v^r(\mathbf{p})e^{+ip\cdot x} \right) . \tag{5.24}$$

Als vorgegebene Lösungen im Impulsraum bleiben die Wellenfunktionen $u^r(\mathbf{p})$, $v^r(\mathbf{p})$ weiterhin *c*-Zahl-Funktionen und beschreiben den Bispinorcharakter des Operators $\psi(x)$, während die Funktionen $b_r(\mathbf{p})$, $\tilde{b}_r^\dagger(\mathbf{p})$ die Operatoreigenschaft tragen. Die Notation des Operators $\tilde{b}_r^\dagger(\mathbf{p})$ als adjungierte Größe ist sinnvoll, da speziell für neutrale Teilchen die zugehörigen Felder reell und somit die den beiden Frequenzanteilen zugeordneten Funktionen komplex konjugiert zueinander sein müssen.

Für den adjungierten Feldoperator ergibt sich nach (5.24) die Darstellung

$$\overline{\psi}(x) = \frac{1}{(2\pi)^{3/2}} \sum_{r=1,2} \int \frac{d^3\mathbf{p}}{2p^0} \left(\tilde{b}_r(\mathbf{p})\bar{v}^r(\mathbf{p})e^{-ip\cdot x} + b_r^\dagger(\mathbf{p})\bar{u}^r(\mathbf{p})e^{+ip\cdot x} \right) . \tag{5.25}$$

---

[3] Im folgenden setzen wir zur Unterscheidung $[A, B] \equiv [A, B]_-$.

[4] Wegen $i\partial^0 e^{\mp ip\cdot x} = \pm p^0 e^{-ip\cdot x}$ definiert $e^{-ip\cdot x}$ ($e^{+ip\cdot x}$) den positiven (negativen) Frequenzanteil.

Zerlegen wir beide Operatoren in ihre positiven und negativen Frequenzanteile gemäß

$$\psi(x) = \psi^{(+)}(x) + \psi^{(-)}(x); \quad \overline{\psi}(x) = \overline{\psi}^{(+)}(x) + \overline{\psi}^{(-)}(x) , \tag{5.26}$$

so gilt offensichtlich

$$\overline{\psi}^{(+)}(x) = \overline{\psi^{(-)}}(x); \quad \overline{\psi}^{(-)}(x) = \overline{\psi^{(+)}}(x) . \tag{5.27}$$

Als Operatoren sind den verschiedenen Frequenzanteilen zugeordnet

$$\left.\begin{matrix}\psi^{(+)}(x)\\ \overline{\psi}^{(+)}(x)\end{matrix}\right\} \longrightarrow \left.\begin{matrix}b_r(\mathbf{p})\\ \tilde{b}_r(\mathbf{p})\end{matrix}\right\}; \quad \left.\begin{matrix}\psi^{(-)}(x)\\ \overline{\psi}^{(-)}(x)\end{matrix}\right\} \longrightarrow \left.\begin{matrix}\tilde{b}_r^\dagger(\mathbf{p})\\ b_r^\dagger(\mathbf{p})\end{matrix}\right\}, \quad r = 1,2 . \tag{5.28}$$

Da sowohl $\psi(x)$ und $\overline{\psi}(x)$ bei festem Frequenzanteil, als auch die beiden Frequenzanteile jedes einzelnen Operators als unabhängige Feldgrößen zu interpretieren sind, müssen die entsprechenden Operatoren im Sinne der – noch zu definierenden – Algebra kommutieren. Für die unterschiedlichen Frequenzanteile von $\psi(x)$ und $\overline{\psi}(x)$ – also z. B. $\psi^{(+)}(x)$, $\overline{\psi}^{(-)}(x)$ – darf wegen der Relationen (5.27) die Vertauschbarkeit dagegen nicht gefordert werden. Wir notieren danach als erste Quantisierungsvorschrift im Orts- bzw. nach (5.28) im Impulsraum

$$[\psi_\alpha^{(+)}(x), \psi_\beta^{(-)}(y)]_\pm = 0 \quad \text{bzw.} \quad [b_r(\mathbf{p}), \tilde{b}_s^\dagger(\mathbf{q})]_\pm = 0 , \tag{5.29a}$$

$$[\overline{\psi}_\alpha^{(+)}(x), \overline{\psi}_\beta^{(-)}(y)]_\pm = 0 \quad \text{bzw.} \quad [\tilde{b}_r(\mathbf{p}), b_s^\dagger(\mathbf{q})]_\pm = 0 , \tag{5.29b}$$

$$[\psi_\alpha^{(\pm)}(x), \overline{\psi}_\beta^{(\pm)}(y)]_\pm = 0 \quad \text{bzw.} \quad \begin{cases} [b_r(\mathbf{p}), \tilde{b}_s(\mathbf{q})]_\pm = 0 \\ [\tilde{b}_r^\dagger(\mathbf{p}), b_s^\dagger(\mathbf{q})]_\pm = 0 . \end{cases} \tag{5.29c}$$

(ii) Der Energie-Impulsoperator $\mathcal{P}^\mu$

Für den Operator $\mathcal{P}^\mu$ haben wir nach (5.21) das Produkt $i\psi^\dagger(x)\partial^\mu\psi(x)$ zu bilden und über den dreidimensionalen Raum zu integrieren. Diese Integration führt über die Frequenzanteile in den Fourier-Entwicklungen der Feldoperatoren zu dreidimensionalen Deltafunktionen $\delta^{(3)}(\mathbf{p}\pm\mathbf{p}')$ und wegen (siehe (2.66) und (2.67))

$$v^{r\dagger}(\mathbf{p})u^s(-\mathbf{p}) = u^{r\dagger}(\mathbf{p})v^s(-\mathbf{p}) = 0 ,$$
$$v^{r\dagger}(\mathbf{p})v^s(\mathbf{p}) = u^{r\dagger}(\mathbf{p})u^s(\mathbf{p}) = 2p^0\,\delta^{rs}, \quad r,s = 1,2$$

zu folgender Darstellung von $\mathcal{P}^\mu$

$$\mathcal{P}^\mu = \sum_{r=1,2} \int \frac{d^3\mathbf{p}}{2p^0}\, p^\mu \left(b_r^\dagger(\mathbf{p}) b_r(\mathbf{p}) - \tilde{b}_r(\mathbf{p}) \tilde{b}_r^\dagger(\mathbf{p})\right) . \tag{5.30}$$

Übungsaufgaben

5.2 Beweisen Sie

$$\begin{aligned}\mathcal{P}^\mu &= i \int d^3\mathbf{x}\, \psi^\dagger(x) \partial^\mu \psi(x) \\ &\equiv \sum_{r=1,2} \int \frac{d^3\mathbf{p}}{2p^0}\, p^\mu \left(b_r^\dagger(\mathbf{p}) b_r(\mathbf{p}) - \tilde{b}_r(\mathbf{p}) \tilde{b}_r^\dagger(\mathbf{p})\right) .\end{aligned}$$

Hinweis: Benutzen Sie die Fourier-Darstellungen der Feldoperatoren $\psi^\dagger(x)$ und $\psi(x)$.

(iii) Quantisierung im Impulsraum

Die Kommutatorrelationen (5.29) liefern ausschließlich Vorhersagen über die Vertauschbarkeit der den verschiedenen Wellenfunktionen $u^r(\mathbf{p})$, $v^s(\mathbf{p})$ zugeordneten Operatoren $b_r(\mathbf{p})$, $\tilde{b}_s(\mathbf{p})$. Für gleiche Frequenzanteile untereinander nehmen wir Vertauschbarkeit an, wonach zusammen mit (5.29) auch für beliebige Zeiten

$$[\psi_\alpha(x), \psi_\beta(y)]_\pm = 0, \quad [\overline{\psi}_\alpha(x), \overline{\psi}_\beta(y)]_\pm = 0 , \tag{5.31}$$

und im Impulsraum

$$\begin{aligned} [b_r(\mathbf{p}), b_s(\mathbf{p}')]_\pm &= [\tilde{b}_r(\mathbf{p}), \tilde{b}_s(\mathbf{p}')]_\pm = 0 , \\ [b_r^\dagger(\mathbf{p}), b_s^\dagger(\mathbf{p}')]_\pm &= [\tilde{b}_r^\dagger(\mathbf{p}), \tilde{b}_s^\dagger(\mathbf{p}')]_\pm = 0 . \end{aligned} \tag{5.32}$$

Für die Kommutatoren der verbleibenden Operatoren machen wir den Ansatz

$$[b_r(\mathbf{p}), b_s^\dagger(\mathbf{p}')]_\pm = f_{rs}(\mathbf{p}, \mathbf{p}') , \tag{5.33a}$$

$$[\tilde{b}_r(\mathbf{p}), \tilde{b}_s^\dagger(\mathbf{p}')]_\pm = \tilde{f}_{rs}(\mathbf{p}, \mathbf{p}') , \tag{5.33b}$$

wo $f_{rs}(\mathbf{p}, \mathbf{p}')$ und $\tilde{f}_{rs}(\mathbf{p}, \mathbf{p}')$ entsprechend dem kanonischen Quantisierungsverfahren keinen Operatorcharakter tragen. Die Kommutatoren (5.33) lassen sich über das Quantisierungspostulat (Gl. (5.16)) gewinnen, wenn wir für

$\mathcal{P}^\mu$ die Darstellung (5.30) und für $u(x)$ einen geeigneten Dirac-Feldoperator einsetzen.

Als Beispiel zur Berechnung von (5.33) betrachten wir den positiven Frequenzanteil $\psi^{(+)}(x)$, der nach (5.24) gegeben ist durch

$$\psi^{(+)}(x) = \frac{1}{(2\pi)^{3/2}} \sum_{r=1,2} \int \frac{d^3\mathbf{p}}{2p^0}\, b_r(\mathbf{p}) u^r(\mathbf{p}) e^{-ip\cdot x} \, .$$

Bilden wir dafür die Operatorgleichung (5.16), so wird mit (5.30) und (5.33)

$$\frac{1}{(2\pi)^{3/2}} \sum_r \int \frac{d^3\mathbf{p}}{2p^0}\, p^\mu b_r(\mathbf{p}) u^r(\mathbf{p}) e^{-ip\cdot x}$$

$$= \frac{1}{(2\pi)^{3/2}} \sum_r \int \frac{d^3\mathbf{p}}{2p^0} \Big[b_r(\mathbf{p}), \sum_{r'} \int \frac{d^3\mathbf{p}'}{2p'^0}\, p'^\mu \Big(b^\dagger_{r'}(\mathbf{p}') b_{r'}(\mathbf{p}')$$

$$\pm \tilde{b}^\dagger_{r'}(\mathbf{p}') \tilde{b}_{r'}(\mathbf{p}') - \tilde{f}_{r'r'}(\mathbf{p}', \mathbf{p}') \Big) \Big] u^r(\mathbf{p}) e^{-ip\cdot x} \, .$$

Also gilt

$$p^\mu b_r(\mathbf{p})$$

$$= \sum_{r'} \int \frac{d^3\mathbf{p}'}{2p'^0}\, p'^\mu \Big([b_r(\mathbf{p}), b^\dagger_{r'}(\mathbf{p}') b_{r'}(\mathbf{p}')] \pm [b_r(\mathbf{p}), \tilde{b}^\dagger_{r'}(\mathbf{p}') \tilde{b}_{r'}(\mathbf{p}')] \Big) \, ,$$

da der letzte Term in der runden Klammer eine c-Zahl-Funktion ist. Mit der Annahme (5.29) verschwindet der zweite Kommutator identisch, und für den ersten ergibt sich mit (5.32)

$$[b_r(\mathbf{p}), b^\dagger_{r'}(\mathbf{p}') b_{r'}(\mathbf{p}')] = b_r(\mathbf{p}) b^\dagger_{r'}(\mathbf{p}') b_{r'}(\mathbf{p}') - b^\dagger_{r'}(\mathbf{p}') b_{r'}(\mathbf{p}') b_r(\mathbf{p})$$

$$= b_r(\mathbf{p}) b^\dagger_{r'}(\mathbf{p}') b_{r'}(\mathbf{p}') \pm b^\dagger_{r'}(\mathbf{p}') b_r(\mathbf{p}) b_{r'}(\mathbf{p}')$$

$$\equiv [b_r(\mathbf{p}), b^\dagger_{r'}(\mathbf{p}')]_\pm b_{r'}(\mathbf{p}') \, . \tag{5.34}$$

Somit wird

$$p^\mu b_r(\mathbf{p}) = \sum_{r'} \int \frac{d^3\mathbf{p}'}{2p'^0}\, p'^\mu [b_r(\mathbf{p}), b^\dagger_{r'}(\mathbf{p}')]_\pm b_{r'}(\mathbf{p}') \, ,$$

und wir haben zu fordern

$$[b_r(\mathbf{p}), b^\dagger_{r'}(\mathbf{p}')]_\pm = 2p^0 \delta^{rr'} \delta^{(3)}(\mathbf{p} - \mathbf{p}') \, . \tag{5.35}$$

Analog gewinnt man aus der Gleichung (5.16) für $\overline{\psi}^{(+)}(x)$ den Kommutator

$$[\tilde{b}_r(\mathbf{p}), \tilde{b}^\dagger_{r'}(\mathbf{p}')]_\pm = 2p^0 \delta^{rr'} \delta^{(3)}(\mathbf{p} - \mathbf{p}') , \tag{5.36}$$

wonach durch Vergleich mit dem Ansatz (5.33)

$$f_{rs}(\mathbf{p}, \mathbf{p}') = \tilde{f}_{rs}(\mathbf{p}, \mathbf{p}') = 2p^0 \delta^{rs} \delta^{(3)}(\mathbf{p} - \mathbf{p}') .$$

Mit der Vertauschungsrelation (5.36) ergibt sich für den Operator $\mathcal{P}^0$ der totalen Energie nach Gl. (5.30)

$$\mathcal{P}^0 = \sum_{r=1,2} \int \frac{d^3\mathbf{p}}{2p^0}\, p^0 \left(b^\dagger_r(\mathbf{p}) b_r(\mathbf{p}) \pm \tilde{b}^\dagger_r(\mathbf{p}) \tilde{b}_r(\mathbf{p}) - 2p^0 \delta^{(3)}(\mathbf{0}) \right) . \tag{5.37}$$

Abgesehen von dem singulären Anteil proportional zu $\delta^{(3)}(\mathbf{0})$, der aus physikalischen Gründen zur Definition *renormierter* Operatoren über *normalgeordnete* Operatorprodukte führen wird, ist der Energieoperator nur für das obere Vorzeichen in der runden Klammer positiv definit. Dies läßt sich aus der Diskussion seiner Matrixelemente erkennen, wonach in Matrixschreibweise

$$b_r(\mathbf{p}) \,|\mathbf{q}, s\rangle \longrightarrow A_{kn}\phi_n ,$$

$$\langle \mathbf{q}', s'|\, b^\dagger_r(\mathbf{p}) = (b_r(\mathbf{p})\,|\mathbf{q}', s'\rangle)^* \longrightarrow (A_{km}\phi_m)^* ,$$

und somit

$$\langle \mathbf{q}', s'|\, b^\dagger_r(\mathbf{p}) b_r(\mathbf{p}) \,|\mathbf{q}, s\rangle$$
$$\longrightarrow \sum_{k,m,n} (A_{km}\phi_m)^* (A_{kn}\phi_n) = \sum_k (A\phi)^*_k (A\phi)_k = \sum_k |(A\phi)_k|^2 \geqslant 0 .$$

Das obere Vorzeichen in (5.37) entspricht der *Plusquantisierung*. Ein weiterer Hinweis auf die zu fordernde Plusquantelung ergibt sich aus dem für Fermionen gültigen *Pauli-Prinzip*, das wir an anderer Stelle anhand der Teilchenzahloperatoren diskutieren werden.

(iv) Eigenschaften der Operatoren $b_r(\mathbf{p}), \ldots, \tilde{b}^\dagger_r(\mathbf{p})$

• Vernichtungs- und Erzeugungsoperatoren

Die Eigenbasis des Operators $\mathcal{P}^\mu$ des Viererimpulses ist die Impuls-Spinbasis, und es gilt aufgrund der Additivität seiner Quantenzahlen

$$\mathcal{P}^\mu \,|\mathbf{p}_1, r_1, \ldots, \mathbf{p}_n, r_n\rangle$$
$$= \begin{Bmatrix} E \\ P^k \end{Bmatrix} |\mathbf{p}_1, r_1, \ldots, \mathbf{p}_n, r_n\rangle \quad \text{für} \quad \begin{cases} \mu = 0 \\ \mu = k = 1, 2, 3 , \end{cases} \tag{5.38a}$$

mit

$$E = \sum_{i=1}^{n} p_i^0; \quad P^k = \sum_{i=1}^{n} p_i^k, \quad \mathbf{P} = \sum_k P^k \mathbf{e}^k . \tag{5.38b}$$

Betrachten wir speziell den Operator $\mathcal{P}^0$ der totalen Energie in der Darstellung (5.37), so müssen die Operatorprodukte $b_s^\dagger(\mathbf{q})b_s(\mathbf{q})$ bzw. $\tilde{b}_s^\dagger(\mathbf{q})\tilde{b}_s(\mathbf{q})$ nach (5.38) offensichtlich Eigenwerte zur Basis $|\mathbf{p}_1, r_1, \ldots, \mathbf{p}_n, r_n\rangle$ von der Form $\sum_{i=1}^{n} 2p_i^0 \delta^{sr_i} \delta^{(3)}(\mathbf{q} - \mathbf{p}_i)$ besitzen. Wie aber wirken die einzelnen Operatoren auf die Impuls-Spinbasis? Da wir den Eigenwert von $\mathcal{P}^0$ kennen, wollen wir als Beispiel nach der Eigenwertgleichung des Kommutators $[\mathcal{P}^0, b_s(\mathbf{q})]$ fragen, die wir mit (5.38) in der Form

$$\begin{aligned}
&[\mathcal{P}^0, b_s(\mathbf{q})]\,|\mathbf{p}_1, r_1, \cdots\rangle = \mathcal{P}^0 b_s(\mathbf{q})\,|\mathbf{p}_1, r_1, \cdots\rangle - b_s(\mathbf{q})\mathcal{P}^0\,|\mathbf{p}_1, r_1, \cdots\rangle \\
&= \mathcal{P}^0(b_s(\mathbf{q})\,|\mathbf{p}_1, r_1, \cdots\rangle) - E(b_s(\mathbf{q})\,|\mathbf{p}_1, r_1, \cdots\rangle) ,
\end{aligned}$$

bzw.

$$\begin{aligned}
&\mathcal{P}^0(b_s(\mathbf{q})\,|\mathbf{p}_1, r_1, \cdots\rangle) \\
&= E(b_s(\mathbf{q})\,|\mathbf{p}_1, r_1, \cdots\rangle) + [\mathcal{P}^0, b_s(\mathbf{q})]\,|\mathbf{p}_1, r_1, \cdots\rangle ,
\end{aligned} \tag{5.39}$$

darstellen können.

Den Kommutator in (5.39) berechnen wir über die Darstellung (5.37) des Energieoperators und übernehmen aus den Gleichungen (5.34) und (5.35) das Ergebnis

$$[b_r^\dagger(\mathbf{p})b_r(\mathbf{p}), b_s(\mathbf{q})] = -2p^0 \delta^{rs} \delta^{(3)}(\mathbf{p} - \mathbf{q}) b_r(\mathbf{p}) \tag{5.40}$$

als einzigen von Null verschiedenen Beitrag zum Kommutator. Folglich wird

$$[\mathcal{P}^0, b_s(\mathbf{q})] = -q^0 b_s(\mathbf{q}) , \tag{5.41}$$

und wir gewinnen aus (5.39) die Eigenwertgleichung

$$\mathcal{P}^0(b_s(\mathbf{q})\,|\mathbf{p}_1, r_1, \cdots\rangle) = (E - q^0)(b_s(\mathbf{q})\,|\mathbf{p}_1, r_1, \cdots\rangle) . \tag{5.42}$$

Analog ergeben sich

$$\mathcal{P}^0(\tilde{b}_s(\mathbf{q})\,|\mathbf{p}_1, r_1, \cdots\rangle) = (E - q^0)(\tilde{b}_s(\mathbf{q})\,|\mathbf{p}_1, r_1, \cdots\rangle) ,$$

$$\mathcal{P}^0(b_s^\dagger(\mathbf{q})\,|\mathbf{p}_1, r_1, \cdots\rangle) = (E + q^0)(b_s^\dagger(\mathbf{q})\,|\mathbf{p}_1, r_1, \cdots\rangle) ,$$

$$\mathcal{P}^0(\tilde{b}_s^\dagger(\mathbf{q})\,|\mathbf{p}_1,r_1,\cdots\rangle) = (E+q^0)(\tilde{b}_s^\dagger(\mathbf{q})\,|\mathbf{p}_1,r_1,\cdots\rangle)\ . \tag{5.43}$$

Die mit den Operatoren $b_s(\mathbf{q}),\ldots,\tilde{b}_s^\dagger(\mathbf{q})$ multiplizierten Basiszustände sind somit ebenfalls Eigenzustände zum Operator $\mathcal{P}^0$ der totalen Energie, wobei die Zustände

$$\left\{\begin{matrix} b_s(\mathbf{q}) \\ \tilde{b}_s(\mathbf{q}) \end{matrix}\right\} |\mathbf{p}_1,r_1,\cdots\rangle \qquad \text{einen um } q^0 \text{ verringerten ,}$$

die Zustände

$$\left\{\begin{matrix} b_s^\dagger(\mathbf{q}) \\ \tilde{b}_s^\dagger(\mathbf{q}) \end{matrix}\right\} |\mathbf{p}_1,r_1,\cdots\rangle \qquad \text{einen um } q^0 \text{ vergrößerten}$$

Energieeigenwert besitzen. Wegen der Additivität der Energien (siehe auch Gl. (5.38)) bezeichnet man deshalb die Operatoren

$$b_s(\mathbf{q}),\tilde{b}_s(\mathbf{q}) \quad \text{als } \textit{Vernichtungsoperatoren}$$

bzw.

$$b_s^\dagger(\mathbf{q}),\tilde{b}_s^\dagger(\mathbf{q}) \quad \text{als } \textit{Erzeugungsoperatoren}$$

für Teilchen mit der Energie q^0 und den beiden möglichen Spinquantenzahlen $s = 1,2$.

• Definition des Physikalischen Vakuums

Der Energieoperator $\mathcal{P}^0$ ist aus physikalischen Gründen als positiv definit anzunehmen. Das heißt, seine Erwartungswerte

$$\langle\cdots|\,\mathcal{P}^0\,|\cdots\rangle = E\,\langle\cdots|\cdots\rangle$$

müssen $\geqslant 0$ sein. Damit muß es einen Zustand niedrigster Energie geben, die zu Null gewählt werden kann. Dieser Zustand definiert das *Physikalische Vakuum* $|0\rangle^{\mathrm{Phys}}$, dessen sämtliche Quantenzahlen zu Null angenommen werden können. Mit zweckmäßiger Normierung fordert man danach

$$\mathcal{P}^\mu\,|0\rangle^{\mathrm{Phys}} = 0\,|0\rangle^{\mathrm{Phys}}, \quad \mu = 0,1,2,3\ , \tag{5.44a}$$

mit

$$^{\mathrm{Phys}}\langle 0|0\rangle^{\mathrm{Phys}} = 1\ . \tag{5.44b}$$

Vergleicht man die Festlegung nach Gl. (5.44) für $\mu = 0$ mit den Ergebnissen in (5.42) und (5.43), so müssen zwingend als zusätzliche Relationen

$$b_r(\mathbf{p})\,|0\rangle^{\text{Phys}} = 0\,|0\rangle^{\text{Phys}} \;, \tag{5.45a}$$

$$\tilde{b}_r(\mathbf{p})\,|0\rangle^{\text{Phys}} = 0\,|0\rangle^{\text{Phys}} \;, \tag{5.45b}$$

gefordert werden.

Über die Erzeugungsoperatoren $b_r^\dagger$, $\tilde{b}_r^\dagger$ definiert man als physikalische Ein-Teilchen-Zustände

$$|\mathbf{p}, r\rangle := b_r^\dagger(\mathbf{p})\,|0\rangle^{\text{Phys}} \;, \tag{5.46a}$$

$$|\mathbf{q}, s\rangle := \tilde{b}_s^\dagger(\mathbf{q})\,|0\rangle^{\text{Phys}} \;, \tag{5.46b}$$

deren Energieeigenwerte nach (5.43) und wegen (5.44)

$$\mathcal{P}^0\,|\mathbf{p}, r\rangle = p^0\,|\mathbf{p}, r\rangle\,, \quad r = 1,2, \quad p^0 > 0 \;, \tag{5.47a}$$

$$\mathcal{P}^0\,|\mathbf{q}, s\rangle = q^0\,|\mathbf{q}, s\rangle\,, \quad s = 1,2, \quad q^0 > 0 \;, \tag{5.47b}$$

in beiden Fällen positiv sind! Dies ist zu beachten, denn nach Gl. (5.24) ist dem Operator $\tilde{b}_s^\dagger(\mathbf{q})$ die Wellenfunktion $v^s(\mathbf{q})$ zugeordnet, die im Ein-Teilchen-Raum die Lösungen zu negativer Energie beschreibt.

Als Normierung der Ein-Teilchen-Zustände berechnet man über die Kommutatorregeln für beide Quantisierungsmöglichkeiten

$$\langle \mathbf{p}, r | \mathbf{p}', r' \rangle = 2p^0 \delta_{rr'} \delta^{(3)}(\mathbf{p} - \mathbf{p}') \;, \tag{5.48a}$$

$$\langle \mathbf{q}, s | \mathbf{q}', s' \rangle = 2q^0 \delta_{ss'} \delta^{(3)}(\mathbf{q} - \mathbf{q}') \;, \tag{5.48b}$$

$$\langle \mathbf{p}, r | \mathbf{q}, s \rangle = 0 \;. \tag{5.48c}$$

Das bedeutet insbesondere, daß die durch $b_r^\dagger(\mathbf{p})$ und $\tilde{b}_r^\dagger(\mathbf{p})$ aus dem Vakuum erzeugten Zustände orthogonal aufeinander stehen. Beide Zustände sind aber wegen (5.47) positive Energieeigenzustände, und es bleibt die Frage offen, in welcher Quantenzahl sie sich unterscheiden.

Als normierte Mehr-Teilchen-Zustände definiert man in Verallgemeinerung von (5.46)

$$|\mathbf{p}_1, r_1, \mathbf{p}_2, r_2, \ldots, \mathbf{p}_n, r_n; \mathbf{q}_1, s_1, \mathbf{q}_2, s_2, \ldots, \mathbf{q}_m, s_m\rangle$$
$$:= \frac{1}{\sqrt{n!m!}} b^\dagger_{r_1}(\mathbf{p}_1) b^\dagger_{r_2}(\mathbf{p}_2) \ldots b^\dagger_{r_n}(\mathbf{p}_n) \tilde{b}^\dagger_{s_1}(\mathbf{q}_1) \ldots \tilde{b}^\dagger_{s_m}(\mathbf{q}_m) |0\rangle^{\text{Phys}} . \tag{5.49}$$

Das heißt, ein allgemeiner Zustand der Dirac-Theorie enthält beide *Sorten* von Fermionen!

• Die Teilchenzahloperatoren

Die definierende Eigenwertgleichung (5.38) für den Operator $\mathcal{P}^\mu$ des totalen Viererimpulses führte uns zu der Schlußfolgerung, daß die Operatorprodukte $b^\dagger_s(\mathbf{q}) b_s(\mathbf{q})$ und $\tilde{b}^\dagger_s(\mathbf{q}) \tilde{b}_s(\mathbf{q})$ Eigenwerte zur Basis $|\mathbf{p}_1, r_1, \ldots, \mathbf{p}_n, r_n\rangle$ von der Form $\sum\limits_{i=1}^{n} 2p^0_i \delta^{sr_i} \delta^{(3)}(\mathbf{q} - \mathbf{p}_i)$ besitzen. Vergleichen wir diese Folgerung mit der Darstellung des Operators $\mathcal{P}^\mu$ nach Gl. (5.30), so liegt die Vermutung nahe, daß die quadratischen Operatoren

$$N_r(\mathbf{p}) := \frac{1}{2p^0} b^\dagger_r(\mathbf{p}) b_r(\mathbf{p}), \quad \tilde{N}_r(\mathbf{p}) := \frac{1}{2p^0} \tilde{b}^\dagger_r(\mathbf{p}) \tilde{b}_r(\mathbf{p}) , \tag{5.50}$$

für festes $\mathbf{p}$ und r die einzelnen Teilchen im Spektrum der Impuls-Spinbasis abzählen.

Betrachten wir z. B. den Kommutator (5.40), so folgern wir aus (5.50)

$$[N_r(\mathbf{p}), b_s(\mathbf{q})] = -\delta^{rs} \delta^{(3)}(\mathbf{p} - \mathbf{q}) b_r(\mathbf{p}) , \tag{5.51}$$

und daraus über die Bedingung (5.45) als Eigenwert bezüglich des Vakuums

$$[N_r(\mathbf{p}), b_s(\mathbf{q})] |0\rangle^{\text{Phys}} = 0 |0\rangle^{\text{Phys}} \tag{5.52}$$

in Übereinstimmung mit den aus der Definition (5.50) folgenden Eigenschaften

$$N_r(\mathbf{p}) |0\rangle^{\text{Phys}} = 0 |0\rangle^{\text{Phys}} , \tag{5.53a}$$

und

$$\tilde{N}_r(\mathbf{p})\,|0\rangle^{\text{Phys}} = 0\,|0\rangle^{\text{Phys}} \ . \tag{5.53b}$$

Für den Kommutator von $N_r(\mathbf{p})$ mit dem Erzeugungsoperator $b_s^\dagger(\mathbf{q})$ berechnet man analog

$$[N_r(\mathbf{p}), b_s^\dagger(\mathbf{q})] = +\delta^{rs}\delta^{(3)}(\mathbf{p}-\mathbf{q})b_r^\dagger(\mathbf{p}) \ , \tag{5.54}$$

und daraus als Eigenwert des Vakuums

$$\begin{aligned}[N_r(\mathbf{p}), b_s^\dagger(\mathbf{q})]\,|0\rangle^{\text{Phys}} &= \delta^{rs}\delta^{(3)}(\mathbf{p}-\mathbf{q})b_r^\dagger(\mathbf{p})\,|0\rangle^{\text{Phys}} \\ &\equiv N_r(\mathbf{p})b_s^\dagger(\mathbf{q})\,|0\rangle^{\text{Phys}} \ ,\end{aligned} \tag{5.55}$$

wo im letzten Schritt die Eigenschaft (5.53) ausgenutzt wurde. Folglich gilt nach der Definition (5.46)

$$N_r(\mathbf{p})\,|\mathbf{q},s\rangle = \delta^{rs}\delta^{(3)}(\mathbf{p}-\mathbf{q})\,|\mathbf{q},s\rangle \ , \tag{5.56a}$$

und entsprechend

$$\tilde{N}_r(\mathbf{p})\,|\mathbf{q},s\rangle = \delta^{rs}\delta^{(3)}(\mathbf{p}-\mathbf{q})\,|\mathbf{q},s\rangle \ . \tag{5.56b}$$

Für einen Mehr-Teilchen-Zustand mit der Darstellung (5.49) ist zur Berechnung des Eigenwertes von $N_r(\mathbf{p})$ und $\tilde{N}_s(\mathbf{q})$ die Kommutatoralgebra (5.54) (für $\tilde{N}_s(\mathbf{q})$ gilt eine analoge Relation mit den Operatoren $\tilde{b}_r^\dagger(\mathbf{p})$) solange anzuwenden, bis N_r und $\tilde{N}_s$ auf das Vakuum mit dem Eigenwert 0 wirken. Als Eigenwertgleichungen ergeben sich (siehe Aufgabe 5.3)

$$\begin{aligned}&N_r(\mathbf{p})|\mathbf{p}_1,r_1,\ldots,\mathbf{p}_n,r_n;\mathbf{q}_1,s_1,\ldots,\mathbf{q}_m,s_m\rangle \\ &= \sum_{i=1}^{n}\delta_{rr_i}\delta^{(3)}(\mathbf{p}-\mathbf{p}_i)|\mathbf{p}_1,r_1,\ldots,\mathbf{q}_m,s_m\rangle \ ,\end{aligned} \tag{5.57}$$

bzw.

$$\begin{aligned}&\tilde{N}_s(\mathbf{q})|\mathbf{p}_1,r_1,\ldots,\mathbf{p}_n,r_n;\mathbf{q}_1,s_1,\ldots,\mathbf{q}_m,s_m\rangle \\ &= \sum_{j=1}^{m}\delta_{ss_j}\delta^{(3)}(\mathbf{q}-\mathbf{q}_j)|\mathbf{p}_1,r_1,\ldots,\mathbf{q}_m,s_m\rangle \ .\end{aligned} \tag{5.58}$$

Die Eigenwerte von $N_r(\mathbf{p})$ bzw. $\tilde{N}_s(\mathbf{q})$ für einen $(n+m)$-Teilchen-Zustand, in dem n Teilchen der durch $b^\dagger_{r_n}(\mathbf{p}_n)$ erzeugten *Sorte*, m Teilchen der durch $\tilde{b}^\dagger_{s_m}(\mathbf{q}_m)$ erzeugten *Sorte* enthalten sind, sind somit die Summe der n bzw. m Impulsdeltafunktionen, multipliziert mit den entsprechenden Kronecker-Symbolen der Spinquantenzahlen. Da der δ-Funktion im Impulsraum als Fourier-Transformierte im Ortsraum die 1 entspricht, ist es somit gerechtfertigt, die Operatoren $N_r(\mathbf{p})$, $\tilde{N}_s(\mathbf{q})$ als Teilchenzahloperatoren im Impulsraum zu bezeichnen.

- Pauli-Prinzip und Plusquantisierung

Nach dem Pauli-Prinzip darf jeder Fermionzustand höchstens einfach besetzt sein. Folglich dürfen die Eigenwerte der Teilchenzahloperatoren $N_r(\mathbf{p})$, $\tilde{N}_s(\mathbf{q})$ – entsprechend den Eigenwerten 0, 1 im Ortsraum – nur 0 oder eine Impulsdeltafunktion sein. Betrachten wir als Beispiel den Teilchenzahloperator $N_r(\mathbf{p})$ und definieren seine Eigenwertgleichung durch

$$N_r(\mathbf{p})\,|\mathbf{p}_1,s_1,\ldots,\mathbf{p}_i,s_i,\ldots,\mathbf{p}_n,s_n\rangle = n_r(\mathbf{p})\,|\mathbf{p}_1,s_1,\ldots,\mathbf{p}_n,s_n\rangle \ ,$$

wo $n_r(\mathbf{p})$ nach Gl. (5.57) gegeben ist durch

$$n_r(\mathbf{p}) = \sum_{i=1}^{n} \delta_{rr_i}\delta^{(3)}(\mathbf{p}-\mathbf{p}_i) \ .$$

Dann fordert das Pauli-Prinzip, daß im Zustand $|\cdots\rangle$ höchstens ein Teilchen mit $r=r_i$, $\mathbf{p}=\mathbf{p}_i$ vorhanden ist, also $n_r(\mathbf{p})$ gegeben ist durch

$$n_r(\mathbf{p}) = \delta_{rr_i}\delta^{(3)}(\mathbf{p}-\mathbf{p}_i) = \begin{cases} 0 \quad \text{für} \quad r\neq r_i,\ \mathbf{p}\neq\mathbf{p}_i \\ \delta^{(3)}(\mathbf{p}-\mathbf{p}_i) \quad \text{für} \quad r=r_i,\ \mathbf{p}=\mathbf{p}_i \ . \end{cases}$$

Folglich gilt[5]

$$n_r^2(\mathbf{p}) = (\delta_{rr_i})^2[\delta^{(3)}(\mathbf{p}-\mathbf{p}_i)]^2 = \delta_{rr_i}\delta^{(3)}(\mathbf{p}-\mathbf{p}_i)\delta^{(3)}(\mathbf{0}) \ ,$$

also

$$n_r^2(\mathbf{p}) = \delta^{(3)}(\mathbf{0})n_r(\mathbf{p}) \qquad (5.59)$$

als Eigenwert des Operators $N_r^2(\mathbf{p})$.

[5] Wir benutzen die Eigenschaft $\delta(a-b)\delta(c-b)=\delta(a-b)\delta(c-a)$ der δ-Funktion.

Nach Gl. (5.50) gilt für diesen quadratischen Operator mit den Vertauschungsrelationen (5.35)

$$
\begin{aligned}
N_r^2(\mathbf{p}) &= \frac{1}{4p^{0\,2}} b_r^\dagger(\mathbf{p}) b_r(\mathbf{p}) b_r^\dagger(\mathbf{p}) b_r(\mathbf{p}) \\
&= \frac{1}{2p^0} \delta^{(3)}(\mathbf{0}) b_r^\dagger(\mathbf{p}) b_r(\mathbf{p}) \mp \frac{1}{4p^{0\,2}} (b_r^\dagger(\mathbf{p}))^2 (b_r(\mathbf{p}))^2 \; ,
\end{aligned}
$$

das heißt

$$
N_r^2(\mathbf{p}) \equiv \delta^{(3)}(\mathbf{0}) N_r(\mathbf{p}) \mp \frac{1}{4p^{0\,2}} (b_r^\dagger(\mathbf{p}))^2 (b_r(\mathbf{p}))^2 \; . \tag{5.60}
$$

Für die Quadrate der Operatoren $b_r^\dagger(\mathbf{p})$, $b_r(\mathbf{p})$ erhalten wir aus den Kommutatoren (5.32) die Aussagen

$$
(b_r(\mathbf{p}))^2 = (b_r^\dagger(\mathbf{p}))^2 = 0 \quad \text{für Plusquantisierung (PQ)} \; ,
$$

$$
\left.\begin{array}{l} (b_r(\mathbf{p}))^2 \neq 0 \\ (b_r^\dagger(\mathbf{p}))^2 \neq 0 \end{array}\right. \quad \text{im allgemeinen für Minusquantisierung (MQ)} \; .
$$

Folglich gilt für den Eigenwert von $N_r^2(\mathbf{p})$ nach (5.60)

$$
\begin{aligned}
& N_r^2(\mathbf{p})\,|\mathbf{p}_1, s_1, \cdots\rangle \\
&= \delta^{(3)}(\mathbf{0}) N_r(\mathbf{p})\,|\mathbf{p}_1, s_1, \cdots\rangle + \left\{ \begin{array}{l} 0 \\ \dfrac{1}{4p^{0\,2}} (b_r^\dagger(\mathbf{p}))^2 (b_r(\mathbf{p}))^2 \end{array} \right\} |\mathbf{p}_1, s_1, \cdots\rangle \\
&= \delta^{(3)}(\mathbf{0}) n_r(\mathbf{p})\,|\mathbf{p}_1, s_1, \cdots\rangle + \left\{ \begin{array}{ll} 0\,|\cdots\rangle & \text{für PQ} \\ \dfrac{(b_r^\dagger(\mathbf{p}))^2 (b_r(\mathbf{p}))^2}{4p^{0\,2}}\,|\cdots\rangle & \text{für MQ} \end{array} \right. \\
&\equiv n_r^2(\mathbf{p})\,|\mathbf{p}_1, s_1, \cdots\rangle \; .
\end{aligned} \tag{5.61}
$$

Bei der Herleitung dieser Gleichung wurde lediglich von der unterschiedlichen Algebra der Operatoren $b_r^\dagger$, b_r Gebrauch gemacht, über den Zustand $|\mathbf{p}_1, s_1, \ldots, \mathbf{p}_n, s_n\rangle$ aber keine Voraussetzung getroffen. Nehmen wir deshalb an, daß in dem Zustand 2 Teilchen mit den Quantenzahlen $\mathbf{p}_i = \mathbf{p}_j$, $r_i = r_j$ vorhanden sind, so gilt

$$b_r(\mathbf{p})b_r(\mathbf{p})\Big|\cdots \mathbf{p}_i, r_i, \ldots \mathbf{p}_j = \mathbf{p}_i, r_j = r_i, \cdots\Big\rangle \neq 0|\cdots\rangle \ ,$$

$$\text{für } \mathbf{p} = \mathbf{p}_i = \mathbf{p}_j, \quad r = r_i = r_j \ ,$$

und die nachfolgende Anwendung des Operators $(b_r^\dagger)^2$ kann den alten Zustand reproduzieren. Dann gilt für den Eigenwert $n_r^2(\mathbf{p})$ nach (5.61)

$$n_r^2(\mathbf{p}) = \delta^{(3)}(\mathbf{0})n_r(\mathbf{p}) + \begin{cases} 0 & \text{für PQ} \\ c_r(\mathbf{p}) \neq 0 & \text{i. allg. für MQ} \ , \end{cases}$$

wo $c_r(\mathbf{p})$ ein i. allg. von Null verschiedener Eigenwert ist. Vergleichen wir dies mit der Forderung des Pauli-Prinzips nach Gl. (5.59), so steht die Minusquantisierung im Widerspruch zur Fermi-Statistik. Für die Dirac-Teilchen als Fermionen notieren wir somit als Algebra im Impulsraum nach (5.29), (5.32), (5.35) und (5.36)

$$[b_r(\mathbf{p}), b_s^\dagger(\mathbf{p}')]_+ := \{b_r(\mathbf{p}), b_s^\dagger(\mathbf{p}')\} = 2p^0\delta_{rs}\delta^{(3)}(\mathbf{p}-\mathbf{p}') \ ,$$

$$[\tilde{b}_r(\mathbf{p}), \tilde{b}_s^\dagger(\mathbf{p}')]_+ := \{\tilde{b}_r(\mathbf{p}), \tilde{b}_s^\dagger(\mathbf{p}')\} = 2p^0\delta_{rs}\delta^{(3)}(\mathbf{p}-\mathbf{p}') \ ,$$

$$\{\cdots, \cdots\} = 0, \quad \text{für alle anderen Kombinationen} \ . \tag{5.62}$$

Der Kommutator mit positivem Vorzeichen wird auch als *Antikommutator* bezeichnet.

• Renormierung der Operatoren • Normalordnung

Die vernünftige und zulässige Festlegung, daß das physikalische Vakuum $|0\rangle^{\text{Phys}}$ verschwindende Quantenzahlen hat, führt zwingend zur sogenannten *Renormierung* von Operatoren physikalischer Observablen. Betrachten wir z. B. den Operator $\mathcal{P}^\mu$ des Viererimpulses nach (5.30), so läßt er sich über die Algebra (5.62) in Termen der Teilchenzahloperatoren $N_r(\mathbf{p})$, $\tilde{N}_r(\mathbf{p})$ nach (5.50) darstellen als

$$\mathcal{P}^\mu = \sum_{r=1,2} \int d^3\mathbf{p}\, p^\mu (N_r(\mathbf{p}) + \tilde{N}_r(\mathbf{p}) - \delta^{(3)}(\mathbf{0})) \ . \tag{5.63}$$

Beachten wir die Eigenwertgleichungen (5.53), so ergibt sich für $\mathcal{P}^\mu$ bei Anwendung auf den Vakuumzustand die Relation

$$\mathcal{P}^\mu |0\rangle^{\text{Phys}} = -\delta^{(3)}(\mathbf{0}) \sum_{r=1,2} \int d^3\mathbf{p}\, p^\mu |0\rangle^{\text{Phys}} \neq 0 |0\rangle^{\text{Phys}} \quad \text{i. allg.} ,$$

im Widerspruch zur physikalischen Forderung nach Gl. (5.44).

Bezeichnen wir mit p_V^μ den Eigenwert von $\mathcal{P}^\mu$ bezüglich des Vakuums, also

$$\mathcal{P}^\mu |0\rangle^{\text{Phys}} = p_V^\mu |0\rangle^{\text{Phys}} , \tag{5.64}$$

mit

$$p_V^\mu = -\delta^{(3)}(\mathbf{0}) \sum_{r=1,2} \int d^3\mathbf{p}\, p^\mu ,$$

so definiert man als renormierten Operator des Impulsvierervektors

$$\mathcal{P}^{\mu,\text{ren}} := \mathcal{P}^\mu - p_V^\mu \mathbb{1} , \tag{5.65}$$

und es gilt nach (5.64)

$$\mathcal{P}^{\mu,\text{ren}} |0\rangle^{\text{Phys}} = 0 |0\rangle^{\text{Phys}} .$$

Mit der Definition (5.65) erhalten wir nach Gl. (5.63) als Darstellung für den renormierten Operator des Viererimpulses

$$\mathcal{P}^{\mu,\text{ren}} = \sum_{r=1,2} \int d^3\mathbf{p}\, p^\mu (N_r(\mathbf{p}) + \tilde{N}_r(\mathbf{p})) , \tag{5.66}$$

dessen Eigenwert für einen beliebigen Mehr-Teilchen-Zustand

$$|\mathbf{p}_1, s_1, \ldots, \mathbf{p}_n, s_n, \mathbf{q}_1, s_1, \ldots, \mathbf{q}_m, s_m\rangle$$

über die Eigenschaften (5.57) und (5.58) der Teilchenzahloperatoren gegeben ist zu

$$\mathcal{P}^{\mu,\text{ren}} |\mathbf{p}_1, s_1, \ldots, \mathbf{q}_m, s_m\rangle = P^\mu |\mathbf{p}_1, s_1, \ldots, \mathbf{q}_m, s_m\rangle ,$$

mit

$$P^\mu = \sum_{i=1}^{n} p_i^\mu + \sum_{j=1}^{m} q_j^\mu, \quad \mu = 0,1,2,3 \ ,$$

in Übereinstimmung mit der physikalischen Aussage in Gl. (5.38).

Im folgenden werden wir unter Fortlassen der Indizierungen $\cdots^{\text{ren}}$ bzw. $|0\rangle^{\text{Phys}}$ als Operatoren von Observablen stets renormierte und als Vakuum das physikalischeVakuum verstehen. Vergleichen wir die Darstellung des Operators $\mathcal{P}^\mu$ nach Gl. (5.30) mit der Definition (5.66) für den renormierten Operator, so entspricht die Renormierung der sogenannten *Normalordnung*, die besagt, daß unter Berücksichtigung der Kommutatoralgebra – d. h. der Statistik – Operatorprodukte derart umzuordnen sind, daß alle Erzeugungsoperatoren links von allen Vernichtungsoperatoren stehen. Bezeichnen wir die Operation der Normalordnung durch $\mathcal{N}(\cdots)$, so gilt für Fermi-Operatoren[6]

$$\begin{aligned} \mathcal{N}(b_r^\dagger(\mathbf{p})b_s(\mathbf{p}')) &= b_r^\dagger(\mathbf{p})b_s(\mathbf{p}') \ , \\ \mathcal{N}(b_s(\mathbf{p}')b_r^\dagger(\mathbf{p})) &= -b_r^\dagger(\mathbf{p})b_s(\mathbf{p}') \ . \end{aligned} \tag{5.67}$$

Für Bose-Teilchen, die aufgrund ihrer Statistik der kanonischen Minusquantisierung unterliegen (siehe später *Quantisierung des Photonfeldes*), gilt dagegen

$$\mathcal{N}(a_r^\dagger(\mathbf{p})a_s(\mathbf{p}')) = \mathcal{N}(a_s(\mathbf{p}')a_r^\dagger(\mathbf{p})) = a_r^\dagger(\mathbf{p})a_s(\mathbf{p}') \ . \tag{5.68}$$

(v) Der Spinoperator $\boldsymbol{\mathcal{S}}$

Der Spinoperator der quantisierten Dirac-Theorie ist nach Gl. (5.22) durch das normalgeordnete Operatorprodukt

$$\boldsymbol{\mathcal{S}} = \frac{1}{2}\int d^3\mathbf{x}\, \mathcal{N}(\psi^\dagger(x)\boldsymbol{\Sigma}\psi(x)) \tag{5.69}$$

gegeben mit der Matrix

$$\boldsymbol{\Sigma} = \begin{pmatrix} \boldsymbol{\sigma} & 0 \\ 0 & \boldsymbol{\sigma} \end{pmatrix} \ .$$

---

[6]In der Literatur findet man oft auch das Punktsymbol $:(\cdots):$ für die Normalordnung $\mathcal{N}(\cdots)$.

Um an das Konzept des totalen Drehimpulses $\mathbf{J} = \mathbf{S} + \mathbf{L}$ als einer Erhaltungsgröße anknüpfen zu können, wollen wir statt des Spins den Helizitätsoperator $\mathcal{h}_p = \boldsymbol{\mathcal{S}} \cdot \mathbf{p}/|\mathbf{p}|$ betrachten (siehe Kapitel 2, Gl. (2.115)), der für den Fall, daß wir $\mathbf{p} = |\mathbf{p}|\mathbf{e}^3$ in z-Richtung wählen, mit der Komponente $\mathcal{S}^3$ von (5.69) übereinstimmt. In der Fourier-Entwicklung des Operators $\psi(x)$ nach Gl. (5.24), auf die der Matrixoperator Σ^3 wirkt, ist dann konsistenterweise $\mathbf{p} = |\mathbf{p}|\mathbf{e}^3$ zu setzen, was zu den speziellen Eigenwertgleichungen (siehe die Darstellungen (2.64) und (2.65))

$$\Sigma^3 u^r(\mathbf{p})/_{\mathbf{p}=|\mathbf{p}|\mathbf{e}^3} = (-1)^s u^r(\mathbf{p})/_{s\neq r} \ ,$$

$$\Sigma^3 v^r(\mathbf{p})/_{\mathbf{p}=|\mathbf{p}|\mathbf{e}^3} = -(-1)^s v^r(\mathbf{p})/_{s\neq r} \ ,$$

für die Impulswellenfunktionen führt. Analog zur Berechnung des Operators $\mathcal{P}^\mu$ ergibt die Raumintegration über die Fourier-Darstellungen des Operators $\psi^\dagger(x)(\Sigma^3\psi(x))$ dreidimensionale Impulsdeltafunktionen, mit denen die Orthogonalitätsrelationen (siehe Gl. (2.66) und (2.67)) der Impulswellenfunktionen ausgenutzt werden können. Das Ergebnis ist

$$\begin{aligned} \mathcal{S}^3 &= \frac{1}{2} \sum_{r=1,2} (-1)^s \int \frac{d^3\mathbf{p}}{2p^0} \mathcal{N}(b_r^\dagger(\mathbf{p}) b_r(\mathbf{p}) - \tilde{b}_r(\mathbf{p}) \tilde{b}_r^\dagger(\mathbf{p}))\Big/_{s\neq r} \\ &\equiv \frac{1}{2} \int d^3\mathbf{p} \sum_{r=1,2} (-1)^s [N_r(\mathbf{p}) + \tilde{N}_r(\mathbf{p})]\Big/_{s\neq r} \ . \end{aligned} \tag{5.70}$$

Das heißt, für $r = 1,2$ (also $s = 2,1$) zählen die Operatoren N_r, $\tilde{N}_r$ die Teilchen mit den Eigenwerten $\pm 1/2$ des Spins in Impulsrichtung (da $\mathbf{p} = |\mathbf{p}|\mathbf{e}^3$ per constructionem) ab.

(vi) Der Ladungsoperator $\mathcal{Q}$

Vergleichen wir die Darstellungen (5.66) und (5.70) für die Operatoren $\mathcal{P}^\mu$ und S^3 in Abhängigkeit von den Teilchenzahloperatoren, so gestattet weder der Impulseigenwert p^μ noch die Helizität $\frac{1}{2}(-1)^s$, $s = 1,2$, zwischen den beiden Teilchensorten, deren Ein-Teilchen-Zustände nach Gl. (5.48) orthogonal zueinander sind, zu unterscheiden. Als letzte Observable wollen wir den Operator der elektrischen Ladung diskutieren, der als Raumintegral über die Ladungsdichte definiert ist.

Der Ladungsstrom der Dirac-Theorie ist (vgl. Gl. (2.17))

$$J^\mu := qj^\mu(x) = q\overline{\psi}(x)\gamma^\mu\psi(x), \quad q = -e, \, e > 0, \text{ für das Elektron,}$$

mit der Ladungsdichte

$$J^0 = q\psi^\dagger(x)\psi(x) \equiv q\rho(x) \ .$$

Daraus ergibt sich für den Operator der totalen Ladung die Darstellung

$$\mathcal{Q} = q \int d^3\mathbf{x} \mathcal{N}(\psi^\dagger(x)\psi(x)) \ . \tag{5.71}$$

Die Auswertung des Raumintegrals erfolgt in üblicher Weise und ergibt als Operatordarstellung im Impulsraum

$$\mathcal{Q} = q \sum_{r=1,2} \int \frac{d^3\mathbf{p}}{2p^0} \mathcal{N}(b_r^\dagger(\mathbf{p})b_r(\mathbf{p}) + \tilde{b}_r(\mathbf{p})\tilde{b}_r^\dagger(\mathbf{p}))$$

$$\equiv q \sum_{r=1,2} \int d^3\mathbf{p} \left(N_r(\mathbf{p}) - \tilde{N}_r(\mathbf{p})\right) \ . \tag{5.72}$$

Der Operator $\tilde{N}_r(\mathbf{p}) = \tilde{b}_r^\dagger(\mathbf{p})\tilde{b}_r(\mathbf{p})/2p^0$ zählt somit die Teilchen mit der Ladung $Q = -q$, $r = 1,2$ und $p^0 > 0$ ab. Definieren wir mit q die Ladung der Teilchen, so ist $\tilde{N}_r(\mathbf{p})$ der Teilchenzahloperator der Antiteilchen. Wie schon bei der Diskussion der Energieeigenwerte erwähnt (siehe Gl. (5.47)), sind den Operatoren $\tilde{b}_r^\dagger$ und $\tilde{b}_r$ die Wellenfunktionen v^r und $\bar{v}^r$ zugeordnet, was auf den in Tabelle 5.1

Tab. 5.1

Ein-Teilchen-Theorie	Mehr $-$ Teilchen $-$ Theorie
$\left.\begin{array}{l}u^r(\mathbf{p})\\v^r(\mathbf{p})\end{array}\right\}_{r=1,2} Q = +q \begin{cases} p^0 > 0 \\ p^0 < 0 \end{cases}$	$\left.\begin{array}{l}u^r(\mathbf{p})\\v^r(\mathbf{p})\end{array}\right\}_{r=1,2} \begin{array}{l}Q = +q\\Q = -q\end{array} \begin{cases} p^0 > 0 \end{cases}$
$\Downarrow$	$\Downarrow$
Nur eine Teilchensorte (Spin 1/2) 2 Freiheitsgrade zuviel.	Teilchen und Antiteilchen (Spin 1/2) Alle Freiheitsgrade sind in der Natur realisiert.

dargestellten Zusammenhang zwischen der *klassischen Ein-Teilchen-* und der *quantisierten Mehr-Teilchen-Theorie* führt.[7]

Übungsaufgaben

5.3 Beweisen Sie die Eigenwertgleichung

$$N_r(\mathbf{p})|\mathbf{p}_1, r_1, \ldots, \mathbf{p}_n, r_n; \mathbf{q}_1, s_1, \ldots, \mathbf{q}_m, s_m\rangle$$
$$= \sum_{i=1}^{n} \delta_{rr_i} \delta^{(3)}(\mathbf{p} - \mathbf{p}_i)|\mathbf{p}_1, r_1, \ldots, \mathbf{q}_m, s_m\rangle$$

des Teilchenzahloperators $N_r(\mathbf{p}) = b_r^\dagger(\mathbf{p}) b_r(\mathbf{p})/2p^0$.
Hinweis: Benutzen Sie die Kommutatoralgebra

$$[N_r(\mathbf{p}), b_s^\dagger(\mathbf{q})] = \delta^{rs} \delta^{(3)}(\mathbf{p} - \mathbf{q}) b_r^\dagger(\mathbf{p})$$

und die Eigenwertgleichung $N_r(\mathbf{p})\,|0\rangle = 0\,|0\rangle$.

Kommutatoralgebra im Ortsraum

Den einzelnen Frequenzanteilen der Feldoperatoren $\psi(x)$ und $\overline{\psi}(x)$ ordneten wir über die Fourier-Darstellungen in Gleichung (5.28) die Operatoren $b_r(\mathbf{p}), \ldots, \tilde{b}_r^\dagger(\mathbf{p})$ des Impulsraumes zu. Mit der jetzigen Kenntnis der Funktion dieser Operatoren ergeben sich folgende Aussagen über die Feldoperatoren im Ortsraum:

$$\left.\begin{matrix} \psi^{(+)}(x) & (\sim b_r(\mathbf{p})) \\ \overline{\psi}^{(+)}(x) & (\sim \tilde{b}_r(\mathbf{p})) \end{matrix}\right\} \quad \text{vernichtet ein} \quad \left\{\begin{matrix} \text{Teilchen,} \\ \text{Antiteilchen .} \end{matrix}\right. \tag{5.73a}$$

$$\left.\begin{matrix} \psi^{(-)}(x) & (\sim \tilde{b}_r^\dagger(\mathbf{p})) \\ \overline{\psi}^{(-)}(x) & (\sim b_r^\dagger(\mathbf{p})) \end{matrix}\right\} \quad \text{erzeugt ein} \quad \left\{\begin{matrix} \text{Antiteilchen,} \\ \text{Teilchen .} \end{matrix}\right. \tag{5.73b}$$

[7] Es ist üblich, das Elektron mit der Ladung $q = -e$, $e > 0$, als Teilchen, das Positron als sein Antiteilchen zu definieren. Dies gilt auch für die anderen Leptonen. Für diese Teilchen ist der Ladungsstrom dann durch $J^\mu(x) = -e\mathcal{N}(\overline{\psi}(x)\gamma^\mu\psi(x))$, $e > 0$, gegeben.

Für die Vernichtungsoperatoren $\psi^{(+)}(x)$, $\overline{\psi}^{(+)}(x)$ gilt speziell bei Wirkung auf das physikalische Vakuum wegen (5.45)

$$\left.\begin{aligned} \psi^{(+)}(x) \\ \overline{\psi}^{(+)}(x) \end{aligned}\right\} |0\rangle = 0\,|0\rangle \ . \tag{5.74}$$

Nach Festlegung auf die Plusquantisierung sind die Kommutatoren im Ortsraum nach (5.29) und (5.31) in der Form (5.62) zu lesen. Als letzte Vertauschungsrelationen bleiben zu berechnen

$$\{\psi_\alpha^{(\pm)}(x), \overline{\psi}_\beta^{(\mp)}(y)\} := \mathcal{O}_{\alpha\beta}^{(\pm)}(x,y) \ , \tag{5.75}$$

wo $\mathcal{O}_{\alpha\beta}^{(\pm)}(x,y)$ Matrizen im Bispinorraum sind, die sich über die Antikommutatoren (5.62) bestimmen lassen. So ergibt sich z. B. mit den Fourier-Darstellungen (5.24) und (5.25)

$$\begin{aligned} &\{\psi_\alpha^{(+)}(x), \overline{\psi}_\beta^{(-)}(y)\} \\ &= \frac{1}{(2\pi)^3} \sum_{r,s} \int \frac{d^3\mathbf{p}}{2p^0} \frac{d^3\mathbf{p}'}{2p'^0} \{b_r(\mathbf{p}), b_s^\dagger(\mathbf{p}')\} u_\alpha^r(\mathbf{p}) \otimes \bar{u}_\beta^s(\mathbf{p}') e^{-i(p\cdot x - p'\cdot y)} \\ &= \frac{1}{(2\pi)^3} \int \frac{d^3\mathbf{p}}{2p^0} \sum_r u_\alpha^r(\mathbf{p}) \otimes \bar{u}_\beta^r(\mathbf{p}) e^{-ip\cdot(x-y)} \\ &= \frac{1}{(2\pi)^3} \int \frac{d^3\mathbf{p}}{2p^0} (\not{p} + m\mathbb{1})_{\alpha\beta} e^{-ip\cdot(x-y)} \\ &= \mathcal{O}_{\alpha\beta}^{(+)}(x,y) \ , \end{aligned} \tag{5.76}$$

wo im ersten Schritt der Antikommutator (5.62) eingesetzt, und anschließend die Spinsummation über das direkte Produkt $u_\alpha^r(\mathbf{p}) \otimes \bar{u}_\beta^r(\mathbf{p})$ nach Gl. (2.92) durchgeführt wurde. Analog berechnet man

$$\begin{aligned} \{\psi_\alpha^{(-)}(x), \overline{\psi}_\beta^{(+)}(y)\} &= \frac{1}{(2\pi)^3} \int \frac{d^3\mathbf{p}}{2p^0} (\not{p} - m\mathbb{1})_{\alpha\beta} e^{+ip\cdot(x-y)} \\ &= \mathcal{O}_{\alpha\beta}^{(-)}(x,y) \ . \end{aligned} \tag{5.77}$$

Die Matrizen $\mathcal{O}_{\alpha\beta}^{(\pm)}(x,y)$ definieren die beiden Frequenzanteile $S_{\alpha\beta}^{(\pm)}(x-y)$ der Vertauschungsfunktion $S_{\alpha\beta}(x-y)$ der Fermi-Teilchen. Man setzt üblicherweise

$$\{\psi_\alpha^{(\pm)}(x), \overline{\psi}_\beta^{(\mp)}(y)\} := -iS_{\alpha\beta}^{(\pm)}(x-y) \ , \tag{5.78}$$

so daß nach (5.76) und (5.77)

$$S^{(\pm)}_{\alpha\beta}(x) = \frac{i}{(2\pi)^3} \int\limits_{p^0>0} \frac{d^3\mathbf{p}}{2p^0} (\not{p} \pm m\mathbb{1})_{\alpha\beta} e^{\mp ip\cdot x} \ . \tag{5.79}$$

Die Anmerkung $p^0 > 0$, die an dieser Stelle überflüssig erscheint, findet später bei der Diskussion der Feynmanschen Vertauschungsfunktion ihre Berechtigung. Da $i\gamma^\mu\partial_\mu e^{\mp ip_\mu x^\mu} = \pm\gamma^\mu p_\mu e^{\mp ip\cdot x}$, kann der Impulsanteil im Integral durch den vierdimensionalen Gradienten ersetzt werden, womit

$$S^{(\pm)}_{\alpha\beta}(x) = \pm i(i\gamma^\mu\partial_\mu + m\mathbb{1})_{\alpha\beta} \frac{1}{(2\pi)^3} \int\limits_{p^0>0} \frac{d^3\mathbf{p}}{2p^0} e^{\mp ip\cdot x} \ . \tag{5.80}$$

Bilden wir daraus die Summe und beachten, daß nach (5.29)

$$\{\psi^{(\pm)}_\alpha(x), \overline{\psi}^{(\pm)}_\beta(y)\} = 0 \ ,$$

so definiert der Antikommutator der totalen Feldoperatoren

$$\{\psi_\alpha(x), \overline{\psi}_\beta(y)\} := -iS_{\alpha\beta}(x-y) \tag{5.81}$$

die totale Vertauschungsfunktion, für die wir über (5.80) als Darstellung gewinnen

$$\begin{aligned} S_{\alpha\beta}(x) &= S^{(+)}_{\alpha\beta}(x) + S^{(-)}_{\alpha\beta}(x) \\ &= i(i\gamma^\mu\partial_\mu + m\mathbb{1})_{\alpha\beta} \frac{1}{(2\pi)^3} \int\limits_{p^0>0} \frac{d^3\mathbf{p}}{2p^0} (e^{-ip\cdot x} - e^{+ip\cdot x}) \ . \end{aligned} \tag{5.82}$$

Eigenschaften der Vertauschungsfunktion $S(x)$

Wendet man auf $S(x)$ den Dirac-Operator $(i\gamma^\mu\partial_\mu - m\mathbb{1})$ an, so ergibt sich mit

$$\begin{aligned} (i\gamma^\mu\partial_\mu - m\mathbb{1})(i\gamma^\nu\partial_\nu + m\mathbb{1}) &= -\not{\partial}\not{\partial} - m^2\mathbb{1} = -(\partial_\mu\partial^\mu + m^2)\mathbb{1} \\ &\equiv -(\Box + m^2)\mathbb{1} \end{aligned}$$

wegen

$$\Box e^{\mp ip\cdot x} = -p^\mu p_\mu e^{\mp ip\cdot x} \equiv -p^2 e^{\mp ip\cdot x} \equiv -m^2 e^{\mp ip\cdot x} ,$$

also

$$(\Box + m^2) e^{\mp ip\cdot x} = 0 ,$$

nach (5.82)

$$(i\gamma^\mu \partial_\mu - m\mathbb{1}) S(x) = 0 . \tag{5.83}$$

Die Vertauschungsfunktion $S(x)$ genügt somit der freien Dirac-Gleichung. Für $x^0 = 0$ gilt für die Frequenzanteile nach Gl. (5.79)

$$S^{(\pm)}(x^0 = 0; \mathbf{x}) = \frac{i}{(2\pi)^3} \int\limits_{p^0>0} \frac{d^3\mathbf{p}}{2p^0} (\not{p} \pm m\mathbb{1}) e^{\pm i\mathbf{p}\cdot\mathbf{x}} . \tag{5.84}$$

Transformiert man in $S^{(-)}(x)$ von $\mathbf{p}$ nach $-\mathbf{p}$, womit

$$\not{p} = \gamma^\mu p_\mu = \gamma^0 p_0 + \gamma^k p_k \xrightarrow{\mathbf{p}\to -\mathbf{p}} \gamma^0 p_0 - \gamma^k p_k ,$$

und damit

$$(\not{p}(\mathbf{p}) + m\mathbb{1} + \not{p}(-\mathbf{p}) - m\mathbb{1}) e^{i\mathbf{p}\cdot\mathbf{x}} = 2\gamma^0 p_0 e^{i\mathbf{p}\cdot\mathbf{x}} ,$$

so ergibt sich für die Summe der Frequenzanteile bei $x^0 = 0$

$$S(x^0 = 0; \mathbf{x}) = i\gamma^0 \frac{1}{(2\pi)^3} \int d^3\mathbf{p}\, e^{i\mathbf{p}\cdot\mathbf{x}} \equiv i\gamma^0 \delta^{(3)}(\mathbf{x}) . \tag{5.85}$$

Damit folgt für den gleichzeitigen Antikommutator nach Gl. (5.81)

$$\{\psi_\alpha(x), \overline{\psi}_\beta(y)\}_{/x^0=y^0} = (\gamma^0)_{\alpha\beta} \delta^{(3)}(\mathbf{x} - \mathbf{y}) . \tag{5.86}$$

Übungsaufgaben

5.4 Beweisen Sie die gleichzeitige Antikommutatorrelation

$$\{\pi_\alpha(x), \psi_\beta(y)\}_{/x^0=y^0} = +i\delta_{\alpha\beta} \delta^{(3)}(\mathbf{x} - \mathbf{y}) .$$

(i) Führen sie den Beweis über die Fourier-Darstellungen von $\pi_\alpha(x) = i\psi^\dagger_\alpha(x)$, $\psi_\beta(x)$ durch, indem Sie die bekannten Antikommutatoren im Impulsraum (siehe Gl. (5.62)) ausnutzen.
Hinweis: Beachten Sie die in Kapitel 2 (Gl. (2.90) und (2.91)) hergeleiteten Relationen

$$u^r_\alpha(\mathbf{p}) \otimes \bar{u}^r_\beta(\mathbf{p}) = 2m(\Sigma(r)\Lambda_+(\mathbf{p}))_{\alpha\beta} \ ,$$

$$v^r_\alpha(\mathbf{p}) \otimes \bar{v}^r_\beta(\mathbf{p}) = -2m(\Sigma(r)\Lambda_-(\mathbf{p}))_{\alpha\beta} \ .$$

(ii) Führen Sie den Beweis, ausgehend von dem Antikommutator (siehe Gl. (5.86))

$$\{\psi_\alpha(x), \overline{\psi}_\beta(y)\}_{/x^0=y^0} = (\gamma^0)_{\alpha\beta}\delta^{(3)}(\mathbf{x}-\mathbf{y}) \ .$$

5.3 Quantisierung des freien elektromagnetischen Feldes

Die Wellengleichung für das freie, masselose Photon war nach Kapitel 2 (siehe Gl. (2.103) und (2.106)) eine vierdimensionale Differentialgleichung für das Potential $A^\mu(x)$, $\mu = 0,1,2,3$. Da das Photon keine Ladung trägt, ist die Wellenfunktion $A^\mu(x)$ als reell bzw. in der Operatorsprache als hermitesch zu fordern. Die Bewegungsgleichung (2.103) enthält keine ableitungsfreien Terme. Folglich ist die freie Lagrange-Dichte in Abhängigkeit von den vierdimensionalen Gradienten $\partial^\nu A^\mu(x)$ des Photonfeldes lorentzkovariant zu konstruieren.

Die Lagrange-Dichte

Eine mögliche Darstellung der freien Lagrange-Dichte $\mathcal{L}_\mathrm{f}(x)$ ergibt sich aus der Kontraktion des Feldtensors $F^{\mu\nu}(x)$ mit sich selbst:

$$\mathcal{L}_\mathrm{f}(x) = -\frac{1}{4}F_{\mu\nu}(x)F^{\mu\nu}(x) \ , \tag{5.87}$$

mit $F^{\mu\nu}(x) = \partial^\nu A^\mu(x) - \partial^\mu A^\nu(x)$. In Abhängigkeit von den Potentialen folgt aus dem Ansatz (5.87) für die freie Lagrange-Dichte

$$\mathcal{L}_\mathrm{f}(x) = -\frac{1}{2}\Big[(\partial_\nu A_\mu(x))(\partial^\nu A^\mu(x)) - (\partial_\nu A_\mu(x))(\partial^\mu A^\nu(x))\Big] \ . \tag{5.88}$$

Euler-Lagrange-Gleichungen

Mit

$$\frac{\partial \mathcal{L}_{\mathrm{f}}(x)}{\partial(\partial_\mu A_\nu(x))} = -(\partial^\mu A^\nu - \partial^\nu A^\mu) \equiv F^{\mu\nu}(x) \; , \tag{5.89}$$

$$\frac{\partial \mathcal{L}_{\mathrm{f}}(x)}{\partial A_\nu(x)} = 0 \; ,$$

wird

$$\partial_\mu \frac{\partial \mathcal{L}_{\mathrm{f}}}{\partial(\partial_\mu A_\nu)} - \frac{\partial \mathcal{L}_{\mathrm{f}}}{\partial A_\nu} = \partial_\mu F^{\mu\nu}(x) = 0 \; ,$$

und wir erhalten, wie in Kapitel 2, die Wellengleichung

$$\Box A^\nu(x) - \partial^\nu(\partial_\mu A^\mu(x)) = 0, \quad \nu = 0,1,2,3 \; . \tag{5.90}$$

Die Lagrange-Dichte $\mathcal{L}_{\mathrm{f}}(x)$ nach (5.87) führt somit zur freien Photonwellengleichung, die für den Fall klassischer Felder, für die die Lorentz-Bedingung (2.105) eine zulässige Eichung ist, reduziert werden kann auf die Form

$$\Box A^\nu(x) = 0, \quad \nu = 0,1,2,3 \; , \tag{5.91a}$$

mit

$$\partial_\mu A^\mu(x) = 0 \; . \tag{5.91b}$$

Beim Übergang zur Feldquantisierung wird sich zeigen, daß die Lorentz-Bedingung als **Operatorbedingung** nicht zulässig ist. Sie läßt sich nur in einer schwächeren Form für den Erwartungswert aufrecht erhalten.

Die Hamilton-Funktion

Mit dem Potential $A^\mu(x)$ werden auch die kanonischen *Feldimpulse* zu vierdimensionalen Größen $\pi^\mu(x)$. Mit der Definition (5.5) und der Ersetzung $\varphi(x) \to A_\mu(x)$ folgt aus (5.89)

$$\frac{\partial \mathcal{L}_\mathrm{f}(x)}{\partial(\partial_0 A_\mu(x))} = \pi^\mu(x) = F^{0\mu}(x) \; ,$$

so daß wegen der Asymmetrie von $F^{\mu\nu}$

$$\pi^0(x) = F^{00}(x) \equiv 0 \; . \tag{5.92}$$

Diese Aussage zeichnet die Nullkomponente von $\pi^\mu(x)$ gegenüber den räumlichen Komponenten $\pi^i(x)$, $i = 1, 2, 3$, aus, was der Forderung der Lorentz-Kovarianz widerspricht.

Dieser Widerspruch läßt sich auflösen, wenn man beachtet, daß die zu fordernde Wellengleichung als Lösung der Variationsaufgabe die Lagrange-Dichte nicht eindeutig festlegt. Zwei Lagrange-Dichten $\mathcal{L}(x)$ und $\mathcal{L}'(x)$, die sich nur durch einen additiven vierdimensionalen Divergenzterm unterscheiden, führen zur selben Lösung der Variationsaufgabe. Gelingt es also, von $\mathcal{L}_\mathrm{f}(x)$ nach (5.88) einen Divergenzterm abzuspalten derart, daß

$$\mathcal{L}'_\mathrm{f}(x) = \mathcal{L}_\mathrm{f}(x) - \partial_\nu H^\nu(x) \; , \tag{5.93}$$

mit

$$H^\nu(x) = H^\nu(A_\mu(x), \partial_\sigma A_\mu(x)) \; ,$$

so gilt unter Berücksichtigung der Randbedingungen des Hamiltonschen Variationsprinzips

$$\begin{aligned}\int_{t_1}^{t_2} dt \int d^3\mathbf{x}\, \delta\mathcal{L}'_\mathrm{f}(x) &= \int_{t_1}^{t_2} dt \int d^3\mathbf{x}\, \delta\mathcal{L}_\mathrm{f}(x) - \int_{t_1}^{t_2} dt \int d^3\mathbf{x}\, \partial_\nu \delta H^\nu(x) \\ &\equiv \int_{t_1}^{t_2} dt \int d^3\mathbf{x}\, \delta\mathcal{L}_\mathrm{f}(x) \; ,\end{aligned}$$

wonach die Bewegungsgleichungen unverändert bleiben.[8] Der kanonische Formalismus hingegen wird sich beim Übergang zu $\mathcal{L}'_f(x)$ im allgemeinen ändern und den Widerspruch (5.92) aufheben.

Der zweite Term der Dichte (5.88) läßt sich umschreiben auf

$$(\partial_\nu A_\mu)(\partial^\mu A^\nu) \equiv \partial_\nu(A_\mu \partial^\mu A^\nu) - A_\mu \partial^\mu(\partial_\nu A^\nu) ,$$

wonach

$$\begin{aligned}\mathcal{L}_f(x) &= -\frac{1}{2}\Big[(\partial_\nu A_\mu)(\partial^\nu A^\mu) + A_\mu \partial^\mu(\partial_\nu A^\nu) - \partial_\nu(A_\mu \partial^\mu A^\nu)\Big] \\ &\equiv \mathcal{L}'_f(x) + \partial_\nu H^\nu(x) ,\end{aligned}$$

mit

$$H^\nu(x) = +\frac{1}{2} A_\mu(x) \partial^\mu A^\nu(x) ,$$

und

$$\mathcal{L}'_f(x) = -\frac{1}{2}\Big[(\partial_\nu A_\mu(x))(\partial^\nu A^\mu(x)) + A_\mu(x)\partial^\mu(\partial_\nu A^\nu(x))\Big] . \tag{5.94}$$

Für die *Feldimpulse* folgt daraus

$$\pi^\mu(x) = \frac{\partial \mathcal{L}'_f(x)}{\partial(\partial_0 A_\mu(x))} = -\partial^0 A^\mu(x) . \tag{5.95}$$

Die freie Hamilton-Dichte, definiert in Gl. (5.6), berechnet sich danach zu

$$\begin{aligned}\mathcal{H}_f(x) &= \pi^\mu(x)\partial_0 A_\mu(x) - \mathcal{L}'_f(x) \\ &= -\pi^\mu(x)\pi_\mu(x) + \frac{1}{2}(\partial_\nu A_\mu)(\partial^\nu A^\mu) + \frac{1}{2} A_\mu \partial^\mu(\partial_\nu A^\nu) .\end{aligned} \tag{5.96}$$

Die beiden ersten Summanden dieser Gleichung lassen sich zusammenfassen zu

$$\tilde{\mathcal{H}}_f(x) = -\frac{1}{2}\Big((\pi^0)^2 + \sum_k (\partial^k A^0)^2\Big) + \frac{1}{2}\sum_k \Big[(\pi^k)^2 + \sum_i (\partial^k A^i)^2\Big] .$$

[8]Der Beweis obiger Gleichung ist nachzulesen z. B. in [SCH 61], S. 187.

Da beide Klammern $(\cdots)$, $[\cdots]$ für sich positiv definit sind, ist die Dichte $\tilde{\mathcal{H}}_{\mathrm{f}}(x)$ selber i. allg. nicht mehr positiv definit. Dies deutet bereits darauf hin, daß in der Feldquantisierung, in der der Operator der totalen Energie positiv definit sein muß, die für klassische Felder gültige Lorentz-Bedingung $\partial_\nu A^\nu(x) = 0$ als Operatorgleichung nicht mehr gefordert werden darf. Bei der Diskussion der Feldalgebra wird sich diese Aussage als zwingend erweisen (siehe im folgenden *Gupta-Bleuler-Formalismus*). Die Hamilton-Funktion lautet danach

$$\begin{aligned} H_{\mathrm{f}}(t) &= \int d^3\mathbf{x}\,\mathcal{H}_{\mathrm{f}}(x) \\ &= -\int d^3\mathbf{x}\left[\pi^\mu\pi_\mu - \frac{1}{2}(\partial_\nu A_\mu)(\partial^\nu A^\mu) - \frac{1}{2}A_\mu\partial^\mu(\partial_\nu A^\nu)\right], \end{aligned} \tag{5.97}$$

mit

$$\pi^\mu(x) = -\partial^0 A^\mu(x)\ .$$

Der Viererimpuls P^μ des Feldes

Der Viererimpuls ist durch das Raumintegral über den Energie-Impulstensor $\Theta^{0\mu}(x)$ definiert. Setzen wir in $\Theta^{0\mu}(x)$ nach Gl. (5.8) $U^\rho = A^\rho(x)$, $\rho = 0, 1, 2, 3$, und übernehmen die Definition von $\pi^\rho(x)$ nach Gl. (5.95), so ergibt sich

$$\Theta^{0\mu}(x) = \pi^\rho(x)\partial^\mu A_\rho(x) - \mathcal{L}_{\mathrm{f}}'(x)g^{0\mu}, \quad \mu = 0, 1, 2, 3\ ,$$

und für $\mu = 0$ wegen (5.96)

$$\Theta^{00}(x) \equiv \mathcal{H}_{\mathrm{f}}(x)\ .$$

Damit wird

$$P^\mu = \int d^3\mathbf{x}\,\Theta^{0\mu}(x) = \int d^3\mathbf{x}\,(\pi^\rho(x)\partial^\mu A_\rho(x) - \mathcal{L}_{\mathrm{f}}'(x)g^{0\mu})\ , \tag{5.98}$$

und für $\mu = 0$

$$P^0 \equiv H_{\mathrm{f}}(t)\ .$$

Der Spinvektor S des Feldes

Für den Spin des Photonfeldes wurde in Kapitel 2 die dreidimensionale Matrixdarstellung

$$(S^l)_{\rho\sigma} = -i\epsilon_{l\rho\sigma}, \quad l, \rho, \sigma = 1, 2, 3 ,$$

für die Komponenten S^l, $l = 1, 2, 3$, gewonnen. Nach Anhang C.3 ist diese Form der Spinmatrixelemente, zusammen mit der Definition der Dichte $S^{mn}(x)$ nach Gl. (5.9), äquivalent der Darstellung

$$S^k = \int d^3\mathbf{x}\, [\boldsymbol{\pi}(x) \times \mathbf{A}(x)]^k, \quad k = 1, 2, 3 , \tag{5.99}$$

für die k-te Komponente des Spinvektors.

Feldquantisierung

Beim Übergang zur Feldtheorie sind wieder alle Feldgrößen als Operatoren mit einer Algebra aufzufassen, die eng mit der Statistik der Teilchen zusammenhängt, die dem Feld zugeordnet sind. Die Fermi-Statistik der Dirac-Teilchen erforderte die *Plusquantisierung*, woraus wir schließen können, daß das Photon als Bose-Teilchen der kanonischen *Minusquantelung* unterliegt. Mit den Feldgrößen werden auch der Viererimpuls und der Spinvektor nach Gl. (5.98) und (5.99) zu Operatoren $\mathcal{P}^\mu$ und $\mathcal{S}^k$, $k = 1, 2, 3$.

(i) Der Feldoperator

In Kapitel 2 hatten wir für den speziellen Fall der Coulomb-Eichung (d. h. $A^0(x) = 0$, $\epsilon_\lambda^0(k) = 0$, $\lambda = \pm 1$) das dreidimensionale Photonfeld durch eine Fourier-Darstellung nach den Eigenfunktionen $\boldsymbol{\epsilon}_\lambda(k)$, $\lambda = \pm 1$, des Helizitätsoperators entwickelt (siehe dazu Gl. (2.129) und (2.130)). In der Feldtheorie ist es üblich, von der allgemeineren vierdimensionalen Darstellung für $A^\mu(x)$ auszugehen und darüberhinaus den Polarisationsindex λ ebenfalls als vierdimensionale Größe mit den Werten $\lambda = 0, 1, 2, 3$ aufzufassen. Dies ist mathematisch sinnvoll, denn ein Vierervektor $\epsilon_\lambda^\mu(k)$, $\mu = 0, 1, 2, 3$, läßt sich durch vier linear unabhängige Basisvektoren darstellen. Für das physikalische Photon bleiben jedoch nur die Werte $\lambda = \pm 1$ relevant, für die man die Zuordnung

$$\lambda = +1, -1 \longrightarrow \lambda = 1, 2 \quad \text{(transversale Photonen)}$$

trifft, wohingegen die Werte $\lambda = 0, 3$ den physikalisch nicht realisierten skalaren und longitudinalen Photonen entsprechen. Diese Aussage erlaubt später eine spezielle Eichung.

Die Fourier-Entwicklung des hermiteschen Feldoperators lautet danach

$$A^\mu(x) = \frac{1}{(2\pi)^{3/2}} \sum_{\lambda=0}^{3} \int \frac{d^3\mathbf{k}}{2k^0} \Big(\chi(\lambda, k)\epsilon^\mu_\lambda(k)e^{-ik\cdot x} + \chi^\dagger(\lambda, k)\epsilon^{\mu *}_\lambda(k)e^{+ik\cdot x}\Big), \quad k^0 = |\mathbf{k}| \, , \tag{5.100}$$

bzw. mit der zu Gl. (2.129) entsprechenden Definition

$$a^\mu(k) = \sum_{\lambda=0}^{3} \chi(\lambda, k)\epsilon^\mu_\lambda(k) \, , \tag{5.101}$$

$$A^\mu(x) = \frac{1}{(2\pi)^{3/2}} \int \frac{d^3\mathbf{k}}{2k^0} \Big(a^\mu(k)e^{-ik\cdot x} + a^{\mu\dagger}(k)e^{+ik\cdot x}\Big), \quad k^0 = |\mathbf{k}| \, . \tag{5.102}$$

Wie im Fall des Dirac-Feldes bleiben die Polarisationsvektoren $\epsilon^\mu_\lambda(k)$ als Lösungen im Impulsraum c-Zahl-Funktionen, während der Operatorcharakter des Feldes von den Funktionen $\chi(\lambda, k)$ und $\chi^\dagger(\lambda, k)$ übernommen wird.

(ii) Der Energie-Impulsoperator $\mathcal{P}^\mu$

Mit $\pi^\rho(x) = -\partial^0 A^\rho(x)$ ist nach (5.98) für $\mathcal{P}^\mu$ das Integral

$$\mathcal{P}^\mu = \int d^3\mathbf{x} \, (-(\partial^0 A^\rho(x))(\partial^\mu A_\rho(x)) - \mathcal{L}'_\mathrm{f}(x)g^{0\mu}) \tag{5.103}$$

zu berechnen. Schreiben wir für $\mathcal{L}'_\mathrm{f}(x)$ nach (5.94)

$$\mathcal{L}'_\mathrm{f}(x) = -\frac{1}{2}(\partial_\nu A_\mu(x))(\partial^\nu A^\mu(x)) + \tilde{\mathcal{L}}(x) \, ,$$

mit

$$\tilde{\mathcal{L}}(x) = -\frac{1}{2} A_\mu(x)\partial^\mu(\partial_\nu A^\nu(x)) \, , \tag{5.104}$$

so haben wir als Integranden $I^\mu(x)$ für (5.103) zu berechnen

$$I^\mu(x) = -(\partial^0 A^\rho(x))(\partial^\mu A_\rho(x)) + \frac{1}{2}(\partial_\sigma A_\rho(x))(\partial^\sigma A^\rho(x))g^{0\mu} - \tilde{\mathcal{L}}(x)g^{0\mu} \,. \tag{5.105}$$

Für die vierdimensionale Ableitung von $A^\rho(x)$ folgt aus (5.102)

$$\partial^\sigma A^\rho(x) = \frac{1}{(2\pi)^{3/2}} \int \frac{d^3\mathbf{k}}{2k^0}(-ik^\sigma)\Big(a^\rho(k)e^{-ik\cdot x} - a^{\rho\dagger}(k)e^{+ik\cdot x}\Big) \,,$$

so daß für das Produkt zweier Ableitungen zu berechnen ist

$$(\partial^\sigma A^\rho(x))(\partial_\lambda A_\rho(x)) = \frac{1}{(2\pi)^3}\int \frac{d^3\mathbf{k}}{2k^0}\frac{d^3\mathbf{k}'}{2k'^0}(-k^\sigma k'_\lambda)$$
$$\times\Big(a^\rho(k)e^{-ik\cdot x} - a^{\rho\dagger}(k)e^{+ik\cdot x}\Big)\Big(a_\rho(k')e^{-ik'\cdot x} - a^\dagger_\rho(k')e^{+ik'\cdot x}\Big) \,.$$

Durch die Integration über $d^3\mathbf{x}$ in (5.103) treten folgende δ-Funktionen auf:

$$\left.\begin{matrix} a^\rho(k)a_\rho(k') \\ a^{\rho\dagger}(k)a^\dagger_\rho(k') \end{matrix}\right\} e^{\mp i(k+k')\cdot x} \longrightarrow (2\pi)^3\delta^{(3)}(\mathbf{k}+\mathbf{k}')e^{\mp i(k^0+k'^0)x^0} \,,$$

bzw.

$$\left.\begin{matrix} a^\rho(k)a^\dagger_\rho(k') \\ a^{\rho\dagger}(k)a_\rho(k') \end{matrix}\right\} e^{\mp i(k-k')\cdot x} \longrightarrow (2\pi)^3\delta^{(3)}(\mathbf{k}-\mathbf{k}')e^{\mp i(k^0-k'^0)x^0} \,.$$

Damit sind im Impulsraum für die beiden ersten Terme von $I^\mu(x)$ nach (5.105) zu berechnen

$$[k^0 k'^\mu - \frac{1}{2}(k\cdot k')g^{0\mu}] \quad \text{für} \quad \begin{cases} \mathbf{k} = +\mathbf{k}' \\ \mathbf{k} = -\mathbf{k}' \end{cases} ; \quad k^0 = k'^0 \,.$$

(α) $\mathbf{k} = \mathbf{k}' \longrightarrow k'^\mu = k^\mu$, $a^\rho a^\dagger_\rho$-Terme.

Damit ergibt sich für die eckige Klammer:

$$[\cdots] = [k^0k^\mu - \frac{1}{2}k^2 g^{0\mu}]_{/k^2=0} = k^0 k^\mu \,.$$

(β) $\mathbf{k} = -\mathbf{k}' \longrightarrow k'^\mu = \{k^0; -\mathbf{k}\}$.

Das heißt $k \cdot k' = k^{0^2} + \mathbf{k}^2_{/k^0=|\mathbf{k}|} = 2k^{0^2}$.

Für die eckige Klammer erhalten wir:

$$[\cdots] = [k^0 k'^\mu - k^{0^2} g^{0\mu}] = \begin{cases} 0 & \text{für} \quad \mu = 0 \\ -k^0 k^i & \text{für} \quad \mu = i = 1,2,3 \ . \end{cases}$$

Der Fall (β) entspricht den bilinearen Termen $a^\rho(k) a_\rho(k')$ bzw. $a^{\rho\dagger}(k) a^\dagger_\rho(k')$, die für $\mathbf{k}' = -\mathbf{k}$, also z. B. $a^\rho(k^0; \mathbf{k}) a_\rho(k^0; -\mathbf{k})$, symmetrisch in $\mathbf{k}$ sind. Nach Multiplikation mit dem in $\mathbf{k}$ asymmetrischen Faktor $k^0 k^i$, $i = 1,2,3$, verschwindet dieser Anteil bei Integration über $d^3\mathbf{k}$ von $-\infty$ bis $+\infty$.

Somit tragen zum Operator $\mathcal{P}^\mu$ nach (5.103) nur die Mischterme der Operatoren $a^\rho(k)$, $a^{\rho\dagger}(k)$ bei, und es folgt mit $I^\mu(x)$ nach (5.105) und dem Ergebnis unter Punkt (α)

$$\mathcal{P}^\mu = -\frac{1}{2} \int \frac{d^3\mathbf{k}}{2k^0} k^\mu [a^\rho(k) a^\dagger_\rho(k) + a^{\rho\dagger}(k) a_\rho(k)] - \int d^3\mathbf{x}\, \tilde{\mathcal{L}}(x) g^{0\mu} \ . \tag{5.106}$$

Den Zusatzterm $\int d^3\mathbf{x}\, \tilde{\mathcal{L}}(x) g^{0\mu}$ wollen wir an dieser Stelle nicht auswerten, da es sich zeigen wird, daß dieser Term für die Erwartungswerte von $\mathcal{P}^\mu$, die allein physikalisch relevant sind, wegen $\langle \cdots | \partial_\mu A^\mu(x) | \cdots \rangle = 0$ nicht beiträgt (siehe Gupta-Bleuler-Formalismus).

(iii) Quantisierung im Impulsraum

Für das Photon als Bose-Teilchen nehmen wir die kanonische *Minusquantisierung* an. Dem reellen Photonfeld entsprach die Hermitezität des Feldoperators $A^\mu = A^{\mu\dagger}$, weshalb im Gegensatz zum geladenen Dirac-Feld die Operatoren $a^\mu(k)$ und $a^{\mu\dagger}(k)$ der beiden Frequenzanteile in Gl. (5.102) nicht mehr als unabhängig voneinander angenommen werden dürfen. Für die einzelnen Operatoren untereinander ist die Annahme der Vertauschbarkeit jedoch zulässig. Somit fordern wir

$$[a^\mu(k), a^\nu(k')] = [a^{\mu\dagger}(k), a^{\nu\dagger}(k')] = 0 \ . \tag{5.107}$$

Für die Herleitung des Kommutators von $a^\mu(k)$ und $a^{\nu\dagger}(k')$ wollen wir das Quantisierungspostulat (5.16) für den positiven Frequenzanteil $A^{\nu(+)}(x)$ diskutieren. Der Operator $\mathcal{P}^\mu$ des Viererimpulses ist – bis auf den physikalisch uninteressanten Term proportional $\tilde{\mathcal{L}}(x)$ – durch Gl. (5.106) gegeben. Wir fordern somit

$$i\partial^\mu A^{\nu(+)}(x) = [A^{\nu(+)}(x), \mathcal{P}^\mu] \ ,$$

und erhalten im Impulsraum die Bedingung

$$\frac{1}{(2\pi)^{3/2}} \int \frac{d^3\mathbf{k}}{2k^0}\, k^\mu a^\nu(k) e^{-ik\cdot x} = \frac{1}{(2\pi)^{3/2}} \int \frac{d^3\mathbf{k}}{2k^0} (-\frac{1}{2})$$
$$\times \int \frac{d^3\mathbf{k}'}{2k'^0}\, k'^\mu \Big\{ [a^\nu(k), a_\rho(k') a^{\rho\dagger}(k')] + [a^\nu(k), a^\dagger_\rho(k') a^\rho(k')] \Big\} e^{-ik\cdot x} \ . \tag{5.108}$$

Für die beiden Kommutatoren in der geschweiften Klammer berechnet man mit Gl. (5.107)

$$[a^\nu(k), a_\rho(k') a^{\rho\dagger}(k')] = a_\rho(k')[a^\nu(k), a^{\rho\dagger}(k')] \ ,$$

$$[a^\nu(k), a^\dagger_\rho(k') a^\rho(k')] = [a^\nu(k), a^\dagger_\rho(k')] a^\rho(k') \ .$$

Vergleichen wir diese Ergebnisse mit der linken Seite der Bedingung (5.108), so ist zu fordern

$$[a^\nu(k), a^{\rho\dagger}(k')] = -2k^0 g^{\rho\nu} \delta^{(3)}(\mathbf{k} - \mathbf{k}'), \quad k^0 = |\mathbf{k}| \ . \tag{5.109}$$

Die Vertauschungsrelationen (5.107) und (5.109) sind auf die in der Entwicklung (5.101) auftretenden Operatoren $\chi(\lambda, k)$ zu übersetzen. Mit der auf vierdimensionale Polarisationsindizes verallgemeinerten Orthogonalitätsrelation (2.133) (siehe dazu Anhang C.2)

$$\epsilon^\mu_\lambda(k) \epsilon^*_{\mu,\lambda'}(k) = g_{\lambda\lambda'}, \quad \lambda, \lambda' = 0, 1, 2, 3 \ , \tag{5.110}$$

folgt aus Gl. (5.101)

$$\chi(\lambda, k) = \epsilon^{\lambda *}_\mu(k) a^\mu(k) \ .$$

Für den Kommutator von χ und $\chi^\dagger$ ergibt sich danach über Gleichung (5.109)

$$\begin{aligned}[][\chi(\lambda,k),\chi^\dagger(\lambda',k')] &= \epsilon_\mu^{\lambda *}(k)\epsilon_\nu^{\lambda'}(k')[a^\mu(k),a^{\nu\dagger}(k')] \\ &= -2k^0 g^{\mu\nu}\delta^{(3)}(\mathbf{k}-\mathbf{k}')\epsilon_\mu^{\lambda *}(k)\epsilon_\nu^{\lambda'}(k) \\ &= -2k^0\delta^{(3)}(\mathbf{k}-\mathbf{k}')g^{\lambda\lambda'} \ ,\end{aligned}$$

wo im letzten Schritt die Relation (5.110) ausgenutzt wurde. Da $g^{\lambda\lambda'} = g_{\lambda\lambda'}$, erhalten wir zusammenfassend als Kommutatoralgebra

$$\begin{aligned}&[\chi(\lambda,k),\chi^\dagger(\lambda',k')] \\ &= -[\chi^\dagger(\lambda',k'),\chi(\lambda,k)] = -2k^0\delta^{(3)}(\mathbf{k}-\mathbf{k}')g_{\lambda\lambda'} \ ,\end{aligned} \tag{5.111}$$

für alle anderen Kommutatoren gilt $[\cdots,\cdots] = 0$.

(iv) Eigenschaften der Operatoren $\chi(\lambda, k)$, $\chi^\dagger(\lambda, k)$

- Vernichtungs- und Erzeugungsoperatoren

Der Vergleich der Fourier-Darstellung (5.100) für den Operator $A^\mu(x)$ mit der entsprechenden Entwicklung für die Dirac-Operatoren $\psi(x)$, $\overline{\psi}(x)$ nach Gl. (5.24) und (5.25) läßt vermuten, daß χ und $\chi^\dagger$ im Photonsektor die Rolle von Vernichtungs- und Erzeugungsoperatoren übernehmen.

Um dies zu prüfen, berechnen wir analog zum Dirac-Feld (siehe Gl. (5.39)–(5.41)) die Kommutatoren

$$[\mathcal{P}^0,\chi(\lambda,k)], \quad [\mathcal{P}^0,\chi^\dagger(\lambda,k)] \ .$$

Setzen wir in der Darstellung von $\mathcal{P}^\mu$ nach (5.106) wegen

$$a^\mu(k)a^{\nu\dagger}(k) = a^{\nu\dagger}(k)a^\mu(k) - 2g^{\mu\nu}k^0\delta^{(3)}(\mathbf{0})$$

die Normalordnung ein, so ist der für die Erwartungswerte relevante Anteil von $\mathcal{P}^\mu$ nach Renormierung

$$\mathcal{P}^\mu = -\int \frac{d^3\mathbf{k}}{2k^0}\, k^\mu a_\rho^\dagger(k)a^\rho(k) \ . \tag{5.112}$$

Für den Kommutator von $\mathcal{P}^0$ mit $\chi(\lambda, k)$ berechnen wir mit der Entwicklung (5.101) und der Orthogonalitätsrelation (5.110)

$$\begin{aligned}
&\sum_{\lambda,\lambda'} [\chi^\dagger(\lambda, k)\chi(\lambda', k), \chi(\sigma, q)]\epsilon^*_{\rho,\lambda}(k)\epsilon^\rho_{\lambda'}(k) \\
&= \sum_{\lambda,\lambda'} \Big(\chi^\dagger(\lambda, k)\chi(\lambda', k)\chi(\sigma, q) - \chi(\sigma, q)\chi^\dagger(\lambda, k)\chi(\lambda', k)\Big) g_{\lambda\lambda'} \\
&= \sum_{\lambda} g_{\lambda\lambda}[\chi^\dagger(\lambda, k), \chi(\sigma, q)]\chi(\lambda, k) \\
&= \sum_{\lambda} g^{\lambda\lambda} g_{\lambda\sigma} 2q^0\delta^{(3)}(\mathbf{k} - \mathbf{q})\chi(\lambda, k) = 2q^0\delta^{(3)}(\mathbf{k} - \mathbf{q})\chi(\sigma, k) \ .
\end{aligned}$$

In der Rechnung nutzten wir die Algebra (5.111) aus und die Identität $g_{\lambda\lambda'} = g^\lambda{}_{\lambda'} g_{\lambda\lambda}$. Mit dem Ergebnis erhalten wir über (5.112) für $\mu = 0$

$$[\mathcal{P}^0, \chi(\lambda, k)] = -k^0\chi(\lambda, k) \ , \tag{5.113}$$

und analog

$$[\mathcal{P}^0, \chi^\dagger(\lambda, k)] = +k^0\chi^\dagger(\lambda, k) \ . \tag{5.114}$$

Wir folgern somit – wie im Fall der Dirac-Theorie – daß $\chi(\lambda, k)$ bzw. $\chi^\dagger(\lambda, k)$ Vernichtungs- bzw. Erzeugungsoperatoren für Photonen der Polarisation λ und dem Impuls $k^\mu = \{k^0 = |\mathbf{k}|; \mathbf{k}\}$ darstellen.

Das führt zur Definition von Ein-Teilchen-Zuständen $|\mathbf{k}, \lambda\rangle$ durch

$$|\mathbf{k}, \lambda\rangle := \chi^\dagger(\lambda, k)\,|0\rangle \ , \tag{5.115}$$

mit der Nebenbedingung

$$\chi(\lambda, k)\,|0\rangle = 0\,|0\rangle \ . \tag{5.116}$$

Für die Norm des Ein-Teilchen-Zustandes berechnet man über die Algebra und die Eigenschaften (5.115) und (5.116)

$$\langle \mathbf{k}, \lambda | \mathbf{k}', \lambda' \rangle = -2k^0\delta^{(3)}(\mathbf{k} - \mathbf{k}') g_{\lambda\lambda'} \ . \tag{5.117}$$

Aus (5.117) liest man ab, daß für $\lambda = \lambda' = 0$, also $g_{\lambda\lambda'} = +1$, die Norm negativ wird! $\lambda = 0$ entspricht den sogenannten *skalaren Photonen*, die in der Natur nicht realisiert sind.

Eine Möglichkeit, den Formalismus für das Photonfeld mit der Forderung der Kovarianz (die Auszeichnung von (5.117) für $\lambda = 0$ verletzt diese Forderung) in Übereinstimmung zu bringen, wird durch den *Gupta-Bleuler-Formalismus* gegeben, in dem der *Gupta-Bleuler-Skalar* definiert ist, dessen Norm ebenfalls positiv ist.

- Der Teilchenzahloperator

Aus der Analogie zum Dirac-Feld läßt sich zeigen, daß der Operator

$$N(\lambda, k) := \frac{1}{2k^0}\chi^\dagger(\lambda, k)\chi(\lambda, k) \tag{5.118}$$

als Teilchenzahloperator zu interpretieren ist, mit den Eigenschaften

$$[N(\lambda, k), \chi^\dagger(\lambda', k')] = -g_{\lambda\lambda'}\delta^{(3)}(\mathbf{k} - \mathbf{k}')\chi^\dagger(\lambda, k) \ , \tag{5.119}$$

und

$$N(\lambda, k)\,|0\rangle = 0\,|0\rangle \ . \tag{5.120}$$

Verstehen wir im folgenden unter den Operatoren stets die renormierten Operatoren, so folgt aus

$$a_\rho^\dagger(k)a^\rho(k) = \sum_\lambda g_{\lambda\lambda}\chi^\dagger(\lambda, k)\chi(\lambda, k)$$

für den physikalisch relevanten Anteil des renormierten Impulsoperators nach (5.112) in Termen des Teilchenzahloperators

$$\mathcal{P}^\mu = -\int d^3\mathbf{k}\, k^\mu \sum_{\lambda=0}^{3} g_{\lambda\lambda} N(\lambda, k) \ . \tag{5.121}$$

(v) Der Spinoperator $\boldsymbol{\mathcal{S}}$

Nach (5.99) ist die 3. Komponente des Operators

$$\boldsymbol{\mathcal{S}} = \int d^3\mathbf{x}\,[\boldsymbol{\pi}(x) \times \mathbf{A}(x)]$$

in der Normalordnung zu berechnen und für den Linearimpuls das System $\mathbf{k} = |\mathbf{k}|\mathbf{e}^3$ zu wählen, um $\mathcal{S}^3$ mit dem Helizitätsoperator identifizieren zu können. Mit $\pi^i = -\partial^0 A^i$, $i = 1, 2, 3$, wird

$$\mathcal{S}^3 = \int d^3\mathbf{x}\, [\boldsymbol{\pi}(x) \times \mathbf{A}(x)]^3 \equiv -\int d^3\mathbf{x}\, [(\partial^0 \mathbf{A}(x)) \times \mathbf{A}(x)]^3 \ . \quad (5.122)$$

Für das Vektorprodukt in (5.122) berechnet man über (5.102)

$$\begin{aligned}
[\partial^0 \mathbf{A} \times \mathbf{A}]^3 &= \epsilon_{3ij} (\partial^0 \mathbf{A})^i A^j \\
&= \frac{1}{(2\pi)^3} \int \frac{d^3\mathbf{k}}{2k^0} \frac{d^3\mathbf{k}'}{2k'^0} (-ik^0) \\
&\quad \times \epsilon_{3ij} \left[a^i(k) e^{-ik\cdot x} - a^{i\dagger}(k) e^{+ik\cdot x}\right] \left[a^j(k') e^{-ik'\cdot x} + a^{j\dagger}(k') e^{+ik'\cdot x}\right] \\
&= -\frac{i}{2} \frac{1}{(2\pi)^3} \int \frac{d^3\mathbf{k}\, d^3\mathbf{k}'}{2k'^0} \\
&\quad \times \left[a^i(k) a^{j\dagger}(k') e^{-ix\cdot(k-k')} - a^{i\dagger}(k) a^j(k') e^{+ix\cdot(k-k')}\right. \\
&\quad \left. + a^i(k) a^j(k') e^{-ix\cdot(k+k')} - a^{i\dagger}(k) a^{j\dagger}(k') e^{+ix\cdot(k+k')}\right] \epsilon_{3ij} \ .
\end{aligned}$$

Die zwei letzten Summanden, kontrahiert mit ϵ_{3ij}, liefern wegen $[a^i, a^j] = [a^{i\dagger}, a^{j\dagger}] = 0$ keinen Beitrag.

Nach Integration über $d^3\mathbf{x}$ ergibt sich somit für (5.122) in der Normalordnung

$$\mathcal{S}^3 = \frac{i}{2} \int \frac{d^3\mathbf{k}}{2k^0} [a^{j\dagger}(k) a^i(k) - a^{i\dagger}(k) a^j(k)] \epsilon_{3ij} \ ,$$

und mit

$$(a^{j\dagger} a^i - a^{i\dagger} a^j) \epsilon_{3ij} = 2 a^{j\dagger} a^i \epsilon_{3ij}$$

endlich

$$\mathcal{S}^3 = i \int \frac{d^3\mathbf{k}}{2k^0} a^{j\dagger}(k) a^i(k) \epsilon_{3ij} \ . \quad (5.123)$$

Nach Gl. (5.101) ist

$$a^{j\dagger}(k)a^{i}(k) = \sum_{\lambda,\lambda'} \chi^{\dagger}(\lambda,k)\chi(\lambda',k)\epsilon_{\lambda}^{j*}(k)\epsilon_{\lambda'}^{i}(k) \,.$$

Für die Raumkomponenten $\epsilon_{\lambda}^{j}(k)$ gilt nach Kapitel 2, Gl. (2.131) und (2.132), im System $\mathbf{k} = \{0,0,|\mathbf{k}|\}$ für $\lambda = \pm 1 \longrightarrow \lambda = 1,2$

$$\epsilon_{\lambda}^{j*}(k)\epsilon_{\lambda'}^{i}(k)\epsilon_{3ij} = -[\epsilon_{\lambda}^{*} \times \epsilon_{\lambda'}]^3 = \begin{cases} [\epsilon_{\lambda}^{*} \times \epsilon_{\lambda}^{*}]^3 = 0 & \text{für} \quad \lambda \neq \lambda' \\ -[\epsilon_{\lambda}^{*} \times \epsilon_{\lambda}]^3 & \text{für} \quad \lambda = \lambda' \,, \end{cases}$$

und

$$[\epsilon_{\lambda}^{*} \times \epsilon_{\lambda}]^3 = \frac{1}{2}\left[(\mathbf{e}^1 \mp i\mathbf{e}^2) \times (\mathbf{e}^1 \pm i\mathbf{e}^2)\right]^3 = \pm i(\mathbf{e}^3)^3 = \pm i$$

für $\lambda = \pm 1 \longrightarrow \lambda = 1,2$. Für die in der Natur allein realisierten Indizes $\lambda = 1,2$ können wir somit schreiben

$$\epsilon_{\lambda}^{j*}(k)\epsilon_{\lambda'}^{i}(k)\epsilon_{3ij} = \mp i g_{\lambda'}{}^{\lambda}{}_{/\lambda=\lambda'=1,2} \longrightarrow -ig_{\lambda'}{}^{\lambda}(g_{\lambda}{}^{1} - g_{\lambda}{}^{2}) \,.$$

Damit wird

$$\begin{aligned} a^{j\dagger}(k)a^{i}(k)\epsilon_{3ij} &= -i\sum_{\lambda,\lambda'} \chi^{\dagger}(\lambda,k)\chi(\lambda',k)g_{\lambda'}{}^{\lambda}(g_{\lambda}{}^{1} - g_{\lambda}{}^{2}) \\ &= -2ik^0 \sum_{\lambda} N(\lambda,k)(g_{\lambda}{}^{1} - g_{\lambda}{}^{2}) \,, \end{aligned}$$

wo wir im letzten Schritt den Teilchenzahloperator nach Gl. (5.118) einführten. Für die transversalen Photonen gilt somit nach Gl. (5.123)

$$\mathcal{S}^3 = \int d^3\mathbf{k}\,[N(1,k) - N(2,k)] \,. \tag{5.124}$$

Daraus folgt, daß $N(1,k)$ die Photonen mit der Helizität $\lambda = +1$, $N(2,k)$ solche mit der Helizität $\lambda = -1$ abzählt. Die Polarisationsvektoren für die skalaren und longitudinalen Photonen sind im System $k^\mu = |\mathbf{k}|\{1;0,0,1\}$ durch die Vektoren

$$\epsilon_0^\mu = \{1;0,0,0\}, \quad \epsilon_3^\mu = \{0;0,0,1\}$$

gegeben (siehe Anhang C.2). Es läßt sich leicht prüfen, daß sowohl

$$[\boldsymbol{\epsilon}_\lambda^* \times \boldsymbol{\epsilon}_\lambda]^3 = 0 \quad \text{für } \lambda = 0, 3 \ ,$$

als auch jede Kombination

$$[\boldsymbol{\epsilon}_\lambda^* \times \boldsymbol{\epsilon}_{\lambda'}]^3 = 0 \quad \text{für } \lambda' = 3, \ \lambda = 1, 2 \ ,$$

so daß die Aussage (5.124) auch bei Berücksichtigung der vollen Polarisationssumme über $\lambda = 0, 1, 2, 3$ gültig bleibt.

Kommutatoralgebra im Ortsraum

Mit den Vertauschungsrelationen (5.107) und (5.109) im Impulsraum berechnet man für die Feldoperatoren $A^\mu(x)$ über die Darstellung (5.102) im Ortsraum den Kommutator (siehe dazu Aufgabe 5.5)

$$\begin{aligned} [A^\mu(x), A^\nu(y)] &= -\frac{1}{(2\pi)^3} g^{\mu\nu} \int\limits_{k^0>0} \frac{d^3\mathbf{k}}{2k^0} \left(e^{-ik\cdot(x-y)} - e^{+ik\cdot(x-y)}\right) \\ &:= -i g^{\mu\nu} D(x-y) \ , \end{aligned} \tag{5.125}$$

der die Vertauschungsfunktion $D(x)$ des Photons – bzw. allgemein masseloser Vektorteilchen –

$$D(x) = -\frac{i}{(2\pi)^3} \int\limits_{k^0>0,\ k^0=|\mathbf{k}|} \frac{d^3\mathbf{k}}{2k^0} \left(e^{-ik\cdot x} - e^{+ik\cdot x}\right) \tag{5.126}$$

definiert.

Analog zum Spinorfall läßt sich zeigen, daß

$$\Box D(x) = 0 \ , \tag{5.127}$$

die Vertauschungsfunktion $D(x)$ somit die freie Photonwellengleichung erfüllt. Als weitere Eigenschaften liest man aus der Darstellung (5.126) ab:

$$\begin{aligned} D(x) &= -D(-x) \ , \\ D(x^0 = 0; \mathbf{x}) &= 0 \ . \end{aligned} \tag{5.128}$$

Dies entspricht der gleichzeitigen Vertauschungsrelation

$$[A^\mu(x), A^\nu(y)]\big/_{x^0=y^0} = 0 \ . \tag{5.129}$$

Zerlegt man $D(x)$ in seine Frequenzanteile, so folgt aus (5.125) mit der Relation (5.107)

$$[A^{\mu(\pm)}(x), A^{\nu(\mp)}(y)] = -ig^{\mu\nu} D^{(\pm)}(x-y) \ , \tag{5.130}$$

und es gilt für die Frequenzanteile der Vertauschungsfunktion nach Gl. (5.126) der Zusammenhang

$$D^{(+)}(x) = -D^{(-)}(-x) \ . \tag{5.131}$$

Übungsaufgaben

5.5 Beweisen Sie die Vertauschungsrelation

$$[A^\mu(x), A^\nu(y)] = -ig^{\mu\nu} D(x-y) \ ,$$

mit

$$D(x) = -\frac{i}{(2\pi)^3} \int\limits_{k^0>0,\ k^0=|\mathbf{k}|} \frac{d^3\mathbf{k}}{2k^0} \left(e^{-ik\cdot x} - e^{+ik\cdot x}\right) .$$

Hinweis: Führen Sie den Beweis über die Algebra im Impulsraum nach Gl. (5.107) und (5.109).

5.6 Beweisen Sie die kanonische gleichzeitige Vertauschungsrelation

$$[\pi^\mu(x), A^\nu(y)]\big/_{x^0=y^0} = -ig^{\mu\nu}\delta^{(3)}(\mathbf{x}-\mathbf{y}) \ ,$$

mit $\pi^\mu(x) = -\partial_x^0 A^\mu(x)$.

(i) Führen Sie den Beweis über die Algebra im Impulsraum.

(ii) Beweisen Sie die Relation über die Definition der Vertauschungsrelation $D(x-y)$.

Gupta-Bleuler-Formalismus

Bildet man die vierdimensionale Divergenz des Photonkommutators (5.125) hinsichtlich einer Variablen, wonach

$$\partial_\mu(x)[A^\mu(x), A^\nu(y)] = -i\partial_\mu(x)g^{\mu\nu}D(x-y) = -i\partial^\nu(x)D(x-y) \ ,$$

so gilt aufgrund der Eigenschaften der Vertauschungsfunktion im allgemeinen

$$[\partial_\mu A^\mu(x), A^\nu(y)] = -i\partial^\nu(x)D(x-y) \neq 0 \ . \qquad (5.132)$$

Als Operatorgleichung ist somit die Lorentz-Bedingung der klassischen Feldtheorie $\partial_\mu A^\mu(x) = 0$ zu streng.

Da physikalisch relevante Aussagen erst aus Erwartungswerten von Operatoren folgen, ist es zulässig, die Lorentz-Bedingung abzuschwächen und sie als Eigenwertgleichung zu fordern, indem man die physikalischen Hilbert-Raum-Zustände $|\psi\rangle$ durch die Gleichung

$$\partial_\mu A^\mu(x)\,|\psi\rangle = 0\,|\psi\rangle \qquad (5.133)$$

definiert. Aber auch diese Bedingung ist noch zu streng, denn aus der Hermitezität des Feldoperators $A^\mu = A^{\mu\dagger}$ folgt durch *bra-Konjugation* der Gl. (5.133) auch

$$(\langle\psi|\,\partial_\mu A^{\mu\dagger}(x)) = (\langle\psi|\,\partial_\mu A^\mu(x)) = 0 \ .$$

Diese Aussage steht aber – da $\partial_\mu A^\mu(x)$ ein linearer Operator ist – nach Gl. (5.132) im Widerspruch zu

$$-i\,\langle\psi|\,\partial^\nu(x)D(x-y)\,|\psi\rangle \equiv -i\partial^\nu(x)D(x-y)\,\langle\psi|\psi\rangle \neq 0 \ .$$

Eine dritte Möglichkeit ist, die Lorentz-Bedingung nur für den Erwartungswert zu fordern, und die Eigenwertgleichung (5.133) auf den positiven Frequenzanteil des Feldoperators zu reduzieren. Dieser Ansatz ist im sogenannten *Gupta-Bleuler-Formalismus* ausgearbeitet. Mit der Frequenzaufspaltung

$$A^\mu(x) = A^{\mu(+)}(x) + A^{\mu(-)}(x)$$

definiert man danach die physikalischen Hilbert-Raum-Zustände durch die Forderung

$$\partial_\mu A^{\mu(+)}(x)\,|\psi\rangle = 0\,|\psi\rangle\ . \tag{5.134}$$

Da $(A^{\mu(+)}(x))^\dagger = A^{\mu(-)}(x)$, lautet die bra-konjugierte Gleichung von (5.134)

$$(\langle\psi|\,\partial_\mu A^{\mu(-)}(x)) = 0\ ,$$

und man berechnet mit der Linearität von $\partial_\mu A^\mu(x)$

$$\begin{aligned}\langle\psi|\,\partial_\mu A^\mu\,|\psi\rangle &= \langle\psi|\,\partial_\mu A^{\mu(+)} + \partial_\mu A^{\mu(-)}\,|\psi\rangle \\ &= \langle\psi|\,(\partial_\mu A^{\mu(+)}\,|\psi\rangle) + (\langle\psi|\,\partial_\mu A^{\mu(-)})\,|\psi\rangle = 0\ .\end{aligned} \tag{5.135}$$

Dieses Ergebnis steht aber nicht im Widerspruch zu Gl. (5.132), denn für zwei nicht miteinander kommutierende Operatoren A, B mit

$$A\,|\psi\rangle = 0\,|\psi\rangle\,,\qquad B\,|\psi\rangle \neq 0\,|\psi\rangle\,,\qquad A^\dagger \neq A$$

gilt im allgemeinen

$$\begin{aligned}\langle\psi|\,(A + A^\dagger)B\,|\psi\rangle &= \langle\psi|\,AB\,|\psi\rangle + \underbrace{\langle\psi|\,A^\dagger}_{0}\,B\,|\psi\rangle \\ &= \langle\psi|\,[A,B]\,|\psi\rangle + \langle\psi|\,B\,\underbrace{A\,|\psi\rangle}_{0} \\ &= [A,B]\,\langle\psi|\psi\rangle \neq 0\ .\end{aligned}$$

Positivität des Energieoperators

Die Lorentz-Bedingung in der Form (5.134) als Eigenwertgleichung für den positiven Frequenzanteil transformiert sich entsprechend der Fourier-Darstellung (5.102) in die Eigenwertgleichung

$$k_\mu a^\mu(k)\,|\psi\rangle = 0\,|\psi\rangle$$

im Impulsraum. Ersetzen wir darin $a^\mu(k)$ durch die definierende Linearkombination (5.101), so lautet die zu fordernde Eigenwertgleichung

$$\sum_{\lambda=0}^{3} \chi(\lambda,k) k_\mu \epsilon_\lambda^\mu(k)\,|\psi\rangle = 0\,|\psi\rangle\ . \tag{5.136}$$

In der klassischen Theorie der physikalischen Photonen entspricht der Lorentz-Bedingung im Ortsraum die Forderung

$$k_\mu \epsilon^\mu_\lambda(k) = 0 \quad \text{für } \lambda = 1,2 \text{ (entspricht } \lambda = \pm 1) \tag{5.137}$$

im Impulsraum (vgl. Gl. (2.128) in der Coulomb-Eichung). Diese physikalische Nebenbedingung an die c-Zahl-Funktionen $\epsilon^\mu_{1,2}(k)$ kann in die Feldtheorie übernommen werden. Ist danach also k_μ auf $\epsilon^\mu_{1,2}(k)$ orthogonal, so läßt sich der Photonviererimpuls aufgrund der Orthogonalitätsrelation (5.110) linear aus den physikalisch nicht relevanten Polarisationsvektoren $\epsilon^*_{\mu,\lambda}(k)$, $\lambda = 0,3$, linear kombinieren. Machen wir danach den Ansatz

$$k_\mu = \alpha \epsilon^*_{\mu,\lambda=0}(k) + \beta \epsilon^*_{\mu,\lambda=3}(k) \ , \tag{5.138}$$

so gilt wegen $k^2 = 0$

$$k^\mu k_\mu = 0 = \alpha \left[k^\mu \epsilon^*_{\mu,\lambda=0}(k) \right] + \beta \left[k^\mu \epsilon^*_{\mu,\lambda=3}(k) \right] \ . \tag{5.139}$$

Zur Bestimmung der Koeffizienten α, β kontrahieren wir die Gleichung (5.138) mit $\epsilon^\mu_{\lambda=0}$ bzw. $\epsilon^\mu_{\lambda=3}$, und folgern aus der Orthogonalitätsrelation

$$\alpha = k_\mu \epsilon^\mu_{\lambda=0}, \quad \text{bzw.} \quad \beta = -k_\mu \epsilon^\mu_{\lambda=3} \ .$$

Diese invarianten Viererskalare können wir im speziellen System $k^\mu = |\mathbf{k}|\{1;0,0,1\}$ bestimmen, in dem die Polarisationsvektoren $\epsilon^\mu_{\lambda=0,3}$ gegeben sind durch

$$\epsilon^\mu_{\lambda=0} = \{1;0,0,0\}, \quad \epsilon^\mu_{\lambda=3} = \{0;0,0,1\} \ ,$$

wonach $\alpha = \beta = |\mathbf{k}|$. Somit gilt wegen der Masselosigkeit des physikalischen Photons bei Gültigkeit der Bedingung (5.137) nach Gl. (5.139)

$$\sum_{\lambda=0,3} k_\mu \epsilon^\mu_\lambda(k) = k_\mu \left[\epsilon^\mu_{\lambda=0}(k) + \epsilon^\mu_{\lambda=3}(k) \right] = 0 \ . \tag{5.140}$$

Folglich ist die Eigenwertgleichung (5.136) erfüllt, wenn die physikalischen Hilbert-Raum-Zustände durch die Forderung

$$\chi(0,k)\,|\psi\rangle = \chi(3,k)\,|\psi\rangle \tag{5.141}$$

definiert werden. Mit der zu (5.141) *bra-konjugierten* Gleichung

$$\langle\psi|\,\chi^\dagger(0,k) = \langle\psi|\,\chi^\dagger(3,k)$$

erhalten wir wegen $g_{00} = -g_{ii} = +1$, $i = 1,2,3$, für den Erwartungswert des Operators $\mathcal{P}^\mu$ des Viererimpulses nach Gl. (5.121) in Abhängigkeit der Teilchenzahloperatoren

$$\langle\psi|\,\mathcal{P}^\mu\,|\psi\rangle = \int d^3\mathbf{k}\,k^\mu \sum_{\lambda=1}^{2} \langle\psi|\,N(\lambda,k)\,|\psi\rangle\ . \tag{5.142}$$

Für den Energieoperator $\mathcal{P}^0$ folgern wir daraus analog zur Diskussion im Fall des Dirac-Feldes (siehe Gl. (5.37) ff.) die Positivität, d. h.

$$\langle\psi|\,\mathcal{P}^0\,|\psi\rangle = \int d^3\mathbf{k}\,k^0 \sum_{\lambda=1}^{2} \langle\psi|\,N(\lambda,k)\,|\psi\rangle \geqslant 0\ . \tag{5.143}$$

Mit der Lorentz-Bedingung (5.135) als Erwartungswert läßt sich nun zeigen, daß der in der bisherigen Diskussion vernachlässigte Zusatzterm $\sim \tilde{\mathcal{L}}(x)$ in Gleichung (5.106) zum Erwartungswert von $\mathcal{P}^\mu$ keinen Beitrag liefert. Nach Gl. (5.104) ist $\tilde{\mathcal{L}}(x) \sim A_\mu(x)\partial^\mu(\partial_\nu A^\nu(x))$, und wir berechnen mit der Bedingung (5.135) für den Erwartungswert von $\tilde{\mathcal{L}}(x)$

$$\begin{aligned}\langle\psi|\,\tilde{\mathcal{L}}(x)\,|\psi\rangle &\sim \langle\psi|\,A_\mu(x)\partial^\mu(\partial_\nu A^\nu(x))\,|\psi\rangle \\ &= \sum_{|\varphi\rangle} \langle\psi|\,A_\mu(x)\partial^\mu\,|\varphi\rangle\,\langle\varphi|\,\partial_\nu A^\nu(x)\,|\psi\rangle = 0\ .\end{aligned}$$

Im Beweisschritt wurde ein vollständiges System von physikalischen Zuständen $|\varphi\rangle$ eingeschoben und davon Gebrauch gemacht, daß wegen der geforderten Eigenwertgleichung (5.134) auch die Matrixelemente des Operators $\partial_\nu A^\nu(x)$ zwischen physikalischen Zuständen verschwinden.

6 Quantisierung wechselwirkender Felder in der Quanten-Elektrodynamik (QED)

Die Quanten-Elektrodynamik in der ursprünglichen Form beschreibt die Wechselwirkung zwischen dem Dirac- und dem Photonfeld. In dieser sogenannten Spinor-Elektrodynamik gehen die freien Bewegungsgleichungen der nun miteinander wechselwirkenden Felder in Differentialgleichungen mit zusätzlichen Kopplungstermen über. Sie sind über die Euler-Lagrange-Gleichungen aus einer erweiterten Lagrange-Dichte zu berechnen, die neben den freien Dichten $\mathcal{L}_f(\psi, \overline{\psi})$ und $\mathcal{L}_f(A^\mu)$ des Dirac- und Photonfeldes einen zum Kopplungsparameter proportionalen Wechselwirkungsterm enthält. Die Kopplungskonstante der QED ist die Elementarladung $e > 0$.

6.1 Die allgemeine Lagrange-Dichte

Bei der Konstruktion der Lagrange-Dichte wollen wir von der Aussage Gebrauch machen, daß die QED eine exakte, abelsche, lokal invariante Eichtheorie ist (siehe z. B. [AiHe 89, ChLi 84, Pok 87, Qui 83]). Die zugehörige Eichgruppe ist die unitäre $U(1)_Q$ und die einzige Erzeugende dieser Gruppe der Operator Q der totalen elektrischen Ladung.

Der Ausgangspunkt zur Konstruktion dieser Eichtheorie ist die freie Lagrange-Dichte $\mathcal{L}_f(\psi, \overline{\psi})$ der Dirac-Theorie (siehe Gl. (5.18))

$$\mathcal{L}_f(x) = \overline{\psi}(x)(i\gamma^\mu \overrightarrow{\partial}_\mu - m\mathbb{1})\psi(x) \ , \tag{6.1}$$

von der Invarianz unter der lokalen abelschen Phasentransformation

$$\psi(x) \longrightarrow \psi'(x) = e^{iq\alpha(x)}\psi(x), \quad \alpha(x) \text{ reell für alle } x \ , \tag{6.2}$$

gefordert wird. Für das Elektron ist $q = -e$, $e > 0$.

Mit

$$\overline{\psi}'(x) = e^{-iq\alpha(x)}\overline{\psi}(x)$$

ist $\mathcal{L}_f(x)$ offensichtlich genau dann invariant unter der Eichtransformation (6.2), wenn sich die Ableitungen der Felder wie die Felder selbst transformieren. Wegen $\alpha = \alpha(x)$ gilt aber

$$\partial_\mu \psi'(x) \neq e^{iq\alpha(x)}\partial_\mu \psi(x) \; .$$

Um Invarianz der Lagrange-Dichte unter der Phasentransformation (6.2) zu erzeugen, wird über die sogenannte *kovariante Ableitung* D_μ, d. h. die Ersetzung

$$\partial_\mu \longrightarrow D_\mu = \partial_\mu + iqA_\mu(x) \; , \tag{6.3}$$

ein Eichfeld $A_\mu(x)$ eingeführt, dessen Transformationsverhalten durch die Forderung

$$D'_\mu \psi'(x) \overset{!}{=} e^{iq\alpha(x)} D_\mu \psi(x) \tag{6.4a}$$

mit

$$D'_\mu = \partial_\mu + iqA'_\mu(x) \tag{6.4b}$$

festgelegt ist. Das transformierte Eichfeld $A'_\mu(x)$ hat danach mit (6.2) und (6.3) der Gleichung

$$\begin{aligned}
&(\partial_\mu + iqA'_\mu(x))e^{iq\alpha(x)}\psi(x) \\
&= e^{iq\alpha(x)}(\partial_\mu + iq\partial_\mu\alpha(x) + iqA'_\mu(x))\psi(x) \\
&\overset{!}{=} e^{iq\alpha(x)}(\partial_\mu + iqA_\mu(x))\psi(x)
\end{aligned}$$

zu genügen, wonach

$$A'^\mu(x) = A^\mu(x) - \partial^\mu\alpha(x) \tag{6.5}$$

zu fordern ist. Das Eichfeld der QED ist das Photonfeld, und die Transformationsgleichung (6.5) ist die aus der klassischen Elektrodynamik bekannte

Eichtransformation II. Art, unter der die physikalischen Aussagen der Maxwell-Theorie des masselosen Photons invariant sind (siehe Gl. (2.107) ff.).

Ersetzen wir in der freien Dirac-Dichte (6.1) ∂_μ durch die kovariante Ableitung D_μ, so wird

$$\mathcal{L}_{\mathrm{f}}(x) \xrightarrow{\partial_\mu \to D_\mu} \mathcal{L}'(x) = \overline{\psi}(x)(i\gamma^\mu \overrightarrow{D_\mu} - m\mathbb{1})\psi(x)$$
$$= \overline{\psi}(x)(i\gamma^\mu \overrightarrow{\partial_\mu} - m\mathbb{1})\psi(x) - q\overline{\psi}(x)\gamma^\mu\psi(x)A_\mu(x) \; . \tag{6.6}$$

Durch die geforderte lokale abelsche Eichinvarianz der Lagrange-Dichte wird somit über die kovariante Ableitung eine Wechselwirkung in die ursprünglich freie Theorie eingeführt. Dabei koppelt das Photonfeld $A_\mu(x)$ an den Ladungsstrom

$$J^\mu(x) = q\overline{\psi}(x)\gamma^\mu\psi(x), \quad \text{Elektron: } q = -e,\; e > 0 \; , \tag{6.7}$$

des Dirac-Feldes. Die volle Spinor-Elektrodynamik erfordert zusätzlich zu der Dichte (6.6) noch die freie Lagrange-Dichte des Photonfeldes nach Gl. (5.87), die offensichtlich invariant gegenüber der Eichtransformation II. Art (6.5) ist. Die allgemeine Lagrange-Dichte lautet danach

$$\mathcal{L}(x) = \mathcal{L}_{\mathrm{f}}(\psi, \overline{\psi}) + \mathcal{L}_{\mathrm{f}}(A^\mu) + \mathcal{L}_{\mathrm{WW}}(\psi, A^\mu) \; , \tag{6.8a}$$

mit

$$\mathcal{L}_{\mathrm{f}}(\psi, \overline{\psi}) = \overline{\psi}(x)(i\gamma^\mu \overrightarrow{\partial_\mu} - m\mathbb{1})\psi(x) \; , \tag{6.8b}$$

$$\mathcal{L}_{\mathrm{f}}(A^\mu) = -\frac{1}{4}F_{\mu\nu}F^{\mu\nu}, \quad F^{\mu\nu} = \partial^\nu A^\mu - \partial^\mu A^\nu \; , \tag{6.8c}$$

und der Wechselwirkungsdichte

$$\mathcal{L}_{\mathrm{WW}}(\psi, A^\mu) = -q\overline{\psi}(x)\gamma^\mu\psi(x)A_\mu(x) \; . \tag{6.8d}$$

6.2 Die Wechselwirkungsgleichungen

Dirac-Feld

Variieren wir die allgemeine Lagrange-Dichte (6.8) nach $\overline{\psi}(x)$, so gelten

$$\frac{\partial \mathcal{L}(x)}{\partial(\partial_\mu \overline{\psi}(x))} = 0; \quad \frac{\partial \mathcal{L}(x)}{\partial \overline{\psi}(x)} = (i\gamma^\mu \overrightarrow{\partial_\mu} - m\mathbb{1})\psi(x) - q\gamma^\mu \psi(x) A_\mu(x) \ ,$$

und somit über die Euler-Lagrange-Gleichungen (5.4)

$$(i\gamma^\mu \overrightarrow{\partial_\mu} - q\gamma^\mu A_\mu(x) - m\mathbb{1})\psi(x) = 0 \ . \tag{6.9}$$

Der Übergang zur kovarianten Ableitung entspricht somit der aus der Quantenmechanik bekannten Ersetzung $p^\mu \longrightarrow p^\mu - qA^\mu$ des Viererimpulses für Wechselwirkung mit dem elektromagnetischen Feld.

Photonfeld

Aus Gl. (5.89) übernehmen wir

$$\frac{\partial \mathcal{L}_\mathrm{f}(A^\mu)}{\partial(\partial_\mu A_\nu)} = F^{\mu\nu}; \quad \frac{\partial \mathcal{L}_\mathrm{f}(A^\mu)}{\partial A_\nu} = 0 \ ,$$

und berechnen aus dem Wechselwirkungsterm $\mathcal{L}_\mathrm{WW}$ in (6.8)

$$\frac{\partial \mathcal{L}_\mathrm{WW}}{\partial(\partial_\mu A_\nu)} = 0; \quad \frac{\partial \mathcal{L}_\mathrm{WW}}{\partial A_\nu} = -q\overline{\psi}(x)\gamma^\nu \psi(x) \ .$$

Die Euler-Lagrange-Gleichungen ergeben danach

$$\partial_\mu F^{\mu\nu} + q\overline{\psi}(x)\gamma^\nu \psi(x) = 0$$

mit

$$\partial_\mu F^{\mu\nu} = \partial^\nu(\partial_\mu A^\mu) - \Box A^\nu \ .$$

Folglich wird

$$\Box A^\nu(x) - \partial^\nu(\partial_\mu A^\mu(x)) = q\overline{\psi}(x)\gamma^\nu \psi(x) \equiv qj^\nu(x) \ . \tag{6.10}$$

Diese Gleichung ist aus der allgemeinen Maxwell-Theorie bei Wechselwirkung des elektromagnetischen Feldes mit einem Materiefeld bekannt. In der Spinor-Elektrodynamik entspricht dem Materiefeld das Dirac-Feld.

6.3 Quantisierung

Da in einer Theorie mit Wechselwirkung die Feldoperatoren keinen freien Bewegungsgleichungen genügen, ist nicht zu erwarten, daß die Kommutatoralgebra der wechselwirkenden Felder dieselbe ist wie die der freien Felder, deren Feldoperatoren nach den Lösungen der freien Bewegungsgleichungen entwickelt wurden.

Um an die Algebra der freien Felder in sinnvoller Weise anknüpfen zu können, legt man der Quantisierung wechselwirkender Felder zwei Prinzipien zugrunde. Sie entsprechen der Forderung einer Quantenbedingung und der Berücksichtigung des physikalischen Kausalitätsprinzips.

Quantenbedingung

An die Algebra der wechselwirkenden Felder stellt man die Randbedingung, daß sie für **gleiche** Zeiten in die Algebra der freien Felder übergeht. Für Felder verschiedener Teilchensorten fordert man Vertauschbarkeit für **alle** Zeiten.

Die letzte Annahme ist sinnvoll, da die Hilbert-Räume verschiedener Teilchensorten orthogonal aufeinander stehen. Auch die Randbedingung zu gleichen Zeiten wird sich später als vernünftig erweisen, wenn wir zur Entwicklung der Störungstheorie verschiedene Darstellungsformen von Operatoren und Zuständen gegenüberstellen (siehe Kapitel 7).

Den Quantenbedingungen entsprechen somit folgende spezielle Vertauschungsrelationen (siehe (5.86) und (5.129))

$$\{\psi_\alpha(x), \overline{\psi}_\beta(y)\}_{/x^0=y^0} = (\gamma^0)_{\alpha\beta}\delta^{(3)}(\mathbf{x}-\mathbf{y}) \ , \tag{6.11a}$$

$$[A^\mu(x), A^\nu(y)]_{/x^0=y^0} = 0 \ . \tag{6.11b}$$

$$[\psi_\alpha(x), A^\mu(y)] = \cdots = 0, \quad \text{für alle } x^0,\ y^0 \ . \tag{6.12}$$

Kausalitätsprinzip

Das Kausalitätsprinzip basiert auf den Aussagen der speziellen Relativitätstheorie. Die Lichtgeschwindigkeit c als konstante obere Grenzgeschwindigkeit schränkt alle Signalgeschwindigkeiten durch die Bedingung

$$|\mathbf{v}| = \left|\frac{d\mathbf{x}}{dt}\right| \leqslant c$$

ein. Wir wollen diese Bedingung für einen Weltpunkt x^μ in der Parameterdarstellung

$$x^\mu(x^0) = \{x^0; \mathbf{x}(x^0)\}, \quad x^0 = ct ,$$

formulieren. Dann gilt für jede Signalgeschwindigkeit

$$\begin{aligned} \left|\frac{d\mathbf{x}(x^0)}{dx^0}\right| &:= |\mathbf{v}(x^0)| \\ &= \left|\frac{d\mathbf{x}}{dt}\right| \left|\frac{dt}{dx^0}\right| \\ &\equiv \frac{1}{c}|\mathbf{v}| \leqslant 1 . \end{aligned} \tag{6.13}$$

Also folgt

$$|\mathbf{v}(x^0)| = \left|\frac{d\mathbf{x}(x^0)}{dx^0}\right| \quad \begin{cases} < 1 & \text{für } |\mathbf{x}| < |x^0| \\ = 1 & \text{für } |\mathbf{x}| = |x^0| \end{cases} \tag{6.14}$$

für alle Signalgeschwindigkeiten. Weltpunkte, die diese Bedingungen erfüllen, liegen innerhalb des vorderen und hinteren Lichtkegels und auf seiner Begrenzung. Für sie gilt

$$x^2 = {x^0}^2 - |\mathbf{x}|^2 \quad \begin{cases} > 0, & \text{zeitartig} \\ = 0, & \text{lichtartig} , \end{cases} \tag{6.15}$$

und sie erfüllen mit

$$(|x^0| - |\mathbf{x}|)(|x^0| + |\mathbf{x}|) \geqslant 0$$

die Bedingung (6.14) für Signalgeschwindigkeiten.

Betrachten wir dagegen raumartige Vektoren, definiert durch die Ungleichung

$$x^2 = x^{02} - |\mathbf{x}|^2 < 0 \, ,$$

so gilt

$$|x^0| < |\mathbf{x}| \, ,$$

und folglich

$$|\mathbf{v}(x^0)| > 1 \, .$$

Für raumartige Vektoren definiert somit $|\mathbf{v}(x^0)|$ keine Signalgeschwindigkeit.

Übertragen wir diese Aussagen auf die Relativgeschwindigkeiten zwischen zwei Weltpunkten $x_i^\mu = \{x_i^0; \mathbf{x}_i\}$, $i = 1, 2$, mit den Relativkoordinaten

$$\begin{aligned} \Delta x^\mu &= x_1^\mu - x_2^\mu \\ &:= \{\Delta x^0; \Delta \mathbf{x}\} \, , \end{aligned}$$

so folgt

$$\begin{aligned} \left| \frac{d\Delta \mathbf{x}}{d\Delta x^0} \right| &:= |\Delta \mathbf{v}(x^0)| \\ &= \frac{1}{c} |\Delta \mathbf{v}| \leqslant 1 \end{aligned}$$

für alle Signalgeschwindigkeiten zwischen den beiden Punkten, und es gilt

$$|\Delta \mathbf{v}(x^0)| \quad \begin{cases} < 1 & \text{für } (\Delta x)^2 = (x_1 - x_2)^2 > 0, \quad \text{zeitartig} \\ = 1 & \text{für } (\Delta x)^2 = (x_1 - x_2)^2 = 0, \quad \text{lichtartig} \, . \end{cases}$$

Für raumartige Abstände folgern wir dagegen

$$|\Delta \mathbf{v}(x^0)| > 1 \quad \text{für } (\Delta x)^2 = (x_1 - x_2)^2 < 0 \, .$$

Finden also an den Weltpunkten x_i^μ, $i = 1, 2$, zwei Ereignisse statt, so können diese sich nur dann gegenseitig beeinflussen, wenn die Abstände zwischen den Punkten zeit- oder lichtartig sind. Für raumartige Abstände dagegen nennt man die Ereignisse auch *kausal unabhängig*.

In der Sprache der Algebra heißt das, daß Felder, die durch raumartige Abstände voneinander getrennt liegen, sich nicht beeinflussen können, d. h. im Sinne der zugrunde liegenden Algebra miteinander kommutieren.

Als ergänzende Vertauschungsrelationen zu (6.11) und (6.12) erhalten wir somit

$$\{\psi_\alpha(x), \overline{\psi}_\beta(y)\} = 0 \quad \text{für } (x-y)^2 < 0 \; ,$$

$$[A^\mu(x), A^\nu(y)] = 0 \quad \text{für } (x-y)^2 < 0 \; . \tag{6.16}$$

Über die Algebra der Felder mit zeitartigen Abständen läßt sich **allgemein** keine Aussage machen. In der nun zu entwickelnden Störungstheorie wird sich aber zeigen, daß man sie ohne diese allgemeine Information in konsistenter Weise formulieren kann.

7 Störungstheorie

Die Dynamik von Streuprozessen wird durch die Matrixelemente des *Heisenbergschen Streuoperators* $\mathcal{S}$ beschrieben. Aus Gründen der zu fordernden Wahrscheinlichkeitserhaltung muß der $\mathcal{S}$-Operator unitär sein. Er transformiert per definitionem zwischen ein- und auslaufenden Zuständen eines Streuprozesses.

$$\text{Definition:} \qquad |\psi_{\text{aus}}\rangle = \mathcal{S}\,|\psi_{\text{ein}}\rangle\,, \qquad \mathcal{S}^\dagger\mathcal{S} = \mathcal{S}\mathcal{S}^\dagger = \mathbb{1}\;. \tag{7.1}$$

7.1 Die Dyson-Entwicklung der Streumatrix

Die Dyson-Entwicklung [DYS 49] ist eine störungstheoretische Entwicklung des Streuoperators in Termen des – als klein angenommenen – *Wechselwirkungsoperators*. In dieser Entwicklung werden Operatoren und Zustände im sogenannten *Wechselwirkungsbild* dargestellt, das hinsichtlich seiner physikalischen Aussagen äquivalent ist zu Darstellungen im *Heisenberg-Bild* bzw. *Schrödinger-Bild*. Das heißt insbesondere, daß durch Forderung geeigneter Randbedingungen die Erwartungswerte von Operatoren in den verschiedenen Bildern übereinstimmen.

Der Definition des Streuoperators nach Gl. (7.1) liegt das *Heisenberg-Bild* zugrunde. Für die Dyson-Entwicklung ist somit ein Zusammenhang zwischen Heisenberg- und Wechselwirkungsbild herzustellen. Diesen Zusammenhang werden wir im folgenden herleiten, wozu die Kenntnis aller drei Darstellungsformen notwendig ist.

Schrödinger-Bild

Im Schrödinger-Bild wird die Zeitabhängigkeit eines quantenmechanischen Systems durch die Zustandsvektoren $|\psi_{\text{S}}\rangle$ beschrieben, während die Operatoren $\mathcal{O}_{\text{S}}$ als zeitunabhängig angenommen werden. Es gelten somit

$$|\psi_{\text{S}}\rangle = |\psi_{\text{S}}(t)\rangle\,, \qquad \mathcal{O}_{\text{S}} \neq \mathcal{O}_{\text{S}}(t)\;, \tag{7.2}$$

und der Zusammenhang zwischen zwei Zuständen zu verschiedenen Zeiten t, t' wird über eine Transformation $\Pi(t,t')$ definiert

$$|\psi_S(t)\rangle = \Pi(t,t')\,|\psi_S(t')\rangle \ , \tag{7.3}$$

wonach

$$\Pi(t,t) = \mathbb{1} \ . \tag{7.4}$$

Fordert man zweckmäßigerweise Invarianz der Zustandsnorm, also

$$\langle\psi_S(t)|\psi_S(t)\rangle \stackrel{!}{=} \langle\psi_S(t')|\psi_S(t')\rangle \ ,$$

so ist die Transformation der Zeitverschiebung auf unitäre Operatoren

$$\Pi^\dagger\Pi = \Pi\,\Pi^\dagger = \mathbb{1} \tag{7.5}$$

beschränkt. Unitäre Operatoren lassen sich stets über hermitesche Operatoren darstellen in der Form

$$U = e^{-iHt}, \quad UU^\dagger = U^\dagger U = \mathbb{1}, \quad H^\dagger = H \ . \tag{7.6}$$

Sei nun $H = H_S$ ein hermitescher Operator im Schrödinger-Bild – und somit $H_S \neq H_S(t)$ – und $\Pi(t,t')$ definiert durch

$$\Pi(t,t') = e^{-iH_S(t-t')} \ . \tag{7.7}$$

Dann gilt für die zeitliche Entwicklung des Zustandes $|\psi_S(t)\rangle$ nach (7.3) mit

$$\begin{aligned} i\frac{\partial}{\partial t}\Pi(t,t') &= H_S\Pi(t,t') \\ &\equiv \Pi(t,t')H_S \ , \end{aligned} \tag{7.8}$$

$$i\frac{\partial}{\partial t}\,|\psi_S(t)\rangle = H_S\Pi(t,t')\,|\psi_S(t')\rangle \equiv H_S\,|\psi_S(t)\rangle \ . \tag{7.9}$$

Dies ist die Schrödinger-Gleichung, wenn H_S der zeitunabhängige, hermitesche Hamilton-Operator der totalen Energie ist. Danach identifizieren wir im Schrödinger-Bild:

$$H_S = H_S^\dagger \neq H_S(t), \quad \textbf{Hamilton-Operator} \ . \tag{7.10}$$

Heisenberg-Bild

Im Heisenberg-Bild wird die Zeitabhängigkeit von den Operatoren $\mathcal{O}_\mathrm{H}$ getragen, während die Zustände $|\psi_\mathrm{H}\rangle$ als zeitunabhängig angenommen werden. Danach gelten

$$|\psi_\mathrm{H}\rangle \neq |\psi_\mathrm{H}(t)\rangle\,, \quad \mathcal{O}_\mathrm{H} = \mathcal{O}_\mathrm{H}(t)\;. \tag{7.11}$$

Die Erwartungswerte von Observablen müssen aus physikalischen Gründen im Schrödinger- und Heisenberg-Bild übereinstimmen. Diese Forderung führt zu den Randbedingungen (Beweis siehe im folgenden):

Für $t = t'$ fest, aber beliebig müssen

$$|\psi_\mathrm{H}\rangle = |\psi_\mathrm{S}(t')\rangle \quad \text{und} \quad \mathcal{O}_\mathrm{H}(t') = \mathcal{O}_\mathrm{S}\;. \tag{7.12}$$

Somit gilt mit (7.3) die Transformationsbeziehung

$$|\psi_\mathrm{S}(t)\rangle = \Pi(t,t')\,|\psi_\mathrm{H}\rangle \quad \text{für } t' = \text{fest, beliebig}\;. \tag{7.13}$$

Die Zustände $|\psi_\mathrm{S}(t)\rangle$, $|\psi_\mathrm{H}\rangle$ sind als Basiszustände zu den Operatoren $\mathcal{O}_\mathrm{S}$, $\mathcal{O}_\mathrm{H}(t)$ zu verstehen. Sei ein transformierter Eigenzustand $|\psi'\rangle$ durch die Gleichung

$$|\psi'\rangle = \mathcal{R}\,|\psi\rangle \tag{7.14}$$

definiert, wo $\mathcal{R}$ ein unitärer linearer Operator ist. Dann folgt aus der Invarianz der Erwartungswerte (siehe dazu Kapitel 3, Gl. (3.41) und (3.42)) für den transformierten Operator $\mathcal{O}'$ des Eigenzustandes $|\psi'\rangle$ die Relation

$$\mathcal{O}' = \mathcal{R}\mathcal{O}\mathcal{R}^\dagger\;. \tag{7.15}$$

Eine mögliche Parameterabhängigkeit (z. B. $\mathcal{O}(t)$) bleibt von der Transformation unberührt.

Identifizieren wir in Gl. (7.14) $\mathcal{R}$ mit dem Operator $\Pi(t,t')$, so folgt aus (7.13)

$$\begin{aligned} |\psi'_\mathrm{H}\rangle &= \Pi(t,t')\,|\psi_\mathrm{H}\rangle \\ &\equiv |\psi_\mathrm{S}(t)\rangle\,, \quad t = \text{beliebig, nicht notwendig fest!} \end{aligned} \tag{7.16}$$

Der mit dem Zeitverschiebungsoperator Π transformierte Heisenberg-Zustand kann also zeitabhängig sein und stellt einen Schrödinger-Zustand dar. Ihm ist nach Gl. (7.15) der transformierte Operator $\mathcal{O}'_{\mathrm{H}}(t)$ mit

$$\begin{aligned} \mathcal{O}'_{\mathrm{H}}(t) &= \Pi(t,t')\mathcal{O}_{\mathrm{H}}(t)\Pi^\dagger(t,t') \\ &\equiv \mathcal{O}_{\mathrm{S}} \end{aligned} \tag{7.17}$$

zugeordnet, der – entsprechend dem Zustand $|\psi'_{\mathrm{H}}\rangle$ – ein Schrödinger-Operator für t, t' fest, beliebig ist. Setzen wir in diesen Gleichungen $t = t'$, so folgt mit der Normierung (7.4) in Übereinstimmung mit den Randbedingungen

$$\begin{aligned} t = t' : \qquad & |\psi'_{\mathrm{H}}\rangle = |\psi_{\mathrm{H}}\rangle = |\psi_{\mathrm{S}}(t')\rangle \ , \\ & \mathcal{O}'_{\mathrm{H}}(t') = \mathcal{O}_{\mathrm{H}}(t') = \mathcal{O}_{\mathrm{S}} \ . \end{aligned}$$

Über die Unitarität von $\Pi(t,t')$ folgt aus Gl. (7.17)

$$\mathcal{O}_{\mathrm{H}}(t) = \Pi^\dagger(t,t')\mathcal{O}_{\mathrm{S}}\Pi(t,t') \ . \tag{7.18}$$

Transformieren wir nun den Erwartungswert im Schrödinger-Bild über die Relationen (7.13) und (7.18) ins Heisenberg-Bild, so wird

$$\begin{aligned} \langle \mathcal{O}_{\mathrm{S}}\rangle_{\mathrm{S}} \equiv \langle \psi_{\mathrm{S}}(t)|\, \mathcal{O}_{\mathrm{S}}\, |\psi_{\mathrm{S}}(t)\rangle &= \langle \psi_{\mathrm{H}}|\, \Pi^\dagger(t,t')\mathcal{O}_{\mathrm{S}}\Pi(t,t')\, |\psi_{\mathrm{H}}\rangle \\ &= \langle \psi_{\mathrm{H}}|\, \mathcal{O}_{\mathrm{H}}(t)\, |\psi_{\mathrm{H}}\rangle \equiv \langle \mathcal{O}_{\mathrm{H}}(t)\rangle_{\mathrm{H}} \ . \end{aligned}$$

Die geforderten Randbedingungen genügen somit der physikalischen Forderung

$$\langle \mathcal{O}_{\mathrm{S}}\rangle_{\mathrm{S}} = \langle \mathcal{O}_{\mathrm{H}}(t)\rangle_{\mathrm{H}} \ . \tag{7.19}$$

Ersetzen wir in der Transformationsgleichung (7.18) den Schrödinger-Operator $\mathcal{O}_{\mathrm{S}}$ durch die Randbedingung nach Gl. (7.12), so erhalten wir als Relation zwischen Heisenberg-Operatoren zu verschiedenen Zeiten

$$\mathcal{O}_{\mathrm{H}}(t) = \Pi^\dagger(t,t')\mathcal{O}_{\mathrm{H}}(t')\Pi(t,t') \ . \tag{7.20}$$

Speziell für $t' = 0$ folgt daraus mit $\Pi(t,0)$ nach Gl. (7.7)

$$\mathcal{O}_{\mathrm{H}}(t) = e^{+iH_{\mathrm{S}}t}\mathcal{O}_{\mathrm{H}}(0)e^{-iH_{\mathrm{S}}t} \ . \tag{7.21}$$

Die Operatorrelation (7.20) ergibt für den speziellen Heisenberg-Operator $H_H(t)$ der totalen Energie mit dem Randwert $H_H(t') = H_S$

$$H_H(t) = \Pi^\dagger(t,t')H_S\Pi(t,t') \equiv H_S \ ,$$

denn nach Gl. (7.7) kommutiert der zeitunabhängige Schrödinger-Operator H_S mit dem Zeitverschiebungsoperator $\Pi(t,t')$. Mit H_S ist folglich auch H_H zeitunabhängig, und wir definieren für das Folgende

$$H := H_S = H_H \neq H(t) \tag{7.22}$$

als zeitunabhängigen Hamilton-Operator im Schrödinger- bzw. Heisenberg-Bild. Damit erhalten wir nach (7.21) für einen beliebigen Heisenberg-Operator die Relation

$$\mathcal{O}_H(t) = e^{+iHt}\mathcal{O}_H(0)e^{-iHt} \ . \tag{7.23}$$

Für die zeitliche Ableitung des Operators folgt daraus

$$i\frac{\partial}{\partial t}\mathcal{O}_H(t) = -H\mathcal{O}_H(t) + \mathcal{O}_H(t)H \equiv [\mathcal{O}_H(t), H] \ . \tag{7.24}$$

Diese Gleichung ist als *Heisenbergsche Bewegungsgleichung* bekannt und besagt, daß Heisenberg-Operatoren, die mit dem totalen Hamilton-Operator kommutieren, Bewegungskonstante sind.

Wechselwirkungsbild

Das Wechselwirkungsbild wurde erstmalig 1943 von E. C. G. Stueckelberg [Stu 43] formuliert. Es basiert auf der Annahme, daß der totale Hamilton-Operator H als Summe

$$H = H_0 + \tilde{H} \tag{7.25}$$

darstellbar ist, wo H_0 den freien Anteil und $\tilde{H}$ den Wechselwirkungsanteil bedeuten. Im Schrödinger- und Heisenberg-Bild werden alle Operatoren im Sinne der Definition $H = H_S = H_H$ nach (7.22) als zeitunabhängig angenommen.

Im Wechselwirkungsbild sind sowohl die Operatoren $\mathcal{O}_W$ als auch die Zustände $|\psi_W\rangle$ zeitabhängig, d. h. es gelten

$$|\psi_W\rangle = |\psi_W(t)\rangle\,, \quad \mathcal{O}_W = \mathcal{O}_W(t)\ . \tag{7.26}$$

Die Verbindung zum Schrödinger- bzw. Heisenberg-Bild wird über die Randbedingungen

$$\begin{aligned} &|\psi_W(t')\rangle = |\psi_S(t')\rangle = |\psi_H\rangle \\ &\mathcal{O}_W(t') = \mathcal{O}_S = \mathcal{O}_H(t') \quad \text{für } t = t' \text{ fest, beliebig} \end{aligned} \tag{7.27}$$

hergestellt.

(i) Zeitabhängigkeit der Operatoren $\mathcal{O}_W(t)$

Die Operatoren $\mathcal{O}_W(t)$ sind spezielle Heisenberg-Operatoren, deren Transformationsbeziehung zum zeitunabhängigen Schrödinger-Operator nach Gl. (7.18) nur durch den freien Anteil H_0 von $H = H_S = H_H$ hergestellt wird.

Man definiert danach im Vergleich zu (7.7) einen unitären Operator

$$\mathcal{R}(t,t') = e^{-iH_0(t-t')} \tag{7.28a}$$

mit

$$\mathcal{R}^\dagger\mathcal{R} = \mathcal{R}\mathcal{R}^\dagger = \mathbb{1}, \quad \mathcal{R}(t,t) = \mathbb{1}\ , \tag{7.28b}$$

und in Analogie zu (7.18) den Operator $\mathcal{O}_W(t)$ durch die Gleichung

$$\mathcal{O}_W(t) = \mathcal{R}^\dagger(t,t')\mathcal{O}_S\mathcal{R}(t,t')\ . \tag{7.29}$$

(ii) Zeitabhängigkeit der Zustände $|\psi_W(t)\rangle$

Die Zustände $|\psi_W(t)\rangle$ sind spezielle Schrödinger-Zustände, deren zeitliche Entwicklung im Vergleich zur Schrödinger-Gleichung (7.9) allein durch den ins Wechselwirkungsbild transformierten Wechselwirkungsanteil $\tilde{H}_W(t)$ beschrieben wird. Das heißt, mit

$$\tilde{H} = \tilde{H}_S = \tilde{H}_H \neq \tilde{H}(t)$$

ist die zeitliche Entwicklung mit (7.29) definiert durch

$$\begin{aligned} i\frac{\partial}{\partial t}|\psi_W(t)\rangle &= \tilde{H}_W(t)|\psi_W(t)\rangle \\ &\equiv \mathcal{R}^\dagger(t,t')\tilde{H}\mathcal{R}(t,t')|\psi_W(t)\rangle \ . \end{aligned} \tag{7.30}$$

Der Zusammenhang zwischen dem Wechselwirkungsbild und dem Schrödinger-Bild ist nach Gl. (7.29) über den Operator $\mathcal{R}(t,t')$ definiert. Vergleichen wir diese Festlegung mit den Transformationsgleichungen (7.16) und (7.17), in denen über den Operator $\Pi(t,t')$ der Zusammenhang zwischen Heisenberg- und Schrödinger-Bild hergestellt wird, so lauten die analogen Relationen

$$\begin{aligned} |\psi'_W(t)\rangle &= \mathcal{R}(t,t')|\psi_W(t)\rangle \\ &\equiv |\psi_S(t)\rangle \end{aligned} \tag{7.31}$$

und

$$\begin{aligned} \mathcal{O}'_W(t) &= \mathcal{R}(t,t')\mathcal{O}_W(t)\mathcal{R}^\dagger(t,t') \\ &\equiv \mathcal{O}_S \ . \end{aligned} \tag{7.32}$$

Gleichung (7.32) stimmt mit Gl. (7.29) überein. Über Gl. (7.31) können wir prüfen, ob die Definition der zeitlichen Entwicklung des Wechselwirkungszustandes nach (7.30) auf die Schrödinger-Gleichung zurückführt.

Mit (7.31) lautet Gl. (7.30)

$$i\frac{\partial}{\partial t}\Big\{\mathcal{R}^\dagger(t,t')|\psi_S(t)\rangle\Big\} = \mathcal{R}^\dagger(t,t')\tilde{H}|\psi_S(t)\rangle \ .$$

Nach (7.28) ist

$$\begin{aligned} i\frac{\partial}{\partial t}\mathcal{R}^\dagger(t,t') &= -H_0\mathcal{R}^\dagger(t,t') \\ &\equiv -\mathcal{R}^\dagger(t,t')H_0 \ , \end{aligned}$$

und wir erhalten mit $\tilde{H} = H - H_0$ für die zeitliche Entwicklung

$$\Big\{-\mathcal{R}^\dagger(t,t')H_0 + \mathcal{R}^\dagger(t,t')\frac{i\partial}{\partial t}\Big\}|\psi_S(t)\rangle = \mathcal{R}^\dagger(t,t')(H - H_0)|\psi_S(t)\rangle$$

in Übereinstimmung mit der Schrödinger-Gleichung (7.9). Die Transformationsbeziehungen (7.31) und (7.32) gewährleisten – in Ergänzung zu Gl. (7.19) – die physikalische Forderung

$$\langle \mathcal{O}_S \rangle_S = \langle \mathcal{O}_H \rangle_H = \langle \mathcal{O}_W \rangle_W \ . \tag{7.33}$$

Mit dem Randwert $\mathcal{O}_W(t') = \mathcal{O}_S$ erhält man für den speziellen Wert $t' = 0$ aus Gl. (7.29) mit $\mathcal{R}(t, 0)$ nach (7.28) die Relation

$$\mathcal{O}_W(t) = e^{iH_0 t} \mathcal{O}_W(0) e^{-iH_0 t} \ , \tag{7.34}$$

und daraus für die zeitliche Entwicklung eines Operators im Wechselwirkungsbild[1]

$$i \frac{\partial}{\partial t} \mathcal{O}_W(t) = -H_0 \mathcal{O}_W(t) + \mathcal{O}_W(t) H_0 = [\mathcal{O}_W(t), H_0] \ . \tag{7.35}$$

Die Bewegungsgleichung für Operatoren im Wechselwirkungsbild enthält somit im Vergleich zur Gleichung im Heisenberg-Bild (siehe (7.24)) nur den freien Anteil des Hamilton-Operators.

Für den speziellen Operator $H_{0,W}(t)$ folgt aus (7.34) wegen $H_{0,W}(t' = 0) = H_{0,S} \equiv H_0$

$$H_{0,W}(t) = H_0 \neq H_0(t) \ .$$

Die Zeitabhängigkeit des totalen Hamilton-Operators $H_W(t)$ im Wechselwirkungsbild ist somit nach Gleichung (7.25)

$$\begin{aligned} H_W(t) &= H_{0,W}(t) + \tilde{H}_W(t) \\ &\equiv H_0 + \tilde{H}_W(t) \ , \end{aligned}$$

also auf den Wechselwirkungsanteil $\tilde{H}_W(t)$ beschränkt.

Aus der speziellen Bewegungsgleichung (7.35) folgt, daß Operatoren im Wechselwirkungsbild freien Bewegungsgleichungen und darüber freien Vertauschungsrelationen für **alle** Zeiten genügen. Die Diskussion der Dyson-Entwicklung im Wechselwirkungsbild hat somit zur Folge, daß für die im Streuoperator auftretenden Feldoperatoren die Algebra der freien Felder nach Kapitel 5 übernommen werden kann. Wir wollen diese Aussage am Beispiel des Dirac-Feldes prüfen.

---

[1]Diese Beziehung für Operatoren im Wechselwirkungsbild ist ein Spezialfall des Quantisierungspostulats. Siehe Kap. 5, Gl. (5.16).

Dirac-Operatoren im Wechselwirkungsbild

(i) Gleichzeitige Vertauschungsrelationen

Sei $\psi(x)$ ($\hat{=}\ \mathcal{O}_{\rm W}(x^0;\mathbf{x})$) ein Operator im Wechselwirkungsbild, für den nach Gl. (7.34)

$$\psi(x^0;\mathbf{x}) = e^{iH_0x^0}\psi(0,\mathbf{x})e^{-iH_0x^0} \tag{7.36}$$

gilt und $\psi(0,\mathbf{x})$ ($\hat{=}\ \mathcal{O}_{\rm W}(t'=0)=\mathcal{O}_{\rm S}$) ein zeitunabhängiger Schrödinger-Operator ist.

Im störungstheoretischen Formalismus werden ein– und auslaufenden Zuständen freie Felder zugeordnet. Zeitunabhängige Schrödinger-Operatoren können somit wie freie Feldoperatoren behandelt werden mit der gleichzeitigen freien Algebra (siehe Gl. (5.86))

$$\{\psi_\alpha(0;\mathbf{x}),\overline{\psi}_\beta(0;\mathbf{y})\}_{/x^0=y^0=0} = (\gamma^0)_{\alpha\beta}\delta^{(3)}(\mathbf{x}-\mathbf{y})\ .$$

Bilden wir damit über Gl. (7.36) den gleichzeitigen Antikommutator für beliebiges $x^0=y^0$, so wird

$$\begin{aligned}
&\{\psi_\alpha(x),\overline{\psi}_\beta(y)\}_{/x^0=y^0}\\
&= \{e^{iH_0x^0}\psi_\alpha(0,\mathbf{x})e^{-iH_0x^0}, e^{iH_0y^0}\overline{\psi}_\beta(0,\mathbf{y})e^{-iH_0y^0}\}_{/x^0=y^0}\\
&= e^{iH_0x^0}\{\psi_\alpha(0;\mathbf{x}),\overline{\psi}_\beta(0;\mathbf{y})\}e^{-iH_0x^0}\\
&\equiv (\gamma^0)_{\alpha\beta}\delta^{(3)}(\mathbf{x}-\mathbf{y})\ .
\end{aligned}$$

Die gleichzeitige Algebra ist somit die der freien Felder.

(ii) Bewegungsgleichungen

Für Operatoren im Wechselwirkungsbild gilt nach (7.35) die Bewegungsgleichung

$$i\partial_0\psi(x) = [\psi(x),H_0] \tag{7.37}$$

mit dem freien, zeitunabhängigen Hamilton-Operator

$$H_0 = \int d^3\mathbf{y}\,\mathcal{H}_0(y^0;\mathbf{y}),\quad y^0 = \text{fest, beliebig}\ ,$$

so daß $y^0 = x^0$ wählbar und folglich

$$H_0 = \int d^3\mathbf{y}\, \mathcal{H}_0(y^0;\mathbf{y})_{/y^0=x^0} \; . \tag{7.38}$$

Die freie Hamilton-Dichte $\mathcal{H}_0$ der QED setzt sich aus den freien Anteilen des Dirac- und des Photonfeldes zusammen. Da aber nach Gl. (6.12) $[\psi_\alpha(x), A^\mu(y)] = 0$ für alle x^0, y^0, trägt zur Bewegungsgleichung (7.37) nur die freie Dichte des Dirac-Feldes bei, die nach Gl. (5.18) ff. gegeben ist zu

$$\mathcal{H}_0(y)_{/\text{Dirac}} = i\overline{\psi}(y)\gamma^0 \overrightarrow{\partial_0}\, \psi(y) - \mathcal{L}_\text{f}(y)_{/\text{Dirac}}$$

mit

$$\mathcal{L}_\text{f}(y)_{/\text{Dirac}} = \overline{\psi}(y)(i\gamma^\mu \overrightarrow{\partial_\mu} - m\mathbb{1})\psi(y) \; .$$

Da wir Gleichungen der QED diskutieren, müssen wir allgemein $\mathcal{L}_\text{f}(y) \neq 0$ zulassen, um die Behauptung zu prüfen, daß $\psi(y) \stackrel{\wedge}{=} \mathcal{O}_\text{W}(y)$ als Operator im Wechselwirkungsbild die freie Dirac-Gleichung erfüllt. Wir erhalten somit

$$\begin{aligned} \mathcal{H}_0(y)_{/\text{Dirac}} &= \overline{\psi}(y)\{i(\gamma^0 \overrightarrow{\partial_0} - \gamma^\mu \overrightarrow{\partial_\mu}) + m\mathbb{1}\}\psi(y) \\ &:= -\overline{\psi}(y)\mathcal{O}(\mathbf{y})\,\psi(y) \end{aligned} \tag{7.39}$$

mit der Definition

$$\mathcal{O}(\mathbf{y}) = i\gamma^k \overrightarrow{\partial_k}(\mathbf{y}) - m\mathbb{1}, \quad \text{summiert über } k = 1,2,3 \; . \tag{7.40}$$

Für den Dirac-Anteil des Hamilton-Operators H_0 gilt somit nach (7.38) mit (7.39)

$$\begin{aligned} H_{0/\text{Dirac}} &= \int d^3\mathbf{y}\, \mathcal{H}_0(y)_{/\text{Dirac},\ y^0=x^0} \\ &= -\int d^3\mathbf{y}\, \overline{\psi}(y)\mathcal{O}(\mathbf{y})\,\psi(y)_{/y^0=x^0} \; , \end{aligned}$$

und wir erhalten für die Bewegungsgleichung (7.37)

$$i\partial_0\psi(x) = -\int d^3\mathbf{y}\, [\psi(x), \overline{\psi}(y)\mathcal{O}(\mathbf{y})\psi(y)]_{/y^0=x^0} \; . \tag{7.41}$$

Da der Operator $\mathcal{O}(\mathbf{y})$ nicht auf $\psi(x)$ wirkt, berechnen wir für den gleichzeitigen Kommutator über die gleichzeitige freie Algebra

$$
\begin{aligned}
&[\psi(x), \overline{\psi}(y)\mathcal{O}(\mathbf{y})\psi(y)]_{/y^0=x^0} \\
&= \{\psi(x)\overline{\psi}(y)\mathcal{O}(\mathbf{y})\psi(y) - \overline{\psi}(y)\mathcal{O}(\mathbf{y})\psi(y)\psi(x)\}_{/y^0=x^0} \\
&= \{\psi(x)\overline{\psi}(y) + \overline{\psi}(y)\psi(x)\}_{/y^0=x^0}\mathcal{O}(\mathbf{y})\psi(y)_{/y^0=x^0} \\
&= \gamma^0\delta^{(3)}(\mathbf{x}-\mathbf{y})\mathcal{O}(\mathbf{y})\psi(y)_{/y^0=x^0} \\
&\equiv \gamma^0\mathcal{O}(\mathbf{x})\psi(x)\delta^{(3)}(\mathbf{x}-\mathbf{y}) \ .
\end{aligned}
$$

Integration über $d^3\mathbf{y}$ ergibt schließlich für (7.41) mit (7.40)

$$
i\partial_0(x)\psi(x) = -\gamma^0(i\gamma^k \overrightarrow{\partial_k} (\mathbf{x}) - m\mathbb{1})\psi(x) \ ,
$$

und wegen ${\gamma^0}^2 = \mathbb{1}$

$$
(i\gamma^\mu\overrightarrow{\partial_\mu} - m\mathbb{1})\psi(x) = 0 \ , \tag{7.42}
$$

was die Behauptung beweist.

(iii) Vertauschungsrelationen für alle Zeiten

(α) Da die Feldoperatoren im Wechselwirkungsbild nach Gl. (7.42) der freien Dirac-Gleichung genügen, können sie, wie die freien Felder, in einer Fourier-Darstellung nach den freien Impulsraumlösungen $u^r(\mathbf{p})$, $v^r(\mathbf{p})$ – die c-Zahl-Funktionen sind! – entwickelt werden. Da nur deren Eigenschaften zur Herleitung des Operators $\mathcal{P}^\mu$ des totalen Viererimpulses nach Gl. (5.30) ausgenutzt werden, bleibt die formale Darstellung von $\mathcal{P}^\mu$ in Abhängigkeit von Impulsraumoperatoren $b_r^\dagger(\mathbf{p}), \ldots, \tilde{b}_r^\dagger(\mathbf{p})$ dieselbe.

(β) Die Herleitung des Quantisierungspostulats nach Gl. (5.16) aus der vierdimensionalen Translationsinvarianz ist unabhängig davon, ob es sich um freie oder wechselwirkende Felder handelt.

Die Aussagen in (α) und (β) sind hinreichend für die Schlußfolgerung, daß die Dirac-Feldoperatoren im Wechselwirkungsbild für alle Zeiten den freien Vertauschungsrelationen genügen.

Die Beweisschritte (i) bis (iii) lassen sich analog für alle Felder führen. Damit gelten im Wechselwirkungsbild für die QED zusammenfassend die Vertauschungsrelationen

$$\{\psi_\alpha(x), \overline{\psi}_\beta(y)\} = -iS_{\alpha\beta}(x-y) , \tag{7.43a}$$

$$\{\psi_\alpha(x), \overline{\psi}_\beta(y)\}_{/x^0=y^0} = (\gamma^0)_{\alpha\beta}\delta^{(3)}(\mathbf{x}-\mathbf{y}), \quad \psi(x) = \psi_{\mathrm{W}}(x) , \tag{7.43b}$$

$$[A^\mu(x), A^\nu(y)] = -ig^{\mu\nu}D(x-y) , \tag{7.44a}$$

$$[A^\mu(x), A^\nu(y)]_{/x^0=y^0} = 0, \quad A^\mu(x) = A^\mu_{\mathrm{W}}(x) , \tag{7.44b}$$

$$\text{alle anderen } \{\cdots,\cdots\},\ [\cdots,\cdots] = 0 . \tag{7.45}$$

(iv) Heisenbergscher Streuoperator

Da der Streuoperator $\mathcal{S}$ nach Gl. (7.1) im Heisenberg-Bild definiert ist, die Dyson-Entwicklung aber im Wechselwirkungsbild formuliert wird, müssen Operatoren und Zustände dieser beiden Bilder in Beziehung zueinander gesetzt werden. Die Gleichungen (7.13) und (7.31) stellen für die Zustände dieser beiden Bilder den Zusammenhang zum zeitabhängigen Schrödinger-Zustand her, wonach

$$\begin{aligned} |\psi_{\mathrm{W}}(t)\rangle &= \mathcal{R}^\dagger(t,t')\,|\psi_{\mathrm{S}}(t)\rangle \\ &= \mathcal{R}^\dagger(t,t')\Pi(t,t')\,|\psi_{\mathrm{H}}\rangle \\ &:= U(t,t')\,|\psi_{\mathrm{H}}\rangle , \quad t' = \text{fest, beliebig} , \end{aligned} \tag{7.46}$$

mit der Definition

$$U(t,t') = \mathcal{R}^\dagger(t,t')\Pi(t,t') . \tag{7.47}$$

Der Operator $U(t,t')$ ist mit Π und $\mathcal{R}$ unitär, es gelten

$$U^\dagger U = UU^\dagger = \mathbb{1} \quad \text{und} \quad U(t,t) = \mathbb{1} . \tag{7.48}$$

Mit dem Randwert $|\psi_W(t')\rangle = |\psi_H\rangle$ gilt nach (7.46)

$$|\psi_W(t)\rangle = U(t,t')\,|\psi_W(t')\rangle \ . \tag{7.49}$$

Der Operator $U(t,t')$ ist somit der Zeitverschiebungsoperator im Wechselwirkungsbild.

Ersetzen wir in der zeitlichen Entwicklung des Zustandes $\psi_W(t)$ nach Gl. (7.30) diesen durch die Relation (7.46), so folgt aus

$$i\frac{\partial}{\partial t}(U(t,t')\,|\psi_H\rangle) = \tilde{H}_W(t)U(t,t')\,|\psi_H\rangle$$

wegen der Zeitunabhängigkeit des Heisenberg-Zustandes $|\psi_H\rangle$ die Operatorrelation

$$i\frac{\partial}{\partial t}U(t,t') = \tilde{H}_W(t)U(t,t') \ . \tag{7.50}$$

Wegen der Zeitabhängigkeit von $\tilde{H}_W(t)$ läßt sich diese Gleichung nicht mehr einfach integrieren. Eine approximative Lösung erhält man für den Fall, daß $\tilde{H}_W(t)$ nur schwach veränderlich in der Zeit ist. Gilt also

$$\begin{aligned}|\tilde{H}_W(t+\widetilde{\Delta t}) - \tilde{H}_W(t)| &= |\widetilde{\Delta t}\frac{\partial}{\partial t}\tilde{H}_W(t+O(\widetilde{\Delta t}))| \\ &\ll |\tilde{H}_W(t)|, \quad \text{mit } \widetilde{\Delta t} = t'-t \ll 1 \ ,\end{aligned}$$

so daß

$$\tilde{H}_W(t') \simeq \tilde{H}_W(t) + O(\widetilde{\Delta t}), \quad t' = \text{fest, beliebig} \ ,$$

dann geht die Differentialgleichung (7.50) über in

$$\ln U(t,t') \simeq -i\int_{t'}^{t} dt_1\,\{\tilde{H}_W(t') + O(\Delta t)\}, \quad \Delta t = t-t' \ll 1 \ ,$$

mit der Lösung

$$\begin{aligned}U(t,t') &\simeq e^{-i\tilde{H}_W(t')(t-t')+O((\Delta t)^2)}, \quad t' = \text{fest, beliebig} \\ &= e^{-i\tilde{H}_W(t')\Delta t+O((\Delta t)^2)}, \quad \Delta t = t-t' \ll 1 \ .\end{aligned} \tag{7.51}$$

Diese Näherungslösung für kleine Δt läßt sich auch aus der Definition des Operators $U(t,t')$ nach Gl. (7.47) gewinnen. Mit $\mathcal{R}^\dagger(t,t')$ und $\Pi(t,t')$ nach Gl. (7.28) und (7.7) wird

$$\begin{aligned} U(t,t') &= e^{iH_0\Delta t}e^{-iH\Delta t} \\ &= \left[\mathbb{1} + iH_0\Delta t + O((\Delta t)^2)\right]\left[\mathbb{1} - iH\Delta t + \tilde{O}((\Delta t)^2)\right] \\ &= \mathbb{1} + i(H_0 - H)\Delta t + O'((\Delta t)^2) \ . \end{aligned} \tag{7.52}$$

Mit $H_0 - H = -\tilde{H}$ nach Gl. (7.25) folgt daraus

$$\begin{aligned} U(t,t') &= \mathbb{1} - i\tilde{H}\Delta t + O'((\Delta t)^2) \\ &= e^{-i\tilde{H}\Delta t + O((\Delta t)^2)} \ . \end{aligned}$$

Dieses Ergebnis stimmt wegen $\tilde{H}_{\mathrm{W}}(t') = \tilde{H}$ für t' = fest, beliebig mit der Gl. (7.51) überein.

Gleichung (7.52) läßt sich auch exakt für jede Ordnung Δt lösen. Wir verweisen dazu auf Anhang B.4, wo wir einen allgemeinen Operator $\mathcal{O} = e^A e^{-B} := e^{f(A,B)}$ für $[A,B] \neq 0$ berechnen. Das Ergebnis ist aber für unsere Fragestellung nicht relevant, da H_0 und H in Gl. (7.52) Schrödinger- bzw. Heisenberg-Operatoren sind. Um die Differentialgleichung (7.50) im Wechselwirkungsbild zu lösen, benutzt man ein Iterationsverfahren, das zur störungstheoretischen Entwicklung des Streuoperators führt.

Der Operator $U(t,t')$ stellt nach Gl. (7.46) den Zusammenhang zwischen den Zuständen im Heisenberg- und im Wechselwirkungsbild dar. Lesen wir diese Gleichung als Transformation für einen bestimmten Zustand, d. h. $|\psi'\rangle = U\,|\psi\rangle$, so folgt aus (7.46)

$$\begin{aligned} |\psi'_{\mathrm{H}}\rangle &= U(t,t')\,|\psi_{\mathrm{H}}\rangle \\ &\equiv |\psi_{\mathrm{W}}(t)\rangle\,, \quad t' = \text{fest, beliebig} \ . \end{aligned} \tag{7.53}$$

Vergleichen wir diese Relation mit der Aussage (7.16), so folgt in Analogie zu Gl. (7.17) die Operatortransformation

$$\begin{aligned} \mathcal{O}'_{\mathrm{H}}(t) &= U(t,t')\mathcal{O}_{\mathrm{H}}(t)U^\dagger(t,t') \\ &\equiv \mathcal{O}_{\mathrm{W}}(t)\ , \end{aligned} \tag{7.54}$$

die den Zusammenhang zwischen den Operatoren dieser beiden Bilder beschreibt. Sie genügt der Randbedingung $\mathcal{O}_{\mathrm{H}}(t') = \mathcal{O}_{\mathrm{W}}(t')$ für t' = fest, beliebig.

• Der Streuoperator $\mathcal{S}$ im Wechselwirkungsbild

Die Definition des Streuoperators nach Gl. (7.1) entspricht einer Beschreibung im Heisenberg-Bild. Die Zeitskala für einen Streuprozeß wird üblicherweise so festgelegt, daß die – freien – ein- bzw. auslaufenden Zustände den Zeiten $t' \to -\infty$ bzw. $t \to +\infty$ zugeordnet werden. Wegen $|\psi_\mathrm{H}\rangle = |\psi_\mathrm{W}(t')\rangle$ für $t' =$ fest, beliebig können wir somit die speziellen Heisenberg-Zustände $|\psi_\mathrm{aus}\rangle$, $|\psi_\mathrm{ein}\rangle$ definieren durch die Limites

$$|\psi_\mathrm{aus}\rangle = \lim_{t\to+\infty} |\psi_\mathrm{W}(t)\rangle \ , \tag{7.55a}$$

$$|\psi_\mathrm{ein}\rangle = \lim_{t'\to-\infty} |\psi_\mathrm{W}(t')\rangle \ . \tag{7.55b}$$

Damit erhalten wir über die Eigenschaft des Zeitverschiebungsoperators $U(t,t')$ nach Gl. (7.49) im doppelten Zeitlimes

$$\lim_{t\to+\infty} |\psi_\mathrm{W}(t)\rangle = \lim_{\substack{t\to+\infty \\ t'\to-\infty}} U(t,t')\,|\psi_\mathrm{W}(t')\rangle \ ,$$

also

$$|\psi_\mathrm{aus}\rangle = \lim_{\substack{t\to+\infty \\ t'\to-\infty}} U(t,t')\,|\psi_\mathrm{ein}\rangle \ .$$

Die Definition des Streuoperators im Wechselwirkungsbild ist danach

$$\mathcal{S} := \lim_{\substack{t\to+\infty \\ t'\to-\infty}} U(t,t') \ . \tag{7.56}$$

Diese Definition steht in Übereinstimmung mit Gl. (7.54) und besagt, daß im doppelten Zeitlimes der Streuoperator im Heisenberg- und Wechselwirkungsbild übereinstimmt.

• Iterationslösung für den Operator $U(t,t')$

Die Integration der Differentialgleichung (7.50) für $U(t,t')$ ergibt mit der Randbedingung $U(t',t') = \mathbb{1}$

$$U(t,t') = \mathbb{1} - i \int_{t'}^{t} dt_1\, \tilde{H}_\mathrm{W}(t_1) U(t_1,t') \ .$$

Iterieren wir diese Integralgleichung, so erhalten wir

$$U(t,t') = \mathbb{1} - i \int_{t'}^{t} dt_1 \, \tilde{H}_{\mathrm{W}}(t_1) + (-i)^2 \int_{t'}^{t} dt_1 \int_{t'}^{t_1} dt_2 \, \tilde{H}_{\mathrm{W}}(t_1)\tilde{H}_{\mathrm{W}}(t_2) + \cdots \, . \tag{7.57}$$

Ein äquivalentes Verfahren definiert die Iteration durch die Differentialgleichung

$$i\frac{\partial}{\partial t}U_n(t,t') = \tilde{H}_{\mathrm{W}}(t)U_{n-1}(t,t'), \quad n = 1,2,\dots \, , \tag{7.58}$$

wo die Operatoren $U_n(t,t')$ einer Reihenentwicklung von $U(t,t')$ entsprechen mit der Annahme

$$U(t,t') = \sum_{n=0}^{\infty} U_n(t,t') = \mathbb{1} + \sum_{n=1}^{\infty} U_n(t,t') \, , \tag{7.59}$$

wonach

$$U_0(t,t') = \mathbb{1} \, , \tag{7.60a}$$

und wegen

$$U(t',t') = \mathbb{1}, \quad U_n(t',t') = 0 \quad \text{für } n \geqslant 1 \, . \tag{7.60b}$$

Für $n = 1$ folgt z. B. nach (7.58) mit (7.60)

$$U_1(t,t') = -i \int_{0}^{t} dt_1 \, \tilde{H}_{\mathrm{W}}(t_1) + C = -i \int_{t'}^{t} dt_1 \, \tilde{H}_{\mathrm{W}}(t_1) \, ,$$

und für beliebige $n \geqslant 1$ ergibt sich in Übereinstimmung mit der Entwicklung (7.57)

$$U_n(t,t') = (-i)^n \int_{t'}^{t} dt_1 \int_{t'}^{t_1} dt_2 \ldots \int_{t'}^{t_{n-1}} dt_n\, \tilde{H}_W(t_1)\tilde{H}_W(t_2)\ldots\tilde{H}_W(t_n), \quad n \geqslant 1, t_0 = t\ . \tag{7.61}$$

Für die Iterationslösung von $U(t,t')$ erhalten wir folglich nach Gl. (7.59)

$$U(t,t') = \mathbb{1} + \sum_{n=1}^{\infty}(-i)^n \times \int_{t'}^{t} dt_1 \int_{t'}^{t_1} dt_2 \ldots \int_{t'}^{t_{n-1}} dt_n\, \tilde{H}_W(t_1)\tilde{H}_W(t_2)\ldots\tilde{H}_W(t_n)\ . \tag{7.62}$$

• Dyson-Entwicklung für den Streuoperator S

Die Iterationslösung (7.62), deren doppelter Zeitlimes den Streuoperator definiert, ist wegen der n verschiedenen oberen Integrationsgrenzen zu unhandlich. Durch ein Zeitordnungsschema läßt sich die Entwicklung (7.62) so umschreiben, daß alle Integrale die gemeinsame obere Grenze t annehmen. Dieses Verfahren geht auf Dyson [Dys 49] zurück. Das Ergebnis wird an dieser Stelle ohne Beweis angegeben (siehe Aufgabe 7.1):

$$U(t,t') = \mathbb{1} + \sum_{n=1}^{\infty} \frac{(-i)^n}{n!} \times \int_{t'}^{t} dt_1 \int_{t'}^{t} dt_2 \ldots \int_{t'}^{t} dt_n\, P\{\tilde{H}_W(t_1)\tilde{H}_W(t_2)\ldots\tilde{H}_W(t_n)\}\ . \tag{7.63}$$

Darin ist P der Zeitordnungsoperator nach Dyson, definiert durch die Gleichung

$$P\{\tilde{H}_W(t_i)\tilde{H}_W(t_k)\} = \Theta(t_i - t_k)\tilde{H}_W(t_i)\tilde{H}_W(t_k) + \Theta(t_k - t_i)\tilde{H}_W(t_k)\tilde{H}_W(t_i)\ , \tag{7.64}$$

mit der Stufenfunktion

$$\Theta(t_i - t_k) = \begin{cases} +1 & \text{für } t_i > t_k \\ 0 & \text{sonst}\ . \end{cases} \tag{7.65}$$

Bilden wir den doppelten Zeitlimes $t \to +\infty$, $t' \to -\infty$ von Gl. (7.63), so erhalten wir gemäß der Definition (7.56) als Dyson-Entwicklung des Streuoperators

$$\mathcal{S} = \mathbb{1} + \sum_{n=1}^{\infty} \frac{(-i)^n}{n!} \int_{-\infty}^{+\infty} dt_1 \ldots \int_{-\infty}^{+\infty} dt_n \, P\{\tilde{H}_{\mathrm{W}}(t_1) \ldots \tilde{H}_{\mathrm{W}}(t_n)\}$$

$$:= \sum_{n=0}^{\infty} \mathcal{S}_n = \mathbb{1} + \sum_{n=1}^{\infty} \mathcal{S}_n \ , \qquad (7.66)$$

also $\mathcal{S}_0 = \mathbb{1}$.

Mit

$$\tilde{H}_{\mathrm{W}}(t_i) = \int d^3\mathbf{x}_i \, \tilde{\mathcal{H}}_{\mathrm{W}}(x_i)$$

geht die Entwicklung (7.66) schließlich über in

$$\mathcal{S} = \mathbb{1} + \sum_{n=1}^{\infty} \frac{(-i)^n}{n!} \int_{-\infty}^{+\infty} d^4x_1 \ldots \int_{-\infty}^{+\infty} d^4x_n \, P\{\tilde{\mathcal{H}}_{\mathrm{W}}(x_1) \ldots \tilde{\mathcal{H}}_{\mathrm{W}}(x_n)\} \ . \qquad (7.67)$$

Übungsaufgaben

7.1 (i) Beweisen Sie die Aussage

$$\int_{t'}^{t} dt_1 \int_{t'}^{t_1} dt_2 \, \tilde{H}_{\mathrm{W}}(t_1)\tilde{H}_{\mathrm{W}}(t_2) = \frac{1}{2!} \int_{t'}^{t} dt_1 \int_{t'}^{t} dt_2 \, P\{\tilde{H}_{\mathrm{W}}(t_1)\tilde{H}_{\mathrm{W}}(t_2)\} \ ,$$

wo P der Dysonsche Zeitordnungsoperator ist mit der Eigenschaft

$$P\{A(t_i)A(t_k)\}$$
$$= \Theta(t_i - t_k)A(t_i)A(t_k) + \Theta(t_k - t_i)A(t_k)A(t_i) \ ,$$

und

$$\Theta(t_i - t_k) = \begin{cases} +1 & \text{für } t_i > t_k \\ 0 & \text{sonst} \end{cases}$$

die Stufenfunktion darstellt.

(ii) Zeigen Sie über die Aussage unter (i) durch Induktion, daß

$$\int_{t'}^{t} dt_1 \int_{t'}^{t_1} dt_2 \int_{t'}^{t_2} dt_3$$

$$= \frac{1}{3!} \int_{t'}^{t} dt_1 \int_{t'}^{t} dt_2 \int_{t'}^{t} dt_3 \, P\{\tilde{H}_{\mathrm{W}}(t_1)\tilde{H}_{\mathrm{W}}(t_2)\tilde{H}_{\mathrm{W}}(t_3)\} \, .$$

Hinweis: Beweisen Sie dazu, daß

$$P\{\tilde{H}_{\mathrm{W}}(t_1)\tilde{H}_{\mathrm{W}}(t_2)\}\Theta(t_2 - t_3)\tilde{H}_{\mathrm{W}}(t_3)$$

$$= \frac{1}{3} P\{\tilde{H}_{\mathrm{W}}(t_1)\tilde{H}_{\mathrm{W}}(t_2)\}\tilde{H}_{\mathrm{W}}(t_3) \, .$$

7.2 Das Wick-Theorem

Das Ziel der störungstheoretischen Entwicklung des Streuoperators $\mathcal{S}$ nach Potenzen des Wechselwirkungsoperators $\tilde{\mathcal{H}}_{\mathrm{W}}(x_n)$ besteht darin, jedem Term $\mathcal{S}_n$ des Operators definierte physikalische Streuprozesse zuordnen zu können. Bei vorgegebener Ordnung in den Wechselwirkungsdichten $\tilde{\mathcal{H}}_{\mathrm{W}}(x_n)$ sind im allgemeinen mehrere konkurrierende Prozesse möglich, die additiv in den Amplituden sind. Die relativen Phasen zwischen diesen Amplituden sind abhängig von der Statistik der am Prozeß beteiligten Teilchen. Bei der Zeitordnung P nach Dyson wird die Statistik nicht berücksichtigt. In die chronologische Zeitordnung nach Wick [WIC 50] dagegen, definiert durch einen Operator T, geht die Statistik ein. Auf dieser Zeitordnung basierend, liefert das *Wick-Theorem* ein algebraisches Verfahren, ein Produkt von Operatoren in eine Summe von Normalprodukten zu entwickeln, deren einzelne Terme eindeutig physikalischen Prozessen bestimmter Ordnung entsprechen.

Zeitordnung T nach Wick

Der Zusammenhang zwischen den Zeitordnungsschemata nach Wick (Operator T) und Dyson (Operator P) für ein Produkt von Operatoren $U_n(t_n)$ läßt sich durch folgende Gleichung beschreiben:

$$T[U_1(t_1)U_2(t_2)\dots U_n(t_n)] = \delta_{\mathrm{F}} P[U_1(t_1)U_2(t_2)\dots U_n(t_n)] \, .$$

Darin gilt für die Phase δ_{F}:

- $\delta_F = +1$ (-1) für eine gerade (ungerade) Anzahl von Vertauschungen von Fermi-Operatoren.
- $\delta_F = +1$ für eine beliebige Anzahl von Vertauschungen von Bose-Operatoren.

So gilt z. B. für zwei Fermionoperatoren

$$\begin{aligned}
&T(\psi_\alpha(x)\overline{\psi}_\beta(y)) \\
&= \begin{cases} \psi_\alpha(x)\overline{\psi}_\beta(y) & \text{für } x^0 > y^0 \\ -\overline{\psi}_\beta(y)\psi_\alpha(x) & \text{für } x^0 < y^0 \end{cases} \\
&\equiv \psi_\alpha(x)\overline{\psi}_\beta(y) + \begin{cases} 0 & \text{für } x^0 > y^0 \\ -(\psi_\alpha(x)\overline{\psi}_\beta(y) + \overline{\psi}_\beta(y)\psi_\alpha(x)) & \text{für } x^0 < y^0 \, , \end{cases}
\end{aligned}$$

oder ausgedrückt durch die Vertauschungsfunktion $S_{\alpha\beta}(x-y)$ nach Gl. (7.43)

$$\begin{aligned}
&T(\psi_\alpha(x)\overline{\psi}_\beta(y)) \\
&= \psi_\alpha(x)\overline{\psi}_\beta(y) + \begin{cases} 0 & \text{für } x^0 > y^0 \\ iS_{\alpha\beta}(x-y) & \text{für } x^0 < y^0 \, . \end{cases}
\end{aligned} \tag{7.68}$$

Entsprechend ergibt sich für das T-Produkt zweier Boson-Operatoren mit der Vertauschungsfunktion $D(x-y)$ für das Photon nach Gl. (7.44)

$$\begin{aligned}
&T(A^\mu(x)A^\nu(y)) \\
&= A^\mu(x)A^\nu(y) + \begin{cases} 0 & \text{für } x^0 > y^0 \\ ig^{\mu\nu}D(x-y) & \text{für } x^0 < y^0 \, . \end{cases}
\end{aligned} \tag{7.69}$$

Die T-Produkte nach Wick lassen sich somit über die Vertauschungsfunktionen ausdrücken.

Wick-Zeitordnung und Normalprodukt

Die Normalordnung $\mathcal{N}$ von Operatoren war definiert als eine Umordnung von Erzeugungs- und Vernichtungsoperatoren unter Berücksichtigung der Statistik. Sie ist somit ein Ordnungsschema für die einzelnen Frequenzanteile der Operatoren.

Die Wick-Ordnung T dagegen ist ein von der Statistik abhängendes Zeitordnungsschema für die totalen Operatoren. Diese beiden Ordnungsprinzipien lassen sich über die einzelnen Frequenzanteile der Vertauschungsfunktionen in Beziehung setzen.

Als Beispiel wollen wir zwei Dirac-Operatoren betrachten. Mit der Frequenzzerlegung

$$\psi_\alpha(x) = \psi_\alpha^{(+)}(x) + \psi_\alpha^{(-)}(x), \quad \overline{\psi}_\beta(y) = \overline{\psi}_\beta^{(+)}(y) + \overline{\psi}_\beta^{(-)}(y)$$

ergibt sich – $\psi^{(-)}$, $\overline{\psi}^{(-)}$ sind die Erzeugungsoperatoren – als Normalprodukt

$$\begin{aligned}\mathcal{N}(\psi_\alpha(x)\overline{\psi}_\beta(y)) &= \psi_\alpha^{(+)}(x)\overline{\psi}_\beta^{(+)}(y) + \psi_\alpha^{(-)}(x)\overline{\psi}_\beta^{(-)}(y) \\ &\quad - \overline{\psi}_\beta^{(-)}(y)\psi_\alpha^{(+)}(x) + \psi_\alpha^{(-)}(x)\overline{\psi}_\beta^{(+)}(y) \\ &\equiv \psi_\alpha(x)\overline{\psi}_\beta(y) \\ &\quad - [\psi_\alpha^{(+)}(x)\overline{\psi}_\beta^{(-)}(y) + \overline{\psi}_\beta^{(-)}(y)\psi_\alpha^{(+)}(x)] \ ,\end{aligned}$$

das wir mit dem positiven Frequenzanteil $S_{\alpha\beta}^{(+)}(x-y)$ der Vertauschungsfunktion nach Gl. (5.78) umschreiben können auf

$$\mathcal{N}(\psi_\alpha(x)\overline{\psi}_\beta(y)) = \psi_\alpha(x)\overline{\psi}_\beta(y) + iS_{\alpha\beta}^{(+)}(x-y) \ . \tag{7.70}$$

Analog berechnet man

$$\begin{aligned}&\mathcal{N}(\overline{\psi}_\beta(y)\psi_\alpha(x)) \\ &= \overline{\psi}_\beta(y)\psi_\alpha(x) - [\overline{\psi}_\beta^{(+)}(y)\psi_\alpha^{(-)}(x) + \psi_\alpha^{(-)}(x)\overline{\psi}_\beta^{(+)}(y)]\end{aligned}$$

und mit $S_{\alpha\beta}^{(-)}(x-y)$ nach Gl. (5.78)

$$\mathcal{N}(\overline{\psi}_\beta(y)\psi_\alpha(x)) = \overline{\psi}_\beta(y)\psi_\alpha(x) + iS_{\alpha\beta}^{(-)}(x-y) \ . \tag{7.71}$$

Vergleichen wir die Relation (7.70) mit dem T-Produkt nach Gl. (7.68), so gilt offensichtlich

$$\begin{aligned}&T(\psi_\alpha(x)\overline{\psi}_\beta(y)) - \mathcal{N}(\psi_\alpha(x)\overline{\psi}_\beta(y)) \\ &= \begin{cases} -iS_{\alpha\beta}^{(+)}(x-y) & \text{für } x^0 > y^0 \\ +i[S_{\alpha\beta}(x-y) - S_{\alpha\beta}^{(+)}(x-y)] & \text{für } x^0 < y^0 \ , \end{cases}\end{aligned}$$

wo $S = S^{(+)} + S^{(-)}$. Entsprechendes leitet man für die Operatoranordnung in (7.71) und für die Photonoperatoren her. Zusammenfassend ergeben sich:

$$T(\psi_\alpha(x)\overline{\psi}_\beta(y)) - \mathcal{N}(\psi_\alpha(x)\overline{\psi}_\beta(y)) = \mp i S^{(\pm)}_{\alpha\beta}(x-y) \quad \text{für} \begin{cases} x^0 > y^0 \\ x^0 < y^0 \end{cases}, \tag{7.72}$$

$$T(\overline{\psi}_\beta(y)\psi_\alpha(x)) - \mathcal{N}(\overline{\psi}_\beta(y)\psi_\alpha(x)) = \pm i S^{(\pm)}_{\alpha\beta}(x-y) \quad \text{für} \begin{cases} x^0 > y^0 \\ x^0 < y^0 \end{cases}, \tag{7.73}$$

$$T(A^\mu(x)A^\nu(y)) - \mathcal{N}(A^\mu(x)A^\nu(y)) = \mp i g^{\mu\nu} D^{(\pm)}(x-y) \quad \text{für} \begin{cases} x^0 > y^0 \\ x^0 < y^0 \end{cases}. \tag{7.74}$$

Kontraktion und Feynman-Propagatoren

Die Differenz zwischen dem Wickschen T-Produkt und dem Normalprodukt ist nach den Gleichungen (7.72) bis (7.74) durch die Frequenzanteile der Vertauschungsfunktionen gegeben und ist somit eine c-Zahl-Funktion. Dabei hängt es von der relativen Zeitfolge der Welt-Raum-Koordinaten x^μ und y^μ ab, welche Frequenzanteile die Differenz festlegen.

Diese Unterscheidung nach dem Vorzeichen der Differenz $x^0 - y^0$ führt zur Definition der *Feynman-Propagatoren* als analytischer Verallgemeinerung der Vertauschungsfunktionen. Wie wir im folgenden sehen werden, gehen die Feynman-Propagatoren in die analytische Beschreibung physikalischer Prozesse ein.

Um dies zu erkennen, wollen wir zunächst den Begriff der *Kontraktionen* einführen, der für das algebraische Verfahren des Wick-Theorems von Bedeutung ist.

Als *Kontraktion* zweier Operatoren definiert man die Differenz zwischen ihrer T- und $\mathcal{N}$-Ordnung, symbolisiert durch

$$\underbrace{UV} = T(UV) - \mathcal{N}(UV) \,. \tag{7.75}$$

Als spezielle Kontraktionen erhalten wir nach (7.72) bis (7.74)

$$\begin{aligned}&\underbrace{\psi_\alpha(x)\overline{\psi}_\beta(y)} \equiv -\underbrace{\overline{\psi}_\beta(y)\psi_\alpha(x)}\\ &= -i\{\Theta(x^0-y^0)S^{(+)}_{\alpha\beta}(x-y) - \Theta(y^0-x^0)S^{(-)}_{\alpha\beta}(x-y)\}\ , \qquad (7.76)\end{aligned}$$

$$\begin{aligned}&\underbrace{A^\mu(x)A^\nu(y)}\\ &= -ig^{\mu\nu}\{\Theta(x^0-y^0)D^{(+)}(x-y) - \Theta(y^0-x^0)D^{(-)}(x-y)\}\ . \qquad (7.77)\end{aligned}$$

Aus diesen Ergebnissen ist ersichtlich, daß Kontraktionen *vertauschbarer* (im Sinne der Algebra!) Felder identisch verschwinden, da mit einer Vertauschungsfunktion im allgemeinen auch ihre linear unabhängigen Frequenzanteile zu Null werden.

Der rein algebraische Begriff der Kontraktion definiert bis auf einen Faktor den *Feynman-Propagator* P_F. Wir treffen die Festlegung

$$P_F := -2\,\underbrace{UV}\ , \qquad (7.78)$$

wonach wir als spezielle Feynman-Propagatoren für Fermionen und Photon nach (7.76) und (7.77) folgende Definitionen erhalten:

$$S_F(x) = 2i\{\Theta(x^0)S^{(+)}(x) - \Theta(-x^0)S^{(-)}(x)\}\ , \qquad (7.79)$$

$$g^{\mu\nu}D_F(x) = 2ig^{\mu\nu}\{\Theta(x^0)D^{(+)}(x) - \Theta(-x^0)D^{(-)}(x)\}\ . \qquad (7.80)$$

Für den Feynman-Propagator nach Gl. (7.79) ist dabei zu beachten, daß er der Kontraktion $\psi_\alpha(x)\overline{\psi}_\beta(y)$ zugeordnet wurde (siehe dazu im folgenden).

Vakuumerwartungswerte von *T*-Produkten

Die Einführung renormierter Operatoren entsprach der Normalordnung von Operatorprodukten, in der per definitionem alle Erzeugungsoperatoren links von allen Vernichtungsoperatoren anzuordnen waren.

Da Vernichtungsoperatoren das Vakuum annullieren, galten z. B. in der Dirac-Theorie wegen der Zuordnungen der Operatoren von Orts- und Impulsraum nach Gl. (5.74) die Eigenwertgleichungen

$$\left.\begin{matrix}\psi^{(+)}(x)\\ \overline{\psi}^{(+)}(x)\end{matrix}\right\}|0\rangle = 0\,|0\rangle\ , \quad \text{da}\ \left\{\begin{matrix}\psi^{(+)}(x) \rightsquigarrow b_r(\mathbf{p})\\ \overline{\psi}^{(+)}(x) \rightsquigarrow \tilde{b}_r(\mathbf{p})\ .\end{matrix}\right.$$

Daraus folgen durch bra-Konjugation

$$\langle 0| \begin{cases} \overline{\psi}^{(-)}(x) \\ \psi^{(-)}(x) \end{cases} = \langle 0|\, 0, \quad \text{da} \begin{cases} \overline{\psi}^{(-)}(x) \rightsquigarrow b_r^\dagger(\mathbf{p}) \\ \psi^{(-)}(x) \rightsquigarrow \tilde{b}_r^\dagger(\mathbf{p}) \,. \end{cases}$$

Somit verschwinden für alle Operatorkombinationen, die im Normalprodukt auftreten, die Vakuumerwartungswerte und es gilt allgemein

$$\langle 0|\, \mathcal{N}(\cdots)\, |0\rangle = 0 \,. \tag{7.81}$$

Daraus folgern wir für den Vakuumerwartungswert eines T-Produktes – da die Kontraktion eine c-Zahl-Funktion ist! – nach (7.75)

$$\begin{aligned} \langle 0|\, T(UV)\, |0\rangle &= \underbracket{UV}\, \langle 0|0\rangle \\ &\equiv \underbracket{UV} \quad \text{wegen } \langle 0|0\rangle = \mathbb{1} \,. \end{aligned} \tag{7.82}$$

Vergleichen wir dies mit der Festlegung (7.78), so lassen sich Feynman-Propagatoren auch durch Vakuumerwartungswerte von T-Produkten zweier Operatoren definieren. Eine andere Formulierung der Gl. (7.78) ist danach

$$\langle 0|\, T(UV)\, |0\rangle = -\frac{1}{2} P_{\mathrm{F}} \,. \tag{7.83}$$

Wick-Theorem

Das Wick-Theorem stellt eine algebraische Verallgemeinerung der Gleichung (7.75) dar, durch die für den speziellen Fall von 2 Operatoren der Zusammenhang zwischen T-Produkt, $\mathcal{N}$-Produkt und Kontraktion definiert ist.

Das Wick-Theorem gilt für ein T-Produkt von beliebig vielen Operatoren, wobei zwischen sogenannten *einfachen* und *gemischten* T-Produkten unterschieden wird. Die Theoreme sollen hier nur formuliert werden. Für den Beweis siehe z. B. [SCH 61], S. 435 ff.

(i) Wick-Theorem für einfache T-Produkte

Theorem 7.1 *Das T-Produkt einer beliebigen Anzahl von Operatoren läßt sich in eine Summe von Normalprodukten entwickeln, deren einzelne Summanden alle möglichen Kontraktionen von je zwei Operatoren enthalten.*

Für ein T-Produkt von 4 Operatoren heißt das zum Beispiel

$$\begin{aligned}
T(UVXY) = \mathcal{N}(UVXY) \\
&+ \mathcal{N}(\wick{\c U \c V} XY) + \mathcal{N}(\wick{\c U V \c X} Y) + \mathcal{N}(\wick{\c U V X \c Y}) \\
&+ \mathcal{N}(U \wick{\c V \c X} Y) + \mathcal{N}(U \wick{\c V X \c Y}) + \mathcal{N}(UV \wick{\c X \c Y}) \\
&+ \mathcal{N}(\wick{\c1 U \c1 V \c2 X \c2 Y}) + \mathcal{N}(\wick{\c1 U \c2 V \c1 X \c2 Y}) + \mathcal{N}(\wick{\c1 U \c2 V \c2 X \c1 Y}) \,. \qquad (7.84)
\end{aligned}$$

Für den Fall von nur 2 Operatoren führt das Theorem zu Gleichung (7.75) zurück, denn dann gilt

$$\begin{aligned}
T(UV) &= \mathcal{N}(UV) + \mathcal{N}(\wick{\c U \c V}) \\
&\equiv \mathcal{N}(UV) + \wick{\c U \c V} \,,
\end{aligned}$$

da die Normalordnung für eine Kontraktion – als einer c-Zahl-Funktion – die Einsoperation ist.

(ii) Wick-Theorem für gemischte T-Produkte

Unter *gemischten* T-Produkten versteht man solche, in denen einige der Operatoren bereits als Normalprodukte geordnet sind. Derartige T-Produkte liegen in der Dyson-Entwicklung des Streuoperators vor, in der renormierte Operatoren stehen, die per definitionem normalgeordnet sind.

Gemischte T-Produkte sind danach zum Beispiel

$$T(\mathcal{N}(UV)XY), \quad T(\mathcal{N}(UV)\mathcal{N}(XY)), \quad T(UV\mathcal{N}(XY)) \,. \qquad (7.85)$$

Für solche Produkte lautet das Theorem:

Theorem 7.2 *Für gemischte T-Produkte sind in der Entwicklung nach Normalprodukten alle die Terme fortzulassen, die Kontraktionen von bereits normalgeordneten Operatoren entsprechen.*

Für die Beispiele (7.85) heißt das zum Beispiel

$$T(\mathcal{N}(UV)XY) = T(UVXY) - \sum_i \mathcal{N}_i(\wick{\c U \c V} \cdots) \,, \qquad (7.86)$$

wo nach (7.84)

$$\sum_i \mathcal{N}_i(\underbracket{UV}\cdots) = \mathcal{N}(\underbracket{UV}\,XY) + \mathcal{N}(\underbracket{UV}\,\underbracket{XY})\,.$$

Aus dieser speziellen Form des Wick-Theorems läßt sich für ein Produkt von 2 Operatoren eine einfache Relation herleiten:

Per definitionem gilt für zwei Operatoren U, V nach Gl. (7.86)

$$\begin{aligned} T(\mathcal{N}(UV)) &= T(UV) - \mathcal{N}(\underbracket{UV}) \\ &\equiv T(UV) - \underbracket{UV}\,, \end{aligned}$$

und folglich mit Gl. (7.75)

$$T(\mathcal{N}(UV)) = \mathcal{N}(UV)\,. \tag{7.87}$$

Das heißt, für ein Normalprodukt von zwei Operatoren wirkt der Operator der gemischten Zeitordnung wie der Einheitsoperator. Diese Aussage steht in Übereinstimmung mit (7.75), wenn wir dort den Wickschen Zeitoperator anwenden, wonach

$$\begin{aligned} T(\mathcal{N}(UV)) &= T\{T(UV) - \underbracket{UV}\} \\ &= T(T(UV)) - T(\underbracket{UV}) \\ &\equiv T(UV) - \underbracket{UV} \\ &\equiv \mathcal{N}(UV)\,. \end{aligned}$$

Dabei wurde benutzt, daß die T-Operation sowohl für ein bereits zeitgeordnetes Produkt, als auch für eine Kontraktion die Einheitsoperation ist.

Übungsaufgaben

7.2 Zeigen Sie, daß für das gemischte T-Produkt

$$T(\mathcal{N}(\psi_\alpha(x)\overline{\psi}_\beta(y)))$$

zweier Dirac-Operatoren $\psi_\alpha(x)\overline{\psi}_\beta(y)$ die spezielle Relation

$$T(\mathcal{N}(\psi_\alpha(x)\overline{\psi}_\beta(y))) = \mathcal{N}(\psi_\alpha(x)\overline{\psi}_\beta(y))$$

gilt. *Hinweis*: Gehen Sie von der Definition

$$T(\mathcal{N}(\psi_\alpha\overline{\psi}_\beta)) = T(\psi_\alpha\overline{\psi}_\beta) - \underbracket{\psi_\alpha\overline{\psi}_\beta}$$

aus und benutzen Sie die Darstellungen

(i) $\underbrace{\psi_\alpha(x)\overline{\psi}_\beta(y)}$ nach Gl. (7.76),

(ii) $T(\psi_\alpha(x)\overline{\psi}_\beta(y))$ nach Gl. (7.68),

(iii) $\mathcal{N}(\psi_\alpha(x)\overline{\psi}_\beta(y))$ nach Gl. (7.70).

7.3 Feynman-Graphen und Feynman-Regeln

In der Dyson-Entwicklung der QED ist die Wechselwirkungsdichte $\tilde{\mathcal{H}}_\mathrm{W}(x)$ nach Gl. (6.8) wegen

$$\frac{\partial \mathcal{L}_\mathrm{WW}}{\partial(\partial_0\overline{\psi})} = \frac{\partial \mathcal{L}_\mathrm{WW}}{\partial(\partial_0\psi)} = \frac{\partial \mathcal{L}_\mathrm{WW}}{\partial(\partial_0 A_\mu)} = 0$$

gegeben durch (mit $q = -e$, $e > 0$, für das Elektron)

$$\begin{aligned} \tilde{\mathcal{H}}_\mathrm{W}(x) &= -\mathcal{L}_\mathrm{WW}(\psi, \overline{\psi}, A^\mu) \\ &= q j^\mu(x) A_\mu(x) \\ &= q\mathcal{N}(\overline{\psi}(x)\gamma^\mu\psi(x))A_\mu(x) \, , \end{aligned} \tag{7.88}$$

wo wir den Ladungsstrom $J^\mu(x) = qj^\mu(x)$, dessen Nullkomponente der Ladungsdichte entspricht, als Normalprodukt einführten.

Schreiben wir die Dyson-Entwicklung der QED nach Gl. (7.67) in Termen der Wickschen T-Produkte[2], so ergeben sich als Terme erster und zweiter Ordnung in $\tilde{\mathcal{H}}_\mathrm{W}(x)$ die Operatoren

$$\mathcal{S}_1 = \frac{-iq}{1!}\int d^4x_1\, T(\mathcal{N}(\overline{\psi}(x_1)\gamma^\mu\psi(x_1))A_\mu(x_1)) \, , \tag{7.89}$$

$$\begin{aligned} \mathcal{S}_2 = \frac{(-iq)^2}{2!} &\int d^4x_1 \int d^4x_2 \\ &\times T(\mathcal{N}(\overline{\psi}(x_1)\gamma^\mu\psi(x_1))A_\mu(x_1)\mathcal{N}(\overline{\psi}(x_2)\gamma^\nu\psi(x_2))A_\nu(x_2)) \, . \end{aligned} \tag{7.90}$$

[2]Für die QED ist die Dyson-Entwicklung unabhängig davon, ob man sie mit der P- oder T-Zeitordnung schreibt. Siehe dazu z. B. [Sch 61], Kap. 13. Dort insbesondere den Abschnitt *Wick's Theorem*.

Da die Dirac- und Photonfelder unabhängig voneinander sind, sind die T-Produkte in (7.89) und (7.90) als Produkte von T-Produkten der verschiedenen Feldsorten zu interpretieren. Zerlegen wir die T-Produkte mittels des Wick-Theorems, so erhalten wir für den Operator $\mathcal{S}_1$ mit der Aussage nach Gl. (7.87)

$$\begin{aligned} &T(\mathcal{N}(\overline{\psi}(x_1)\gamma^\mu\psi(x_1))A_\mu(x_1)) = \mathcal{N}(\overline{\psi}(x_1)\gamma^\mu\psi(x_1))A_\mu(x_1) \\ &= \Big[\overline{\psi}_\alpha^{(+)}(x_1)\psi_\beta^{(+)}(x_1) + \overline{\psi}_\alpha^{(-)}(x_1)\psi_\beta^{(-)}(x_1) + \overline{\psi}_\alpha^{(-)}(x_1)\psi_\beta^{(+)}(x_1) \\ &\quad - \psi_\alpha^{(-)}(x_1)\overline{\psi}_\beta^{(+)}(x_1)\Big](\gamma^\mu)_{\alpha\beta}A_\mu(x_1)\ , \end{aligned} \tag{7.91}$$

bzw. für den Operator $\mathcal{S}_2$

$$\begin{aligned} &T(\mathcal{N}(\overline{\psi}(x_1)\gamma^\mu\psi(x_1))A_\mu(x_1)\mathcal{N}(\overline{\psi}(x_2)\gamma^\nu\psi(x_2))A_\nu(x_2)) \\ &\quad = T(\mathcal{N}(\overline{\psi}(x_1)\gamma^\mu\psi(x_1))\mathcal{N}(\overline{\psi}(x_2)\gamma^\nu\psi(x_2)))T(A_\mu(x_1)A_\nu(x_2)), \end{aligned} \tag{7.92}$$

wo

$$T(A_\mu(x_1)A_\nu(x_2)) = \mathcal{N}(A_\mu(x_1)A_\nu(x_2)) + \underbrace{A_\mu(x_1)A_\nu(x_2)}\ . \tag{7.93}$$

Für das T-Produkt der Dirac-Operatoren in (7.92) ergibt sich nach Abspalten der Matrizen $(\gamma^\mu)_{\alpha\beta}$ und $(\gamma^\nu)_{\rho\sigma}$

$$\begin{aligned} &T(\mathcal{N}(\overline{\psi}_\alpha(x_1)\psi_\beta(x_1))\mathcal{N}(\overline{\psi}_\rho(x_2)\psi_\sigma(x_2))) \\ &= \mathcal{N}(\overline{\psi}_\alpha(x_1)\psi_\beta(x_1)\overline{\psi}_\rho(x_2)\psi_\sigma(x_2)) \\ &+ \mathcal{N}(\underbrace{\overline{\psi}_\alpha(x_1)\psi_\beta(x_1)\overline{\psi}_\rho(x_2)\psi_\sigma}(x_2)) \\ &+ \mathcal{N}(\overline{\psi}_\alpha(x_1)\,\underbrace{\psi_\beta(x_1)\overline{\psi}_\rho}(x_2)\psi_\sigma(x_2)) \\ &+ \mathcal{N}(\underbrace{\overline{\psi}_\alpha(x_1)\,\underbrace{\psi_\beta(x_1)\overline{\psi}_\rho}(x_2)\psi_\sigma}(x_2)), \quad \text{denn } \underbrace{\overline{\psi}\,\overline{\psi}} = \underbrace{\psi\psi} = 0\ . \end{aligned} \tag{7.94}$$

In 1. Ordnung ergeben sich somit nach Gl. (7.91) vier verschiedene Terme. In 2. Ordnung ist dagegen die Vielfachheit wegen (7.93) und (7.94) schon erheblich größer.

Bei der Diskussion der einzelnen Beiträge kann man noch die Fallunterscheidung zwischen der Wechselwirkung der Dirac-Teilchen mit einem *äußeren* Photonfeld – d. h. einem klassischen, nichtquantisierten Feld $A_\mu^{\text{ex}}(x)$ – und der Wechselwirkung mit einem quantisierten Photonfeld $A_\mu(x)$ treffen. Ohne Beweis sei hier angegeben, daß wegen der Masselosigkeit des Photons die Wechselwirkungsprozesse 1. Ordnung nach (7.91) für ein quantisiertes $A_\mu(x)$ nicht erlaubt sind, da sie der Energie-Impulserhaltung widersprechen (siehe Aufgabe 7.3).

Wir wollen uns im folgenden auf Beispiele 2. Ordnung in $\tilde{\mathcal{H}}_W(x)$ beschränken und die Graphensprache einführen.

Übungsaufgaben

7.3 Beweisen Sie für den Term

$$\overline{\psi}_\alpha^{(-)}(x_1)\psi_\beta^{(+)}(x_1)(\gamma^\mu)_{\alpha\beta}A_\mu^{(-)}(x_1)$$

der ersten Ordnung des Streuoperators, daß die Reaktion für ein quantisiertes Photonfeld der Energie-Impulserhaltung widerspricht.
Hinweis: Beachten Sie die Eigenschaft der Frequenzanteile der Feldoperatoren hinsichtlich Erzeugung und Vernichtung, und diskutieren Sie die Impulsbilanz über die Integration

$$\int d^4x_1\,\overline{\psi}_\alpha^{(-)}(x_1)\psi_\beta^{(+)}(x_1)A_\mu^{(-)}(x_1)\ ,$$

wo zum Beispiel

$$\psi_\beta^{(+)}(x_1) = \frac{1}{(2\pi)^{3/2}}\sum_r\int\frac{d^3\mathbf{p}_1}{2p_1^0}\,e^{-ip_1\cdot x_1}u^r(\mathbf{p}_1)b_r(\mathbf{p}_1)\ .$$

Wählen Sie für das einlaufende Teilchen das Ruhsystem und beachten Sie die Masselosigkeit des Photons.

Feynman-Graphen im Ortsraum

Die Diskussion der Eigenschaften der Operatoren im Impulsraum in Kapitel 5 führte zu den Aussagen, daß die positiven Frequenzanteile der Feldoperatoren $\psi(x)$, $\overline{\psi}(x)$ und $A^\mu(x)$ Vernichtungsoperatoren, die negativen dagegen Erzeugungsoperatoren sind. Die Kontraktion zweier Operatoren definierte die Feynman-Propagatoren, die als Vertauschungsfunktionen von der Differenz der vierdimensionalen Koordinaten abhängen.

Nach Feynman übersetzt man diese Eigenschaften der Feldoperatoren in eine Graphensprache im Ortsraum, die wir in diesem Abschnitt zusammenstellen wollen.

(i) Dirac-Teilchen

In der Dirac-Theorie sind Teilchen (z. B. Elektron) und Antiteilchen (z. B. Positron) zu unterscheiden, die in der Graphensprache durch unterschiedlich gerichtete Linien charakterisiert werden, die im Punkt x angreifen. Nach Gl. (5.73) unterscheiden wir folgende Frequenzanteile:

- Teilchenoperatoren

$\psi^{(+)}(x)$ vernichtet ein Teilchen, $\overline{\psi}^{(-)}(x)$ erzeugt ein Teilchen in x. Diesen Eigenschaften werden nach Feynman folgende Graphen zugeordnet:

$\psi^{(+)}(x) \triangleq$ Vernichtungsoperator

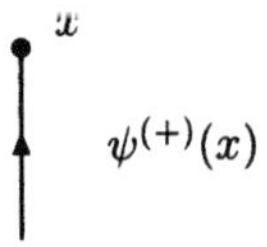

$\overline{\psi}^{(-)}(x) \triangleq$ Erzeugungsoperator

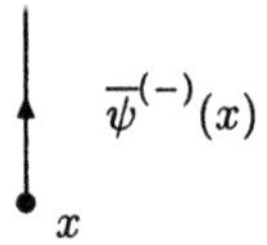

- Antiteilchenoperatoren

Sie werden in analoger Weise wie die Teilchenoperatoren, aber mit entgegengerichteten Linien in die Graphensprache übersetzt.

$\overline{\psi}^{(+)}(x) \triangleq$ Vernichtungsoperator

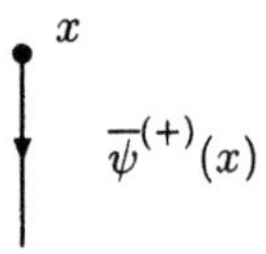

$\psi^{(-)}(x) \triangleq$ Erzeugungsoperator

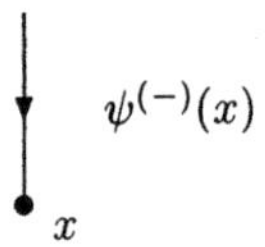

- Kontraktion

Die Kontraktion als c-Zahl-Funktion, abhängig von der Differenz zweier vierdimensionaler Koordinaten, wird in der Graphensprache durch eine gerichtete Linie zwischen diesen Punkten dargestellt. Der algebraische Ausdruck ist nach Gl. (7.78) und (7.79) bis auf einen Faktor der Feynman-Propagator, den man auch als Ausbreitungsfunktion bezeichnet.

$$\underbrace{\psi_\alpha(x)\overline{\psi}_\beta(y)} = -\underbrace{\overline{\psi}_\beta(y)\psi_\alpha(x)} = -\frac{1}{2}S_{\mathrm{F}\alpha\beta}(x-y) \quad \longrightarrow \tag{7.95}$$

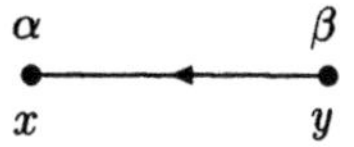

Die Zuordnung des Propagators S_F erfolgt konventionell zur Teilchenlinie. Wir werden auf diesen Punkt bei der Zusammenstellung der Feynman-Regeln im Ortsraum zurückkommen. Als Regel gilt, daß Fermionlinien stets durchlaufende Linien gleicher Richtung sind.

(ii) Photon

Die Operatoren und die Kontraktion des hermiteschen Photonfeldes werden nach Feynman durch Wellenlinien ohne Richtungsangabe dargestellt.

Äußeres Feld[3] $A^{\mu,\mathrm{ex}}(x) \longrightarrow$

$A^{\mu(+)}(x) \mathrel{\hat{=}}$ Vernichtungsoperator $\longrightarrow$

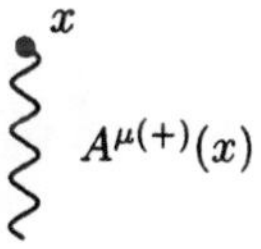

$A^{\mu(-)}(x) \mathrel{\hat{=}}$ Erzeugungsoperator $\longrightarrow$

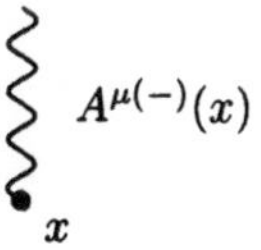

- Kontraktion

$$\underbrace{A^\mu(x)A^\nu(y)} = -\frac{1}{2}g^{\mu\nu}D_\mathrm{F}(x-y) \quad \longrightarrow$$

[3] Der Kreis am Ende der Wellenlinie für den Fall des äußeren Feldes symbolisiert ein klassisches Streuzentrum, z. B. ein klassisches stationäres Feld. Siehe dazu [BoSh 80].

Als Beispiel für einen Prozeß 2. Ordnung wollen wir den zweiten Summanden des T-Produktes von Gl. (7.94), multipliziert mit dem Photonanteil nach (7.93), betrachten, also

$$\mathcal{N}(\underbrace{\overline{\psi}_\alpha(x_1)\psi_\beta(x_1)\overline{\psi}_\rho(x_2)\psi_\sigma(x_2)}) \left\{ \begin{matrix} \mathcal{N}(A_\mu(x_1)A_\nu(x_2)) \\ \underbrace{A_\mu(x_1)A_\nu}(x_2) \end{matrix} \right\} (\gamma^\mu)_{\alpha\beta}(\gamma^\nu)_{\rho\sigma} . \tag{7.96}$$

• Dirac-Sektor

Es liegt eine Dirac-Kontraktion $\underbrace{\overline{\psi}_\alpha(x_1)\psi_\sigma(x_2)} = +\frac{1}{2}S_{\mathrm{F}\sigma\alpha}(x_2 - x_1)$ vor und das Normalprodukt von

$$\psi_\beta(x_1) = \psi_\beta^{(+)}(x_1) + \psi_\beta^{(-)}(x_1), \quad \overline{\psi}_\rho(x_2) = \overline{\psi}_\rho^{(+)}(x_2) + \overline{\psi}_\rho^{(-)}(x_2) .$$

Im Dirac-Sektor treten somit folgende Kombinationen auf:

$$\mathcal{N}(\cdots) \simeq \left\{ \begin{matrix} \psi_\beta^{(+)}(x_1) \\ \psi_\beta^{(-)}(x_1) \\ \overline{\psi}_\rho^{(-)}(x_2) \\ \psi_\beta^{(-)}(x_1) \end{matrix} \right\} \underbrace{\overline{\psi}_\alpha(x_1)\psi_\sigma(x_2)} \left\{ \begin{matrix} \overline{\psi}_\rho^{(+)}(x_2) \\ \overline{\psi}_\rho^{(+)}(x_2) \\ \psi_\beta^{(+)}(x_1) \\ \overline{\psi}_\rho^{(-)}(x_2) \end{matrix} \right\}$$

$$\uparrow$$

$$+\frac{1}{2}S_{\mathrm{F}\sigma\alpha}(x_2 - x_1) \mathrel{\hat{=}}$$

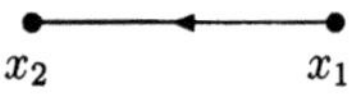

Im folgenden Beispiel bedeuten:

$$\overline{\psi}_\rho^{(-)}(x_2)\psi_\beta^{(+)}(x_1)\frac{1}{2}S_{\mathrm{F}\sigma\alpha}(x_2 - x_1)$$

erzeugt e^- in x_2 (zu $\overline{\psi}_\rho^{(-)}(x_2)$)

vernichtet e^- in x_1 (zu $\psi_\beta^{(+)}(x_1)$)

innere Linie von x_1 nach x_2 (zu $\frac{1}{2}S_{\mathrm{F}\sigma\alpha}(x_2 - x_1)$)

Dem entspricht als Teilgraph des Prozesses

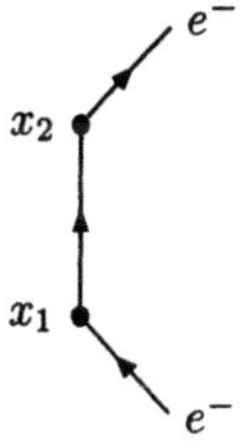

• Photonsektor (quantisiertes Feld)

Wir wollen den Normalproduktanteil von Gl. (7.96) betrachten, der folgende Operatorprodukte enthält:

$$\begin{aligned}\mathcal{N}(A_\mu(x_1)A_\nu(x_2)) &= A_\mu^{(+)}(x_1)A_\nu^{(+)}(x_2) + A_\mu^{(-)}(x_1)A_\nu^{(-)}(x_2) \\ &\quad + A_\mu^{(-)}(x_1)A_\nu^{(+)}(x_2) + A_\nu^{(-)}(x_2)A_\mu^{(+)}(x_1) \ .\end{aligned}$$

Wählen wir daraus $A_\mu^{(-)}(x_1)A_\nu^{(+)}(x_2)$ als Beispiel, so bedeutet diese Kombination

$$A_\mu^{(-)}(x_1)A_\nu^{(+)}(x_2)$$

↗ erzeugt Photon in x_1 ↖ vernichtet Photon in x_2

Der zugehörige Teilgraph ist

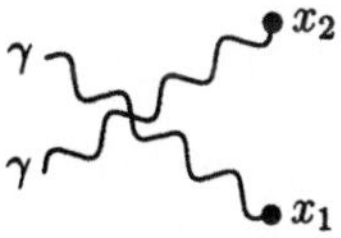

Setzen wir nun beide Teilgraphen zusammen, so erhalten wir für diesen ausgewählten Prozeß 2. Ordnung den der sog. *Compton-Streuung* zugehörigen Graphen

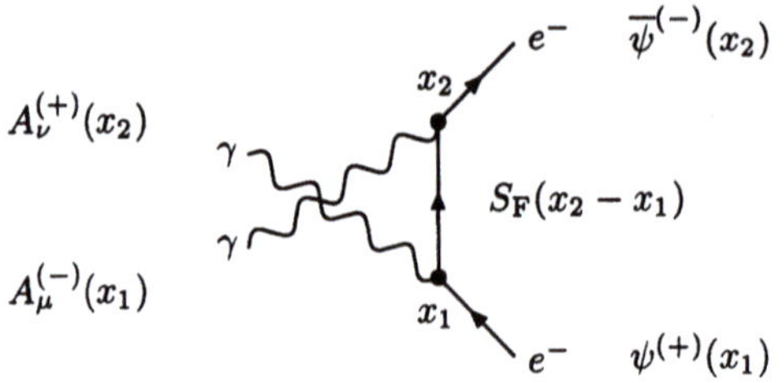

Compton-Streuung

Der entsprechende Graph von (7.96) mit der Kontraktion $\underbrace{A_\mu(x_1)A_\nu(x_2)}$ des Photonfeldes beschreibt die sog. *Fermionselbstenergie* mit dem Graphen

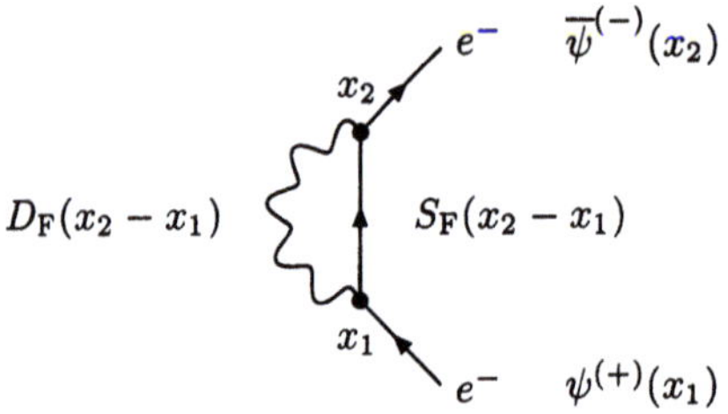

Fermionselbstenergie

Feynman-Regeln im Ortsraum

An den Feynman-Graphen für Compton-Streuung und Fermionselbstenergie haben wir die Zuordnungen von Linien und algebraischen Ausdrücken angedeutet. Allgemein gelten folgende Feynman-Regeln zur Berechnung des Streuoperators im Ortsraum, wobei die Statistik, die durch die Normalordnung eingeht, üblicherweise erst für die Regeln im Impulsraum berücksichtigt wird.

- Einen Faktor $(-i)^n$ für ein Diagramm n-ter Ordnung.[4]
- Einen Faktor $q(\gamma^\mu)_{\alpha\beta}$ für jeden Eckpunkt (*Vertex*), wo q die Ladung des wechselwirkenden Fermions ist ($q = -e$, $e > 0$, für das Elektron).
- Den Propagator $-S_{F\alpha\beta}(x_i - x_j)/2$ für eine innere Fermionlinie, gerichtet von x_j nach x_i.

[4]Der Faktor $1/n!$ hebt sich wegen der Existenz von $n!$ topologisch äquivalenter Graphen als Folge des Wick-Theorems heraus. Siehe dazu Anmerkung (i) im Anschluß.

- Den Propagator $-g_{\mu\nu}D_{\mathrm{F}}(x_i - x_j)/2$ für eine innere Photonlinie und Kontraktion mit γ^μ, γ^ν an den Punkten x_i, x_j.
- Erzeugungs- bzw. Vernichtungsoperatoren $\psi^{(\mp)}$, $\overline{\psi}^{(\mp)}$, $A_\mu^{(\mp)}$ für äußere Fermion- und Photonlinien, bzw. A_μ^{ex} bei Ankopplung an ein klassisches Photonfeld.
- Einen Faktor (-1) für jede geschlossene Fermionlinie.[5]
- Integration über alle $x_i^\mu = \{x_i^0; \mathbf{x}_i\}$.

Anmerkungen:

(i) Die Entwicklung des gemischten T-Produktes nach dem Wick-Theorem enthält alle möglichen Kontraktionen von je 2 Operatoren, ausgenommen die der bereits normalgeordneten. Das führt dazu, daß $n!$ Summanden gleicher Struktur auftreten, die sich lediglich durch Permutation der Koordinaten $x_i^\mu, x_j^\mu, \ldots$ unterscheiden. Da über die x_i^μ integriert wird, beschreiben solche topologisch äquivalenten Graphen dieselben physikalischen Prozesse und werden deshalb in der Sprache der Feynman-Graphen nur einmal gezählt. Diese Aussage gilt nicht für einen Graphen ohne äußere Linien, der sogenannte *Vakuumpolarisationen* beschreibt. Siehe dazu [SCH 61], Abschnitt 14.6.

(ii) Als Folge der Fermi-Statistik gilt nach Gl. (7.76) mit der Definition (7.79)

$$\underbrace{\psi_\alpha(x)\overline{\psi}_\beta(y)} = -\underbrace{\overline{\psi}_\beta(y)\psi_\alpha(x)}$$

$$:= -\frac{1}{2}S_{\mathrm{F}\alpha\beta}(x-y)\ ,$$

wobei dem Propagator $S_{\mathrm{F}}(x-y)$ eine gerichtete Fermionlinie von y nach x zugeordnet ist. Eine geschlossene Fermionlinie wird z. B. durch folgenden Graphen 2. Ordnung beschrieben:

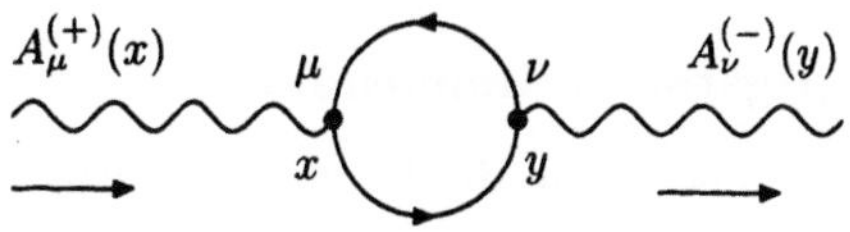

[5]Diese Regel ist eine Folge der Fermi-Statistik und der 3. Feynman-Regel, nach der der Propagator für eine Fermionlinie und nicht für eine Antifermionlinie definiert wird. Siehe dazu Anmerkung (ii).

Es laufen sowohl eine innere Fermionlinie als auch eine innere Antifermionlinie von x nach y oder umgekehrt, der Propagator beschreibt aber per definitionem die innere Fermionlinie.

Die inneren Dirac-Linien sind proportional dem algebraischen Ausdruck

$$\mathcal{N}(\underbrace{\overline{\psi}_\alpha(x)\,\underbrace{\psi_\beta(x)\overline{\psi}_\rho(y)}\psi_\sigma(y)})\sim\underbrace{\overline{\psi}_\alpha(x)\psi_\sigma(y)}\,\underbrace{\psi_\beta(x)\overline{\psi}_\rho(y)}\ ,$$

mit

$$\underbrace{\psi_\beta(x)\overline{\psi}_\rho(y)}=-\frac{1}{2}S_{\mathrm{F}\beta\rho}(x-y)\triangleq\text{Linie von } y \text{ nach } x\ ,$$

$$\begin{aligned}\underbrace{\overline{\psi}_\alpha(x)\psi_\sigma(y)}&=-\underbrace{\psi_\sigma(y)\overline{\psi}_\alpha(x)}\\&=-\left\{-\frac{1}{2}S_{\mathrm{F}\sigma\alpha}(y-x)\right\}\triangleq\text{Linie von } x \text{ nach } y\ .\end{aligned}$$

Das *overall*-Minusvorzeichen im zweiten Term wird durch die Feynman-Regeln aber nicht mitgezählt. Dieses relative Vorzeichen, daß die Antifermionlinie charakterisiert, wird als gesonderte 6. Feynman-Regel aufgenommen.

Übungsaufgaben

7.4 Zeigen Sie, daß der dritte Summand von Gl. (7.94), zusammen mit dem Photonanteil, einen zur Compton-Streuung diskutierten topologisch äquivalenten Beitrag enthält.

Feynman-Regeln im Impulsraum

Zur praktischen Berechnung von Wirkungsquerschnitten sind die Matrixelemente des Streuoperators im Impulsraum zu bestimmen. Es sind somit die Fourier-Transformierten von Operatoren und Vertauschungsfunktionen zu berechnen.

(i) Feynman-Propagator im Impulsraum

Die Feynmanschen Vertauschungsfunktionen, die den inneren Linien bestimmter Prozesse der QED im Ortsraum zuzuordnet sind, waren nach Gl. (7.79) und (7.80) definiert durch die Relationen

$$S_\mathrm{F}(x)=2i\{\Theta(x^0)S^{(+)}(x)-\Theta(-x^0)S^{(-)}(x)\}\ , \tag{7.97}$$

$$D_F(x) = 2i\{\Theta(x^0)D^{(+)}(x) - \Theta(-x^0)D^{(-)}(x)\} \ . \tag{7.98}$$

Darin sind nach (5.82) und (5.126)

$$\begin{aligned} S(x) &= S^{(+)}(x) + S^{(-)}(x) \\ &= i(i\gamma^\mu\partial_\mu + m\mathbb{1})\frac{1}{(2\pi)^3}\int\limits_{p^0>0,\ p^2=m^2} \frac{d^3\mathbf{p}}{2p^0}(e^{-ip\cdot x} - e^{+ip\cdot x}) \ , \end{aligned} \tag{7.99}$$

$$\begin{aligned} D(x) &= D^{(+)}(x) + D^{(-)}(x) \\ &= -\frac{i}{(2\pi)^3}\int\limits_{k^0>0,\ k^0=|\mathbf{k}|} \frac{d^3\mathbf{k}}{2k^0}(e^{-ik\cdot x} - e^{+ik\cdot x}) \ . \end{aligned} \tag{7.100}$$

Definieren wir durch

$$\Delta(x) := -\frac{i}{(2\pi)^3}\int\limits_{p^0>0,\ p^2=m^2} \frac{d^3\mathbf{p}}{2p^0}(e^{-ip\cdot x} - e^{+ip\cdot x}) \tag{7.101}$$

eine neue Vertauschungsfunktion $\Delta(x)$[6], so sind $S(x)$ und $D(x)$ definiert durch

$$S(x) = -(i\gamma^\mu\partial_\mu + m\mathbb{1})\Delta(x) \ , \tag{7.102}$$

$$D(x) = \Delta(x; m^2 = 0) \ . \tag{7.103}$$

Der Funktion $\Delta(x)$ entspricht als Feynman-Propagator $\Delta_F(x)$ in Analogie zu (7.97) und (7.98)

$$\Delta_F(x) = 2i\{\Theta(x^0)\Delta^{(+)}(x) - \Theta(-x^0)\Delta^{(-)}(x)\} \ , \tag{7.104}$$

mit

$$\Delta^{(\pm)}(x) = \mp\frac{i}{(2\pi)^3}\int\limits_{p^0>0,\ p^2=m^2} \frac{d^3\mathbf{p}}{2p^0}e^{\mp ip\cdot x} \ . \tag{7.105}$$

---

[6] $\Delta(x)$ stellt die Vertauschungsfunktion skalarer Felder dar.

Die Definition (7.104) für $\Delta_F(x)$ erlaubt, alle Feynman-Funktionen kovariant zu formulieren, woraus man als Fourier-Transformierte die *Feynman-Propagatoren* im Impulsraum als invariante Funktionen erhält. Eine wichtige Voraussetzung für die invariante Darstellung ist die Eigenschaft des Viererimpulses $p^\mu = \{p^0; \mathbf{p}\}$ für physikalische Teilchen mit $p^2 = m^2 \geqslant 0$ zeit- oder lichtartig zu sein, wonach wegen

$$p^2 = {p^0}^2 - |\mathbf{p}|^2 = (|p^0| - |\mathbf{p}|)(|p^0| + |\mathbf{p}|) \geqslant 0$$

$|p^0| \geqslant |\mathbf{p}|$ nach oben unbeschränkt bleibt. Für raumartige Vierervektoren ($p^2 < 0$) gilt dagegen $|p^0| < |\mathbf{p}|$, und $d^3\mathbf{p}/2p^0$ läßt sich nicht mehr als invariantes Volumenelement interpretieren. Invarianz wird in diesem Zusammenhang stets gegenüber eigentlichen Lorentz-Transformationen verstanden, unter denen die Nullkomponente eines Vierervektors invariant ist.

Zur invarianten Darstellung der Feynman-Funktion $\Delta_F(x)$ gelangt man über die Identität

$$\frac{1}{2p^0}\Big/_{p^0>0} \equiv \int\limits_{-\infty}^{+\infty} dp^0\, \Theta(p^0)\delta(p^2 - m^2) \tag{7.106}$$

mit

$$\delta(p^2 - m^2)$$
$$= \frac{1}{2|p^0|}\left(\delta(p^0 - \sqrt{\mathbf{p}^2 + m^2}) + \delta(p^0 + \sqrt{\mathbf{p}^2 + m^2})\right),\ p^2 = {p^0}^2 - \mathbf{p}^2 ,$$

als Eigenschaft der δ-Funktion.

Mit (7.106) erhalten wir für die Frequenzanteile $\Delta^{(\pm)}(x)$ nach Gl. (7.105) die Darstellungen

$$\Delta^{(+)}(x) = -\frac{i}{(2\pi)^3}\int d^4p\, \Theta(p^0)\delta(p^2 - m^2)e^{-ip\cdot x} , \tag{7.107}$$

$$\Delta^{(-)}(x) = +\frac{i}{(2\pi)^3}\int d^4p\, \Theta(p^0)\delta(p^2 - m^2)e^{+ip\cdot x} , \tag{7.108}$$

aus denen wegen $z\delta(z) = 0$ sofort ersichtlich ist, daß $\Delta(x)$ der freien Klein-Gordon-Gleichung genügt.

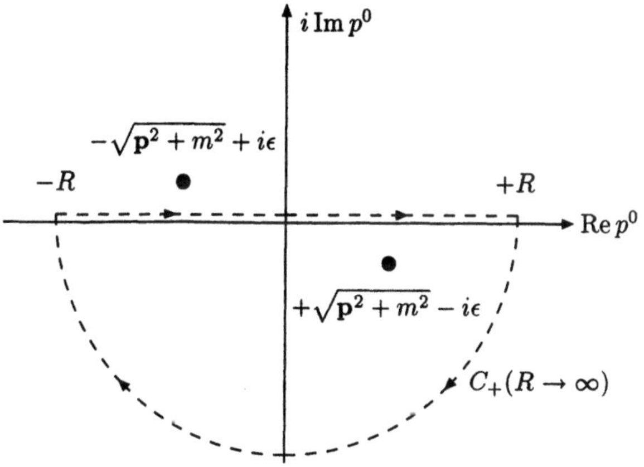

Abb. 7.1 Integrationsweg in der komplexen p^0-Ebene.

Zur Feynman-Funktion $\Delta_F(x)$ trägt nach (7.104) der positive Frequenzanteil $\Delta^{(+)}(x)$ nur für $x^0 > 0$ bei, der negative Anteil $\Delta^{(-)}(x)$ dagegen nur für $x^0 < 0$. Das hat zur Folge, daß sich $\Delta_F(x)$ über ein Cauchy-Integral in der komplexen p^0 Ebene mit definierter Integrationskontur darstellen läßt. Für die Herleitung dieser Darstellung wollen wir uns auf die Diskussion der Funktion $\Delta^{(+)}(x)$ für $x^0 > 0$ beschränken.

- $\Delta^{(+)}(x)$ für $x^0 > 0$

Wir wollen folgende Behauptung beweisen: $\Delta^{(+)}(x)$ läßt sich für $x^0 > 0$ durch das Integral

$$\Delta^{(+)}(x)_{/x^0>0} = \frac{1}{(2\pi)^4}\int_{C_+} d^4p\, \frac{e^{-ip\cdot x}}{(p^2-m^2+i\epsilon)}_{\epsilon\to+0} \tag{7.109}$$

darstellen. Darin ist C_+ die in Abb. 7.1 angegebene Integrationskontur in der komplexen p^0-Ebene. $p^0_{1,2}$, gegeben durch

$$p^0_{1,2} = \mp\sqrt{\mathbf{p}^2+m^2} \pm i\epsilon, \quad \epsilon \to +0\ , \tag{7.110}$$

sind Pole erster Ordnung für die komplexe Variable p^0 des Integranden in Gl. (7.109).

Beweis: Damit das Integral über den Halbkreis von C_+ in der p^0-Ebene für $R \to \infty$ verschwindet, ist an den Exponenten der e-Funktion in (7.109) die Bedingung zu stellen

$$-i(i\,\mathrm{Im}\,p^0)x^0 = (\mathrm{Im}\,p^0)x^0 < 0\;,$$

also für $x^0 > 0$

$$\mathrm{Im}\,p^0 < 0\;.$$

Die Integrationskontur ist somit zwingend in der unteren p^0-Ebene zu schließen.

Die Nullstellen des Nenners von (7.109) ergeben sich aus

$$\begin{aligned} p^2 - m^2 + i\epsilon &= {p^0}^2 - (\mathbf{p}^2 + m^2 - i\epsilon) \\ &= (p^0 - \sqrt{\mathbf{p}^2 + m^2 - i\epsilon})(p^0 + \sqrt{\mathbf{p}^2 + m^2 - i\epsilon})_{\epsilon \to +0} \\ &:= (p^0 - p_2^0)(p^0 - p_1^0) \end{aligned}$$

zu

$$\begin{aligned} p_{1,2}^0 &= \mp\sqrt{\mathbf{p}^2 + m^2 - i\epsilon} \\ &\simeq \mp\sqrt{\mathbf{p}^2 + m^2} \pm i\epsilon', \quad \epsilon' \to +0\;. \end{aligned} \tag{7.111}$$

Integrationskontur und Pole entsprechen folglich der Abb. 7.1.

Innerhalb der Kontur C_+ liegt nur der Pol p_2^0, der vom Integrationsweg C_+ mathematisch negativ umlaufen wird. Folglich ergibt die Integration über p^0 nach dem Residuensatz

$$\begin{aligned} &\int\limits_{C_+(R\to\infty)} dp^0 \left.\frac{e^{-ip^0x^0}}{(p^0 - p_1^0)(p^0 - p_2^0)}\right|_{x^0>0} \\ &= -2\pi i\,\mathrm{Res}(p^0 = p_2^0) = -2\pi i \frac{e^{-ip_2^0x^0}}{p_2^0 - p_1^0}\;, \end{aligned}$$

und mit $p_{1,2}^0$ nach (7.110)

$$\int\limits_{C_+(R\to\infty)} dp^0 \left.\frac{e^{-ip^0x^0}}{p^2 - m^2 + i\epsilon}\right|_{\substack{x^0>0\\ \epsilon\to+0}} = -2\pi i \left.\frac{e^{-ip^0x^0}}{2p^0}\right|_{p^0=\sqrt{\mathbf{p}^2+m^2}}\;.$$

Da der Beitrag über den Halbkreis von C_+ im Limes $R \to \infty$ verschwindet, ergibt sich für $\Delta^{(+)}(x)$ nach Gl. (7.109)

$$\Delta^{(+)}(x)_{/x^0>0}$$

$$= \frac{1}{(2\pi)^4} \int d^3\mathbf{p} \left\{ \int\limits_{-\infty}^{+\infty} dp^0 \, \frac{e^{-ip^0 x^0}}{p^2 - m^2 + i\epsilon} \right\}_{\substack{x^0>0 \\ \epsilon\to+0}} e^{+i\mathbf{p}\cdot\mathbf{x}} \Bigg|_{p^0=+\sqrt{\mathbf{p}^2+m^2}>0}$$

$$= -\frac{i}{(2\pi)^3} \int\limits_{p^0>0} \frac{d^3\mathbf{p}}{2p^0} \, e^{-ip\cdot x}$$

in Übereinstmmung mit Gl. (7.105), q.e.d.

In Analogie beweist man für den Frequenzanteil $\Delta^{(-)}(x)$ im Bereich $x^0 < 0$ die Darstellung

$$\Delta^{(-)}(x)_{/x^0<0} = -\frac{1}{(2\pi)^4} \int\limits_{C_-} d^4p \, \frac{e^{-ip\cdot x}}{(p^2 - m^2 + i\epsilon)}_{\epsilon\to+0} \qquad (7.112)$$

mit der Integrationskontur C_-:

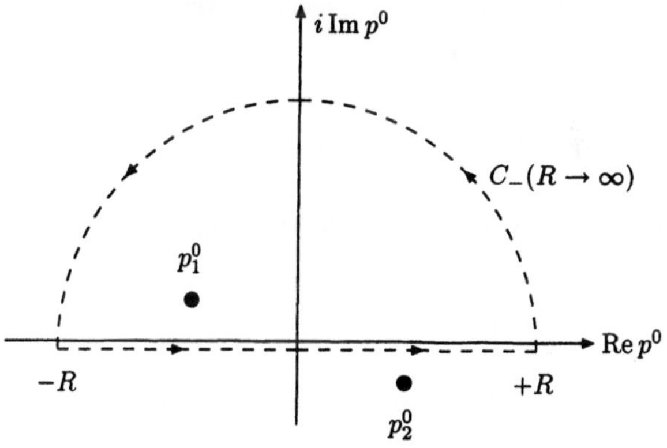

• Die Feynman-Funktion $\Delta_F(x)$

Aus der Definition von $\Delta_F(x)$ nach Gl. (7.104) folgt mit den Integraldarstellungen (7.109) und (7.112) für die Frequenzanteile $\Delta^{(\pm)}(x)$

- $\Delta_F(x) = 2i\Delta^{(+)}(x)$ für $x^0 > 0$ mit C_+ in der unteren p^0-Halbebene geschlossen,
- $\Delta_F(x) = -2i\Delta^{(-)}(x)$ für $x^0 < 0$ mit C_- in der oberen p^0-Halbebene geschlossen.

Da die Beiträge über die Halbkreise für $R \to \infty$ verschwinden, gilt für die Feynman-Funktion die Darstellung

$$\Delta_F(x) = \frac{2i}{(2\pi)^4} \int_{C_F} d^4p \, \frac{e^{-ip\cdot x}}{(p^2 - m^2 + i\epsilon)}_{\epsilon \to +0}$$

mit der Kontur C_F:

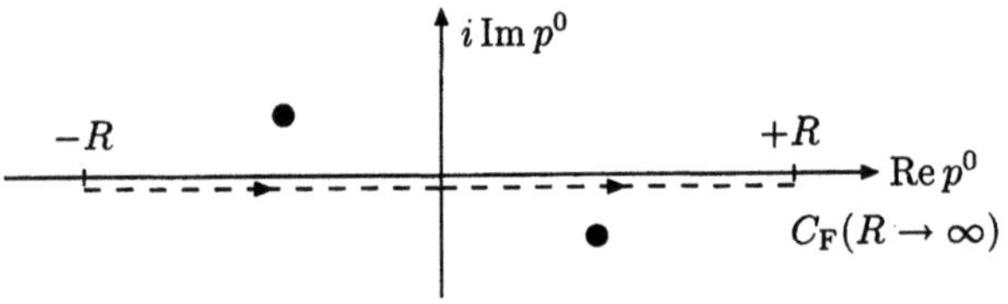

Die Kontur C_F stellt somit die ganze reelle p^0-Achse dar, wonach in üblicher Schreibweise

$$\Delta_F(x) = \frac{2i}{(2\pi)^4} \int d^4p \, \frac{e^{-ip\cdot x}}{(p^2 - m^2 + i\epsilon)}_{\epsilon \to +0} . \tag{7.113}$$

Definieren wir die Fourier-Transformierte $\tilde{\Delta}_F(p)$ von $\Delta_F(x)$ durch

$$\Delta_F(x) = \frac{1}{(2\pi)^4} \int d^4p \, \tilde{\Delta}_F(p) e^{-ip\cdot x} , \tag{7.114}$$

so lautet der Feynman-Propagator im Impulsraum

$$\tilde{\Delta}_F(p) = \frac{2i}{(p^2 - m^2 + i\epsilon)}_{\epsilon \to +0} . \tag{7.115}$$

• Die Feynman-Funktionen $S_F(x)$ und $D_F(x)$

Die Feynman-Funktionen von Dirac-Teilchen und Photon ergeben sich nach Gl. (7.102) und (7.103), wenn wir dort $\Delta(x)$ durch $\Delta_F(x)$ ersetzen. Somit erhalten wir als invariante Darstellung für die Fermionen aus Gl. (7.113)

$$\begin{aligned} S_F(x) &= -(i\gamma^\mu\partial_\mu + m\mathbb{1})\Delta_F(x) \\ &= -\frac{2i}{(2\pi)^4}\int d^4p\, \frac{(\not{p} + m\mathbb{1})e^{-ip\cdot x}}{(p^2 - m^2 + i\epsilon)}_{\epsilon\to+0} \\ &:= \frac{1}{(2\pi)^4}\int d^4p\, \tilde{S}_F(p)e^{-ip\cdot x} , \end{aligned} \tag{7.116}$$

und für das Photon

$$\begin{aligned} D_F(x) &= \Delta_F(x; m^2 = 0) \\ &= \frac{2i}{(2\pi)^4}\int d^4p\, \frac{e^{-ip\cdot x}}{(p^2 + i\epsilon)}_{\epsilon\to+0} \\ &:= \frac{1}{(2\pi)^4}\int d^4p\, \tilde{D}_F(p)e^{-ip\cdot x} , \end{aligned} \tag{7.117}$$

woraus wir als Propagatoren im Impulsraum ablesen

$$\tilde{S}_F(p) = -2i\frac{\not{p} + m\mathbb{1}}{(p^2 - m^2 + i\epsilon)_{\epsilon\to+0}} , \quad \not{p} = \gamma^\mu p_\mu , \tag{7.118}$$

$$\tilde{D}_F(p) = \frac{2i}{(p^2 + i\epsilon)_{\epsilon\to+0}} . \tag{7.119}$$

In Anhang C.4 werden wir ein Verfahren entwickeln, das ausgehend von der nichtrelativistischen Störungstheorie, die Berechnung der Impulsraumpropagatoren aus den Wellengleichungen gestattet. Darüberhinaus gibt dieses Verfahren einen Hinweis darauf, daß die sogenannten *Vertexfaktoren* (in der QED der Faktor $-iq\gamma^\mu$ an jedem Eckpunkt) durch $i\mathcal{L}_{WW}(x)$ bestimmt sind, wo $\mathcal{L}_{WW}(x)$ die Lagrange-Dichte der Wechselwirkung ist.

(ii) Beispiele für den Streuoperator in 2. Ordnung

Die Feynman-Regeln im Impulsraum ergeben sich aus denen im Ortsraum durch Fourier-Transformation. In der Dyson-Entwicklung des Streuoperators werden Operatoren und Propagatoren (d. h. die Kontraktionen) durch ihre Fourier-Darstellungen ersetzt und die Integration über d^4x_n ausgeführt. An zwei Beispielen von Streuprozessen 2. Ordnung wollen wir die Herleitung der Feynman-Regeln im Impulsraum plausibel machen.

• Elektron-Elektron- und Elektron-Positron-Streuung

Der e^-e^-- bzw. e^-e^+-Streuung in 2. Ordnung entsprechen als Feynman-Graphen im Ortsraum die folgenden Diagramme:

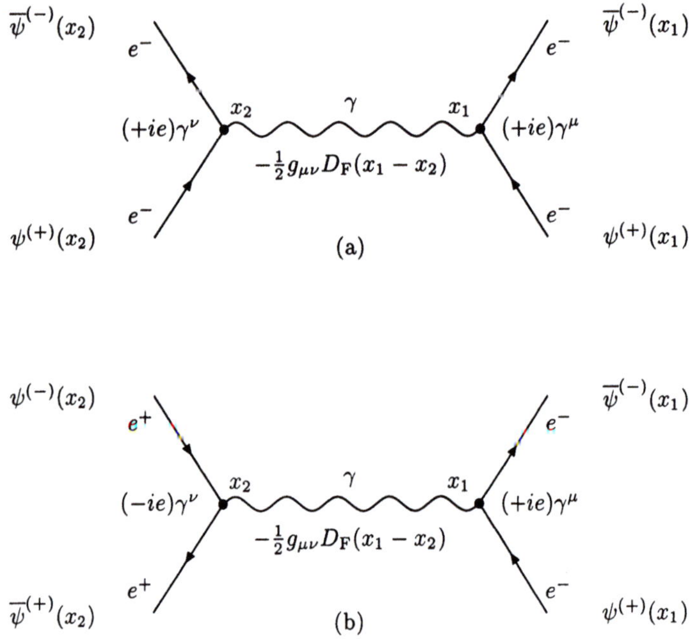

Abb. 7.2 Beiträge zur e^-e^-- (a) und e^-e^+-Streuung (b) in 2. Ordnung.

In der Abbildung haben wir für innere Linien und Vertices die Feynman-Regeln im Ortsraum notiert und $q = -(+)e$ für das Elektron (Positron) eingesetzt. Beim Übergang zum Impulsraum werden wir darauf eingehen, daß zu beiden Prozessen noch ein zweiter Feynman-Graph beiträgt.

Da 4 Dirac-Teilchen ein- bzw. auslaufen, das Photon ausgetauscht wird, ist der maßgebliche Term des gemischten T-Produktes nach (7.92)–(7.94)

$$T\{\mathcal{N}(\cdots)\mathcal{N}(\cdots)\} \Rightarrow \mathcal{N}(\overline{\psi}(x_1)\gamma^\mu\psi(x_1)\overline{\psi}(x_2)\gamma^\nu\psi(x_2))\,\underbrace{A_\mu(x_1)A_\nu(x_2)}.$$

Damit ergeben sich als zugeordnete Streuoperatoren 2. Ordnung in der Dyson-Entwicklung nach Gl. (7.90) (zum Faktor 1/2! siehe Fußnote 4 zu den Feynman-Regeln)

$$\begin{aligned} e^-e^-:\quad \mathcal{S}_2^{e^-e^-} &= (-iq)^2\int d^4x_1\int d^4x_2 \\ &\times \mathcal{N}(\overline{\psi}_\alpha^{(-)}(x_1)\gamma^\mu_{\alpha\beta}\psi_\beta^{(+)}(x_1)\overline{\psi}_\rho^{(-)}(x_2)\gamma^\nu_{\rho\sigma}\psi_\sigma^{(+)}(x_2)) \\ &\times (-\frac{1}{2}g_{\mu\nu}D_\mathrm{F}(x_1-x_2))\ , \end{aligned} \tag{7.120}$$

$$\begin{aligned} e^-e^+:\quad \mathcal{S}_2^{e^-e^+} &= (-iq)^2\int d^4x_1\int d^4x_2 \\ &\times \mathcal{N}(\overline{\psi}_\alpha^{(-)}(x_1)\gamma^\mu_{\alpha\beta}\psi_\beta^{(+)}(x_1)\overline{\psi}_\rho^{(+)}(x_2)\gamma^\nu_{\rho\sigma}\psi_\sigma^{(-)}(x_2)) \\ &\times (-\frac{1}{2}g_{\mu\nu}D_\mathrm{F}(x_1-x_2))\ . \end{aligned} \tag{7.121}$$

Der Vergleich von (7.120) mit (7.121) zeigt, daß durch die Normalordnung am Positronvertex ein relatives Vorzeichen gegenüber der e^-e^--Streuung auftritt. Dies entspricht der Feynman-Regel $(-iq)$, $q = \mp e$, die wir im Diagramm bereits berücksichtigten. Für die Matrixelemente $\mathcal{M}_2$ der Streuoperatoren

$$\mathcal{M}_2^{e^-e^-} = {}^{e^-e^-}\langle\phi_\mathrm{aus}|\,\mathcal{S}_2^{e^-e^-}\,|\phi_\mathrm{ein}\rangle^{e^-e^-}\ , \tag{7.122}$$

$$\mathcal{M}_2^{e^-e^+} = {}^{e^-e^+}\langle\phi_\mathrm{aus}|\,\mathcal{S}_2^{e^-e^+}\,|\phi_\mathrm{ein}\rangle^{e^-e^+} \tag{7.123}$$

sind die ein- bzw. auslaufenden Zustände in der Impuls-Spinbasis nach Gl. (5.49)

$$\begin{aligned} |\phi_\mathrm{ein}\rangle^{e^-e^-} &= |e^-(\mathbf{p}_1,s_1),e^-(\mathbf{q}_1,r_1)\rangle \\ &= \frac{1}{\sqrt{2!}}b^\dagger_{s_1}(\mathbf{p}_1)b^\dagger_{r_1}(\mathbf{q}_1)\,|0\rangle \\ &\equiv -\frac{1}{\sqrt{2!}}b^\dagger_{r_1}(\mathbf{q}_1)b^\dagger_{s_1}(\mathbf{p}_1)\,|0\rangle\ , \end{aligned} \tag{7.124}$$

$$
\begin{aligned}
{}^{e^-e^-}\langle\phi_{\mathrm{aus}}| &= \frac{1}{\sqrt{2!}}\,\langle 0|\, b_{r_2}(\mathbf{q}_2) b_{s_2}(\mathbf{p}_2) \\
&\equiv -\frac{1}{\sqrt{2!}}\,\langle 0|\, b_{s_2}(\mathbf{p}_2) b_{r_2}(\mathbf{q}_2)\ ,
\end{aligned}
\tag{7.125}
$$

bzw.

$$
\begin{aligned}
|\phi_{\mathrm{ein}}\rangle^{e^-e^+} &= \left|e^-(\mathbf{p}_1, s_1), e^+(\mathbf{q}_1, r_1)\right\rangle \\
&= \frac{1}{\sqrt{1!}} b^\dagger_{s_1}(\mathbf{p}_1)\tilde{b}^\dagger_{r_1}(\mathbf{q}_1)\,|0\rangle\ ,
\end{aligned}
\tag{7.126}
$$

$$
{}^{e^-e^+}\langle\phi_{\mathrm{aus}}| = \frac{1}{\sqrt{1!}}\,\langle 0|\, \tilde{b}_{r_2}(\mathbf{q}_2) b_{s_2}(\mathbf{p}_2)\ .
\tag{7.127}
$$

Dabei wurde in Gl. (7.124) und (7.125) berücksichtigt, daß es sich in den Zuständen um identische Teilchen handelt, die experimentell ununterscheidbar sind, und die der Fermi-Statistik – $\{b^\dagger_r(\mathbf{p}), b^\dagger_s(\mathbf{q})\} = 0$ – genügen.

Die Asymmetrie in den Variablen identischer – nicht unterscheidbarer – Fermi-Teilchen hat zur Folge, daß man bei der Berechnung der Matrixelemente alle Graphen nebeneinander berücksichtigen muß, die sich durch eine andere Stellung der am Prozeß beteiligten Teilchen voneinander unterscheiden.

Am Beispiel der e^-e^--Streuung würde das zunächst zu 4 verschiedenen Beiträgen führen, von denen aber je 2 übereinstimmen, wodurch sich im Matrixelement der Faktor $(1/\sqrt{2})^2$ kompensiert. Somit ergibt sich nach (7.124) und (7.125) für den totalen Beitrag

$$
\mathcal{M}_{2,\mathrm{total}}^{e^-e^-} = \mathcal{M}_2^{e^-e^-}(\mathbf{p}_1, s_1; \mathbf{q}_1, r_1|\mathbf{p}_2, s_2; \mathbf{q}_2, r_2) - \mathcal{M}_2^{\mathrm{ex}}(\cdots)\ ,
\tag{7.128}
$$

mit

$$
\mathcal{M}_2^{\mathrm{ex}} = \mathcal{M}_2^{e^-e^-}(\mathbf{p}_1, s_1; \mathbf{q}_1, r_1|\mathbf{q}_2, r_2; \mathbf{p}_2, s_2)
\tag{7.129}
$$

und

$$
\begin{aligned}
&\mathcal{M}_2^{e^-e^-}(\mathbf{p}_1, s_1; \mathbf{q}_1, r_1|\mathbf{p}_2, s_2; \mathbf{q}_2, r_2) \\
&= \langle 0|\, b_{r_2}(\mathbf{q}_2) b_{s_2}(\mathbf{p}_2) \mathcal{S}_2^{e^-e^-} b^\dagger_{s_1}(\mathbf{p}_1) b^\dagger_{r_1}(\mathbf{q}_1)\,|0\rangle\ .
\end{aligned}
\tag{7.130}
$$

Dem Matrixelement $\mathcal{M}_2^{\mathrm{ex}}$ entspricht der Feynman-Graph, in dem die identischen Teilchen des auslaufenden Zustandes miteinander vertauscht sind. Das relative Minuszeichen in Gl. (7.128) ist dabei eine Folge der Fermi-Statistik. Bei identischen Bose-Teilchen ist dagegen die Summe zu bilden.

Zur e^-e^--Streuung tragen somit anstelle des einen Graphen nach Abb. 7.2 (a) die beiden Diagramme

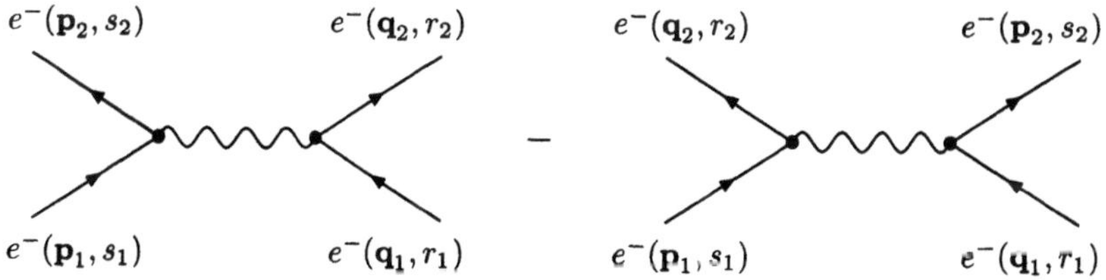

Abb. 7.3 Feynman-Diagramme für $e^-e^- \to e^-e^-$ (Møller-Streuung).

unter Berücksichtigung des relativen Vorzeichens bei. Für die Zustände $|\cdots\rangle$ ist dabei der Normierungsfaktor $1/\sqrt{2}$ fortzulassen, so daß für das folgende die Zwei-Teilchen-Zustände allgemein definiert sind durch

$$|\phi\rangle^{ee} = b_r^\dagger(\mathbf{q}) b_s^\dagger(\mathbf{p})\, |0\rangle \ , \tag{7.131}$$

wobei die Operatoren symbolisch für Teilchen oder Antiteilchen stehen. Die beiden Feynman-Graphen nach Abb. 7.3 beschreiben die sog. *Møller-Streuung.* Für die e^-e^+-Reaktion ist der oben erwähnte zweite Beitrag zum Operator $\mathcal{S}_2^{e^-e^+}$ die e^-e^+-Vernichtung, wonach der totale Prozeß in 2. Ordnung durch die beiden Graphen

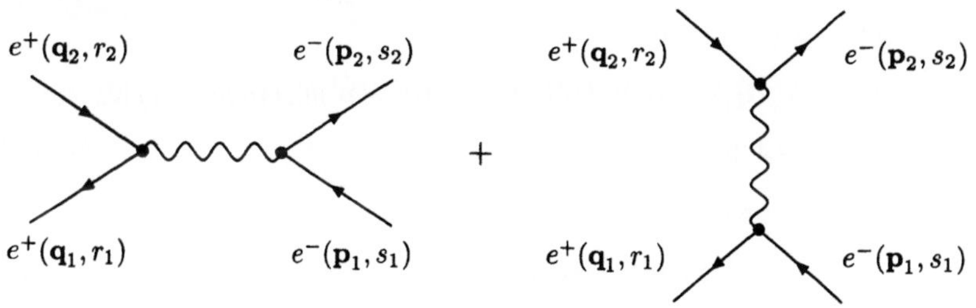

Abb. 7.4 Feynman-Diagramme für $e^-e^+ \to e^-e^+$ (Bhabha-Streuung).

beschrieben wird, deren Matrixelemente aber addiert werden. Dieser Prozeß ist unter dem Namen *Bhabha-Streuung* bekannt.

Zur Berechnung der Matrixelemente (7.122) und (7.123) sind hinsichtlich des Dirac-Anteils die Fourier-Darstellungen der einzelnen Frequenzanteile in (7.120) und (7.121) einzusetzen. Als Beispiel wollen wir die e^-e^+-Streuung betrachten. Die Frequenzanteile der Feldoperatoren sind nach Gl. (5.24) und (5.25)

$$\left.\begin{array}{l}\psi^{(+)}(x) = \\ \psi^{(-)}(x) = \end{array}\right\} \frac{1}{(2\pi)^{3/2}} \sum_{r=1,2} \int \frac{d^3\mathbf{p}}{2p^0} \left\{\begin{array}{l} b_r(\mathbf{p}) u^r(\mathbf{p}) e^{-ip\cdot x} \\ \tilde{b}_r^\dagger(\mathbf{p}) v^r(\mathbf{p}) e^{+ip\cdot x} \end{array}\right. ,$$

$$\left.\begin{array}{l}\overline{\psi}^{(+)}(x) = \\ \overline{\psi}^{(-)}(x) = \end{array}\right\} \frac{1}{(2\pi)^{3/2}} \sum_{r=1,2} \int \frac{d^3\mathbf{p}}{2p^0} \left\{\begin{array}{l} \tilde{b}_r(\mathbf{p}) \bar{v}^r(\mathbf{p}) e^{-ip\cdot x} \\ b_r^\dagger(\mathbf{p}) \bar{u}^r(\mathbf{p}) e^{+ip\cdot x} \end{array}\right. .$$

Für das Matrixelement (7.123) des Operators $\mathcal{S}_2^{e^-e^+}$ nach (7.121) ist mit (7.126) und (7.127) folgender Operatoranteil zu berechnen:

$$\begin{aligned}
&\langle 0|\, \tilde{b}_{r_2}(\mathbf{q}_2) b_{s_2}(\mathbf{p}_2) \mathcal{N}(\overline{\psi}_\alpha^{(-)}(x_1)\psi_\beta^{(+)}(x_1)\overline{\psi}_\rho^{(+)}(x_2)\psi_\sigma^{(-)}(x_2)) b_{s_1}^\dagger(\mathbf{p}_1)\tilde{b}_{r_1}^\dagger(\mathbf{q}_1)\,|0\rangle \\
&= \frac{1}{(2\pi)^6} \sum_{\substack{r,s\\ r',s'}} \int \frac{d\mathbf{p}\, d\mathbf{q}\, d\mathbf{p}'\, d\mathbf{q}'}{2p^0 2q^0 2p'^0 2q'^0} \\
&\times \bar{u}_\alpha^r(\mathbf{p}) u_\beta^s(\mathbf{q}) \bar{v}_\rho^{r'}(\mathbf{p}') v_\sigma^{s'}(\mathbf{q}') e^{ix_1\cdot(p-q)} e^{-ix_2\cdot(p'-q')} \\
&\times \langle 0|\, \tilde{b}_{r_2}(\mathbf{q}_2) b_{s_2}(\mathbf{p}_2) \mathcal{N}(b_r^\dagger(\mathbf{p}) b_s(\mathbf{q}) \tilde{b}_{r'}(\mathbf{p}') \tilde{b}_{s'}^\dagger(\mathbf{q}')) b_{s_1}^\dagger(\mathbf{p}_1) \tilde{b}_{r_1}^\dagger(\mathbf{q}_1)\,|0\rangle \ . \qquad (7.132)
\end{aligned}$$

Da die Normalordnung zwei Vertauschungen verlangt, ergibt sich für den *Operatoranteil* von (7.132)

$$\begin{aligned}
&\langle 0| \cdots \mathcal{N}(\cdots) \cdots |0\rangle \\
&= \langle 0|\, \tilde{b}_{r_2}(\mathbf{q}_2) b_{s_2}(\mathbf{p}_2) b_r^\dagger(\mathbf{p}) \tilde{b}_{s'}^\dagger(\mathbf{q}') b_s(\mathbf{q}) \tilde{b}_{r'}(\mathbf{p}') b_{s_1}^\dagger(\mathbf{p}_1) \tilde{b}_{r_1}^\dagger(\mathbf{q}_1)\,|0\rangle \\
&:= \langle 0|\, BA\,|0\rangle \ , \qquad (7.133)
\end{aligned}$$

mit den Definitionen

$$\begin{aligned}
A\,|0\rangle &:= b_s(\mathbf{q}) \tilde{b}_{r'}(\mathbf{p}') b_{s_1}^\dagger(\mathbf{p}_1) \tilde{b}_{r_1}^\dagger(\mathbf{q}_1)\,|0\rangle \\
&\equiv -b_s(\mathbf{q}) b_{s_1}^\dagger(\mathbf{p}_1) \tilde{b}_{r'}(\mathbf{p}') \tilde{b}_{r_1}^\dagger(\mathbf{q}_1)\,|0\rangle \ , \qquad (7.134)
\end{aligned}$$

$$\begin{aligned}
\langle 0|\, B &:= \langle 0|\, \tilde{b}_{r_2}(\mathbf{q}_2) b_{s_2}(\mathbf{p}_2) b_r^\dagger(\mathbf{p}) \tilde{b}_{s'}^\dagger(\mathbf{q}') \\
&\equiv \langle 0|\, \tilde{b}_{r_2}(\mathbf{q}_2) \tilde{b}_{s'}^\dagger(\mathbf{q}') b_{s_2}(\mathbf{p}_2) b_r^\dagger(\mathbf{p}) \ , \qquad (7.135)
\end{aligned}$$

wo berücksichtigt wurde, daß die e^-, e^+-Operatoren antikommutieren.

Da $\tilde{b}_{r'}(\mathbf{p}')\,|0\rangle = 0$, können wir das Produkt der e^+-Operatoren in (7.134) zum Antikommutator erweitern und erhalten mit der Algebra nach Gl. (5.62)

$$\begin{aligned} A\,|0\rangle &= -b_s(\mathbf{q})b^\dagger_{s_1}(\mathbf{p}_1)2q_1^0\delta^{(3)}(\mathbf{q}_1-\mathbf{p}')\delta_{r_1,r'}\,|0\rangle \\ &= -2p_1^0\delta^{(3)}(\mathbf{p}_1-\mathbf{q})\delta_{s_1,s}2q_1^0\delta^{(3)}(\mathbf{q}_1-\mathbf{p}')\delta_{r_1,r'}\,|0\rangle \ , \end{aligned}$$

wo im zweiten Schritt die Ergänzung der e^--Operatoren zum Antikommutator erfolgte.

In analoger Weise ergibt sich für Gl. (7.135)

$$\langle 0|\,B = +2p_2^0\delta^{(3)}(\mathbf{p}_2-\mathbf{p})\delta_{s_2,r}2q_2^0\delta^{(3)}(\mathbf{q}_2-\mathbf{q}')\delta_{r_2,s'}\,\langle 0| \ ,$$

und wir erhalten mit der Normierung $\langle 0|0\rangle = \mathbb{1}$ für den Operatoranteil nach Gl. (7.133)

$$\begin{aligned} &\langle 0|\cdots\mathcal{N}(\cdots)\cdots|0\rangle \\ &= -2p_1^0 2p_2^0 2q_1^0 2q_2^0\delta_{r_1,r'}\delta_{s_1,s}\delta_{r_2,s'}\delta_{s_2,r} \\ &\times \delta^{(3)}(\mathbf{p}_1-\mathbf{q})\delta^{(3)}(\mathbf{q}_1-\mathbf{p}')\delta^{(3)}(\mathbf{p}_2-\mathbf{p})\delta^{(3)}(\mathbf{q}_2-\mathbf{q}') \ . \end{aligned}$$

Dieses Resultat erlaubt über die $\delta^{(3)}$-Funktionen und Kronecker-Symbole die Integrationen und Summationen in Gl. (7.132) auszuführen mit dem Ergebnis

$$\begin{aligned} \langle 0|\cdots|0\rangle &= -\frac{1}{(2\pi)^6}\bar{u}^{s_2}_\alpha(\mathbf{p}_2)u^{s_1}_\beta(\mathbf{p}_1)\bar{v}^{r_1}_\rho(\mathbf{q}_1)v^{r_2}_\sigma(\mathbf{q}_2) \\ &\times e^{i(p_2-p_1)\cdot x_1}e^{-i(q_1-q_2)\cdot x_2} \ . \end{aligned} \tag{7.136}$$

Für das totale Matrixelement des Operators $\mathcal{S}_2^{e^-e^+}$ nach (7.121) multiplizieren wir (7.136) mit $(\gamma^\mu)_{\alpha\beta}$, $(\gamma^\nu)_{\rho\sigma}$, $g_{\mu\nu}$ und der Fourier-Darstellung

$$-\frac{1}{2}D_{\mathrm{F}}(x_1-x_2) = -\frac{i}{(2\pi)^4}\int d^4k\,\frac{e^{-ik\cdot(x_1-x_2)}}{(k^2+i\epsilon)_{\epsilon\to+0}}$$

des Photonpropagators nach Gl. (7.117) und erhalten für $\mathcal{M}_2^{e^-e^+}$ nach (7.123) mit (7.121)

$$\begin{aligned} &\mathcal{M}_2^{e^-e^+} \\ &= (-iq)^2\frac{-1}{(2\pi)^6}\frac{-i}{(2\pi)^4}\bar{u}^{s_2}(\mathbf{p}_2)\gamma^\mu u^{s_1}(\mathbf{p}_1)\bar{v}^{r_1}(\mathbf{q}_1)\gamma^\nu v^{r_2}(\mathbf{q}_2) \\ &\times g_{\mu\nu}\int\frac{d^4k}{(k^2+i\epsilon)_{\epsilon\to+0}}\int d^4x_1\int d^4x_2\,e^{i(p_2-p_1-k)\cdot x_1}e^{-i(q_1-q_2-k)\cdot x_2} \ . \end{aligned}$$

Die Integrationen über d^4x_1, d^4x_2 führen zu vierdimensionalen $\delta^{(4)}$-Funktionen, womit wir als Endergebnis notieren ($q = -(+)e$ für das Elektron (Positron)):

$$\begin{aligned}\mathcal{M}_2^{e^-e^+} &= (-iq)^2 \frac{-1}{(2\pi)^6} \int \frac{d^4k}{(2\pi)^4} \frac{-ig_{\mu\nu}}{(k^2+i\epsilon)}_{\epsilon\to+0} \\ &\times [\bar{u}^{s_2}(\mathbf{p}_2)\gamma^\mu u^{s_1}(\mathbf{p}_1)][\bar{v}^{r_1}(\mathbf{q}_1)\gamma^\nu v^{r_2}(\mathbf{q}_2)] \\ &\times (2\pi)^4\delta^{(4)}(p_2-p_1-k)(2\pi)^4\delta^{(4)}(q_2-q_1+k) \,. \end{aligned} \quad (7.137)$$

In dieser Darstellung von $\mathcal{M}_2^{e^-e^+}$ haben wir verschiedene analytische Terme auf eine Weise zusammengefaßt, die eine mögliche Zuordnung zwischen Teilen eines Feynman-Graphens und analytischen Ausdrücken im Impulsraum zuläßt.

Wir wollen dies in der folgenden Abbildung veranschaulichen:

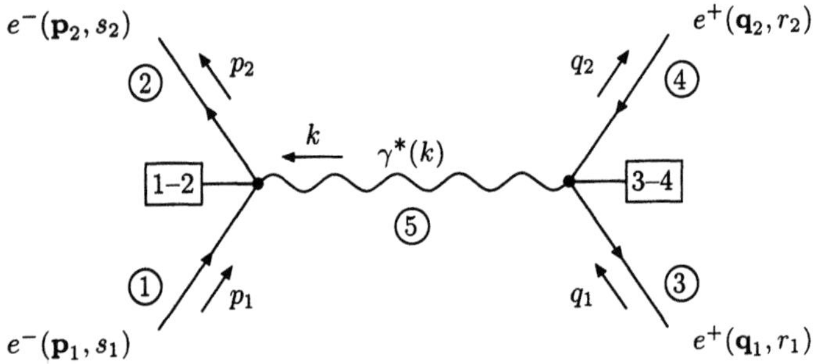

Die Zahlen in den Kreisen und Rechtecken stehen für die Zuordnungen

① $(2\pi)^{-3/2}u^{s_1}(\mathbf{p}_1)$,   ③ $(2\pi)^{-3/2}\bar{v}^{r_1}(\mathbf{q}_1)$,

② $(2\pi)^{-3/2}\bar{u}^{s_2}(\mathbf{p}_2)$,   ④ $(2\pi)^{-3/2}v^{r_2}(\mathbf{q}_2)$,

[1–2] $-i(2\pi)^4\delta^{(4)}(p_2-p_1-k)(-e\gamma^\mu)$,

$e > 0$,

[3–4] $-i(2\pi)^4\delta^{(4)}(q_2-q_1+k)(+e\gamma^\nu)$,

⑤ $\dfrac{-ig_{\mu\nu}}{(k^2+i\epsilon)_{\epsilon\to+0}}$, Integration $\displaystyle\int \frac{d^4k}{(2\pi)^4}$.

Die Notation $\gamma^*(k)$ deutet daraufhin, daß es sich bei dem ausgetauschten Photon um ein *virtuelles* Teilchen handelt, das nicht auf der Massenschale liegt. Somit gilt $k^2 \neq 0$, und aus Gl. (7.137) folgt, daß über den Viererimpuls des virtuellen Teilchens zu integrieren ist.

Vergleicht man die Zuordnungen von Teilchen (Elektron e^-) und Antiteilchen (Positron e^+), so gilt:

Tab. 7.1

Teilchen		Antiteilchen
Spinor $u^r(\mathbf{p})$	$\longleftarrow$ einlaufend $\longrightarrow$	Adjungierter Spinor $\bar{v}^r(\mathbf{p})$
Adjungierter Spinor $\bar{u}^r(\mathbf{p})$	$\longleftarrow$ auslaufend $\longrightarrow$	Spinor $v^r(\mathbf{p})$
$-e$	$\longleftarrow \left\{ \begin{matrix} \text{Kopplung am} \\ \text{Vertex, } e > 0 \end{matrix} \right\} \longrightarrow$	$+e$

Die Normierungen $(2\pi)^{-3/2}$ der Impulswellenfunktionen sind eine Folge der von uns in gleicher Weise normierten Feldoperatoren im Ortsraum. Diese Wahl entspricht einer symmetrischen Behandlung der Fourier-Transformationen beider Räume. Im Anhang B.5 geben wir eine Übersetzungstabelle für die Feynman-Regeln an, der eine unsymmetrische Behandlung zugrundeliegt.

(iii) Feynman-Regeln

In Verallgemeinerung der Beispiele in Abschnitt (ii) lassen sich äußeren Photonlinien und inneren Fermionlinien definierte Faktoren der entsprechenden Matrixelemente zuordnen. Insgesamt ergeben sich folgende Regeln:

Graph **Faktor im Matrixelement**

- Einlaufendes Elektron (allgemein Fermion)

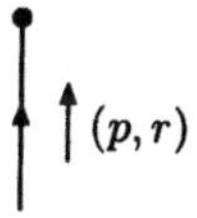

$$(2\pi)^{-3/2} u^r(\mathbf{p})$$

- Auslaufendes Elektron (allgemein Fermion)

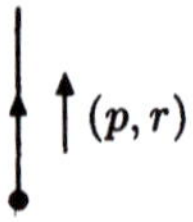

$$(2\pi)^{-3/2}\bar{u}^r(\mathbf{p})$$

- Einlaufendes Positron (allgemein Antifermion)

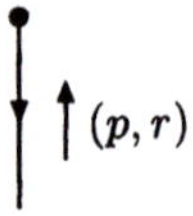

$$(2\pi)^{-3/2}\bar{v}^r(\mathbf{p})$$

- Auslaufendes Positron (allgemein Antifermion)

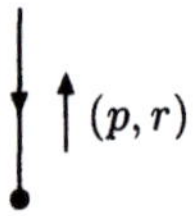

$$(2\pi)^{-3/2}v^r(\mathbf{p})$$

- Einlaufendes Photon

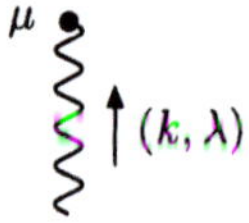

$$(2\pi)^{-3/2}\epsilon_\lambda^\mu(k)$$

- Auslaufendes Photon

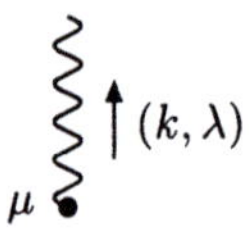

$$(2\pi)^{-3/2}\epsilon_\lambda^{\mu *}(k)$$

- Innere Fermionlinie

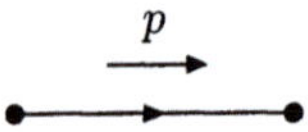

$$\frac{i(\not{p} + m)}{(p^2 - m^2 + i\epsilon)}_{\epsilon \to +0}$$

- Innere Photonlinie

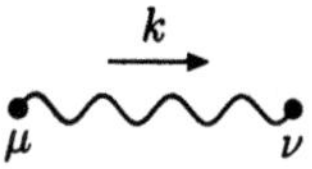

$$\frac{-ig_{\mu\nu}}{(k^2+i\epsilon)}_{\epsilon\to+0}$$

- Vertices

a) Photon-Elektron

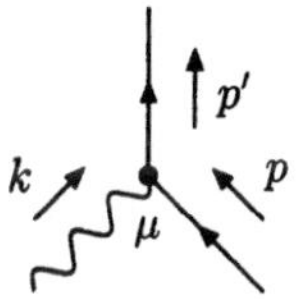

$$\begin{cases} -e\gamma^\mu, & e>0 \\ (2\pi)^4\delta^{(4)}(k+p-p') \end{cases}$$

b) Photon-Positron

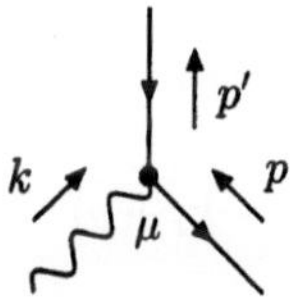

$$\begin{cases} +e\gamma^\mu, & e>0 \\ (2\pi)^4\delta^{(4)}(k+p-p') \end{cases}$$

- Für n-ten Term der Störungsentwicklung

$$\longrightarrow \qquad (-i)^n$$

- Für jede geschlossene Fermionlinie

$$\longrightarrow \qquad (-1)$$

- Integration über alle inneren Linien mit Viererimpuls k^μ

$$\longrightarrow \qquad \int \frac{d^4k}{(2\pi)^4}$$

Für die praktische Anwendung der Feynman-Regeln zur Berechnung von Wirkungsquerschnitten und Zerfallsbreiten können die Faktoren $(2\pi)^4\delta^{(4)}(k+p-p')$ pro Vertex bis auf einen *overall*-Faktor $(2\pi)^4\delta^{(4)}(P_{\text{aus}} - P_{\text{ein}})$ fortgelassen werden, wenn die Energie-Impulserhaltung an jedem Vertex per Hand berücksichtigt wird. Gleichzeitig fällt ein Teil der durchzuführenden Integrationen $\int d^4k/(2\pi)^4$ über die inneren Linien fort, falls die Integrationsvariable durch eine der vierdimensionalen $\delta^{(4)}$-Funktionen festgelegt ist. Der *overall*-Faktor $(2\pi)^4\delta^{(4)}(P_{\text{aus}} - P_{\text{ein}})$ beschreibt die Energie-Impulserhaltung des Prozesses, wobei

$$P_{\substack{\text{aus}\\(\text{ein})}} = \sum_{\substack{a\\(e)}} p_{\substack{a\\(e)}}, \quad \text{Summe über die} \left\{\begin{matrix}\text{auslaufenden}\\(\text{einlaufenden})\end{matrix}\right\} \text{Impulse} .$$

Wir wollen diese Aussage schematisch an einem *Dreieckgraphen* illustrieren. Die Pfeile in Abb. 7.5 sollen die Impulsrichtungen angeben, da die Aussage unabhängig von der Sorte der beteiligten Teilchen gilt.

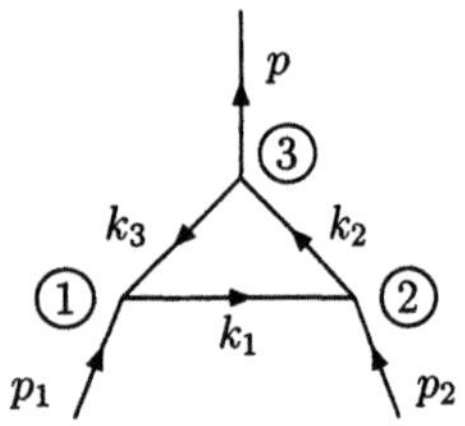

① $(2\pi)^4\delta^{(4)}(k_1 - p_1 - k_3)$

② $(2\pi)^4\delta^{(4)}(k_2 - k_1 - p_2)$

③ $(2\pi)^4\delta^{(4)}(k_3 - k_2 + p)$

Abb. 7.5 Dreieckgraph mit den Vertexfaktoren 1–3.

Für die drei inneren Linien sind die entsprechenden Propagatoren einzusetzen, für deren Produkt wir abkürzend $f(k_1, k_2, k_3)$ schreiben. Über diese Funktion ist nach der Feynman-Regel mit

$$\int \frac{d^4k_i}{(2\pi)^4}, \quad i = 1, 2, 3$$

zu integrieren. Die Faktoren $(2\pi)^4$ kürzen sich folglich raus, und es ist auszuwerten

$$I(p_1, p_2, p) = \int d^4k_1 \int d^4k_2 \int d^4k_3$$
$$\times f(k_1, k_2, k_3)\delta^{(4)}(k_1 - p_1 - k_3)\delta^{(4)}(k_2 - k_1 - p_2)\delta^{(4)}(k_3 - k_2 + p) .$$

Beachten wir als Regeln der δ-Funktion

$$\int dx\, f(x)\delta(x-a) = f(a) \; ,$$

$$\delta(x-a)\delta(x-b) = \delta(x-a)\delta(a-b) \; ,$$

so folgt durch Integration über d^4k_3, $k_3 = k_2 - p$,

$$I(p_1, p_2, p) = \int d^4k_1 d^4k_2 \\ \times \delta^{(4)}(k_1 - p_1 - k_2 + p)\delta^{(4)}(k_2 - k_1 - p_2) f(k_1, k_2, k_2 - p) \; .$$

Integration über d^4k_2 mit $k_2 = k_1 + p_2$ ergibt

$$I(p_1, p_2, p) = \int d^4k_1 \delta^{(4)}(p - p_1 - p_2) f(k_1, k_1 + p_2, k_1 + p_2 - p) \\ \equiv (2\pi)^4 \delta^{(4)}(P_{\text{aus}} - P_{\text{ein}}) \int \frac{d^4k_1}{(2\pi)^4} f(k_1, p_2, p)$$

mit $P_{\text{aus}} = p$ und $P_{\text{ein}} = p_1 + p_2$. In diesem Beispiel ist somit nur ein *Schleifenimpuls* vorhanden, den wir zu k_1 festgelegt haben. Es bleibt nur diese eine Integration übrig.

Diese einfachen Verhältnisse liegen nicht immer vor, d. h. nicht immer lassen sich $(n-1)$ Integrationen von $\prod_n d^4k_n/(2\pi)^4$ ausführen. Ein Beispiel gibt die folgende Übungsaufgabe. Ein Faktor $(2\pi)^4\delta^{(4)}(P_{\text{aus}} - P_{\text{ein}})$ läßt sich aber stets abspalten. Dieser Faktor geht in die Definition des Übergangsmatrixelementes ein (siehe Abschnitt 7.4 im folgenden) und ist eine charakteristische Größe für die Beschreibung von Wirkungsquerschnitten und Zerfallsbreiten.

Übungsaufgaben

7.5 Zeigen Sie, daß für den schematischen Graphen

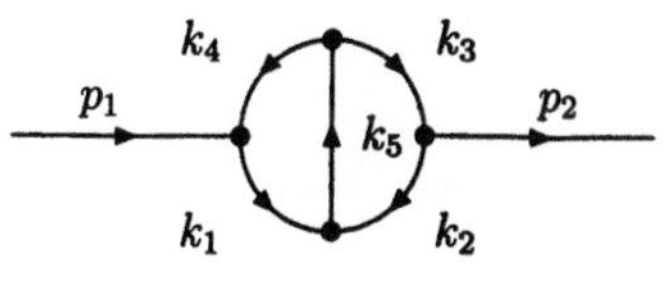

von der Integration über die inneren Linien zwei Schleifenimpulse übrig bleiben. Beweisen Sie die Aussage

$$I(p_1,p_2) = (2\pi)^4\delta^{(4)}(p_2 - p_1)\int \frac{d^4k_1}{(2\pi)^4}\int \frac{d^4k_2}{(2\pi)^4} f(k_1,k_2,k_3,k_4,k_5)\ ,$$

mit

$$k_j = g_j(k_1,k_2,p_1,p_2), \quad j = 3,4,5\ .$$

Hinweis: Beachten Sie, daß die Anzahl der $\delta^{(4)}$-Funktionen nicht mit der der Propagatoren der inneren Linien übereinstimmt.

7.4 Wirkungsquerschnitt und Zerfallsbreite

Zur Ableitung der Feynman-Regeln im Impulsraum hatten wir das spezielle Matrixelement $\mathcal{M}_2^{e^-e^+}$ des Streuoperators $\mathcal{S}_2^{e^-e^+}$ in 2. Ordnung der Wechselwirkung diskutiert. Nach den Ausführungen des letzten Abschnittes definieren wir ein Matrixelement $\widetilde{\mathcal{M}}_2$ durch die Relation

$$\begin{aligned}\mathcal{M}_2 &= \langle\phi_{\text{aus}}|\,\mathcal{S}_2\,|\phi_{\text{ein}}\rangle \\ &:= (2\pi)^4\delta^{(4)}(P_{\text{aus}} - P_{\text{ein}})\widetilde{\mathcal{M}}_2\ . \end{aligned} \tag{7.138}$$

Für die Dyson-Entwicklung des Streuoperators gilt nach Gl. (7.66)

$$\mathcal{S} = \mathbb{1} + \sum_{n\geqslant 1}\mathcal{S}_n\ ,$$

wonach

$$\begin{aligned}\mathcal{M} &:= \langle\phi_{\text{aus}}|\,\mathcal{S}\,|\phi_{\text{ein}}\rangle \\ &= \langle\phi_{\text{aus}}|\phi_{\text{ein}}\rangle + \langle\phi_{\text{aus}}|\sum_{n\geqslant 1}\mathcal{S}_n\,|\phi_{\text{ein}}\rangle \\ &:= \mathcal{M}_0 + \sum_{n\geqslant 1}\mathcal{M}_n\ ,\end{aligned}$$

mit

$$\begin{aligned}\sum_{n\geqslant 1}\mathcal{M}_n &= \langle\phi_{\text{aus}}|\sum_{n\geqslant 1}\mathcal{S}_n\,|\phi_{\text{ein}}\rangle \\ &\equiv \langle\phi_{\text{aus}}|\,\mathcal{S} - \mathbb{1}\,|\phi_{\text{ein}}\rangle \\ &= \mathcal{M} - \mathcal{M}_0\ .\end{aligned} \tag{7.139}$$

Für physikalische Streuprozesse interessieren die Matrixelmente des Operators $\mathcal{R}$, definiert durch

$$\mathcal{R} := \mathcal{S} - \mathbb{1} \; . \tag{7.140}$$

Man nennt $\mathcal{R}$ auch *Reaktionsmatrix*. Wir erhalten danach über Gl. (7.139)

$$\begin{aligned}\sum_{n\geqslant 1} \mathcal{M}_n &= \langle \phi_{\text{aus}} | \, \mathcal{R} \, | \phi_{\text{ein}} \rangle \\ &\equiv (2\pi)^4 \delta^{(4)}(P_{\text{aus}} - P_{\text{ein}}) \sum_{n\geqslant 1} \widetilde{\mathcal{M}}_n \; ,\end{aligned} \tag{7.141}$$

wo wir in Verallgemeinerung von Gl. (7.138) die Matrixelemente $\widetilde{\mathcal{M}}_n$ einführten.

In der Literatur wird üblicherweise ein Operator $\mathcal{T}$ durch die Relation

$$\mathcal{S} = \mathbb{1} - i(2\pi)^4 \delta^{(4)}(P_{\text{aus}} - P_{\text{ein}}) \mathcal{T} \tag{7.142}$$

definiert, wonach durch Vergleich mit (7.140)

$$\mathcal{R} = -i(2\pi)^4 \delta^{(4)}(P_{\text{aus}} - P_{\text{ein}}) \mathcal{T} \tag{7.143}$$

mit den *Übergangsmatrixelementen*

$$\begin{aligned}\langle \phi_{\text{aus}} | \, \mathcal{R} \, | \phi_{\text{ein}} \rangle &:= R_{\text{ae}} \\ &= -i(2\pi)^4 \delta^{(4)}(P_{\text{aus}} - P_{\text{ein}}) T_{\text{ae}} \; .\end{aligned} \tag{7.144}$$

Über Gl. (7.141) folgt daraus

$$\begin{aligned}T_{\text{ae}} &= i \sum_{n\geqslant 1} \widetilde{\mathcal{M}}_n \\ &\equiv i(\widetilde{\mathcal{M}} - \widetilde{\mathcal{M}}_0) \; ,\end{aligned} \tag{7.145}$$

worin $\widetilde{\mathcal{M}}_n$ die über die Feynman-Regeln gegebenen Streumatrixelemente n-ter Ordnung sind.

In die Berechnung von Wirkungsquerschnitten und Zerfallsbreiten geht die Übergangswahrscheinlichkeit $|R_{\text{ae}}|^2$ ein, für die der Phasenfaktor i zwischen den Matrixelementen T_{ae} und $\widetilde{\mathcal{M}}_n$ keine Rolle spielt.

Differentieller Wirkungsquerschnitt $d\sigma_{ae}$

Durch die Größe $|R_{ae}|^2$ wird die Übergangswahrscheinlichkeit im ganzen Raum-Zeit-Bereich beschrieben, da in der Definition des Streuoperators S über den totalen vierdimensionalen Raum integriert wird (siehe Gl. (7.67)).

Bilden wir $|R_{ae}|^2$ nach Gl. (7.144), so tritt das Quadrat der vierdimensionalen $\delta^{(4)}$-Funktion auf, das wegen $(\delta(x))^2 = \delta(x)\delta(0)$ nicht definiert ist. Da experimentell stets nur während einer endlichen Zeit in einem endlichen Volumen gemessen wird, kann diese mathematische Schwierigkeit durch folgende Extrapolation umgangen werden:

Man betrachtet das wechselwirkende System zunächst in einem endlichen Volumen V (z. B. Kastenvolumen der Kantenlänge L bei periodischen Randbedingungen für die Wellenfunktion) über eine endliche Wechselwirkungszeit $2T$ und führt später die Grenzübergänge $V \to \infty$ und $T \to \infty$ durch.

Für ein endliches Volumen V kann die dreidimensionale $\delta^{(3)}$-Funktion $\delta^{(3)}(\mathbf{P}_a - \mathbf{P}_e)$[7] über ihre Fourier-Darstellung folgendermaßen ersetzt werden:

$$\begin{aligned} \delta^{(3)}(\mathbf{P}_a - \mathbf{P}_e) &= \frac{1}{(2\pi)^3} \int d^3\mathbf{x}\, e^{-i(\mathbf{P}_a - \mathbf{P}_e)\cdot\mathbf{x}} \\ &\longrightarrow \frac{1}{(2\pi)^3} \begin{cases} \int_V d^3\mathbf{x} & \text{für } \mathbf{P}_a = \mathbf{P}_e \\ 0 & \text{sonst}\,, \end{cases} \\ &= \frac{V}{(2\pi)^3} \delta_{\mathbf{P}_a,\mathbf{P}_e}\,, \quad V = \int_V d^3\mathbf{x}\,. \end{aligned}$$

Der Zusammenhang zwischen der kontinuierlichen und der diskreten Beschreibung im Linearimpuls ist danach

$$(2\pi)^3 \delta^{(3)}(\mathbf{P}_a - \mathbf{P}_e) \longleftrightarrow V \delta_{\mathbf{P}_a,\mathbf{P}_e}\,. \tag{7.146}$$

Die eindimensionale δ-Funktion $\delta(E_a - E_e)$ ersetzen wir beim Übergang zu einer endlichen Wechselwirkungszeit $2T$ durch

$$\begin{aligned} \delta(E_a - E_e) &= \frac{1}{(2\pi)} \int dx^0\, e^{i(E_a - E_e)x^0} \\ &\longrightarrow \frac{1}{(2\pi)} \int_{-T}^{+T} dx^0\, e^{i(E_a - E_e)x^0} = \frac{1}{(2\pi)} \frac{2\sin|(E_a - E_e)T|}{|E_a - E_e|}\,, \end{aligned}$$

[7] Im folgenden ersetzen wir P_{aus} (P_{ein}) durch P_a (P_e).

wonach die Ersetzung gegeben ist durch

$$(2\pi)\delta(E_{\mathrm{a}} - E_{\mathrm{e}}) \longleftrightarrow \frac{2\sin|(E_{\mathrm{a}} - E_{\mathrm{e}})T|}{|E_{\mathrm{a}} - E_{\mathrm{e}}|} \,. \tag{7.147}$$

Die diskreten Darstellungen lassen sich quadrieren, und wir erhalten den Zusammenhang

$$\left((2\pi)^4\delta^{(4)}(P_{\mathrm{a}} - P_{\mathrm{e}})\right)^2 \longleftrightarrow V^2\delta_{\mathbf{P}_{\mathrm{a}},\mathbf{P}_{\mathrm{e}}} \frac{4\sin^2([E_{\mathrm{a}} - E_{\mathrm{e}}]T)}{(E_{\mathrm{a}} - E_{\mathrm{e}})^2} \,. \tag{7.148}$$

Für die Übergangswahrscheinlichkeit pro Volumen- und Zeiteinheit folgt nach Gl. (7.144) mit (7.148)

$$\frac{|R_{\mathrm{ae}}|^2}{2TV} \longleftrightarrow V\delta_{\mathbf{P}_{\mathrm{a}},\mathbf{P}_{\mathrm{e}}} \frac{2\sin^2([E_{\mathrm{a}} - E_{\mathrm{e}}]T)}{T(E_{\mathrm{a}} - E_{\mathrm{e}})^2}|T_{\mathrm{ae}}|^2 \,. \tag{7.149}$$

In dieser Relation können wir die Limites $V \to \infty$, $T \to \infty$ durchführen und erhalten mit Gl. (7.146) und

$$\lim_{T\to\infty} \frac{2\sin^2([E_{\mathrm{a}} - E_{\mathrm{e}}]T)}{T(E_{\mathrm{a}} - E_{\mathrm{e}})^2} = (2\pi)\delta(E_{\mathrm{a}} - E_{\mathrm{e}})$$

als Eigenschaft der δ-Funktion

$$\begin{aligned} \lim_{\substack{T\to\infty \\ V\to\infty}} \frac{|R_{\mathrm{ae}}|^2}{2TV} &:= dw_{\mathrm{ae}} \\ &= (2\pi)^4\delta^{(4)}(P_{\mathrm{a}} - P_{\mathrm{e}})|T_{\mathrm{ae}}|^2 \,. \end{aligned} \tag{7.150}$$

Der total differentielle Wirkungsquerschnitt $d\sigma_{\mathrm{ae}}$ ist definiert durch

$$d\sigma_{\mathrm{ae}} := \frac{dw_{\mathrm{ae}}}{\phi} \prod_a d^3\mathbf{n}_a \,, \tag{7.151}$$

wo ϕ der Fluß der einlaufenden Teilchen und $d^3\mathbf{n}_a$ die Zahl der möglichen Zustände pro auslaufendem Teilchen des Streuprozesses ist (siehe dazu z. B. [HAMA 84, NAC 90]).

$d\sigma_{\mathrm{ae}}$ ist eine lorentzinvariante Größe, so daß die Darstellung (7.151) in jedem Lorentz-System gilt, wie wir im folgenden zeigen werden.

Für die Anwendung interessieren Streuprozesse, deren Anfangszustand zwei Teilchen enthält, die Zahl der Teilchen im Endzustand jedoch beliebig bleibt. Wir betrachten deshalb im weiteren das Übergangsmatrixelement

$$\begin{aligned} T_{\mathrm{ae}} &= \langle \phi_{\mathrm{aus}} | \mathcal{T} | \phi_{\mathrm{ein}} \rangle \\ &= \langle \mathbf{q}_1, \mathbf{q}_2, \ldots, \mathbf{q}_a | \mathcal{T} | \mathbf{p}_1, \mathbf{p}_2 \rangle \ . \end{aligned} \tag{7.152}$$

(i) Teilchendichten

Über den Fluß ϕ und die Größe $d^3\mathbf{n}_a$ in $d\sigma_{\mathrm{ae}}$ gehen die Dichten der Teilchen im ein- und auslaufenden Zustand ein (siehe die folgenden Abschnitte (ii) und (iii)). Als Beispiel zur Berechnung dieser Dichten wollen wir das Dirac-Feld betrachten. Als Wahrscheinlichkeitsdichte der Fermionen im Ortsraum hatten wir das Operatorprodukt $\rho^{\mathrm{F}}(x) = \psi^\dagger(x)\psi(x)$ erhalten (siehe Gl. (2.15)), das durch Normalordnung und Integration über $d^3\mathbf{x}$ zum Operator $\tilde{\rho}^{\mathrm{F}}$ der totalen Dichte

$$\tilde{\rho}^{\mathrm{F}} = \int d^3\mathbf{x}\, \mathcal{N}(\psi^\dagger(x)\psi(x)) \tag{7.153}$$

führt. Vergleichen wir (7.153) mit der Darstellung des Ladungsoperators im Impulsraum, so folgt aus Gl. (5.71) und (5.72) für $\tilde{\rho}^{\mathrm{F}}$ die Relation

$$\tilde{\rho}^{\mathrm{F}} = \frac{Q}{q} = \sum_{r=1,2} \int d^3\mathbf{p}\, (N_r(\mathbf{p}) - \tilde{N}_r(\mathbf{p})) \ . \tag{7.154}$$

Mit den Teilchenzahloperatoren (Antiteilchen-) $N_r(\mathbf{p})$ ($\tilde{N}_r(\mathbf{p})$), und wegen $Q/q \underset{(<)}{>} 0$ hinsichtlich der Erwartungswerte für Teilchen (Antiteilchen), stellt $\tilde{\rho}^{\mathrm{F}}$ den Operator der totalen Teilchenzahl (Antiteilchen-) in einem Zustand dar. Nach Gl. (7.153) definiert somit der Operator $\mathcal{N}(\psi^\dagger(x)\psi(x))$ die Teilchendichte pro Volumen.

Nehmen wir an, daß im Zustand $|\mathbf{p}_i, r_i\rangle$ ein Teilchen der Ladung q vorliegt, so gelten für $N_r(\mathbf{p})$, $\tilde{N}_r(\mathbf{p})$ nach Gl. (5.56) die Eigenwertgleichungen

$$\left.\begin{matrix} N_r(\mathbf{p}) \\ \tilde{N}_r(\mathbf{p}) \end{matrix}\right\} |\mathbf{p}_i, r_i\rangle = \left\{\begin{matrix} \delta_{r,r_i}\delta^{(3)}(\mathbf{p} - \mathbf{p}_i) \\ 0 \end{matrix}\right\} |\mathbf{p}_i, r_i\rangle \ .$$

Für das Matrixelement von $\tilde{\rho}^{\mathrm{F}}$ zwischen Einteilchenzuständen ergibt sich daraus

$$\begin{aligned}\langle \mathbf{p}_1', r_1' |\, \tilde{\rho}^{\mathrm{F}}\, | \mathbf{p}_1, r_1 \rangle &= \sum_{r=1,2} \int d^3\mathbf{p}\, \delta_{rr_1} \delta^{(3)}(\mathbf{p} - \mathbf{p}_1) \langle \mathbf{p}_1', r_1' | \mathbf{p}_1, r_1 \rangle \\ &= \langle \mathbf{p}_1', r_1' | \mathbf{p}_1, r_1 \rangle \equiv 2p_1^0 \delta_{r_1 r_1'} \delta^{(3)}(\mathbf{p}_1 - \mathbf{p}_1') \,, \qquad (7.155)\end{aligned}$$

wo wir im letzten Schritt die Normierung des Einteilchenzustandes nach Gl. (5.48) eingesetzt haben.

Die Teilchendichte ρ^{F} als Eigenwert ist durch den Erwartungswert von $\tilde{\rho}^{\mathrm{F}}$ gegeben, den wir durch Übergang von $\delta^{(3)}(\mathbf{p}_1 - \mathbf{p}_1')$ zu einer diskreten Darstellung definieren wollen. Nach Gl. (7.146) ergibt sich nach diesem Übergang für die totale Dichte bzw. Teilchenzahl in einem endlichen Volumen V

$$\begin{aligned}\rho^{\mathrm{F}} &:= \langle \mathbf{p}_1, r_1 |\, \tilde{\rho}^{\mathrm{F}}\, | \mathbf{p}_1, r_1 \rangle \\ &= \langle \mathbf{p}_1', r_1' | \mathbf{p}_1, r_1 \rangle /_{\mathbf{p}_1 = \mathbf{p}_1',\ r_1 = r_1'} \\ &= \frac{2p_1^0}{(2\pi)^3} \int d^3\mathbf{x}\, e^{-i(\mathbf{p}_1 - \mathbf{p}_1')\cdot \mathbf{x}} /_{\mathbf{p}_1 = \mathbf{p}_1'} \\ &= \frac{2p_1^0}{(2\pi)^3} \int d^3\mathbf{x} \longrightarrow \frac{2p_1^0 V}{(2\pi)^3} \,. \qquad (7.156)\end{aligned}$$

Die Norm des Einteilchenzutsandes gibt somit die totale Teilchenzahl in diesem Zustand an, wobei diese *Zahl* dimensionsbehaftet ist. Zu bemerken ist ferner, daß die durch Gl. (7.156) definierte Dichte ρ^{F} eine von der physikalischen Dimension cm^{-3} abweichende Einheit hat. Dies wird uns veranlassen, den einlaufenden Zustand im Matrixelement T_{ae} nach Gl. (7.152) umzunormieren. Dazu bilden wir zunächst aus (7.156) die Dichte bzw. Teilchenzahl pro Volumen, wonach

$$\frac{\rho^{\mathrm{F}}}{V} = \frac{\langle \mathbf{p}_1', r_1' | \mathbf{p}_1, r_1 \rangle}{V} \Big/_{\mathbf{p}_1 = \mathbf{p}_1',\ r_1 = r_1'} = \frac{2p_1^0}{(2\pi)^3} \,. \qquad (7.157)$$

Der so normierte Einteilchenzustand wird in der Literatur auch kurz als *Teilchendichte* ρ bezeichnet. Wir haben diese Schreibweise in Kap. 1 übernommen (siehe dort Aufgabe 1.2). Im folgenden wollen wir jedoch die Einteilchenzustände im einlaufenden Zustand $|\phi_{\mathrm{ein}}\rangle = |p_1, p_2\rangle$ von T_{ae} auf 1

Teilchen pro Volumen normieren. Dazu haben wir als Folge der Gl. (7.157) $|\phi_{\mathrm{ein}}\rangle$ zu ersetzen durch

$$
\begin{aligned}
|\phi_{\mathrm{ein}}\rangle \longrightarrow |\widetilde{\phi_{\mathrm{ein}}}\rangle &= |\widetilde{p_1, p_2}\rangle \\
&= |p_1, p_2\rangle \left[\frac{(2\pi)^6}{2p_1^0 2p_2^0 V^2}\right]^{1/2} \\
&\equiv |\phi_{\mathrm{ein}}\rangle \left[\frac{(2\pi)^6}{2p_1^0 2p_2^0 V^2}\right]^{1/2} ,
\end{aligned}
$$

womit $|T_{\mathrm{ae}}|^2$ übergeht nach

$$
\begin{aligned}
|T_{\mathrm{ae}}|^2 \longrightarrow |\tilde{T}_{\mathrm{ae}}|^2 &= |\langle \mathbf{q}_1, \ldots, \mathbf{q}_a| \mathcal{T} |\mathbf{p}_1, \mathbf{p}_2\rangle|^2 \frac{(2\pi)^6}{2p_1^0 2p_2^0 V^2} \\
&\equiv |T_{\mathrm{ae}}|^2 \frac{(2\pi)^6}{2p_1^0 2p_2^0 V^2} .
\end{aligned}
\tag{7.158}
$$

In der QED treten auch die Dichten der Photonen auf. Für das hermitesche Photonfeld – wie auch für Felder neutraler skalarer Teilchen – läßt sich kein erhaltener Vektorstrom definieren, aus dem wir für die Fermionen die Dichte $\rho^{\mathrm{F}}(x)$ abgeleitet haben. Da aber der Teilchenzahloperator $N(\lambda, k)$ des Photons nach Gl. (5.118) bekannt ist, können wir in Analogie zum Operator $\tilde{\rho}^{\mathrm{F}}$ nach Gl. (7.154) als Operator der totalen Dichte für physikalische Photonen die Größe

$$
\begin{aligned}
\tilde{\rho}^{\gamma} &:= - \sum_{\lambda=1,2} \int d^3\mathbf{k}\, g_{\lambda\lambda} N(\lambda, k) \\
&= + \sum_{\lambda=1,2} \int d^3\mathbf{k}\, N(\lambda, k)
\end{aligned}
$$

einführen. Da der Einteilchenzustand der physikalischen Photonen dieselbe Normierung hat wie der Einteilchen-Fermionzustand, übernehmen wir nach Gl. (7.157)

$$
\frac{\rho^{\gamma}}{V} = \frac{\langle \mathbf{k}_1', \lambda_1' | \mathbf{k}_1, \lambda_1\rangle}{V} \Bigg/_{\mathbf{k}_1 = \mathbf{k}_1',\ \lambda_1 = \lambda_1'} = \frac{2k_1^0}{(2\pi)^3} .
$$

Die Teilchenzahl pro Volumen ist somit in unserer Zustandsnormierung für Fermionen und Bosonen gleich.

(ii) Der Fluß ϕ der einlaufenden Teilchen

Zur Berechnung von ϕ ist es zweckmäßig, in das Laborsystem der einlaufenden Teilchen zu gehen, das wir folgendermaßen definieren:

$$\begin{aligned} p^{\mu}_{2,\mathrm{Lab}} &= \{p^0_{2,\mathrm{Lab}}; \mathbf{0}\} = \{m_2; \mathbf{0}\} \\ p^{\mu}_{1,\mathrm{Lab}} &= \{p^0_{1,\mathrm{Lab}}; \mathbf{p}_{1,\mathrm{Lab}}\} \,. \end{aligned} \tag{7.159}$$

Der Fluß ϕ ist definiert als die Zahl der einlaufenden Teilchen, die pro Sekunde (s) durch die Einheitsfläche von $1\mathrm{cm}^2$ gehen. Die Dimension von ϕ ist somit $(\mathrm{cm}^2\mathrm{s})^{-1}$. Da der Fluß proportional der Geschwindigkeit und der Dichte der Teilchen ist, gilt

$$\phi \simeq |\mathbf{v}|\rho \quad \text{mit der physikalischen Dimension } \left[\frac{\mathrm{cm}}{\mathrm{s}}(\mathrm{cm})^{-3}\right] \,.$$

Im Laborsystem, in dem nach (7.159) $\mathbf{v}_{2,\mathrm{Lab}} = \mathbf{0}$, ist ϕ definiert durch den Fluß ϕ_1 des Teilchens 1 mal der Dichte des *Targetteilchens* 2, also

$$\phi = \phi_1\rho_2 = |\mathbf{v}_{1,\mathrm{Lab}}|\rho_1\rho_2 = \frac{|\mathbf{p}_{1,\mathrm{Lab}}|}{p^0_{1,\mathrm{Lab}}}\frac{1}{V^2} \tag{7.160}$$

mit den normierten Teilchendichten $\rho_1 = \rho_2 = 1/V$ entsprechend der Umnormierung in Gl. (7.158). Um zu einer explizit erkennbaren lorentzinvarianten Darstellung von $d\sigma_{\mathrm{ae}}$ zu kommen, wollen wir $|\mathbf{p}_{1,\mathrm{Lab}}|$ durch den invarianten *Møller-Faktor* F ausdrücken, der nach Kap. 1, Aufgabe 1.2, gegeben ist durch

$$F = \sqrt{(p_1 \cdot p_2)^2 - p_1^2 p_2^2} \,.$$

Im Laborsystem gilt mit der Festlegung (7.159)

$$\begin{aligned} F_{\mathrm{Lab}} &= \sqrt{p^{0^2}_{1,\mathrm{Lab}}\, p^{0^2}_{2,\mathrm{Lab}} - m_1^2 m_2^2}\Big/_{m_2^2 = p^{0^2}_{2,\mathrm{Lab}}} \\ &= p^0_{2,\mathrm{Lab}}\sqrt{p^{0^2}_{1,\mathrm{Lab}} - m_1^2} \\ &\equiv p^0_{2,\mathrm{Lab}}\,|\mathbf{p}_{1,\mathrm{Lab}}| \,, \end{aligned}$$

und folglich nach Gl. (7.160)

$$\phi_{\text{Lab}} = \frac{F_{\text{Lab}}}{p^0_{1,\text{Lab}}\, p^0_{2,\text{Lab}}} \frac{1}{V^2} \,. \tag{7.161}$$

Für $d\sigma_{\text{ae}}$ nach Gl. (7.151) ist mit (7.150) der Quotient $|\tilde{T}_{\text{ae}}|^2_{\text{Lab}}/\phi_{\text{Lab}}$ zu bilden, der mit (7.158) und (7.161) gegeben ist zu

$$\frac{|\tilde{T}_{\text{ae}}|^2_{\text{Lab}}}{\phi_{\text{Lab}}} = \frac{(2\pi)^6 |T_{\text{ae}}|^2_{\text{Lab}}}{4F_{\text{Lab}}} \,. \tag{7.162}$$

Der Quotient ist somit unabhängig vom Normierungsvolumen V, und da $|T_{\text{ae}}|^2$ und F lorentzinvariante Größen sind, können wir den Index „Lab“ fallen lassen. Nach Gl. (7.150) gilt folglich

$$\frac{dw_{\text{ae}}}{\phi} = \frac{(2\pi)^{10} \delta^{(4)}(P_{\text{a}} - P_{\text{e}}) |T_{\text{ae}}|^2}{4F} \,. \tag{7.163}$$

(iii) Die Zahl der möglichen Zustände pro auslaufendem Teilchen

Um die Zahl der möglichen Endzustände zu berechnen, gehen wir zunächst zu einer diskreten Beschreibung über und betrachten ein Kastenvolumen V der Kantenlänge L. Damit die Teilchen im Kasten eingeschlossen bleiben, haben wir nach der Quantenmechanik an die Wellenfunktion $\psi(\mathbf{x})$ periodische Randbedingungen zu stellen, die pro Raumdimension x^i zu der Forderung

$$\psi(x^i) \stackrel{!}{=} \psi(x^i + L), \quad i = 1, 2, 3$$

führen. Betrachten wir als Lösung der Wellengleichung die Wellenpakete $\psi(\mathbf{x}) = e^{i\mathbf{p}\cdot\mathbf{x}}$, so lautet die Randbedingung

$$e^{ip^i x^i} \stackrel{!}{=} e^{ip^i (x^i + L)} \quad \text{für festes } i = 1, 2, 3 \,,$$

also

$$\begin{aligned} e^{ip^i L} &\stackrel{!}{=} 1 \\ &= e^{2\pi i n^i}, \quad n^i = 0, \pm 1, \ldots, \quad i = 1, 2, 3 \,. \end{aligned}$$

Daraus folgt für den diskreten Impuls p^i, $i = 1, 2, 3$,

$$p^i = \frac{2\pi}{L} n^i, \quad i = 1, 2, 3 \ ,$$

mit

$$dp^i = \frac{2\pi}{L} dn^i, \quad i = 1, 2, 3 \ ,$$

wo dn^i die Zahl der erlaubten Zustände eines Teilchens ist, dessen Impulskomponente p^i im Intervall zwischen p^i und $p^i + dp^i$ liegt.

Die Quantenmechanik beschränkt somit die Zahl der möglichen Zustände für ein Teilchen im Kastenvolumen $V = L^3$ auf

$$\begin{aligned} d^3\mathbf{n} &= dn^1 dn^2 dn^3 \\ &= \frac{L^3}{(2\pi)^3} d^3\mathbf{p} \\ &= \frac{V}{(2\pi)^3} d^3\mathbf{p} \ . \end{aligned}$$

Übertragen wir dieses Ergebnis auf unsere Normierung der Einteilchenzustände nach Gl. (7.157), wonach $2p^0 V (2\pi)^{-3}$ Teilchen pro Volumen V vorliegen, so ergibt sich für die Zahl $d^3\mathbf{n}_a$ der möglichen Zustände eines auslaufenden Teilchens

$$\begin{aligned} d^3\mathbf{n}_a &= \frac{d^3\mathbf{n}}{2p^0 V (2\pi)^{-3}} \Bigg/_{p^\mu = p_a^\mu} \\ &= \frac{d^3\mathbf{p}_a}{2p_a^0} \ . \end{aligned} \tag{7.164}$$

Für den total differentiellen Wirkungsquerschnitt $d\sigma_{\mathrm{ae}}$ nach Gl. (7.151) erhalten wir schließlich mit (7.163) und (7.164) die Darstellung

$$d\sigma_{\mathrm{ae}} = \frac{(2\pi)^{10} \delta^{(4)}(P_{\mathrm{a}} - P_{\mathrm{e}}) |T_{\mathrm{ae}}|^2}{4F} \prod_a \frac{d^3\mathbf{p}_a}{2p_a^0} \ , \tag{7.165}$$

mit

$$F = \sqrt{(p_1 \cdot p_2)^2 - p_1^2 p_2^2} \ , \tag{7.166}$$

wo $p_{1,2}$ die Viererimpulse der einlaufenden Teilchen sind, also $P_{\mathrm{e}} = p_1 + p_2$.

Differentielle Zerfallsbreite $d\Gamma_{\text{ae}}$

Die differentielle Zerfallsbreite $d\Gamma_{\text{ae}}$ für einen Prozeß $p_{\text{e}} \to P_{\text{a}} = \sum_a p_a$ berechnet sich analog zu $d\sigma_{\text{ae}}$, wobei für $|\tilde{T}_{\text{ae}}|^2$ nach (7.158)

$$|T_{\text{ae}}|^2 \longrightarrow |\tilde{T}_{\text{ae}}|^2 = |T_{\text{ae}}|^2 \frac{(2\pi)^3}{2p_{\text{e}}^0 V} ,$$

und für den Fluß ϕ die normierte Dichte $\rho_{\text{e}} = 1/V$ zu setzen ist, da der einlaufende Zustand nur ein Teilchen mit Impuls $p_{\text{e}}^\mu = \{p_{\text{e}}^0; \mathbf{p}_{\text{e}}\}$ enthält. Damit wird

$$\begin{aligned} d\Gamma_{\text{ae}} &= \frac{dw_{\text{ae}}}{V^{-1}} \prod_a d^3\mathbf{n}_a \\ &= \frac{(2\pi)^7 \delta^{(4)}(P_{\text{a}} - P_{\text{e}})|T_{\text{ae}}|^2}{2p_{\text{e}}^0} \prod_a \frac{d^3\mathbf{p}_a}{2p_a^0} , \end{aligned} \tag{7.167}$$

bzw. im Ruhsystem des zerfallenden Teilchens ($p_{\text{e}}^\mu = \{m_{\text{e}}; \mathbf{0}\}$)

$$d\Gamma_{\text{ae}} = \frac{(2\pi)^7 \delta^{(4)}(P_{\text{a}} - P_{\text{e}})|T_{\text{ae}}|^2}{2m_{\text{e}}} \prod_a \frac{d^3\mathbf{p}_a}{2p_a^0} . \tag{7.168}$$

Die Zerfallsbreite ist per definitionem das Inverse der Zerfallszeit, ihre Dimension somit s^{-1}. In den von uns benutzten Einheiten $\hbar = 1$, $c = 1$ entspricht diese Dimension der einer Energie, weshalb ein gebräuchliches Maß für die Zerfallsbreite GeV ist (siehe dazu Anhang A).

Übungsaufgaben

7.6 Leiten Sie aus der Darstellung (7.165) für den Wirkungsquerschnitt $d\sigma_{\text{ae}}$ seine Dimension $[d\sigma_{\text{ae}}] = \text{cm}^2$ her.
Hinweis: Beachten Sie die zugrundeliegenden Einheiten durch die Wahl $\hbar = 1$, $c = 1$. Berücksichtigen Sie ferner die Dimension der Zustände und die Definition $\mathcal{R} := \mathcal{S} - \mathbb{1}$.

8 Anwendung der Störungstheorie: Strahlungskorrekturen

Im vorigen Kapitel haben wir als Beispiele zur Herleitung der Feynman-Regeln im Impulsraum Streuprozesse in niedrigster Ordnung des Kopplungsparameters $\alpha = e^2/4\pi$ betrachtet. Für unseren Zweck genügte es dabei, die Wechselwirkung zwischen Photon und Dirac-Teilchen als punktförmig anzunehmen, wobei dem Vertex der Faktor $-iq\gamma^\mu$ entsprach.

Eine punktförmige Wechselwirkung liegt in der Natur nicht vor, sie stellt im Verständnis der Störungstheorie nur eine erste Näherung dar. Korrekturen zu dieser vereinfachten Annahme werden durch den Austausch virtueller Photonen geliefert, den sogenannten *Strahlungskorrekturen*, die im Fall des Wechselwirkungspunktes als *Vertexkorrekturen* bezeichnet werden.

Strahlungskorrekturen sind auch für äußere Fermionlinien oder ihre Propagatoren zu berücksichtigen. Für Photonen ist dagegen die Wechselwirkung mit virtuellen Fermionen als Strahlungskorrektur zu betrachten, da diese Wechselwirkungen ebenfalls Vertices mit Faktoren $-iq\gamma^\mu$ enthalten.

Als Beispiele für Strahlungskorrekturen niedrigster Ordnung wollen wir die Matrixelemente folgender Feynman-Graphen diskutieren:

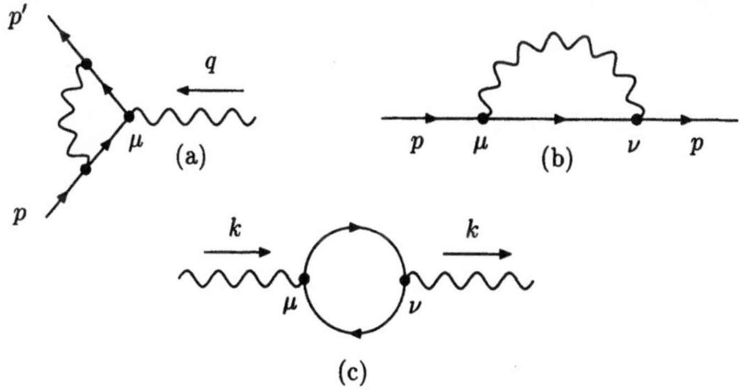

Abb. 8.1 (a) Vertexkorrektur $\Lambda_\mu(p', p)$, (b) Elektron-Selbstenergie $-i\Sigma(p)$ und (c) die Vakuumpolarisation $\Pi_{\mu\nu}(k)$.

Diesen drei Prozessen ist gemeinsam, daß sie zu sogenannten *Schleifenintegralen* führen, die ultraviolett- (UV-) divergente Beiträge enthalten. Als UV-Divergenzen bezeichnet man jene, die für $k^2 \to \infty$ auftreten, wo k^2 das vierdimensionale Skalarprodukt des *Schleifenimpulses* ist, über den integriert wird. Eine Möglichkeit, diese Divergenzen abzuspalten, liefert das – im Anhang B.3 diskutierte – Schema der n-dimensionalen Regularisierung.

In diesem Kapitel werden wir uns darauf beschränken, dieses Verfahren anzuwenden. Eine Diskussion der divergenten Beiträge wird uns in Kapitel 9 zur Frage der sogenannten Renormierung führen.

8.1 Die Vertexkorrektur $\Lambda_\mu(p', p)$: Das anomale magnetische Moment des Elektrons

Die Vertexkorrektur $\Lambda_\mu(p', p)$ nach Abb. 8.1 (a) liefert einen Beitrag der Ordnung α zum anomalen magnetischen Moment des Elektrons. Betrachten wir einen verallgemeinerten Wechselwirkungspunkt $\Gamma_\mu(p', p)$, der alle Strahlungskorrekturen enthalten soll, so können wir in der Graphensprache einer Entwicklung der Form

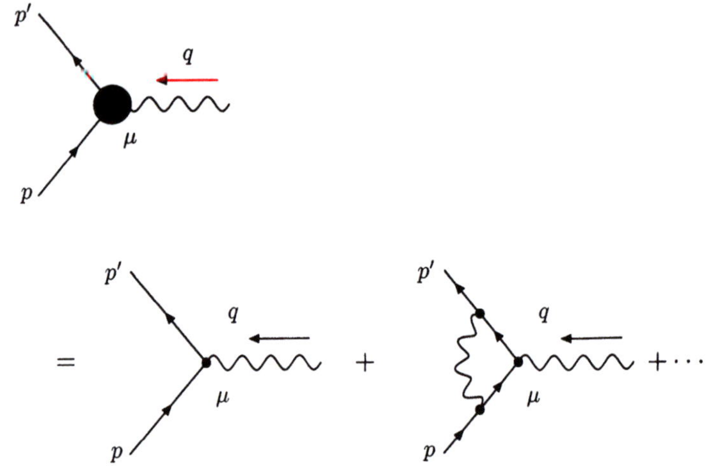

Abb. 8.2 Entwicklung des $ee\gamma$-Vertex nach Ordnungen in α.

die Vertexfaktoren

$$\Gamma_\mu(p',p) = \Gamma_\mu^{(0)}(p',p) + \Gamma_\mu^{(1)}(p',p) + \cdots$$

zuordnen, mit der Definition (für das Elektron)

$$\Gamma_\mu(p',p) := ie\left\{\gamma_\mu + \Lambda_\mu(p',p) + \cdots\right\} . \tag{8.1}$$

Diese Operatoren stehen zwischen den Dirac-Spinoren $\bar{u}(\mathbf{p}')$, $u(\mathbf{p})$, wonach $\Lambda_\mu(p',p)$ dem sogenannten *amputierten* Vertexgraphen

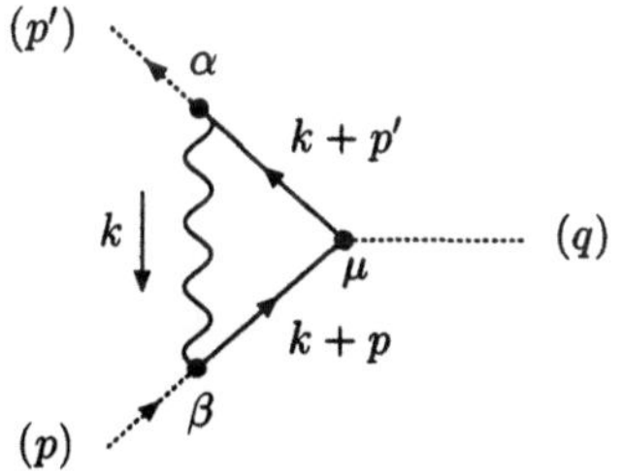

Abb. 8.3 Vertexgraph zur Berechnung von $\Lambda_\mu(p',p)$.

entspricht, dessen Schleifenintegral über $d^4k/(2\pi)^4$ mit dem Verfahren der n-dimensionalen Regularisierung berechnet werden soll.

Zum anomalen magnetischen Moment des Elektrons trägt nur ein Teil des Vertexgraphen bei, der sich aus dem Matrixelement des erhaltenen elektromagnetischen Stromes $j_\mu^{\mathrm{em}}(0)$ ablesen läßt, für das wir im Anhang C.1 die Darstellung

$$\langle \mathbf{p}'|\, j_\mu^{\mathrm{em}}(0)\,|\mathbf{p}\rangle = \frac{1}{(2\pi)^3}\bar{u}(\mathbf{p}')\left\{F_1(q^2)\gamma_\mu + \frac{i\sigma_{\mu\nu}q^\nu}{2m}F_2(q^2)\right\}u(\mathbf{p}) \tag{8.2}$$

mit $q^\nu = (p'-p)^\nu$ herleiten. Mit der Gordon-Zerlegung (siehe Kap. 2, Aufgabe 2.9)

$$\bar{u}(\mathbf{p}')\gamma_\mu u(\mathbf{p}) = \bar{u}(\mathbf{p}')\left\{\frac{(p'+p)_\mu}{2m} + \frac{i\sigma_{\mu\nu}q^\nu}{2m}\right\}u(\mathbf{p}) \tag{8.3}$$

geht Gl. (8.2) über in die Form

$$\begin{aligned}&\langle \mathbf{p}'|\, j_\mu^{\mathrm{em}}(0)\, |\mathbf{p}\rangle \\ &= \frac{1}{(2\pi)^3}\bar{u}(\mathbf{p}')\left\{\frac{(p'+p)_\mu}{2m}G_{\mathrm{E}}(q^2) + \frac{i\sigma_{\mu\nu}q^\nu}{2m}G_{\mathrm{M}}(q^2)\right\}u(\mathbf{p})\,, \qquad (8.4)\end{aligned}$$

mit den Definitionen

$$G_{\mathrm{E}}(q^2) := F_1(q^2) \qquad (8.5)$$

für den *elektrischen* und

$$G_{\mathrm{M}}(q^2) := F_1(q^2) + F_2(q^2) \qquad (8.6)$$

für den *magnetischen* Formfaktor.

Die Normierung der Formfaktoren erfolgt für $q^2 = (p' - p)^2 = 0$ (siehe die Herleitung von $F_1(0)$ im Anhang C.1) und ist

$$G_{\mathrm{E}}(0) = F_1(0) = 1$$

bzw.

$$\begin{aligned}G_{\mathrm{M}}(0) &= \frac{1}{2}g \\ &= 1 + F_2(0), \quad \text{totales magnetisches Moment}\,.\end{aligned}$$

Es gilt somit

$$\begin{aligned}F_2(0) &= \frac{1}{2}[g-2] \\ &\equiv a\,. \qquad (8.7)\end{aligned}$$

$F_2(0)$ definiert das *anomale* magnetische Moment. Der experimentelle Wert für das anomale magnetische Moment des Elektrons ist [PDG 96][1]

$$a_e^{\mathrm{exp}} = 1159{,}652\,(193) \times 10^{-6}\,.$$

[1]Der theoretische Wert ergibt sich zu $a_e^{\mathrm{theo}} = 1159{,}652\,(201) \times 10^{-6}$ [KIN 95]. Einen guten Überblick über Präzisionstests der QED findet man in [KIN 90].

Für ein punktförmiges Elektron mit dem Vertexfaktor $ie\gamma^\mu$ gilt mit der Gordon-Zerlegung (8.3) durch Vergleich mit der Parametrisierung (8.4)

$$G_E(q^2) \equiv 1 = F_1(q^2) \quad \text{und} \quad G_M(q^2) \equiv 1 \, ,$$

und folglich nach (8.6) $F_2(q^2) \equiv 0$. Dies entspricht nach (8.7) der Aussage, daß der *g-Faktor* des punktförmigen Elektrons $g_e = 2$ ist. Erst durch *Ausschmierung* des Punktvertex, im Matrixelement dargestellt durch die Formfaktoren $F_i(q^2)$, $i = 1, 2$, treten Beiträge zum anomalen magnetischen Moment auf, deren niedrigste Ordnung in α durch den Vertexteil $\Lambda_\mu(p', p)$ nach Abb. 8.3 gegeben ist.

Beachten wir, daß in der Definition von $\Lambda_\mu(p', p)$ nach Gl. (8.1) ein Faktor ie abgespalten wurde, so erhalten wir für die Berechnung des Vertexgraphen über die Feynman-Regeln die Integraldarstellung in n Dimensionen

$$\Lambda_\mu(p', p) = -ie^2 \int \frac{d^n k}{(2\pi)^n} \frac{\gamma^\beta(\not{k} + \not{p}' + m)\gamma_\mu(\not{k} + \not{p} + m)\gamma_\beta}{k^2[(k + p')^2 - m^2][(k + p)^2 - m^2]} \, . \tag{8.8}$$

Für $k^2 \to 0$ ist das Integral divergent. Diese Divergenz bezeichnet man als infrarot (IR). Für die Berechnung von $F_2(0)$ spielt diese Divergenz keine Rolle. Bei der späteren Diskussion der *Selbstenergie* des Elektrons (Abb. 8.1 (b)) und der *Vakuumpolarisation* (Abb. 8.1 (c)) werden wir die IR-Divergenz durch die Ersetzung von k^2 durch $(k^2 - m_1^2)$ im Photonpropagator mathematisch berechenbar machen. Für $n \to 4$ und $k^\mu \to \infty$ ist $\Lambda_\mu(p', p)$ wegen

$$\int \frac{d^4 k}{k^6} (1; \not{k}; k^2) \quad \text{logarithmisch UV-divergent.}$$

Im Nenner von Gl. (8.8) haben wir korrekterweise m^2 als $m'^2 = m^2 - i\epsilon$ (siehe Feynman-Regeln) zu lesen. Da die infinitesimal kleinen Imaginärteile jedoch nur in der Nähe der Pole $(k+p')^2 = (k+p)^2 = m^2$ eine Rolle spielen, können wir sie für unsere Diskussion vernachlässigen.

In der n-dimensionalen Regularisierung haben wir nach Anhang B.3 zu beachten, daß

$$\gamma^\mu \not{a} \gamma_\mu = (2 - n)\not{a}, \quad \gamma^\mu \not{a}\not{b} \gamma_\mu = 4a \cdot b + (n - 4)\not{a}\not{b} \, , \tag{8.9a}$$

$$g^\mu{}_\mu = n, \quad \gamma^\mu \gamma_\mu = n, \quad \{\gamma^\mu, \gamma^\nu\} = 2g^{\mu\nu} \mathbb{1} \tag{8.9b}$$

mit der Definition

$$\epsilon = \frac{4-n}{2} \ . \tag{8.10}$$

Beim Übergang zum Minkowski-Raum ist am Ende der Limes $n \to 4$ bzw. $\epsilon \to +0$ zu bilden.

Da der Vertexoperator zwischen den Spinoren $\bar{u}(\mathbf{p}') \cdots u(\mathbf{p})$ steht, können wir im Zähler des Integranden von Gl. (8.8) nach links bzw. rechts die Dirac-Gleichung anwenden. Ferner ist nach Gl. (8.7) das anomale magnetische Moment durch die Normierung von $F_2(q^2)$ auf der Massenschale $q^2 = 0$ des physikalischen Photons definiert. Somit können wir folgende Relationen ausnutzen:

$$\begin{aligned} \gamma^\beta \not{p}' &= -\not{p}'\gamma^\beta + 2p'^\beta \longrightarrow -m\gamma^\beta + 2p'^\beta \ , \\ \not{p}\gamma_\beta &= -\gamma_\beta \not{p} + 2p_\beta \longrightarrow -m\gamma_\beta + 2p_\beta \ , \end{aligned} \tag{8.11}$$

$$\begin{aligned} p^2 &= p'^2 = m^2 \ , \\ q^2 &= (p'-p)^2 = 0 \\ &= 2(m^2 - p' \cdot p), \quad \text{also auch } (p' \cdot p) = m^2 \ . \end{aligned} \tag{8.12}$$

Definieren wir den Zähler des Integrals (8.8) durch

$$T_\mu(k,p',p) := \gamma^\beta(\not{k} + \not{p}' + m)\gamma_\mu(\not{k} + \not{p} + m)\gamma_\beta \ , \tag{8.13}$$

so erhalten wir über (8.11) und (8.12)

$$T_\mu(k,p',p) = \gamma^\beta \not{k}\gamma_\mu \not{k}\gamma_\beta + 4m^2\gamma_\mu + 2\gamma_\mu \not{k}\not{p}' + 2\not{p}\not{k}\gamma_\mu \ .$$

Über die Algebra der γ^μ lassen sich die beiden letzten Summanden so umschreiben, daß erneut $\not{p}' = m$, $\not{p} = m$ durch Anwendung auf die Spinoren ersetzt werden kann. Führen wir ferner im ersten Summanden die Summation über β in n Dimensionen nach Gl. (8.9) aus, so ergibt sich schließlich mit (8.10)

$$\begin{aligned} T_\mu(k,p',p) &= 2\Big\{2[m^2 + k\cdot(p'+p)] + (1-\epsilon)k^2\Big\}\gamma_\mu \\ &\quad + 4\Big\{[m - (1-\epsilon)\not{k}]k_\mu - (p'+p)_\mu \not{k}\Big\} \ . \end{aligned} \tag{8.14}$$

Zur Berechnung des anomalen magnetischen Momentes, also für $F_2(q^2)/_{q^2=0}$, interessiert nach der Darstellung Gl. (8.2) der Term proportional $i\sigma_{\mu\nu}q^\nu/2m$. Vergleichen wir dies mit der Gordon-Zerlegung (8.3), so können wir uns im Operator $T_\mu(k,p',p)$ bei der Berechnung des Integrals auf die Terme proportional $(p'+p)_\mu$ beschränken, wenn wir alle Anteile proportional γ_μ fortlassen. Der Faktor, der im Endergebnis proportional $(p'+p)_\mu/2m$ ist, ergibt die Größe $-F_2(0)$. Der für das Folgende relevante Zähler ist danach

$$\tilde{T}_\mu(k,p',p) = 4\Big\{[m-(1-\epsilon)\not{k}]k_\mu - (p'+p)_\mu\not{k}\Big\} . \tag{8.15}$$

Den Nenner von Gl. (8.8) schreiben wir über die Feynman-Parametrisierung (siehe Anhang B.3) in der Form

$$\begin{aligned}&\frac{1}{k^2[(k+p')^2-m^2][(k+p)^2-m^2]}\\ &= \Gamma(3)\int_0^1 dx \int_0^{1-x} dy\, \frac{1}{[(a_1-a_3)x+(a_2-a_3)y+a_3]^3}\end{aligned} \tag{8.16}$$

mit den Definitionen

$$\begin{aligned}a_1 &= (k+p)^2 - m^2 = k^2 + 2k\cdot p ,\\ a_2 &= (k+p')^2 - m^2 = k^2 + 2k\cdot p' ,\\ a_3 &= k^2 ,\end{aligned}$$

wo wir in $a_{1,2}$ von Gl. (8.12) Gebrauch machten. Damit wird

$$\begin{aligned}[(a_1-a_3)x+(a_2-a_3)y+a_3] &= k^2 + 2k\cdot(px+p'y)\\ &:= k^2 + 2k\cdot Q - M^2\end{aligned} \tag{8.17}$$

mit

$$Q := px + p'y, \quad M^2 := 0 , \tag{8.18}$$

und wegen (8.12)

$$Q^2 = m^2(x+y)^2 . \tag{8.19}$$

Für den relevanten Anteil $\tilde{\Lambda}_\mu(p',p)$ des Vertexpropagators ergibt sich somit nach Gl. (8.8) und (8.15)–(8.17)[2]

$$\tilde{\Lambda}_\mu(p',p) = -ie^2\Gamma(3)\int_0^1 dx \int_0^{1-x} dy \int \frac{d^nk}{(2\pi)^n}\frac{\tilde{T}_\mu(k,p',p)}{[k^2+2k\cdot Q]^3} \,. \tag{8.20}$$

Im Operator $\tilde{T}_\mu(k,p',p)$ treten hinsichtlich der Integrationsvariablen die Größen k_λ und $k_\lambda k_\mu$ auf. Für sie ergeben sich in der n-dimensionalen Regularisierung nach Anhang B.3 die Integrale

$$\int \frac{d^nk\,k_\lambda}{[k^2+2k\cdot Q]^3} = A_n(Q^2)Q_\lambda \,, \tag{8.21}$$

$$\int \frac{d^nk\,k_\lambda k_\mu}{[k^2+2k\cdot Q]^3} = -A_n(Q^2)Q_\lambda Q_\mu + \frac{1}{2}g_{\lambda\mu}C_n(\epsilon;Q^2) \tag{8.22}$$

mit den Definitionen

$$A_n(Q^2) := \frac{i\pi^{n/2}\Gamma(3-n/2)}{\Gamma(3)(Q^2)^{3-n/2}} \,, \tag{8.23}$$

$$\begin{aligned} C_n(\epsilon;Q^2) &:= \frac{i\pi^{n/2}\Gamma(2-n/2)}{\Gamma(3)(Q^2)^{2-n/2}} \\ &\equiv \frac{i\pi^{n/2}\Gamma(\epsilon)}{\Gamma(3)(Q^2)^{\epsilon}} \,, \end{aligned} \tag{8.24}$$

wo wir in der letzten Relation die Größe ϵ nach Gl. (8.10) einführten. Die Funktion $A_n(Q^2)$ nach (8.23) ist für $n \to 4$ endlich, während $C_n(\epsilon;Q^2)$ nach (8.24) wegen $\Gamma(\epsilon) = 1/\epsilon - \gamma_{\mathrm{E}} + O(\epsilon)$[3] im Limes $\epsilon \to +0$ einen Pol hat.

[2]Die Vertauschung der Integrationsreihenfolge ist in der n-dimensionalen Regularisierung erlaubt (siehe Anhang B.3).

[3]Diese Beziehung gilt für den Fall $\epsilon \to +0$ mit der Euler-Mascheroni-Konstanten $\gamma_{\mathrm{E}} \simeq 0{,}5772$.

Für das n-dimensionale Integral von Gl. (8.20) erhalten wir über (8.15) mit (8.21) und (8.22)

$$\begin{aligned}\int \frac{d^n k}{(2\pi)^n} \frac{\tilde{T}_\mu(k,p',p)}{[k^2+2k\cdot Q]^3} &= \frac{4}{(2\pi)^n} \\ &\quad \times \Big\{ m A_n(Q^2) Q_\mu - (1-\epsilon)\gamma^\lambda [-A_n(Q^2) Q_\lambda Q_\mu + \frac{1}{2} g_{\lambda\mu} C_n(\epsilon; Q^2)] \\ &\qquad - (p'+p)_\mu \not{Q} A_n(Q^2) \Big\} \\ &= \frac{4}{(2\pi)^n} \Big\{ A_n(Q^2)\,[m Q_\mu + (1-\epsilon) Q_\mu \not{Q} - (p'+p)_\mu \not{Q}] \\ &\qquad - \frac{1}{2}(1-\epsilon)\gamma_\mu C_n(\epsilon; Q^2) \Big\} \,. \end{aligned} \tag{8.25}$$

Der singuläre Term in Gl. (8.25) ist proportional zu γ_μ und trägt somit zu dem Anteil des vollen Vertexoperators $\Lambda_\mu(p',p)$ bei, den wir beim Übergang von T_μ nach $\tilde{T}_\mu(k,p',p)$ fortgelassen haben. Für das anomale magnetische Moment ist folglich nur der für $n \to 4$ endliche Anteil von (8.25) maßgeblich, in dem wir $n = 4$ bzw. $\epsilon = 0$ setzen dürfen.

Der Operator $\not{Q} = \not{p}x + \not{p}'y$ geht nach Anwenden auf $\bar{u}(\mathbf{p}')$ bzw. $u(\mathbf{p})$ in $\not{Q} \to m(x+y)$ über, wonach der für die Berechnung von $F_2(0)$ relevante, x- und y-abhängige Integrand der Gl. (8.25) gegeben ist zu

$$\begin{aligned}\int \frac{d^n k}{(2\pi)^n} \frac{\tilde{T}_\mu(k,p',p)}{[k^2+2k\cdot Q]^3} &\xrightarrow{n\to 4} \frac{4mA_4(Q^2)}{(2\pi)^4} \Big\{ Q_\mu (1+x+y) - (p'+p)_\mu (x+y) \Big\} \\ &= \frac{4i}{16\pi^2 m \Gamma(3)} \frac{1}{(x+y)^2} \Big\{ Q_\mu (1+x+y) - (p'+p)_\mu (x+y) \Big\} \,. \end{aligned} \tag{8.26}$$

Im zweiten Schritt wurde $A_4(Q^2)$ nach Gl. (8.23) mit Q^2 nach (8.19) eingesetzt. Für Q_μ haben wir nach (8.18)

$$Q_\mu = x p_\mu + y p'_\mu \tag{8.27}$$

einzusetzen.

Im betrachteten Vertexgraphen sind die Impulsrelationen $p'_\mu + p_\mu$ und $q_\mu = p'_\mu - p_\mu$ linear unabhängige Kombinationen, wonach wir die einzelnen Impulse durch die Relationen

$$p_\mu = \frac{1}{2}(p'+p)_\mu - \frac{1}{2}q_\mu \,,$$
$$p'_\mu = \frac{1}{2}(p'+p)_\mu + \frac{1}{2}q_\mu$$

darstellen können. Damit ergibt sich für Q_μ nach Gl. (8.27)

$$\begin{aligned} Q_\mu &= \frac{1}{2}(x+y)(p'+p)_\mu - \frac{1}{2}(x-y)q_\mu \,, \\ &\longrightarrow \frac{1}{2}(x+y)(p'+p)_\mu \,, \end{aligned} \tag{8.28}$$

wo wir in der zweiten Zeile den für $F_2(0)$ maßgeblichen Anteil kennzeichneten. Eine Diskussion des vollen Vertexoperators $\Lambda_\mu(p',p)$ nach Gl. (8.8) zeigt, daß ein Term proportional q_μ gar nicht auftreten kann. Dies ist eine Folge der Symmetrie von $\Lambda_\mu(p',p)$ in p und p', die von q_μ verletzt wird. Der Term proportional q_μ tritt in unserer Rechnung nur künstlich auf, da wir zur Berechnung von $F_2(0)$ den Operator $T_\mu(k,p',p)$ schrittweise auf die Form in Gl. (8.25) reduzierten.

Zur Berechnung von $\tilde{\Lambda}_\mu(p',p)$ nach Gl. (8.20) haben wir die Funktion (8.26) mit Q_μ nach (8.28) über x und y zu integrieren. Die Abhängigkeit von den Variablen legt als Variablentransformation

$$x' = x \quad \text{und} \quad z = x + y \equiv x' + y$$

nahe, mit den Grenzen $0 \leqslant x' \leqslant 1$ und $x' \leqslant z \leqslant 1$. Damit enthält Gl. (8.26) nur noch die Variable z, womit $\tilde{\Lambda}_\mu(p',p)$ – indem wir wieder x für x' schreiben – übergeht in

$$\tilde{\Lambda}_\mu(p',p) = -\frac{e^2}{4\pi^2}\int_0^1 dx \int_x^1 dz \left[\frac{1}{z} - 1\right] \frac{(p'+p)_\mu}{2m} \,. \tag{8.29}$$

Das Integral über x und z läßt sich einfach lösen mit dem Ergebnis

$$\int_0^1 dx \int_x^1 dz \left[\frac{1}{z} - 1\right] = \frac{1}{2} \,.$$

Mit $e^2 = 4\pi\alpha$ erhalten wir schließlich

$$\tilde{\Lambda}_\mu(p', p) = -\frac{\alpha}{2\pi}\frac{(p'+p)_\mu}{2m} . \tag{8.30}$$

Nach unseren Bemerkungen beim Übergang $T_\mu \to \tilde{T}_\mu$ stellt der Faktor neben $(p'+p)_\mu/2m$ das Negative des anomalen magnetischen Momentes $F_2(0)$ dar. Danach folgern wir aus Gl. (8.30) mit $F_2(0)$ nach (8.7)

$$\begin{aligned} F_2(0) &= \frac{1}{2}[g_e - 2] \\ &= \frac{\alpha}{2\pi} , \end{aligned} \tag{8.31}$$

wonach

$$g_e = 2\left[1 + \frac{\alpha}{2\pi} + O(\alpha^2)\right] . \tag{8.32}$$

In $O(\alpha^2)$ sind die höheren Strahlungskorrekturen zum Vertex enthalten. Zu α^2 trägt z. B. der folgende Feynman-Graph bei:

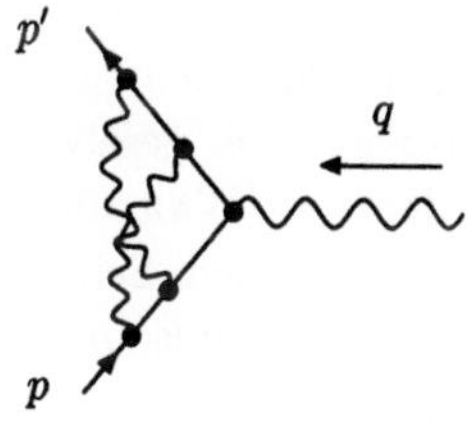

Er ist aber nicht der einzige Prozeß dieser Ordnung.

8.2 Die Selbstenergie des Elektrons: $-i\Sigma(p)$

Die Selbstenergie $-i\Sigma(p)$, definiert durch den *amputierten* Feynman-Graphen der Abb. 8.1 (b), ist eine Strahlungskorrektur der Ordnung α sowohl für äußere Fermionlinien als auch für den Fermionpropagator. Legen wir den Schleifenimpuls k^μ durch folgendes Diagramm fest,

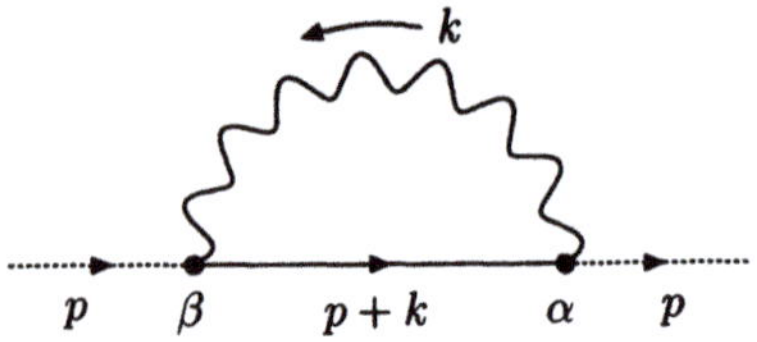

Abb. 8.4 Feynman-Diagramm für die Selbstenergie des Elektrons.

so ist $-i\Sigma(p)$ über die Feynman-Regeln durch das n-dimensionale Integral

$$-i\Sigma(p) = -e^2 \int \frac{d^n k}{(2\pi)^n} \frac{\gamma^\beta(\not p + \not k + m)\gamma_\beta}{[k^2 - m_1^2][(k+p)^2 - m^2]} \tag{8.33}$$

gegeben, das wir im Limes $n \to 4$ zu diskutieren haben. In diesem Grenzfall treten wegen

$$\int \frac{d^4 k}{k^4}(1; \not k) \quad \text{logarithmische und lineare UV-Divergenzen auf.}$$

Um die IR-Divergenz für $k^2 \to 0$ mathematisch formulieren zu können, wurde im Photonpropagator ein Massenfaktor $-m_1^2$ addiert, von dem wir im folgenden $m_1^2 \ll m^2$ annehmen wollen.

Bei der Berechnung von $-i\Sigma(p)$ wollen wir weder p^2 durch m^2 ersetzen, noch davon Gebrauch machen, daß der Selbstenergieteil zwischen Spinoren $\bar{u}(\mathbf{p}) \cdots u(\mathbf{p})$ zu betrachten ist, also $\not p \to m$ gesetzt werden kann, da wir im nächsten Abschnitt die *Ward-Identität* [WAR 50] diskutieren wollen. Sie beschreibt einen Zusammenhang zwischen dem Selbstenergieterm $\Sigma(p)$ und der Vertexkorrektur $\Lambda_\mu(p', p)$ für gleiche Impulse $p' = p$. Die Aussage

$$\frac{\partial \Sigma(p)}{\partial p^\mu} = -\Lambda_\mu(p, p) \tag{8.34}$$

läßt sich leicht an den Feynman-Integralen der Gleichungen (8.8) und (8.33) prüfen. Bilden wir nämlich

$$\frac{\partial}{\partial p^\mu}\left\{\frac{\not p + \not k + m}{[(p+k)^2 - m^2]}\right\}$$

$$= \frac{[(p+k)^2 - m^2]\gamma_\mu - [\not p + \not k + m]\dfrac{\partial}{\partial p^\mu}(p+k)^2}{[(p+k)^2 - m^2]^2}$$

mit

$$\frac{\partial}{\partial p^\mu} = 2p_\mu \frac{\partial}{\partial p^2} \quad \text{und} \quad [(p+k)^2 - m^2] = [\not p + \not k + m][\not p + \not k - m] \, ,$$

so berechnet man für den Zähler mittels der Algebra der γ^μ

$$\begin{aligned} &[(p+k)^2 - m^2]\gamma_\mu - [\not p + \not k + m]\frac{\partial}{\partial p^\mu}(p^2 + 2p \cdot k + k^2) \\ &= -[\not p + \not k + m]\gamma_\mu[\not p + \not k + m] \, . \end{aligned}$$

Daraus folgt die wichtige Relation

$$\frac{\partial}{\partial p^\mu}\left\{\frac{1}{\not p + \not k - m}\right\} = -\frac{1}{\not p + \not k - m}\gamma_\mu \frac{1}{\not p + \not k - m} \, . \tag{8.35}$$

Folglich ergibt sich für die Ableitung des Selbstenergieterms $-i\Sigma(p)$ nach Gl. (8.33)

$$\frac{\partial}{\partial p^\mu}(-i\Sigma(p)) = +e^2 \int \frac{d^n k}{(2\pi)^n} \frac{\gamma^\beta(\not p + \not k + m)\gamma_\mu(\not p + \not k + m)\gamma_\beta}{[k^2 - m_1^2][(k+p)^2 - m^2]^2} \, , \tag{8.36}$$

was die Ward-Identität beweist, wenn wir im Feynman-Integral (8.8) $p' = p$ setzen und den Photonpropagator durch $-m_1^2$ ergänzen. Um eine explizite Darstellung für $\partial\Sigma(p)/\partial p^\mu$ bzw. $\Lambda_\mu(p,p)$ zu erhalten, müssen wir also im Selbstenergieterm $-i\Sigma(p)$ die volle p^μ-Abhängigkeit mitnehmen.

Definieren wir den Zähler des Integrals in (8.33) durch

$$R_n(k,p) := \gamma^\beta[\not p + \not k + m]\gamma_\beta \, , \tag{8.37}$$

dann berechnen wir nach den Regeln (8.9)

$$R_n(k,p) = B_n \not p + nm + B_n \not k \tag{8.38}$$

mit der Definition

$$B_n := (2-n) \equiv 2(\epsilon - 1) \tag{8.39}$$

nach Gl. (8.10). Für den Nenner des Integranden von (8.33) führen wir die Feynman-Parametrisierung ein und erhalten

$$\frac{1}{AB} = \int_0^1 dz \, \frac{1}{[A + (B - A)z]^2} \tag{8.40}$$

mit

$$\begin{aligned} A &= k^2 - m_1^2 \\ B &= (k+p)^2 - m^2 \\ &= k^2 + 2k \cdot p + p^2 - m^2 \ , \end{aligned}$$

wonach

$$\begin{aligned} [A + (B - A)z]^2 &= \{k^2 + 2k \cdot pz - [m_1^2(1-z) - (p^2 - m^2)z]\}^2 \\ &:= [k^2 + 2k \cdot Q - M^2]^2 \end{aligned} \tag{8.41}$$

mit den Definitionen

$$Q := pz, \quad M^2 := m_1^2(1-z) - (p^2 - m^2)z \ , \tag{8.42}$$

und folglich

$$Q^2 + M^2 = m_1^2 \left\{ \frac{p^2}{m_1^2} z^2 - \left(\frac{p^2 - m^2}{m_1^2} + 1 \right) z + 1 \right\} \ . \tag{8.43}$$

Über die Feynman-Parametrisierung erhalten wir somit für das n-dimensionale Integral von Gl. (8.33) die Darstellung

$$\begin{aligned} &\int \frac{d^n k}{(2\pi)^n} \frac{R_n(k,p)}{[k^2 - m_1^2][(k+p)^2 - m^2]} \\ &= \frac{1}{(2\pi)^n} \int_0^1 dz \int \frac{d^n k \, R_n(k,p)}{[k^2 + 2k \cdot Q - M^2]^2} \end{aligned} \tag{8.44}$$

mit den Definitionen (8.38) und (8.42) für $R_n(k,p)$, Q und M^2. $R_n(k,p)$ enthält nach Gl. (8.38) einen von k^μ freien und einen in k^μ linearen Anteil.

Die entsprechenden Integrale in (8.44) übernehmen wir aus dem Anhang B.3 zu

$$\int \frac{d^n k}{[k^2 + 2k \cdot Q - M^2]^2} = \tilde{C}_n(\epsilon; Q^2 + M^2) \,, \tag{8.45}$$

$$\int \frac{d^n k \, k_\lambda}{[k^2 + 2k \cdot Q - M^2]^2} = -\tilde{C}_n(\epsilon; Q^2 + M^2) Q_\lambda \tag{8.46}$$

mit der Definition

$$\tilde{C}_n(\epsilon; Q^2 + M^2) := i\pi^{n/2} (m_1^2)^{-\epsilon} \Gamma(\epsilon) \left[\frac{Q^2 + M^2}{m_1^2}\right]^{-\epsilon} . \tag{8.47}$$

$$\epsilon = \frac{4-n}{2} \longrightarrow +0$$

Für das n-dimensionale Integral (8.44) folgt danach mit $R_n(k,p)$ nach (8.38)

$$\int \frac{d^n k}{(2\pi)^n} \frac{R_n(k,p)}{[k^2 - m_1^2][(k+p)^2 - m^2]}$$

$$= \frac{1}{(2\pi)^n} \int_0^1 dz \, \tilde{C}_n(\epsilon; Q^2 + M^2) \, [B_n \not{p} + nm - B_n \not{Q}]$$

$$= \frac{i\pi^{-n/2}}{2^n} (m_1^2)^{-\epsilon} \Gamma(\epsilon) \int_0^1 dz$$

$$\times \, (B_n \not{p} + nm - B_n \not{Q})[1 - \epsilon \ln \left(\frac{Q^2 + M^2}{m_1^2}\right) + O(\epsilon^2)] \,, \tag{8.48}$$

wo wir in der letzten Klammer von

$$A^\epsilon = 1 + \epsilon \ln A + O(\epsilon^2) \quad \text{für } \epsilon \ll 1 \tag{8.49}$$

Gebrauch machten. Da $\Gamma(\epsilon) = 1/\epsilon - \gamma_{\mathrm{E}} + O(\epsilon)$ für $\epsilon \to +0$ einen Pol hat, müssen wir auch den n-abhängigen Vorfaktor in (8.48) nach ϵ entwickeln. Man erhält mit (8.49) und n nach (8.10)

$$\pi^{-n/2}(2)^{-n} = \frac{1}{16\pi^2}[1 + \epsilon \ln 4\pi + O(\epsilon^2)] \,, \tag{8.50}$$

und folglich

$$\pi^{-n/2}(2)^{-n}\Gamma(\epsilon) = \frac{1}{16\pi^2}\left[\frac{1}{\epsilon} - \gamma_{\mathrm{E}} + \ln 4\pi + O(\epsilon)\right] . \tag{8.51}$$

Für (8.48) ergibt sich damit

$$\begin{aligned} &\int \frac{d^n k}{(2\pi)^n} \frac{R_n(k,p)}{[k^2 - m_1^2][(k+p)^2 - m^2]} \\ &= \frac{i}{16\pi^2}\left[\Delta(\epsilon) + O(\epsilon)\right](m_1^2)^{-\epsilon} \int_0^1 dz \\ &\times (B_n \not{p} + nm - B_n \not{Q})[1 - \epsilon \ln\left(\frac{Q^2 + M^2}{m_1^2}\right) + O(\epsilon^2)] \end{aligned} \tag{8.52}$$

mit

$$\Delta(\epsilon) := \frac{1}{\epsilon} - \gamma_{\mathrm{E}} + \ln 4\pi, \quad B_n = 2(\epsilon - 1) . \tag{8.53}$$

$\not{Q}$ und $(Q^2 + M^2)/m_1^2$ enthalten nach Gl. (8.42) und (8.43) die Integrationsvariable z, wobei letztere Größe ein Polynom 2. Grades in z ist, das wir faktorisieren wollen. Wir setzen also

$$\frac{Q^2 + M^2}{m_1^2} = \frac{p^2}{m_1^2}(z - z_1)(z - z_2) , \tag{8.54}$$

wo die Lösungen $z_{1,2}$ der quadratischen Gleichung in (8.43) gegeben sind zu

$$z_{1,2} = \gamma(p,\beta)[1 \pm i\alpha(p,\beta)] \tag{8.55}$$

mit

$$\gamma(p,\beta) = \frac{m^2}{2p^2}\left(\frac{p^2 - m^2}{m^2} + \beta^2\right) , \tag{8.56}$$

$$\alpha(p,\beta) = \frac{1}{\gamma(p,\beta)}\frac{m^2}{2p^2}\sqrt{2\beta^2\left(\frac{m^2 + p^2}{m^2}\right) - \beta^4 - \left(\frac{p^2 - m^2}{m^2}\right)} \tag{8.57}$$

und $\beta = m_1/m \ll 1$ nach Annahme.

Wir berechnen daraus

$$z_1 z_2 = \gamma^2(p,\beta)[1+\alpha^2(p,\beta)] = \frac{m^2}{p^2}\beta^2 \ , \tag{8.58a}$$

$$z_1 + z_2 = 2\gamma(p,\beta) \ . \tag{8.58b}$$

Für den Logarithmus in (8.52) erhalten wir über (8.54) die Darstellung

$$\ln\left(\frac{Q^2+M^2}{m_1^2}\right) = \ln\left(\frac{p^2}{m_1^2}\right) + \ln(z-z_1) + \ln(z-z_2) \ . \tag{8.59}$$

Ersetzen wir noch in Gl. (8.52) $\not{Q}$ durch $\not{p}z$, so gewinnen wir in kompakter Schreibweise

$$\begin{aligned}
&\int \frac{d^n k}{(2\pi)^n} \frac{R_n(k,p)}{[k^2-m_1^2][(k+p)^2-m^2]} \\
&= \frac{im_1^{-2\epsilon}}{16\pi^2} \int_0^1 dz \Big\{ S(\epsilon,p)[A_n(p)-F_n(p)z] - A_n(p)\sum_{i=1}^{2}\ln(z-z_i) \\
&\qquad + F_n(p)\sum_{i=1}^{2} z\ln(z-z_i)\Big\} \\
&= \frac{im_1^{-2\epsilon}}{16\pi^2} \Big\{ S(\epsilon,p)[A_n(p)-\frac{1}{2}F_n(p)] - A_n(p)\int_0^1 dz \sum_{i=1}^{2}\ln(z-z_i) \\
&\qquad + F_n(p)\int_0^1 dz \sum_{i=1}^{2} z\ln(z-z_i)\Big\}
\end{aligned} \tag{8.60}$$

mit den p-abhängigen Funktionen

$$\begin{aligned}
S(\epsilon,p) &= \frac{1}{\epsilon} - \gamma_{\mathrm{E}} + \ln 4\pi - \ln\left(\frac{p^2}{m_1^2}\right) + O(\epsilon) \\
&\equiv \Delta(\epsilon) - \ln\left(\frac{p^2}{m_1^2}\right) + O(\epsilon) \ ,
\end{aligned} \tag{8.61a}$$

$$A_n(p) = B_n\not{p} + nm \ , \tag{8.61b}$$

$$F_n(p) = B_n\not{p} \equiv A_n(p) - nm \ . \tag{8.61c}$$

Für die Integrale berechnet man

$$\int_0^1 dz\, \ln(z - z_i) = \ln(1 - z_i) - z_i \ln\left(\frac{z_i - 1}{z_i}\right) - 1 \,,$$

$$\int_0^1 dz\, z \ln(z - z_i) = \frac{1}{2}\left(\ln(1 - z_i) - z_i^2 \ln\left(\frac{z_i - 1}{z_i}\right) - z_i - \frac{1}{2}\right) \,,$$

wonach

$$\begin{aligned} I_1(p,\beta) &:= \int_0^1 dz \sum_{i=1}^{2} \ln(z - z_i) \\ &= \ln(1 - z_1)(1 - z_2) - z_1 \ln\left(\frac{z_1 - 1}{z_1}\right) - z_2 \ln\left(\frac{z_2 - 1}{z_2}\right) - 2 \,, \end{aligned} \tag{8.62}$$

$$\begin{aligned} I_2(p,\beta) &:= \int_0^1 dz \sum_{i=1}^{2} z \ln(z - z_i) \\ &= \frac{1}{2}\Bigg(\ln(1 - z_1)(1 - z_2) - z_1^2 \ln\left(\frac{z_1 - 1}{z_1}\right) - z_2^2 \ln\left(\frac{z_2 - 1}{z_2}\right) \\ &\qquad - (z_1 + z_2) - 1 \Bigg) \,. \end{aligned} \tag{8.63}$$

Beachten wir, daß $z_{1,2}$ gleiche Realteile und entgegengesetzt gleiche Imaginärteile haben, so erhalten wir für $I_{1,2}(p,\beta)$ die Ergebnisse

$$I_1(p,\beta) = (1 - \gamma)L_+(p,\beta) - i\alpha\gamma L_-(p,\beta) + \ln(z_1 z_2) - 2 \,, \tag{8.64}$$

$$\begin{aligned} I_2(p,\beta) = \frac{1}{2}\Big\{ &[1 - \gamma^2(1 - \alpha^2)]L_+(p,\beta) - 2i\alpha\gamma^2 L_-(p,\beta) \\ &+ \ln(z_1 z_2) - 2\gamma - 1 \Big\} \end{aligned} \tag{8.65}$$

mit den Definitionen

$$L_+(p,\beta) := \ln\left[(1 - \gamma)^2 + \alpha^2\gamma^2\right] - \ln(z_1 z_2) \,, \tag{8.66}$$

$$iL_-(p,\beta) := 2\Big[\arctan\left(\frac{\alpha\gamma}{1-\gamma}\right) + \arctan\alpha\Big]$$
$$\equiv 2\arctan\left(\frac{\alpha}{1-\gamma(1+\alpha^2)}\right) . \tag{8.67}$$

Darin sind α, γ die p-abhängigen Funktionen nach Gl. (8.56) und (8.57) und $z_1 z_2 = (m^2/p^2)\beta^2$. In der Darstellung von iL_- nach (8.67) wurde der Zusammenhang zwischen dem arctan und dem ln für komplexes Argument ausgenutzt, nach dem

$$\arctan x = -\frac{i}{2}\ln\left(\frac{1+ix}{1-ix}\right), \quad x \text{ reell}, \tag{8.68}$$

gilt. In dieser Gleichung ist darauf zu achten, daß die einander zugeordneten Hauptzweige der analytischen Funktionen arctan und ln zu nehmen sind. Entsprechend der Relation (8.68) leitet man

$$\ln(1+ix) + \ln(1-ix) = \ln(1+x^2), \quad x \text{ reell}, \tag{8.69}$$

her, was zu den Bezeichnungen $L_\mp(p,\beta)$ Anlaß gab.

Für den Selbstenergieterm nach Gl. (8.33) erhalten wir somit über (8.60) mit den Funktionen $I_{1,2}(p,\beta)$ nach (8.64) und (8.65)

$$-i\Sigma(p) = \frac{-ie^2}{16\pi^2}\Big\{S(\epsilon,p)[A_n(p) - \frac{1}{2}F_n(p)] - A_n(p)I_1(p,\beta)$$
$$+ F_n(p)I_2(p,\beta)\Big\} . \tag{8.70}$$

Diese kompakte p-abhängige Darstellung für $-i\Sigma(p)$ eignet sich zur Nachbildung der Ward-Identität nach Gl. (8.34) und damit zur Berechnung von $\Lambda_\mu(p,p)$.

Die Divergenz der Selbstenergie $-i\Sigma(p)$ ist nach Gl. (8.61) in der singulären Funktion $S(\epsilon,p)$ enthalten, die für $n \to 4$, d. h. $\epsilon \to +0$ einen Pol hat. Dies ist kennzeichnend für das Verfahren der n-dimensionalen Regularisierung. Andere Regularisierungsschemata – wir werden in Kapitel 9 ein Beispiel vorstellen – weisen z. B. logarithmische Singularitäten, abhängig von einem Abschneideparameter, auf.

Übungsaufgaben

8.1 Berechnen Sie das Matrixelement

$$\bar{u}(\mathbf{p})\,(-i\Sigma(p))\,u(\mathbf{p})$$

von Gl. (8.70). Benutzen Sie dafür die Dirac-Gleichung im Impulsraum und setzen Sie $p^2 = m^2$.

8.3 Die Ward-Identität

Allgemein gesprochen beschreibt die Ward-Identität [WAR 50] einen Zusammenhang zwischen Strömen und Divergenzen. Dies ist auch ersichtlich aus dem Vergleich der Schleifendiagramme nach Abb. 8.1 (a) und (b) für die Vertexkorrektur $\Lambda_\mu(p',p)$ und die Selbstenergie $-i\Sigma(p)$. Sie unterscheiden sich dadurch, daß im Vertexdiagramm an der inneren Fermionlinie der elektromagnetische Strom wechselwirkt, während im Selbstenergiediagramm das virtuelle Fermion ungestört durchläuft. Die Ward-Identität nach Gl. (8.34) kann als Fourier-Transformation einer Divergenzgleichung gelesen werden.

Die allgemeine Struktur der Integraldarstellung von $(\partial/\partial p^\mu)(-i\Sigma(p))$ nach Gl. (8.36) zeigt, daß das Ergebnis der Integration eine Linearkombination aus den Vektoren γ^μ und p^μ sein muß mit Koeffizientenfunktionen $C_i(\epsilon;\not{p},p^2,m^2,m_1^2)$, $i=1,2$. Betrachten wir am Ende das Matrixelement

$$\bar{u}(\mathbf{p})\left(\frac{\partial}{\partial p^\mu}\Sigma(p)\right)u(\mathbf{p}) = -\bar{u}(\mathbf{p})\Lambda_\mu(p,p)u(\mathbf{p})\;, \tag{8.71}$$

dann können wir sowohl $\not{p}\to m$, $p^2=m^2$ ersetzen, als auch p^μ auf γ^μ (oder vice versa) zurückführen. Letzteres lesen wir aus der Normierung der Bispinoren im Impulsraum ab. Aus der Dirac-Gleichung hatten wir über die Algebra der γ^μ die Relation

$$\bar{u}^r(\mathbf{p})\gamma^\mu u^s(\mathbf{p}) = 2p^\mu\delta^{rs} \tag{8.72}$$

gewonnen (siehe Kapitel 2, Aufgabe 2.8). Benutzen wir die Normierung $\bar{u}^r(\mathbf{p})u^s(\mathbf{p}) = 2m\,\delta^{rs}$ nach Gl. (2.66), so kann $2p^\mu\delta^{rs}$ ersetzt werden durch

$$2p^\mu\delta^{rs} = \frac{p^\mu}{m}\bar{u}^r(\mathbf{p})u^s(\mathbf{p})\;,$$

wonach, da p^μ/m keinen Matrixcharakter trägt, durch Vergleich mit (8.72) zwischen den Spinoren die Identität

$$\bar{u}^r(\mathbf{p})\gamma^\mu u^s(\mathbf{p}) = \bar{u}^r(\mathbf{p})\frac{p^\mu}{m}u^s(\mathbf{p}) \tag{8.73}$$

gilt. Für die Matrixelemente (8.71) erwarten wir folglich ein Ergebnis

$$\begin{aligned}\bar{u}(\mathbf{p})\left(\frac{\partial}{\partial p^\mu}\Sigma(p)\right)u(\mathbf{p}) &= -\bar{u}(\mathbf{p})\Lambda_\mu(p,p)u(\mathbf{p}) \\ &= \tilde{C}(\epsilon; m^2, m_1^2)\bar{u}(\mathbf{p})\gamma^\mu u(\mathbf{p}) \; .\end{aligned} \tag{8.74}$$

$\Sigma(p)$ nach Gl. (8.70) enthält bis auf die Funktionen $A_n(p)$ und $F_n(p)$ nur eine p^2-Abhängigkeit, so daß wir von der Identität

$$\frac{\partial}{\partial p^\mu} = 2p_\mu \frac{\partial}{\partial p^2} \; , \tag{8.75}$$

die zwischen den Spinoren nach (8.73) übergeht in

$$\frac{\partial}{\partial p^\mu} \longrightarrow 2m\gamma_\mu \frac{\partial}{\partial p^2} \; , \tag{8.76}$$

Gebrauch machen. Da die Singularität in ϵ, d. h. für $n \to 4$, nur im ersten Term proportional $S(\epsilon, p)$ enthalten ist, können wir in den Integralanteilen $n = 4$ setzen. Nach Gl. (8.61) mit $B_n = 2 - n$ (siehe (8.39)) folgt daraus

$$A_4(p) = -2\not{p} + 4m, \quad F_4(p) = -2\not{p}$$

und

$$\begin{aligned}\frac{\partial}{\partial p^\mu}A_4(p) &= -2\gamma_\mu \\ &\equiv \frac{\partial}{\partial p^\mu}F_4(p) \; .\end{aligned} \tag{8.77}$$

Für zunächst beliebiges n gilt nach (8.61)

$$\frac{\partial}{\partial p^\mu}A_n(p) = \frac{\partial}{\partial p^\mu}F_n(p) = \gamma_\mu B_n \; . \tag{8.78}$$

Zwischen den Spinoren $\bar{u}(\mathbf{p})\cdots u(\mathbf{p})$ erhalten wir

$$\begin{aligned}\bar{u}(\mathbf{p})A_4(p)u(\mathbf{p}) &= 2m\,\bar{u}(\mathbf{p})u(\mathbf{p}) \\ &= -\bar{u}(\mathbf{p})F_4(p)u(\mathbf{p}) \; ,\end{aligned} \tag{8.79}$$

und für beliebiges n

$$\bar{u}(\mathbf{p})A_n(p)u(\mathbf{p}) = m(B_n + n)\bar{u}(\mathbf{p})u(\mathbf{p}) \,, \tag{8.80a}$$

$$\bar{u}(\mathbf{p})F_n(p)u(\mathbf{p}) = mB_n\bar{u}(\mathbf{p})u(\mathbf{p}) \,. \tag{8.80b}$$

Wir werden im folgenden zur Berechnung von $(\partial/\partial p^\mu)\Sigma(p)$ die Rechenschritte nur andeuten und überall dort, wo keine Differentiationen mehr auftreten, die Werte zwischen den Spinoren angeben, ohne $\bar{u}(\mathbf{p})\cdots u(\mathbf{p})$ explizit hinzuschreiben. Mit dieser Vereinbarung gewinnen wir aus Gl. (8.70)

$$\begin{aligned}
&\left.\frac{\partial\Sigma(p)}{\partial p^\mu}\right|_{\substack{\text{zwischen}\\ \text{Spinoren}}} \\
&= \frac{e^2}{16\pi^2}\Bigg\{2m^2\gamma_\mu \left.\frac{\partial S(\epsilon,p)}{\partial p^2}\right|_{p^2=m^2}\left(\frac{1}{2}B_n + n\right) + \frac{1}{2}B_n\gamma_\mu\, S(\epsilon,p)|_{p^2=m^2} \\
&\qquad + 2\gamma_\mu\left[I_1(p,\beta) - I_2(p,\beta)\right]\Big|_{p^2=m^2} \\
&\qquad - 4m^2\gamma_\mu\left(\frac{\partial}{\partial p^2}\left[I_1(p,\beta) + I_2(p,\beta)\right]\right)_{p^2=m^2}\Bigg\} \,.
\end{aligned} \tag{8.81}$$

Nach Gl. (8.61) sind

$$\left.\frac{\partial S(\epsilon,p)}{\partial p^2}\right|_{p^2=m^2} = -\frac{1}{m^2}, \quad S(\epsilon,p)|_{p^2=m^2} = \Delta(\epsilon) + \ln\beta^2 + O(\epsilon) \,,$$

so daß

$$\begin{aligned}
&\left.\frac{\partial\Sigma(p)}{\partial p^\mu}\right|_{\substack{\text{zwischen}\\ \text{Spinoren}}} \\
&= \frac{e^2}{16\pi^2}\Bigg\{-6 + \frac{1}{2}[\Delta(\epsilon) + \ln\beta^2 + O(\epsilon)]B_n \\
&\qquad + 2\left[I_1(p,\beta) - I_2(p,\beta)\right]\Big|_{p^2=m^2} \\
&\qquad - 4m^2\left(\frac{\partial}{\partial p^2}\left[I_1(p,\beta) + I_2(p,\beta)\right]\right)_{p^2=m^2}\Bigg\}\gamma_\mu \,,
\end{aligned} \tag{8.82}$$

wo wir im ersten Summanden von (8.82) zu $n = 4$ übergegangen sind. Für die erste Klammer dieser Gleichung ist nach (8.39) der Faktor $B_n = 2(\epsilon - 1)$ zu berücksichtigen und das Produkt zu entwickeln. Die Ableitungen der Integrale nach p^2 sind nach Gl. (8.64) und (8.65) zwar mühsam, aber doch einfach durchführbar. Dieses und auch die Berechnung der Differenz der Integrale für $p^2 = m^2$ sei als Übungsaufgabe gestellt.

In dem von uns angenommenen Limes $\beta = m_1/m \ll 1$ erhält man

$$2\left[I_1(p,\beta) - I_2(p,\beta)\right]\Big|_{p^2=m^2,\ \beta\ll 1} = -3 + O(\beta^2 \ln \beta^2) \tag{8.83}$$

und

$$-4m^2 \frac{\partial}{\partial p^2}\left[I_1(p,\beta) + I_2(p,\beta)\right]\Big|_{p^2=m^2,\ \beta\ll 1} = 4 - 2\ln\beta^2 + O(\beta)\ . \tag{8.84}$$

Mit diesen Näherungen ergibt sich in der Ordnung $\alpha = e^2/4\pi$

$$\begin{aligned}\bar{u}(\mathbf{p})\left(\frac{\partial}{\partial p^\mu}\Sigma(p)\right)u(\mathbf{p}) &= -\bar{u}(\mathbf{p})\Lambda_\mu(p,p)u(\mathbf{p})\\ &\simeq -\frac{\alpha}{4\pi}\Big\{\Delta(\epsilon) + 4 + 3\ln\beta^2 + O(\epsilon)\Big\}\bar{u}(\mathbf{p})\gamma_\mu u(\mathbf{p})\end{aligned} \tag{8.85}$$

mit $\Delta(\epsilon) = 1/\epsilon - \gamma_E + \ln 4\pi$ und $\beta = m_1/m \ll 1$.

Übungsaufgabe für Zweifler

8.2 Beweisen Sie das Ergebnis Gl. (8.85) durch Gegenrechnung von $\Lambda_\mu(p,p)$.

8.4 Die Vakuumpolarisation $\Pi_{\mu\nu}(k)$

Als letztes Beispiel einer Strahlungskorrektur der Ordnung α wollen wir die Vakuumpolarisation $\Pi_{\mu\nu}(k)$ nach Abb. 8.1 (c) diskutieren, die man auch als Selbstenergieanteil des Photons in *2. Ordnung* bezeichnet. Dabei bezieht sich *2. Ordnung* nicht auf die Kopplung, sondern auf das Auftreten zweier Fermionpropagatoren. Als Vakuumpolarisation $\Pi_{\mu\nu}(k)$ versteht man wieder den *amputierten* Feynman-Graphen, für den wir folgende Impulszuordnung wählen:

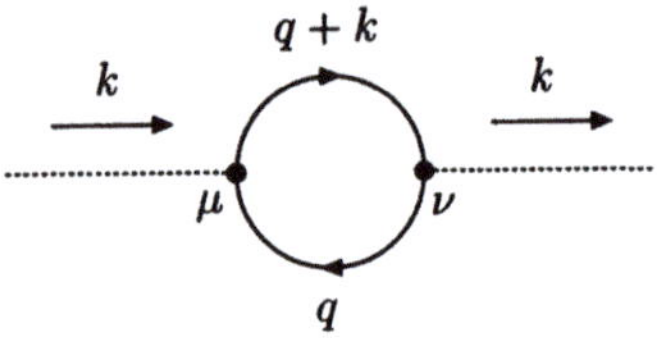

Abb. 8.5 Impulszuordnung für die Berechnung der Vakuumpolarisation $\Pi_{\mu\nu}(k)$.

Die geschlossene Fermionlinie bedingt für das Feynman-Integral einen Vorzeichenfaktor (-1) und eine Spurbildung, da keine freien Spinorindizes auftreten. Damit erhalten wir als n-dimensionales Schleifenintegral

$$\Pi_{\mu\nu}(k) = -e^2 \int \frac{d^n q}{(2\pi)^n} \frac{\mathrm{Sp}\,([\not{q} + \not{k} + m]\gamma_\mu[\not{q} + m]\gamma_\nu)}{[(q+k)^2 - m^2][q^2 - m^2]} \,. \tag{8.86}$$

Für $q^2 \to 0$ liegen im Limes $n \to 4$ wegen

$$\int \frac{d^4 q}{q^4}(1; \not{q}; q^2)$$

logarithmische, lineare und quadratische UV-Divergenzen vor. Von unseren drei Beispielen der Schleifenkorrekturen enthält $\Pi_{\mu\nu}(k)$ folglich die stärkste Divergenz.

Wir definieren den Zähler des Integrals durch

$$T_{\mu\nu}(q,k) := \mathrm{Sp}\left\{[\not{q} + \not{k} + m]\gamma_\mu[\not{q} + m]\gamma_\nu\right\} \tag{8.87}$$

und berechnen für die Klammer durch Anwenden der Algebra der γ^μ

$$\left\{\cdots\right\} = (\not{q} + \not{k} + m)\left\{ - \not{q}\gamma_\mu\gamma_\nu + m\gamma_\mu\gamma_\nu + 2q_\mu\gamma_\nu\right\} . \tag{8.88}$$

Beachten wir, daß die Spur über eine ungerade Anzahl von γ-Matrizen verschwindet, so tragen der erste und dritte Anteil der rechten Klammer nur bei Multiplikation mit $(\not{q} + \not{k})$ der linken Klammer, der mittlere Summand lediglich bei Multiplikation mit dem Massenfaktor m zur Spurbildung bei. Mit den Regeln für die Spurbildung über 4 und 2 γ-Matrizen nach Anhang B.1 erhalten wir

$$\begin{aligned} - \mathrm{Sp}\,(\not{q} + \not{k})\not{q}\gamma_\mu\gamma_\nu &= -\left\{q^2 \mathrm{Sp}\,\gamma_\mu\gamma_\nu + \mathrm{Sp}\,\not{k}\not{q}\gamma_\mu\gamma_\nu\right\} \\ &= -4\left\{(k\cdot q + q^2)g_{\mu\nu} - (k_\mu q_\nu - k_\nu q_\mu)\right\} , \end{aligned} \tag{8.89}$$

$$m^2 \mathrm{Sp}\, \gamma_\mu \gamma_\nu = 4m^2 g_{\mu\nu} \tag{8.90}$$

und

$$2q_\mu \mathrm{Sp}\, (\not{q} + \not{k})\gamma_\nu = 8\Big\{ q_\mu q_\nu + q_\mu k_\nu \Big\} . \tag{8.91}$$

Durch Addition dieser drei Beiträge gewinnen wir über Gl. (8.88) für $T_{\mu\nu}(q, k)$ nach (8.87)

$$\begin{aligned} &T_{\mu\nu}(q, k) \\ &= -4\Big\{ (k \cdot q + q^2 - m^2) g_{\mu\nu} - (k_\mu q_\nu + k_\nu q_\mu + 2q_\mu q_\nu) \Big\} . \end{aligned} \tag{8.92}$$

Da dic n-dimensionale Integration in (8.86) über q erfolgt, wollen wir folgende Definitionen einführen:

$$O^\alpha_{\mu\nu}(k) := (k^\alpha g_{\mu\nu} - k_\mu g_\nu{}^\alpha - k_\nu g_\mu{}^\alpha) , \tag{8.93}$$

$$R^{\beta\alpha}_{\mu\nu} := (g^{\beta\alpha} g_{\mu\nu} - 2 g_\mu{}^\beta g_\nu{}^\alpha) , \tag{8.94}$$

wonach durch Vergleich mit (8.92)

$$T_{\mu\nu}(q, k) = -4\Big\{ O^\alpha_{\mu\nu}(k) q_\alpha + R^{\beta\alpha}_{\mu\nu} q_\beta q_\alpha - m^2 g_{\mu\nu} \Big\} . \tag{8.95}$$

Für den Nenner des Integrals in Gl. (8.86) führen wir die Feynman-Parametrisierung

$$\frac{1}{AB} = \int_0^1 dz \, \frac{1}{[A + (B - A)z]^2} \tag{8.96}$$

ein mit den Definitionen

$$A := q^2 - m^2, \quad B := q^2 + k^2 + 2k \cdot q - m^2 , \tag{8.97}$$

wonach

$$\begin{aligned} [A + (B - A)z]^2 &= [q^2 + 2q \cdot kz - (m^2 - k^2 z)]^2 \\ &:= [q^2 + 2q \cdot Q - M^2]^2 \end{aligned} \tag{8.98}$$

mit

$$Q = kz, \quad M^2 = m^2 - k^2 z , \tag{8.99}$$

und folglich

$$Q^2 + M^2 = k^2(z^2 - z) + m^2 \ . \tag{8.100}$$

Setzen wir Gl. (8.95), (8.96) und (8.98) in (8.86) ein, so ergibt sich für $\Pi_{\mu\nu}(k)$

$$\Pi_{\mu\nu}(k) = \frac{-e^2}{(2\pi)^n} \int_0^1 dz \int \frac{d^n q \, T_{\mu\nu}(q,k)}{[q^2 + 2q \cdot Q - M^2]^2} \ . \tag{8.101}$$

In $T_{\mu\nu}(q,k)$ nach Gl. (8.95) treten als Integrationsvariablen 1, q_α, $q_\beta q_\alpha$ auf, für die wir zur Auswertung von (8.101) folgende Integrale aus Anhang B.3 übernehmen:

$$\int \frac{d^n q}{[q^2 + 2q \cdot Q - M^2]^2} = \tilde{C}_n(\epsilon; Q^2 + M^2) \ , \tag{8.102}$$

$$\int \frac{d^n q \, q_\alpha}{[q^2 + 2q \cdot Q - M^2]^2} = -\tilde{C}_n(\epsilon; Q^2 + M^2) Q_\alpha \ , \tag{8.103}$$

$$\begin{aligned} \int \frac{d^n q \, q_\beta q_\alpha}{[q^2 + 2q \cdot Q - M^2]^2} &= \tilde{C}_n(\epsilon; Q^2 + M^2) \\ &\times \left(Q_\beta Q_\alpha - \frac{1}{2} g_{\beta\alpha} \frac{1}{(\epsilon - 1)} (Q^2 + M^2) \right) \ . \end{aligned} \tag{8.104}$$

Darin ist $\tilde{C}_n(\epsilon; Q^2 + M^2)$ die zu Gl. (8.47) analoge Definition

$$\tilde{C}_n(\epsilon; Q^2 + M^2) := i\pi^{n/2} (m^2)^{-\epsilon} \Gamma(\epsilon) \left[\frac{Q^2 + M^2}{m^2} \right]^{-\epsilon} \ , \tag{8.105}$$

und im letzten Term von Gl. (8.104) wurde von der Eigenschaft

$$\Gamma(\epsilon - 1) = \frac{\Gamma(\epsilon)}{(\epsilon - 1)} \tag{8.106}$$

der Γ-Funktion Gebrauch gemacht. Nach der Kontraktion von $O^\alpha_{\mu\nu}(k)$ mit Q_α und $R^{\beta\alpha}_{\mu\nu}$ mit $Q_\beta Q_\alpha$ und $g_{\beta\alpha}$ in $T_{\mu\nu}(q,k)$ nach (8.95) erhalten wir als Zwischenergebnis für $\Pi_{\mu\nu}(k)$, Gl. (8.101),

$$\Pi_{\mu\nu}(k) = -\frac{i8e^2\pi^{n/2}}{(2\pi)^n} \Gamma(\epsilon) \int_0^1 dz \, \frac{(1-z)z}{(Q^2 + M^2)^\epsilon} \left(g_{\mu\nu} k^2 - k_\mu k_\nu \right) \ , \tag{8.107}$$

wo wir im Zähler Q durch kz ersetzt haben. Entwickeln wir den Nenner von (8.107) für kleine $\epsilon = (4-n)/2$, so folgt über Gl. (8.49)

$$(m^2)^{-\epsilon}\left(\frac{Q^2+M^2}{m^2}\right)^{-\epsilon} = (m^2)^{-\epsilon}\Big[1-\epsilon\ln\left(\frac{Q^2+M^2}{m^2}\right)+O(\epsilon^2)\Big] \tag{8.108}$$

mit

$$\frac{Q^2+M^2}{m^2} = \frac{k^2}{m^2}\left(z^2-z+\frac{m^2}{k^2}\right) \tag{8.109}$$

nach Gl. (8.100). Faktorisieren wir das in z quadratische Polynom in (8.109), so erhalten wir

$$\ln\left(\frac{Q^2+M^2}{m^2}\right) = \ln\left(\frac{k^2}{m^2}\right)+\sum_{i=1}^{2}\ln(z-z_i) \tag{8.110}$$

mit

$$z_{1,2} = \frac{1}{2}(1\pm i\rho), \quad \rho = \sqrt{\frac{4m^2}{k^2}-1} \tag{8.111}$$

und der Annahme

$$k^2 \ll m^2 \ . \tag{8.112}$$

Es gelten somit

$$z_1+z_2 = 1, \quad z_1-z_2 = i\rho, \quad z_1z_2 = \frac{1}{4}(1+\rho^2) = \frac{m^2}{k^2} \ . \tag{8.113}$$

Für die Entwicklung der Vorfaktoren von (8.107) nach ϵ übernehmen wir von Gl. (8.51)

$$\frac{\pi^{n/2}}{(2\pi)^n}\Gamma(\epsilon) = \frac{1}{16\pi^2}\left[\frac{1}{\epsilon}-\gamma_{\mathrm{E}}+\ln 4\pi+O(\epsilon)\right] ,$$

wonach

$$\begin{aligned}
&\frac{\pi^{n/2}}{(2\pi)^n}\Gamma(\epsilon)\Big[1-\epsilon\ln\left(\frac{Q^2+M^2}{m^2}\right)+O(\epsilon^2)\Big] \\
&=\frac{1}{16\pi^2}\Big[\frac{1}{\epsilon}-\gamma_{\mathrm{E}}+\ln 4\pi-\ln\left(\frac{Q^2+M^2}{m^2}\right)+O(\epsilon)\Big] \\
&=\frac{1}{16\pi^2}\Big[\Delta(\epsilon)-\ln\left(\frac{k^2}{m^2}\right)-\sum_{i=1}^{2}\ln(z-z_i)+O(\epsilon)\Big]
\end{aligned} \tag{8.114}$$

und $\Delta(\epsilon)$ nach (8.53) gegeben ist zu

$$\Delta(\epsilon) := \frac{1}{\epsilon}-\gamma_{\mathrm{E}}+\ln 4\pi\ . \tag{8.115}$$

Für $\Pi_{\mu\nu}(k)$ nach Gl. (8.107) ergibt sich somit durch Einsetzen von (8.114) im Limes $\epsilon \to +0$

$$\begin{aligned}
\Pi_{\mu\nu}(k) &= -\frac{i8e^2}{16\pi^2}\left(g_{\mu\nu}k^2-k_\mu k_\nu\right) \\
&\times\int_0^1 dz\left\{\Big[\Delta(\epsilon)-\ln\left(\frac{k^2}{m^2}\right)\Big](z-z^2)-\sum_{i=1}^{2}(z-z^2)\ln(z-z_i)\right\} \\
&= -\frac{ie^2}{2\pi^2}\left(g_{\mu\nu}k^2-k_\mu k_\nu\right) \\
&\times\left\{\frac{1}{6}\Big[\Delta(\epsilon)-\ln\left(\frac{k^2}{m^2}\right)\Big]-\sum_{i=1}^{2}\int_0^1 dz\,(z-z^2)\ln(z-z_i)\right\}.
\end{aligned} \tag{8.116}$$

Für die Integrale berechnet man

$$\begin{aligned}
&\int_0^1 dz\,(z-z^2)\ln(z-z_i) \\
&=\Bigg(u\ln u\left\{z_i(1-z_i)+\frac{1}{2}(1-2z_i)u-\frac{1}{3}u^2\right\} \\
&\qquad -u\left\{z_i(1-z_i)+\frac{1}{4}(1-2z_i)u-\frac{1}{9}u^2\right\}\Bigg)\Bigg|_{u=-z_i}^{u=1-z_i}\ .
\end{aligned} \tag{8.117}$$

Benutzt man den einfachen Zusammenhang zwischen z_1 und z_2 nach Gl. (8.111) und (8.113), so folgt für den ln-Anteil von (8.117)

$$\sum_{i=1}^{2} u \ln u \left\{ z_i(1-z_i) + \frac{1}{2}(1-2z_i)u - \frac{1}{3}u^2 \right\}\Bigg|_{-z_i}^{1-z_i}$$
$$= \frac{1}{6}\sum_{i=1}^{2}\Big[\ln z_i + \ln(-z_i)\Big] z_i^2(3-2z_i) \tag{8.118}$$

mit

$$3 - 2z_{1,2} = 2 \mp i\rho, \quad z_{1,2} = (1 - z_{2,1})\ . \tag{8.119}$$

Für den ln-freien Anteil von Gl. (8.117) ergibt sich

$$-\sum_{i=1}^{2} u \left\{ z_i(1-z_i) + \frac{1}{4}(1-2z_i)u - \frac{1}{9}u^2 \right\}\Bigg|_{-z_i}^{1-z_i}$$
$$= -2\left\{ z_2^2(z_1 - \frac{i}{4}\rho - \frac{1}{9}z_2) + z_1^2(z_2 - \frac{i}{4}\rho - \frac{1}{9}z_1) \right\}\ . \tag{8.120}$$

Nach Einsetzen von z_1, z_2 und Anwendung der Relation (8.68), wonach

$$\ln\left(\frac{z_1}{z_2}\right) = 2i \arctan\rho\ ,$$

folgt schließlich

$$\sum_{i=1}^{2}\int_0^1 dz\,(z-z^2)\ln(z-z_i)$$
$$= -\frac{1}{6}\left\{ \ln\left(\frac{k^2}{m^2}\right) + \rho(3+\rho^2)\arctan\rho + \frac{1}{3}\left(12\frac{m^2}{k^2}+5\right) \right\}\ , \tag{8.121}$$

womit das Resultat für $\Pi_{\mu\nu}(k)$ nach Gl. (8.116) mit $e^2 = 4\pi\alpha$ gegeben ist zu

$$\Pi_{\mu\nu}(k) = -\frac{i\alpha}{3\pi}m^2\left\{ g_{\mu\nu} - \frac{k_\mu k_\nu}{k^2} \right\}$$
$$\times\left(\frac{k^2}{m^2}\Big[\Delta(\epsilon) + \rho(3+\rho^2)\arctan\rho\Big] + 4 + \frac{5}{3}\frac{k^2}{m^2}\right) \tag{8.122}$$

für

$$\frac{k^2}{m^2} \ll 1 \quad \text{mit } \rho = \sqrt{\frac{4m^2}{k^2} - 1}, \quad \Delta(\epsilon) = \frac{1}{\epsilon} - \gamma_{\mathrm{E}} + \ln 4\pi \, .$$

Somit wird auch für den hochsingulären Term der Vakuumpolarisation die Singularität in der n-dimensionalen Regularisierung durch einen einfachen Pol in $\epsilon = (4 - n)/2$ für $n \to 4$ beschrieben.

9 Einblick in die Theorie der Renormierung

In Kapitel 8 haben wir drei charakteristische Beispiele von Strahlungskorrekturen der Ordnung α in der QED diskutiert. Ihre analytische Struktur ist durch UV-divergente Schleifenintegrale unterschiedlichen Grades bestimmt. Durch Anwendung des n-dimensionalen Regularisierungsverfahrens ließen sich diese Divergenzen durch einfache Pole der Γ-Funktion beschreiben und von den konvergenten Anteilen separieren.

Physikalisch beobachtbare und meßbare Prozesse sind per definitionem endlich. Die diskutierten Strahlungskorrekturen sind im feldtheoretischen Formalismus Teile solcher Observablen – wie also sind die auftretenden Divergenzen zu interpretieren?

Einen ersten Hinweis gibt uns das Beispiel des anomalen magnetischen Momentes des Elektrons, daß eine meßbare Größe ist. Es ergab sich in der Ordnung α aus der Vertexkorrektur $\Lambda_\mu(p',p)$, die Teil der Störungsreihe (siehe Gl. (8.1))

$$\Gamma_\mu(p',p) = ie\left\{\gamma_\mu + \Lambda_\mu(p',p) + \cdots\right\}$$

ist, und worin der relevante Anteil

$$\tilde{\Lambda}_\mu(p',p) = \frac{\alpha}{2\pi}\frac{i\sigma_{\mu\nu}q^\nu}{2m}, \quad q = p' - p\,,$$

von $\Lambda_\mu(p',p)$ den Beitrag zum anomalen magnetischen Moment beschreibt (siehe Gl. (8.30)). Bezüglich der Elementarladung können wir die Störungsreihe in der Form

$$e_\mathrm{R} = e\left\{1 + \frac{\alpha}{2\pi}f(q^2) + \cdots\right\} \tag{9.1}$$

lesen, wobei erst die volle Summe der Reihe die physikalische Ladung definiert. Sie ist folglich durch die Größe e_R gegeben, die man als renormierte Ladung bezeichnet, und der man den gemessenen Wert[1]

$$\alpha_R = \frac{e_R^2}{4\pi} \simeq \frac{1}{137} \tag{9.2}$$

zuzuordnen hat.

Der Grundgedanke des Renormierungsschemas besteht darin, alle physikalischen Observablen durch endliche, sogenannte *renormierte* Größen zu beschreiben. Das Verfahren der n-dimensionalen Regularisierung ist eine mögliche Basis zur Durchführung der Renormierung, da in ihm die Divergenzen in Abhängigkeit eines Parameters – hier des Dimensionsparameters $\epsilon = (4-n)/2$ – zunächst *reguliert* und von den endlichen Beiträgen separiert werden, so daß sie durch Renormierung kompensiert werden können. Erst durch Aufhebung der Regularisierung, d. h. hier im Limes $\epsilon \to +0$, treten die Divergenzen zutage. Dieser Grenzübergang wird aber während der Durchführung der Renormierung nicht vollzogen. Wir werden auf diesen Punkt in einem späteren Abschnitt hinweisen.

Entsprechend dem Rahmen dieses Buches werden wir nur einen Einblick in die Renormierungstechnik geben.[2] Unsere Ausarbeitung orientiert sich inhaltlich an Betrachtungen in [ChLi 84].

9.1 Renormierung in der $\lambda\phi^4$-Theorie

Das Modell der $\lambda\phi^4$-Theorie beschreibt eine freie, skalare Feldtheorie mit einer Selbstwechselwirkung 4. Ordnung. Ihre Lagrange-Dichte lautet

$$\mathcal{L}(\phi_0) = \frac{1}{2}\Big\{(\partial_\mu \phi_0(x))(\partial^\mu \phi_0(x)) - \mu_0^2 \phi_0^2(x)\Big\} - \frac{\lambda_0}{4!}\phi_0^4 \,, \tag{9.3}$$

wo der Index 0 kennzeichnen soll, daß es sich um eine unrenormierte Theorie handelt, die zu divergenten Schleifenintegralen führt. μ_0^2 ist der Massenparameter, λ_0 die Kopplungskonstante. Man bezeichnet sie auch als *nackte* Größen, die erst durch Renormierung *angezogen* und dadurch zu physikalischen Größen werden.

---

[1] Der genaue Wert für $q^2 = 0$ ist $\alpha_R = 1/137{,}035\,989\,5(61)$ [PDG 96].

[2] Für eine ausführliche Diskussion zum Thema Renormierung siehe z. B. [Col 84].

Durch die Selbstwechselwirkung in Gl. (9.3) treten nur Vierervertices auf. Die relevanten Feynman-Regeln notieren wir an folgenden Graphen:

Propagator $\qquad \dfrac{i}{p^2 - \mu_0^2 + i\epsilon}$

Vertex $\qquad -i\lambda_0$

Abb. 9.1 Feynman-Regeln in der $\lambda\phi^4$-Theorie.

Aus dem Kapitel über die Störungstheorie (siehe dort Gl. (7.83)) ist bekannt, daß Feynman-Propagatoren über Vakuumerwartungswerte von T-Produkten zweier Feldoperatoren definiert werden können. Wir beschreiben deshalb den vollen Propagator $\Delta(p)$ einer Störungsreihe durch das Fourier-Integral

$$\Delta(p) = \int d^4x\, e^{ip\cdot x}\, \langle 0|\, T(\phi_0(x)\phi_0(0))\, |0\rangle\,. \tag{9.4}$$

Diesen speziellen Vakuumerwartungswert bezeichnet man auch als 2-Punkt Greensche Funktion. Eine n-Punkt Greensche Funktion ist über das T-Produkt von n Feldoperatoren definiert.[3]

Analog zum Vertexoperator (siehe Kap. 8) ist auch für den Propagator $\Delta(p)$ eine Störungsreihe zu betrachten, die wir durch folgende Graphen charakterisieren wollen:

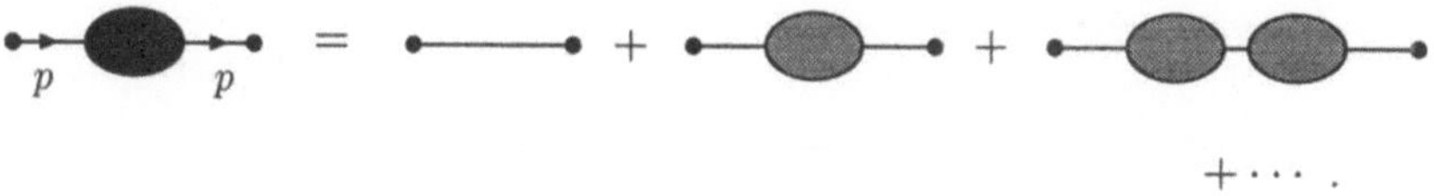

Abb. 9.2 Graphische Darstellung der Störungsreihe für den Propagator $\Delta(p)$.

Die Blasen in den Linien der rechten Seite symbolisieren den Einschub von Selbstenergietermen $-i\Sigma(p)$ in den Propagator niedrigster Ordnung nach

[3]Für detaillierte Betrachtungen von Greenschen Funktionen siehe z. B. [ChLi 84], Kap. 1.

Abb. 9.1. Die linke Seite von Abb. 9.2 beschreibt den vollen Propagator $\Delta(p)$. Somit gilt

$$\begin{aligned}\Delta(p) &= \frac{i}{p^2-\mu_0^2+i\epsilon} + \frac{i}{p^2-\mu_0^2+i\epsilon}(-i\Sigma(p))\frac{i}{p^2-\mu_0^2+i\epsilon} + \cdots \\ &= \frac{i}{p^2-\mu_0^2+i\epsilon}\left\{\frac{1}{1+i\Sigma(p)\dfrac{i}{p^2-\mu_0^2+i\epsilon}}\right\} \\ &\equiv \frac{i}{p^2-\mu_0^2-\Sigma(p)+i\epsilon}\,, \end{aligned} \tag{9.5}$$

wo wir im zweiten Schritt die Summenformel der geometrischen Reihe benutzten. Dies ist zulässig, da $\Sigma(p)$ im Sinne der Störungstheorie eine zu λ_0 proportionale kleine Korrektur ist.

Unser Beispiel für den Selbstenergieterm $-i\Sigma(p)$ des Elektrons in Kap. 8 führte zu einem divergenten Ergebnis. Übertragen auf Gl. (9.5) bedeutet dies, daß der volle Propagator $\Delta(p)$ genau dann endlich wird, wenn es gelingt die Selbstenergie $\Sigma(p)$ konvergent zu machen, d. h. zu renormieren.

Die Feynman-Graphen niedrigster Ordnung, die sog. *Baum-Graphen*, enthalten keine Schleife, und sind deshalb endlich. Eine Diskussion der einfachsten Schleifendiagramme[4] im $\lambda\phi^4$-Modell führt zur Auswahl der Feynman-Graphen in Abb. 9.3 und 9.4.

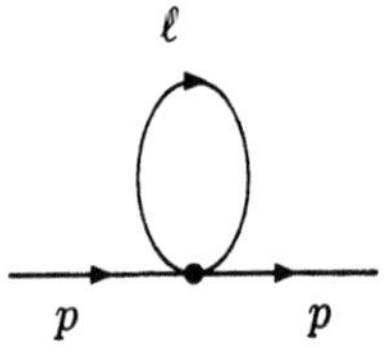

Selbstenergie $-i\Sigma(p)$

Abb. 9.3 Feynman-Graph für die Selbstenergie im $\lambda\phi^4$-Modell.

Zum Selbstenergieterm $\Sigma(p)$ nach Abb. 9.3 ist zu bemerken, daß die in einem Punkt geschlossene Schleife die Folge der ϕ_0^4-Selbstwechselwirkung ist. In Abb. 9.4 haben wir die Mandelstam-Variablen s, t und u notiert. Die identischen skalaren Teilchen erlauben Schleifendiagramme in allen drei Kanälen.

[4]Siehe dazu die Ausführungen bei [CHLI 84], Kapitel 2. Schleifen in den äußeren Linien werden nicht betrachtet.

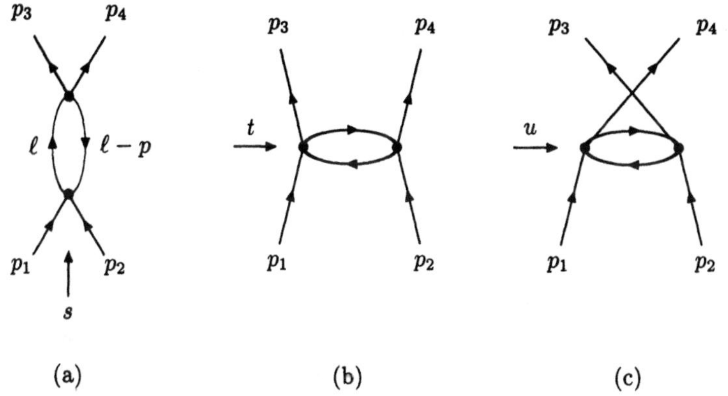

Abb. 9.4 Vertexkorrekturen $\Gamma_{(i)}(p)$, $i = a, b, c$, mit $p = p_1 + p_2$.

Über die Feynman-Regeln erhalten wir für Selbstenergie und Vertexkorrekturen folgende Integrale:

$$\begin{aligned} -i\Sigma(p) &= -\frac{i\lambda_0}{2}\int\frac{d^4\ell}{(2\pi)^4}\,\frac{1}{\ell^2-\mu_0^2+i\epsilon} \\ &:= -i\Sigma(p^2)\,, \end{aligned} \tag{9.6}$$

$$\begin{aligned} \Gamma_{(a)} := \Gamma(s) = \frac{(-i\lambda_0)^2}{2}\int\frac{d^4\ell}{(2\pi)^4} \\ \times\frac{i}{[(\ell-p)^2-\mu_0^2+i\epsilon]}\,\frac{i}{[\ell^2-\mu_0^2+i\epsilon]}, \quad s = p^2\,, \end{aligned} \tag{9.7}$$

sowie

$$\Gamma_{(b)} = \Gamma(t), \quad \Gamma_{(c)} = \Gamma(u) \tag{9.8}$$

mit

$$\begin{aligned} s = (p_1+p_2)^2, \quad t = (p_1-p_3)^2, \quad u = (p_1-p_4)^2 \\ \equiv p^2 \end{aligned} \tag{9.9}$$

und $p_1 + p_2 = p_3 + p_4$. Der Faktor 1/2 in den Gl. (9.6) und (9.7) ist ein charakteristischer Symmetriefaktor der $\lambda\phi^4$-Theorie.

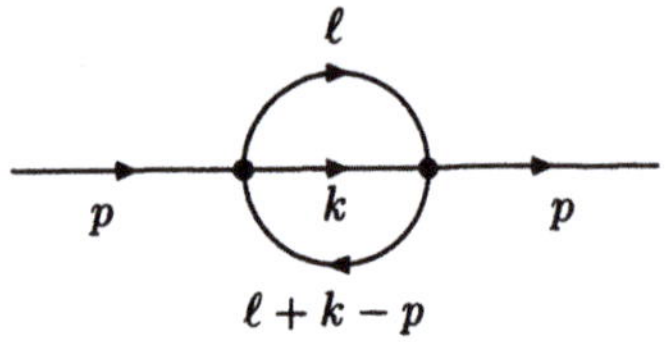

Abb. 9.5 Selbstenergiebeitrag in der Zwei-Schleifen-Näherung.

Die spezielle Form von $\Sigma(p^2)$ nach Abb. 9.3 ist Gl. (9.6) zufolge von p^2 unabhängig, wonach $\Sigma(p^2) \equiv \Sigma(0)$. Diese Eigenschaft gilt aber nicht allgemein, wie man am Beispiel eines Selbstenergieterms in der Zwei-Schleifen-Näherung mit dem Graphen in Abb. 9.5 erkennt. Er enthält 2 Schleifenimpulse ℓ und k und zeigt eine komplizierte p^2-Abhängigkeit. Eine genauere Diskussion dieses Selbstenergieterms der Ordnung $(\lambda_0)^2$ ergibt ebenfalls – wie $\Sigma(p^2)$ nach (9.6) – eine quadratische Divergenz. Es ist für unsere Diskussion somit gerechtfertigt, eine p^2-Abhängigkeit für den Selbstenergieterm anzunehmen.

Wir haben anfangs daran erinnert, daß die n-dimensionale Regularisierung die Abspaltung der *regulierten* Divergenzen erlaubt (siehe die Beispiele in Kap. 8). Dies und die Eigenschaft der Feynman-Integrale, daß ihre Ableitung nach dem äußeren Impuls die Stärke der Divergenz reduziert (vgl. $\Sigma(p)$ und $(\partial/\partial p^\mu)\Sigma(p)$ in Kap. 8), legt es nahe, für $\Sigma(p^2)$ und $\Gamma(s)$, $s = p^2$, eine Taylor-Entwicklung nach p^2 zu machen. Dabei werden, je nach Stärke der Divergenz, nur die ersten Glieder der Reihe divergent sein, der Rest jedoch den konvergenten Anteil der Integrale beschreiben.

$\Sigma(p^2)$ ist nach Gl. (9.6) im UV-Limes quadratisch divergent, $\Gamma(s)$ nach (9.7) logarithmisch. Betrachten wir deshalb zur Erläuterung des Verfahrens einfachheitshalber $\Gamma(s)$.

$\Gamma(s) = \Gamma(p^2)$ ist nach Gl. (9.7) sowohl von p^2 als auch von $\ell \cdot p$ abhängig. Für eine Taylor-Reihe nach p^2 benutzen wir deshalb die Umkehrung der Relation von Gl. (8.75), wonach

$$p^\mu \frac{\partial}{\partial p^\mu} = 2p^2 \frac{\partial}{\partial p^2}, \quad \text{also } \frac{\partial}{\partial p^2} = \frac{1}{2p^2} p^\mu \frac{\partial}{\partial p^\mu} \tag{9.10}$$

gilt. Damit berechnen wir aus (9.7)

$$\frac{\partial}{\partial p^2}\Gamma(p^2) = \frac{\lambda_0^2}{2p^2} \int \frac{d^4\ell}{(2\pi)^4} \frac{(\ell - p)\cdot p}{[(\ell-p)^2 - \mu_0^2 + i\epsilon]^2[\ell^2 - \mu_0^2 + i\epsilon]} \;. \tag{9.11}$$

Dieses Integral ist im UV-Limes endlich, so daß eine Taylor-Reihe nach p^2 nur einen divergenten Term enthält. Entwickeln wir um $p^2 = 0$, so lautet die Reihe

$$\Gamma(p^2) = a_0 + a_1 p^2 + \cdots + \frac{1}{n!} a_n (p^2)^n + \cdots \tag{9.12}$$

mit

$$a_n = \frac{\partial^n}{\partial^n p^2} \Gamma(p^2) \bigg|_{p^2=0} . \tag{9.13}$$

Die logarithmische Divergenz von $\Gamma(p^2)$ wird durch den Koeffizienten a_0 beschrieben mit

$$a_0 = \Gamma(0) . \tag{9.14}$$

Alle höheren Koeffizienten a_n mit $n \geqslant 1$ sind endlich, und wir können Gl. (9.12) formal schreiben als

$$\Gamma(p^2) = \Gamma(s) = \Gamma(0) + \tilde{\Gamma}(s) , \tag{9.15}$$

wo $\tilde{\Gamma}(s)$ die konvergenten Anteile des Vertexgraphen nach Abb. 9.4 (a) enthält und nach (9.15) auf $\tilde{\Gamma}(0) = 0$ normiert ist. $\tilde{\Gamma}(s)$ beschreibt folglich per constructionem die Vertexkorrektur im s-Kanal abzüglich des divergenten Anteils. Dies läßt erkennen, daß $\Gamma(0)$ über die n-dimensionale Regularisierung mit der Singularität der Γ-Funktion $\Gamma(\epsilon)$ für $\epsilon \to +0$ in Beziehung steht, die die Divergenzen unserer Beispiele in Kap. 8 charakterisierte. Wir werden auf diese Aussage zurückkommen.

Renormierung von Masse und Wellenfunktion

Das in diesem und dem folgenden Abschnitt skizzierte Renormierungsschema basiert auf den Taylor-Entwicklungen von $\Sigma(p^2)$ und $\Gamma(p^2)$. Die in den ersten Termen der Entwicklung enthaltenen divergenten Anteile werden durch Umdefinition der *nackten* Größen in – divergente – Renormierungskonstante absorbiert, wodurch es möglich ist, den unphysikalischen nackten Größen physikalische – und damit endliche – *renormierte* Größen zuzuordnen. Zu den nackten Größen zählen außer Masse und Kopplung (in der QED also die Ladung) auch die Felder, die für sich aber keine Observablen sind. Über die Greenschen Funktionen stehen sie jedoch zu solchen in Beziehung.

In all unseren bisherigen Betrachtungen sind die nackten Größen enthalten, was sich in den Divergenzen der Schleifenintegrale von Kap. 8 widerspiegelte.

Der Ausgangspunkt zur Renormierung von Masse und Wellenfunktion ist eine Taylor-Entwicklung des Selbstenergieterms $\Sigma(p^2)$. Da $\Sigma(p^2)$ nach Gl. (9.6) quadratisch UV-divergent ist, treten prinzipiell in einer entsprechenden Entwicklung neben der quadratischen auch lineare sowie logarithmische Divergenzen auf. Eine lineare Divergenz kann aber in der skalaren Funktion $\Sigma(p^2)$ nicht auftreten, da sie proportional zum Vierervektor p^μ sein müßte, der kein Lorentz-Skalar ist (die lineare Divergenz entspricht $(\partial/\partial p_\mu)\Sigma(p^2)$ bzw. $\int(d^4\ell/\ell^2)\ell^\mu$). Entwickeln wir also $\Sigma(p^2)$ in eine Taylor-Reihe um einen zunächst willkürlichen Parameter μ^2, so besitzt diese Reihe nur zwei divergente Anteile entsprechend einer quadratischen und einer logarithmischen Divergenz, so daß in der Darstellung

$$\begin{aligned}\Sigma(p^2) &= \Sigma(\mu^2) + (p^2-\mu^2)\left(\frac{\partial\Sigma(p^2)}{\partial p^2}\right)\bigg|_{p^2=\mu^2} + \tilde{\Sigma}(p^2)\\ &\equiv \Sigma(\mu^2) + (p^2-\mu^2)\Sigma'(\mu^2) + \tilde{\Sigma}(p^2)\ ,\end{aligned} \tag{9.16}$$

analog zur Schreibweise nach Gl. (9.15) $\tilde{\Sigma}(p^2)$ den konvergenten Anteil von $\Sigma(p^2)$ kennzeichnet mit der Normierung

$$\tilde{\Sigma}(\mu^2) = 0\ . \tag{9.17}$$

Die quadratische Divergenz von $\Sigma(p^2)$ ist in $\Sigma(\mu^2)$ enthalten, die logarithmische in $\Sigma'(\mu^2)$. Letzteres erkennt man an der Operatoridentität

$$\frac{\partial}{\partial p^\mu}\frac{\partial}{\partial p_\mu} = 2\left\{\frac{\partial}{\partial p^2} + 2p^2\frac{\partial^2}{\partial^2 p^2}\right\}, \tag{9.18}$$

die man durch Anwenden von $\partial/\partial p^\mu$ auf die Relation Gl. (8.75) gewinnt. Danach gilt

$$\frac{1}{2}\frac{\partial}{\partial p^\mu}\frac{\partial}{\partial p_\mu}\Sigma(p^2) = \Sigma'(p^2) + 2p^2\Sigma''(p^2)\ , \tag{9.19}$$

wo sich im Verständnis der Taylor-Reihe (9.16) der Strich auf die Ableitung nach p^2 bezieht. Somit folgt aus (9.19) für $p^2 = \mu^2$

$$\frac{1}{2}\frac{\partial}{\partial p^\mu}\frac{\partial}{\partial p_\mu}\Sigma(p^2)\bigg|_{p^2=\mu^2} = \Sigma'(\mu^2) + 2\mu^2\Sigma''(\mu^2) .$$

Da $\Sigma''(\mu^2)$ dem endlichen Anteil von $\Sigma(p^2)$ zuzurechnen ist, entspricht die Divergenz $\Sigma'(\mu^2)$ der zweiten Ableitung von $\Sigma(p^2)$ an der Stelle $p^2 = \mu^2$. Die zweifache Ableitung reduziert aber die quadratische Divergenz von $\Sigma(p^2)$ auf eine logarithmische.

Mit der Entwicklung (9.16) ergibt sich für den vollen Propagator nach Gl. (9.5)

$$\Delta(p) = \frac{i}{p^2 - \mu_0^2 - \Sigma(\mu^2) - (p^2 - \mu^2)\Sigma'(\mu^2) - \tilde{\Sigma}(p^2) + i\epsilon} . \tag{9.20}$$

Die physikalische Masse eines Teilchens wird durch den Pol des Propagators für $\epsilon \to +0$ definiert. Unter Berücksichtigung der Normierung (9.17) legen wir deshalb den beliebigen Parameter μ^2 durch die Forderung

$$\mu_0^2 + \Sigma(\mu^2) \stackrel{!}{=} \mu^2 \tag{9.21}$$

fest. μ^2 ist das Quadrat der endlichen, renormierten Masse, woraus folgt, daß sich die Divergenzen des nackten Massenparameters μ_0^2 und der Größe $\Sigma(\mu^2)$ zwingend kompensieren müssen.

Mit Gl. (9.21) erhalten wir für den Propagator $\Delta(p)$ nach (9.20)

$$\Delta(p) = \frac{i}{[p^2 - \mu^2][1 - \Sigma'(\mu^2)] - \tilde{\Sigma}(p^2) + i\epsilon} . \tag{9.22}$$

Die in $\Sigma'(\mu^2)$ noch enthaltene logarithmische Divergenz läßt sich durch folgende Überlegung als *overall*-Faktor von $\Delta(p)$ schreiben:

Sowohl $\Sigma'(\mu^2)$ als auch $\tilde{\Sigma}(p^2)$ sind über das Schleifenintegral (9.6) von der Ordnung λ_0. Beachten wir, daß es sich bei $\Sigma'(\mu^2)$ um eine – von einem Parameter abhängige – regulierte logarithmische Divergenz handelt, so können wir im Verständnis der Störungsentwicklung von $\Delta(p)$ für $\tilde{\Sigma}(p^2)$ folgende Ersetzung machen (siehe dazu Gl. (9.5))

$$\begin{aligned}\tilde{\Sigma}(p^2) \longrightarrow\ & \tilde{\Sigma}(p^2) - \Sigma'(\mu^2)\tilde{\Sigma}(p^2) + \cdots \\ &= [1 - \Sigma'(\mu^2)]\tilde{\Sigma}(p^2) + O(\lambda_0^3) .\end{aligned} \tag{9.23}$$

Damit geht $\Delta(p)$ nach (9.22) über in

$$\begin{aligned}\Delta(p) &\simeq \frac{i[1-\Sigma'(\mu^2)]^{-1}}{p^2-\mu^2-\tilde{\tilde{\Sigma}}(p^2)+i\epsilon} \\ &:= \frac{iZ_\phi}{p^2-\mu^2-\tilde{\tilde{\Sigma}}(p^2)+i\epsilon}\end{aligned} \tag{9.24}$$

mit der Definition

$$Z_\phi := \frac{1}{[1-\Sigma'(\mu^2)]} \simeq 1+\Sigma'(\mu^2)+O(\lambda_0^2)\ . \tag{9.25}$$

Z_ϕ ist die Renormierungskonstante des Feldoperators. Sie renormiert das nackte Feld $\phi_0(x)$ über die Gleichung

$$\phi(x) = Z_\phi^{-1/2}\phi_0(x)\ . \tag{9.26}$$

Darin ist $\phi(x)$ der renormierte Feldoperator, der in Analogie zu Gl. (9.4) den renormierten Propagator $\Delta_{\mathrm{R}}(p)$ definiert, also

$$\begin{aligned}\Delta_{\mathrm{R}}(p) &= \int d^4x\, e^{ip\cdot x}\, \langle 0|\, T(\phi(x)\phi(0))\, |0\rangle \\ &= Z_\phi^{-1}\int d^4x\, e^{ip\cdot x}\, \langle 0|\, T(\phi_0(x)\phi_0(0))\, |0\rangle \\ &\equiv \frac{i}{p^2-\mu^2-\tilde{\tilde{\Sigma}}(p^2)+i\epsilon}\ ,\end{aligned} \tag{9.27}$$

wo wir im zweiten Schritt den Zusammenhang (9.26), im letzten die Definition (9.24) für Z_ϕ in $\Delta(p)$ nach Gl. (9.4) ausnutzten. Es gilt somit

$$\Delta_{\mathrm{R}}(p) = Z_\phi^{-1}\Delta(p)\ , \tag{9.28}$$

und $\Delta_{\mathrm{R}}(p)$ ist nach Gl. (9.27) durch den endlichen Anteil $\tilde{\tilde{\Sigma}}(p^2)$ der Selbstenergie gegeben.

Fassen wir die Renormierungsschritte nach Gl. (9.21), (9.24) und (9.25) zusammen, so wird der ursprünglich quadratisch und logarithmisch UV-divergente Selbstenergieterm $\Sigma(p^2)$ durch die Renormierung von Masse und Feldoperator endlich gemacht.

Renormierung der Kopplungskonstanten λ_0

Die nackte Kopplung λ_0 ist sowohl im Vertexdiagramm nach Abb. 9.1 als auch in den Graphen der Vertexkorrektur nach Abb. 9.4 enthalten. Beschränken wir uns bei der Störungsentwicklung des allgemeinen Vertex der $\lambda\phi^4$-Theorie auf diese vier Graphen, so erhalten wir für die nichtrenormierte Vertexfunktion $\Gamma_0^4(s,t,u)$ in der Ein-Schleifen-Näherung

$$\Gamma_0^4(s,t,u) = -i\lambda_0 + \Gamma(s) + \Gamma(t) + \Gamma(u) \ . \tag{9.29}$$

Der Index 4 kennzeichnet die Anzahl der am Prozeß beteiligten Teilchen. $\Gamma_0^4(s,t,u)$ wird auch als 4-Punkt-Funktion bezeichnet und ist, wie der Propagator $\Delta(p)$, eine spezielle Greensche Funktion.

Da $\Gamma_0^4(s,t,u)$ von drei kinematischen Variablen abhängt, stellt sich die Frage, um welchen Parameter man die Taylor-Entwicklung vornimmt. Die Mandelstam-Variablen genügen für den Fall gleicher Massen der vier beteiligten Teilchen der Relation (siehe Kap. 1, Aufgabe 1.3)

$$s + t + u = 4\mu^2 \ . \tag{9.30}$$

Deshalb wählt man üblicherweise als Entwicklungsparameter den Symmetriepunkt

$$s_0 = t_0 = u_0 = \frac{4\mu^2}{3} \tag{9.31}$$

und definiert die physikalische Kopplungskonstante λ über die renormierte 4-Punkt-Funktion $\Gamma_R^4(s,t,u)$ an diesem Punkt. Die Festlegung ist danach

$$\Gamma_R^4(s_0,t_0,u_0) = -i\lambda \ . \tag{9.32}$$

Die Taylor-Entwicklung von $\Gamma(s)$ um s_0 lautet in Analogie zu Gl. (9.15)

$$\Gamma(s) = \Gamma(s_0) + \tilde{\Gamma}(s) \tag{9.33}$$

mit dem endlichen Anteil $\tilde{\Gamma}(s)$ der Vertexkorrektur, normiert auf

$$\tilde{\Gamma}(s_0) = 0 \ . \tag{9.34}$$

Für $\Gamma(t)$ und $\Gamma(u)$ gelten entsprechende Entwicklungen. Mit der Wahl (9.31) erhalten wir danach für die Entwicklung der unrenormierten 4-Punkt-Funktion in der Ein-Schleifen-Näherung die Reihe (siehe Gl. (9.29))

$$\Gamma_0^4(s,t,u) = -i\lambda_0 + 3\Gamma(s_0) + \tilde{\Gamma}(s) + \tilde{\Gamma}(t) + \tilde{\Gamma}(u) \ . \tag{9.35}$$

Die logarithmisch divergenten Anteile von Γ_0^4 sind in der Größe $\Gamma(s_0)$ enthalten. Dies führt zu folgender Definition der Renormierungskonstanten Z_λ des Vertex

$$-iZ_\lambda^{-1}\lambda_0 := -i\lambda_0 + 3\Gamma(s_0) \ , \tag{9.36}$$

womit $\Gamma_0^4(s,t,u)$ nach (9.35) übergeht in

$$\Gamma_0^4(s,t,u) = -iZ_\lambda^{-1}\lambda_0 + \tilde{\Gamma}(s) + \tilde{\Gamma}(t) + \tilde{\Gamma}(u) \ . \tag{9.37}$$

An der Stelle des Symmetriepunktes folgt daraus wegen Gl. (9.31) und (9.34)

$$\Gamma_0^4(s_0,t_0,u_0) = -iZ_\lambda^{-1}\lambda_0 \ . \tag{9.38}$$

Der Zusammenhang zwischen der renormierten 4-Punkt-Funktion Γ_R^4 und $\Gamma_0^4(s,t,u)$ ist über die Wellenfunktionsrenormierung $Z_\phi^{n/2}$ für $n=4$ gegeben. Ohne Beweis notieren wir als Ergebnis

$$\Gamma_R^4(s,t,u) = Z_\phi^2\Gamma_0^4(s,t,u) \ . \tag{9.39}$$

Der Unterschied zu Gl. (9.28) (danach würde man einen Faktor Z_ϕ^{-2} vermuten) ist dadurch bedingt, daß in einer allgemeinen 4-Punkt Greenschen Funktion in der Ein-Schleifen-Näherung auch Graphen der Form

Abb. 9.6 Ein-Schleifen-Beitrag zur 4-Punkt Greenschen Funktion.

zu berücksichtigen sind, die wir aber in unserer Störungsreihe außer acht gelassen haben. Für detaillierte Erläuterungen zu diesem Punkt verweisen wir auf [ChLi 84], Kapitel 1.1.

Da in der Entwicklung der renormierten – und deshalb endlichen – Vertexfunktion $\Gamma^4_{\mathrm{R}}(s,t,u)$ außer dem Kopplungsterm $-i\lambda$ nur die endlichen Beiträge $\tilde{\Gamma}(s)$, $\tilde{\Gamma}(t)$ und $\tilde{\Gamma}(u)$ auftreten, lesen wir aus dem Vergleich von (9.32) mit (9.38) unter Berücksichtigung von (9.39) als Renormierungsgleichung für die nackte Ladung folgende Relation ab:

$$\lambda = Z_\phi^2 Z_\lambda^{-1} \lambda_0 \ . \tag{9.40}$$

Die Renormierung der nackten Größen μ_0^2, λ_0, $\phi_0(x)$ ist somit zusammenfassend durch nachstehende Gleichungen gegeben:

$$\phi(x) = Z_\phi^{-1/2} \phi_0(x) \ , \tag{9.41a}$$

$$\lambda = Z_\phi^2 Z_\lambda^{-1} \lambda_0 \ , \tag{9.41b}$$

$$\mu^2 = \mu_0^2 + \delta\mu^2, \quad \text{mit } \delta\mu^2 := \Sigma(\mu^2) \ . \tag{9.41c}$$

Die Renormierungskonstanten sind mit den regulierten Divergenzen von Parametern abhängende unendliche Größen.

Counterterme

In der praktischen Handhabung der Renormierungstechnik findet man die Terminologie der sogenannten *Counterterme*. In der Graphensprache ist z. B. folgendes Diagramm

$-\delta m$

Abb. 9.7 Counterterm in der QED.

der *Counterterm* für die Massenrenormierung in der QED. Er ist stets zu berücksichtigen, wenn man von einer nichtrenormierten Lagrange-Dichte ausgeht. Die Notwendigkeit läßt sich für das $\lambda\phi^4$-Modell folgendermaßen erkennen.

Ersetzen wir in der unrenormierten Lagrange-Dichte nach Gl. (9.3) alle nackten Größen durch ihre in Gl. (9.41) gegebenen renormierten Partner, so ergibt sich

$$\begin{aligned}
&\mathcal{L}(\phi_0, \mu_0^2, \lambda_0) \\
&= \frac{1}{2} Z_\phi \Big\{ (\partial_\mu \phi(x))(\partial^\mu \phi(x)) - (\mu^2 - \delta\mu^2)\phi^2(x) \Big\} - \frac{Z_\lambda \lambda}{4!}\phi^4 \\
&\equiv \mathcal{L}(\phi, \mu^2, \lambda) + \frac{1}{2}(Z_\phi - 1)\Big[(\partial_\mu \phi(x))(\partial^\mu \phi(x)) - \mu^2 \phi^2(x) \Big] \\
&\qquad + \frac{1}{2}\delta\mu^2 Z_\phi \phi^2(x) - \frac{(Z_\lambda - 1)\lambda}{4!}\phi^4(x) \; . \qquad (9.42)
\end{aligned}$$

Es gilt somit

$$\mathcal{L}(\phi_0, \mu_0^2, \lambda_0) = \mathcal{L}(\phi, \mu^2, \lambda) + \Delta\mathcal{L} \qquad (9.43)$$

mit

$$\begin{aligned}
\Delta\mathcal{L} := &\frac{1}{2}(Z_\phi - 1)\Big[(\partial_\mu \phi(x))(\partial^\mu \phi(x)) - \mu^2 \phi^2(x) \Big] \\
&+ \frac{1}{2}\delta\mu^2 Z_\phi \phi^2(x) - \frac{(Z_\lambda - 1)\lambda}{4!}\phi^4(x) \; . \qquad (9.44)
\end{aligned}$$

$\mathcal{L}(\phi, \mu^2, \lambda)$ ist die renormierte Lagrange-Dichte, $\Delta\mathcal{L}$ bezeichnet man als Lagrange-Dichte der *Counterterme*.

Beginnt man also eine Störungsrechnung mit einer unrenormierten Lagrange-Dichte $\mathcal{L}(\phi_0, \mu_0^2, \lambda_0)$, wie dies üblicherweise geschieht, so hat man zur Kompensation der Divergenzen Counterterme abzuziehen. Bezüglich *Vertex*- und *Massenrenormierung* bedeutet dies, daß

$$\tilde{\mathcal{L}}_{\mathrm{R}} := \mathcal{L}(\phi_0, \mu_0^2, \lambda_0) - \Delta\tilde{\mathcal{L}} \qquad (9.45)$$

mit

$$\Delta\tilde{\mathcal{L}} = \frac{1}{2}\delta\mu^2 Z_\phi \phi^2(x) - \frac{(Z_\lambda - 1)\lambda}{4!}\phi^4(x) \qquad (9.46)$$

in die Sprache der Feynman-Graphen zu übersetzen ist, wobei in $\Delta\tilde{\mathcal{L}}$ Felder und Kopplung in die nackten Größen zurückzurechnen sind. Das ergibt für $\Delta\tilde{\mathcal{L}}$ über Gl. (9.41)

$$\Delta\tilde{\mathcal{L}}(\phi_0, \lambda_0) = \frac{1}{2}\delta\mu^2 \phi_0^2(x) + \frac{(Z_\lambda^{-1} - 1)\lambda_0}{4!}\phi_0^4(x) \; . \qquad (9.47)$$

Da $\phi_0^2(x)$ einer durchgehenden Linie entspricht, ist im $\lambda\phi^4$-Modell über Gl. (9.45) zur Renormierung der Masse der Graph

 $-\frac{1}{2}\delta\mu^2$

zu berücksichtigen. Der ϕ_0^4-Term entspricht dem Counterterm des Vertexgraphen und ist nach Gl. (9.36) durch die divergente Größe

$$\frac{(Z_\lambda^{-1} - 1)\lambda_0}{4!}\phi_0^4(x) = \frac{3i\Gamma(s_0)}{4!}\phi_0^4(x) \tag{9.48}$$

gegeben, der nach Gl. (9.45) von $\mathcal{L}(\phi_0, \mu_0^2, \lambda_0)$ abgezogen werden muß.

Die kovariante Regularisierung

Die kovariante Regularisierung ist ein Schema, das auf Pauli und Villars zurückgeht [PAVI 49]. Wie bei der n-dimensionalen Regularisierung werden die UV-Divergenzen der Schleifenintegrale in Abhängigkeit von Parametern *reguliert* und von den endlichen Anteilen separiert. Bei diesem kovarianten Verfahren sind die Regularisierungsgrößen Λ_i Abschneideparameter im Impulsraum, so daß die UV-Divergenzen im Limes $\Lambda_i \to \infty$ auftreten. Wir wollen die kovariante Regularisierungstechnik am Beispiel der Vertexkorrektur $\Gamma(p^2)$ nach Gl. (9.7) erläutern, und die Berechnung von $\Gamma(0)$ als Übungsaufgabe formulieren.

Im Verfahren nach Pauli und Villars ersetzt man den Feynman-Propagator durch eine Summe von Propagatoren nach dem Schema

$$\frac{1}{\ell^2 - \mu^2 + i\epsilon} \longrightarrow \frac{1}{\ell^2 - \mu^2 + i\epsilon} + \sum_i \frac{a_i}{\ell^2 - \Lambda_i^2 + i\epsilon} \tag{9.49}$$

mit der Annahme

$$\Lambda_i^2 \gg \mu^2, \quad \text{für alle } i. \tag{9.50}$$

Die Anzahl der Abschneideparameter Λ_i^2 sowie die Wahl der Größen a_i hängen von der Stärke der UV-Divergenz ab. Für unser Beispiel der logarithmisch divergenten Vertexkorrektur genügt folgende Ersetzung (wir lassen den Index 0 für unsere Diskussion fort):

$$\begin{aligned}\frac{1}{\ell^2-\mu^2+i\epsilon} &\longrightarrow \frac{1}{\ell^2-\mu^2+i\epsilon}-\frac{1}{\ell^2-\Lambda^2+i\epsilon}\\ &= \frac{\mu^2-\Lambda^2}{[\ell^2-\mu^2+i\epsilon][\ell^2-\Lambda^2+i\epsilon]}\ .\end{aligned} \tag{9.51}$$

Die regulierte Vertexfunktion $\Gamma(p^2)$ ist somit nach (9.7) und wegen $\Lambda^2 \gg \mu^2$

$$\begin{aligned}&\Gamma(p^2)\\ &= -\frac{\lambda^2\Lambda^2}{2}\int\frac{d^4\ell}{(2\pi)^4}\frac{1}{[(\ell-p)^2-\mu^2+i\epsilon][\ell^2-\mu^2+i\epsilon][\ell^2-\Lambda^2+i\epsilon]}\ .\end{aligned} \tag{9.52}$$

Betrachten wir eine Taylor-Reihe von $\Gamma(p^2)$ um $p^2=0$ mit

$$\Gamma(p^2)=\Gamma(0)+\tilde{\Gamma}(p^2)\ , \tag{9.53}$$

so enthält $\Gamma(0)$ die logarithmische Singularität, während $\tilde{\Gamma}(p^2)$ den endlichen Beitrag von $\Gamma(p^2)$ beschreibt mit der Normierung

$$\tilde{\Gamma}(0)=0\ . \tag{9.54}$$

Um $\Gamma(p^2)$ nach (9.52) in der Form (9.53) schreiben zu können, benutzen wir folgende Identität

$$\begin{aligned}\left.\frac{1}{(\ell-p)^2-\mu^2+i\epsilon}\right|_{\epsilon\to+0} &\equiv \left.\frac{\ell^2-\mu^2}{[(\ell-p)^2-\mu^2+i\epsilon][\ell^2-\mu^2+i\epsilon]}\right|_{\epsilon\to+0}\\ &\equiv \frac{1}{\ell^2-\mu^2+i\epsilon}\left\{1+\frac{2\ell\cdot p-p^2}{(\ell-p)^2-\mu^2+i\epsilon}\right\},\end{aligned}$$

womit

$$\begin{aligned}\Gamma(p^2) = &-\frac{\lambda^2\Lambda^2}{2}\int\frac{d^4\ell}{(2\pi)^4}\\ &\times\frac{1}{[\ell^2-\mu^2+i\epsilon]^2[\ell^2-\Lambda^2+i\epsilon]}\left\{1+\frac{2\ell\cdot p-p^2}{(\ell-p)^2-\mu^2+i\epsilon}\right\}.\end{aligned}$$

Die Aufspaltung nach Gl. (9.53) entspricht folglich den Integralen

$$\Gamma(0) = -\frac{\lambda^2\Lambda^2}{2}\int\frac{d^4\ell}{(2\pi)^4}\frac{1}{[\ell^2-\mu^2+i\epsilon]^2[\ell^2-\Lambda^2+i\epsilon]}, \tag{9.55}$$

$$\begin{aligned}&\tilde{\Gamma}(p^2)\\ &= -\frac{\lambda^2\Lambda^2}{2}\int\frac{d^4\ell}{(2\pi)^4}\frac{2\ell\cdot p-p^2}{[\ell^2-\mu^2+i\epsilon]^2[\ell^2-\Lambda^2+i\epsilon][(\ell-p)^2-\mu^2+i\epsilon]}\\ &\xrightarrow{\Lambda^2\to\infty}\ \frac{\lambda^2}{2}\int\frac{d^4\ell}{(2\pi)^4}\frac{2\ell\cdot p-p^2}{[\ell^2-\mu^2+i\epsilon]^2[(\ell-p)^2-\mu^2+i\epsilon]}\ .\end{aligned} \tag{9.56}$$

Der Limes $\Lambda^2\to\infty$ für $\tilde{\Gamma}(p^2)$ durfte durchgeführt werden, da das Integral UV-konvergent ist.

Übungsaufgaben

9.1 Für einen endlichen Abschneideparameter Λ^2 ist $\Gamma(0)$ nach Gl. (9.55) UV-konvergent.

Führen Sie für $\Gamma(0)$ die Feynman-Parametrisierung nach Anhang B.3 ein und benutzen Sie für die anschließende Impulsintegration die Integralformeln der n-dimensionalen Regularisierung für $n=4$.

Zeigen Sie darüber, daß

$$\Gamma(0)\simeq\frac{i\lambda^2}{32\pi^2}\ln\frac{\Lambda^2}{\mu^2},\quad \text{für } \Lambda^2\gg\mu^2. \tag{9.57}$$

9.2 Führen Sie für $\tilde{\Gamma}(p^2)$ nach (9.56) die Feynman-Parametrisierung durch. Zeigen Sie dann über die Integralformeln von Anhang B.3 für $n=4$, daß

$$\tilde{\Gamma}(p^2)=\int_0^1 dx\, f(x;p^2)$$

die Normierungsbedingung

$$\tilde{\Gamma}(0)=\int_0^1 dx\, f(x;0)=0$$

erfüllt. *Hinweis*: Für diesen Beweis ist die Integration über den Feynman-Parameter x nicht erforderlich.

9.3 Berechnen Sie die Divergenz $\Gamma(0)$ in der n-dimensionalen Regularisierung.
Bemerkung: Der Ausgangspunkt zur Berechnung von $\Gamma(0)$ ist nach Gl. (9.7) das n-dimensionale Feynman-Integral

$$\Gamma(p^2) = \frac{\lambda^2}{2} \int \frac{d^n\ell}{(2\pi)^n} \frac{1}{[(\ell - p)^2 - \mu'^2][\ell^2 - \mu'^2]}, \quad \mu'^2 = \mu^2 - i\epsilon \,.$$

Führen Sie die Feynman-Parametrisierung ein und berechnen Sie nach bekanntem Schema (vgl. Kap. 8) $\Gamma(p^2)$. Zeigen Sie darüber, daß

$$\Gamma(0) \simeq \frac{i\lambda^2}{32\pi^2} \frac{1}{\epsilon}, \quad \text{für } \epsilon \to +0 \ (n \to 4) \,. \tag{9.58}$$

Hinweis: Setzen Sie vor der Integration über den Feynman-Parameter $p^2 = 0$.

Die Ergebnisse (9.57) und (9.58) für die Vertexdivergenz $\Gamma(0)$ entsprechen einer Taylor-Reihe um $p^2 = 0$. Berücksichtigen wir dies für den Zusammenhang zwischen Z_λ und dieser Divergenz nach Gl. (9.36) bzw. (9.48), so erhalten wir für die Renormierungskonstante des Vertex folgende Gegenüberstellung:

Tab. 9.1

	Kovariante Regularisierung	n-dimensionale Regularisierung
$(1 - Z_\lambda^{-1})$	$\frac{3\lambda}{32\pi^2} \ln \frac{\Lambda^2}{\mu^2}$	$\frac{3\lambda}{32\pi^2} \frac{1}{\epsilon}$
	$\frac{\Lambda^2}{\mu^2} \longrightarrow \infty$	$\epsilon = \frac{4-n}{2} \longrightarrow 0$

A Anhang • Einheiten und physikalische Konstanten

In diesem Buch benutzen wir *natürliche Einheiten*, d. h. $\hbar = 1$, $c = 1$, und im Zusammenhang mit den Maxwell-Gleichungen das *Heaviside-Lorentz*-System mit $\epsilon_0 = 1$, $\mu_0 = 1$ (siehe dazu [AIHE 89, HAMA 84]). Dies bedeutet z. B. für die Elementarladung e:

$$e = \sqrt{4\pi\alpha\epsilon_0\hbar c} \simeq 1{,}602 \times 10^{-19}\,\mathrm{C} \longrightarrow e = \sqrt{4\pi\alpha} \simeq 0{,}303\ .$$

Weitere Beispiele findet man in Tab. A.1.

Die folgenden physikalischen Konstanten sind einer Veröffentlichung der *Particle Data Group* entnommen [PDG 96]:

Lichtgeschwindigkeit $\quad c = 2{,}997\,924\,58 \times 10^{10}\,\mathrm{cm\ s^{-1}}$

Plancksche Konstante/2π $\quad \hbar = \dfrac{h}{2\pi} = 6{,}582\,122\,0(20) \times 10^{-25}\,\mathrm{GeV\,s}$

Konversionsfaktoren $\quad \begin{cases} \hbar c = 0{,}197\,327\,053\,(59)\,\mathrm{GeV\ fm} \\ (\hbar c)^2 = 0{,}389\,379\,66(23)\,\mathrm{GeV^2\ mbarn} \end{cases}$

Elementarladung $\quad e = 1{,}602\,177\,33(49) \times 10^{-19}\,\mathrm{C}$

Feinstrukturkonstante $\quad \alpha = 1/137{,}035\,989\,5(61)$

Masse des Elektrons $\quad m_e = 0{,}510\,999\,06(15)\,\mathrm{MeV}/c^2$

$1\,\mathrm{GeV} = 10^3\,\mathrm{MeV} = 10^6\,\mathrm{keV} = 10^9\,\mathrm{eV}$

$1\,\mathrm{fm} = 10^{-13}\,\mathrm{cm}$

1 barn $= 10^{-24}\,\text{cm}^2$

$1\,\text{GeV}/c^2 = 1{,}782\,662\,70(54) \times 10^{-24}\,\text{g}$

Tab. A.1

Beispiele	Natürliche Einheiten $\hbar = c = 1$	Konventionelle Einheiten
Wirkungsquerschnitt	$[\sigma] = 1\,\text{GeV}^{-2}$	$\left(\frac{\hbar c}{1\,\text{GeV}}\right)^2 = 0{,}389\,\text{mbarn}$
Lebensdauer	$[\tau] \equiv [\Gamma]^{-1} = 1\,\text{GeV}^{-1}$	$\frac{\hbar}{1\,\text{GeV}} = 6{,}582 \times 10^{-25}\,\text{s}$
Masse	$[m] = 1\,\text{GeV}$	$\frac{1\,\text{GeV}}{c^2} = 1{,}783 \times 10^{-24}\,\text{g}$

B Anhang • Zusammenstellung und Herleitung mathematischer Relationen

B.1 Eigenschaften und Spur-Theoreme der γ-Matrizen

Die vierdimensionalen γ-Matrizen der Dirac-Theorie genügen der Clifford-Algebra

$$\begin{aligned}\{\gamma^\mu, \gamma^\nu\} &\equiv (\gamma^\mu\gamma^\nu + \gamma^\nu\gamma^\mu) \\ &= 2g^{\mu\nu}\mathbb{1}, \quad \mu, \nu = 0, 1, 2, 3\ ,\end{aligned} \tag{B.1.1}$$

mit dem metrischenTensor

$$g^{\mu\nu} = \begin{cases} +1 & \text{für } \mu = \nu = 0 \\ -1 & \text{für } \mu = \nu = i, \quad i = 1, 2, 3 \\ 0 & \text{sonst}\ , \end{cases} \tag{B.1.2}$$

$\mathbb{1}$ ist die vierdimensionale Einheitsmatrix.

In der Pauli-Dirac-Darstellung der γ^μ, definiert durch

$$\gamma^0 = \begin{pmatrix} \mathbb{1} & 0 \\ 0 & -\mathbb{1} \end{pmatrix}, \quad \gamma^k = \begin{pmatrix} 0 & \sigma^k \\ -\sigma^k & 0 \end{pmatrix} \tag{B.1.3}$$

mit der zweidimensionalen Einheitsmatrix $\mathbb{1}$ und den Pauli-Matrizen σ^k, $k = 1, 2, 3$,

$$\sigma^1 = \begin{pmatrix} 0 & 1 \\ 1 & 0 \end{pmatrix}, \quad \sigma^2 = \begin{pmatrix} 0 & -i \\ i & 0 \end{pmatrix}, \quad \sigma^3 = \begin{pmatrix} 1 & 0 \\ 0 & -1 \end{pmatrix}, \tag{B.1.4}$$

gilt

$$\gamma^0\gamma^{\mu\dagger}\gamma^0 = \gamma^\mu, \quad \mu = 0, \ldots, 3\ . \tag{B.1.5}$$

Für die durch

$$\gamma^5 = i\gamma^0\gamma^1\gamma^2\gamma^3 \tag{B.1.6}$$

definierte Matrix γ^5 gelten

$$(\gamma^5)^2 = \mathbb{1}, \quad (\gamma^5)^\dagger = \gamma^5, \quad \{\gamma^5, \gamma^\mu\} = 0, \quad \mu = 0, \ldots, 3 \ , \tag{B.1.7}$$

und die Identitäten

$$\gamma^\mu\gamma^\nu\gamma^\alpha = g^{\mu\nu}\gamma^\alpha - g^{\mu\alpha}\gamma^\nu + g^{\nu\alpha}\gamma^\mu - i\epsilon^{\mu\nu\alpha\beta}\gamma_\beta\gamma_5 \ , \tag{B.1.8}$$

$$\sigma_{\mu\nu}\gamma_5 = -\frac{i}{2}\epsilon_{\mu\nu\alpha\beta}\sigma^{\alpha\beta}, \quad \sigma_{\mu\nu} = \frac{i}{2}[\gamma_\mu, \gamma_\nu] \ . \tag{B.1.9}$$

Darin ist $\epsilon_{\mu\nu\alpha\beta}$ der total antisymmetrische Tensor in vier Dimensionen mit der Festlegung

$$\begin{aligned} \epsilon_{0123} &= +1 \\ &= -\epsilon^{0123} \end{aligned} \tag{B.1.10}$$

sowie der Identität

$$g^{\mu\nu}\epsilon^{\alpha\beta\lambda\sigma} - g^{\mu\alpha}\epsilon^{\nu\beta\lambda\sigma} - g^{\mu\beta}\epsilon^{\alpha\nu\lambda\sigma} - g^{\mu\lambda}\epsilon^{\alpha\beta\nu\sigma} - g^{\mu\sigma}\epsilon^{\alpha\beta\lambda\nu} = 0 \ . \tag{B.1.11}$$

Für weitere Relationen von γ-Matrizen und ϵ-Tensoren siehe im folgenden das Kapitel *Clifford-Algebra in n Dimensionen*, Gl. (B.3.4), als auch z. B. [BeLi 82, BjDr 64, HaMa 84, Nac 90, Qui 83].

Für die Spur eines beliebigen Produktes von γ-Matrizen gelten die folgenden Spur-Theoreme.

Spur-Theoreme

- Die Spur eines ungeraden Produktes von γ-Matrizen verschwindet.
- Für die Spur eines beliebigen geraden Produktes von γ-Matrizen gilt die *Rekursionsformel*

$$\mathrm{Sp}\,(\not{a}_1\not{a}_2\ldots\not{a}_{2n}) = \sum_{k=2}^{2n}(-1)^k(a_1\cdot a_k)\mathrm{Sp}\,(\not{a}_2\not{a}_3\cdots\not{a}_{k-1}\not{a}_{k+1}\cdots\not{a}_{2n}) \tag{B.1.12}$$

mit

$$\not{a}_i = a_{i\mu}\gamma^\mu \ .$$

Spezielle Spur-Theoreme sind:

- $$\mathrm{Sp}\,\gamma^\mu\gamma^\nu = 4g^{\mu\nu} \ , \tag{B.1.13a}$$
womit
$$\mathrm{Sp}\,(\not{a}_1\not{a}_2) = 4(a_1\cdot a_2) \tag{B.1.13b}$$
mit
$$(a_1\cdot a_2) = a_1^\mu a_{2\mu} \ .$$
- $$\mathrm{Sp}\,\gamma^\mu\gamma^\nu\gamma^\rho\gamma^\sigma = 4(g^{\mu\nu}g^{\rho\sigma} - g^{\mu\rho}g^{\nu\sigma} + g^{\mu\sigma}g^{\nu\rho}) \ , \tag{B.1.14a}$$
womit
$$\mathrm{Sp}\,(\not{a}_1\not{a}_2\not{a}_3\not{a}_4) = 4[(a_1\cdot a_2)(a_3\cdot a_4) - (a_1\cdot a_3)(a_2\cdot a_4) + (a_1\cdot a_4)(a_2\cdot a_3)] \ . \tag{B.1.14b}$$
- $$\mathrm{Sp}\,\gamma^5 = 0 \ . \tag{B.1.15}$$
- $$\mathrm{Sp}\,\gamma^5\gamma^\mu\gamma^\nu = 0 \ . \tag{B.1.16}$$
- $$\mathrm{Sp}\,\gamma^5\gamma_\mu\gamma_\nu\gamma_\rho\gamma_\sigma = 4i\epsilon_{\mu\nu\rho\sigma} \ , \tag{B.1.17a}$$
wonach
$$\mathrm{Sp}\,(\gamma^5\not{a}_1\not{a}_2\not{a}_3\not{a}_4) = 4i\epsilon_{\mu\nu\rho\sigma}a_1^\mu a_2^\nu a_3^\rho a_4^\sigma \tag{B.1.17b}$$

mit der Festlegung (B.1.10) für den ϵ-Tensor.

Das Pauli-Fundamentaltheorem

Das nach Pauli benannte Theorem (Beweis siehe z. B. [JARO 76, SAK 67]) dient unter anderem zur Konstruktion spezieller Transformationsmatrizen der Dirac-Theorie. Seine Aussage ist:

Theorem B.1 *Gibt es zwei Sätze von γ-Matrizen (γ^μ), $(\hat{\gamma}^\mu)$, die beide der Algebra (B.1.1) genügen, für die also*

$$\{\gamma^\mu, \gamma^\nu\} = 2g^{\mu\nu}\mathbb{1}, \quad \{\hat{\gamma}^\mu, \hat{\gamma}^\nu\} = 2g^{\mu\nu}\mathbb{1} \ , \tag{B.1.18}$$

so existiert eine nichtsinguläre Matrix S, die bis auf eine Phase bestimmt ist, mit der Eigenschaft

$$\hat{\gamma}^\mu = S^{-1}\gamma^\mu S, \quad \mu = 0, \ldots, 3 \ . \tag{B.1.19}$$

B.2 Lorentz-Transformation im Impulsraum

Boost-Operation vom Ruhsystem in eine beliebige Impulsrichtung

Der *Lorentz-boost* transformiert den Viererimpuls des Ruhsystems in ein System mit beliebiger Impulsrichtung. Diese spezielle Lorentz-Transformation im Impulsraum definieren wir durch die Gleichung

$$p'^\mu = L^\mu{}_\nu(p) p^\nu \tag{B.2.1}$$

mit

$$p^\nu = \{m; \mathbf{0}\} \ , \tag{B.2.2}$$

$$p'^\mu = \{E; \mathbf{p}\} \tag{B.2.3}$$

sowie den Invarianten

$$p^2 = m^2 \ , \tag{B.2.4a}$$

$$p'^2 = E^2 - \mathbf{p}^2 \\ = m^2 \,. \tag{B.2.4b}$$

Als Lorentz-Transformation genügt $L^\mu{}_\nu$ der Orthogonalitätsrelation

$$L_\mu{}^\alpha L^\mu{}_\beta \equiv (L^{\mathrm{T}})^\alpha{}_\mu L^\mu{}_\beta \\ = g^\alpha{}_\beta \,, \tag{B.2.5}$$

wonach

$$(L^{\mathrm{T}})^\alpha{}_\mu = (L^{-1})^\alpha{}_\mu \\ = L_\mu{}^\alpha \,. \tag{B.2.6}$$

Als Minkowski-Tensor gilt für $L_\mu{}^\alpha(p)$ die Identität

$$L_\mu{}^\alpha \equiv L^\sigma{}_\rho g_{\sigma\mu} g^{\rho\alpha} \,, \tag{B.2.7}$$

womit sich für den Zusammenhang zwischen den Matrixelementen $(L^{-1})^\alpha{}_\mu$ der inversen *boost*-Transformation und denen von $L(p)$ über (B.2.6) folgende Relationen ergeben:

$$(L^{-1})^0{}_0 = L^0{}_0, \quad (L^{-1})^i{}_k = L^k{}_i, \quad i,k = 1,2,3 \,, \tag{B.2.8a}$$

$$(L^{-1})^0{}_k = -L^k{}_0, \quad (L^{-1})^k{}_0 = -L^0{}_k, \quad k = 1,2,3 \,. \tag{B.2.8b}$$

Aus der bekannten Relation

$$L^{-1}(\Lambda) = L(\Lambda^{-1}) \tag{B.2.9}$$

der Lorentz-Transformation folgt weiter die für uns wichtige Relation

$$L^{-1}(p^0; p^i) = L(p^0; -p^i), \quad i = 1,2,3 \,. \tag{B.2.10}$$

Zur Konstruktion der Elemente $L^\mu{}_\nu(p)$ beginnen wir mit der Transformation (B.2.1) mit den vorgebenen Viererwektoren p^ν, p'^μ nach (B.2.2) und (B.2.3). Danach gilt

$$p'^\mu = L^\mu{}_0 m \quad \text{wegen } p^\nu/_{\nu=k} = 0, \quad k = 1,2,3 \,,$$

und wegen (B.2.3) für $\mu = 0, k$

$$E = L^0{}_0 m, \quad p^k = L^k{}_0 m, \quad k = 1, 2, 3 \; .$$

Folglich gelten

$$L^0{}_0 = \frac{E}{m}, \quad L^k{}_0 = \frac{p^k}{m}, \quad k = 1, 2, 3 \; . \tag{B.2.11}$$

Die Elemente $L^0{}_k$ und $L^i{}_k$ lassen sich aus der Transformation (B.2.1) wegen der speziellen Form des Vektors p^ν im Ruhsystem nicht bestimmen. Sie müssen über die inverse Transformation

$$p^\nu = (L^{-1})^\nu{}_\mu p'^\mu \tag{B.2.12}$$

mittels der Relationen (B.2.8) und (B.2.10) berechnet werden.

Mit p'^μ nach (B.2.3) ergibt sich für (B.2.12)

$$p^\nu = E(L^{-1})^\nu{}_0 + p^k (L^{-1})^\nu{}_k \; . \tag{B.2.13}$$

Diese Transformationsgleichung liefert nur für $\nu = i$ zusätzliche Aussagen neben den bereits bekannten nach Gl. (B.2.11). Wir erhalten wegen $p^\nu/_{\nu=i} = 0$, $i = 1, 2, 3$, und mit (B.2.8)

$$\begin{aligned} 0 &= E(L^{-1})^i{}_0 + p^k (L^{-1})^i{}_k \\ &= -EL^0{}_i + \sum_{k=1}^{3} p^k L^k{}_i \; . \end{aligned}$$

Die gesuchten Elemente sind somit durch die Gleichung

$$L^0{}_i = \frac{1}{E} \sum_{k=1}^{3} p^k L^k{}_i, \quad i = 1, 2, 3 \; , \tag{B.2.14}$$

miteinander gekoppelt.

$L^0{}_i = -(L^{-1})^i{}_0$ läßt sich über die Eigenschaft (B.2.10) aus $L^i{}_0$ nach Gl. (B.2.11) bestimmen. Wegen (B.2.10) gilt

$$\begin{aligned} [L^{-1}(p^i)]^i{}_0 &= [L(-p^i)]^i{}_0 \\ &= -\frac{p^i}{m}, \quad i = 1, 2, 3 \; , \end{aligned}$$

und somit

$$L^0{}_i = +\frac{p^i}{m} \equiv -\frac{p_i}{m} \ . \tag{B.2.15}$$

Mit diesem Ergebnis erhalten wir aus (B.2.14) als Bestimmungsgleichung für $L^k{}_i(p)$ die Relation

$$\sum_{k=1}^{3} p^k L^k{}_i = \frac{E}{m} p^i \equiv \frac{E}{m} p^k \delta^k{}_i$$

bzw.

$$\sum_{k=1}^{3} p^k \left(L^k{}_i(p) - \frac{E}{m} \delta^k{}_i \right) = 0 \ . \tag{B.2.16}$$

Zur Lösung dieser Gleichung machen wir für die impulsabhängigen Tensorkomponenten $L^k{}_i(p)$ den allgemeinen Ansatz

$$L^k{}_i(p) = a(p)\delta^k{}_i + \frac{b(p)}{m^2} p^k p_i \ , \tag{B.2.17}$$

womit (B.2.16) übergeht nach

$$\sum_{k=1}^{3} p^k \left\{ [a(p) - \frac{E}{m}]\delta^k{}_i + \frac{b(p)}{m^2} p^k p_i \right\} = 0 \ ,$$

also

$$[a(p) - \frac{E}{m}]p^i + \frac{b(p)}{m^2} \mathbf{p}^2 p_i = 0, \quad i = 1, 2, 3 \ . \tag{B.2.18}$$

Da $p^i = -p_i \neq 0$ im allgemeinen, folgt aus (B.2.18)

$$\frac{b(p)}{m^2} = \frac{a(p)m - E}{m\mathbf{p}^2} \ . \tag{B.2.19}$$

Um auch $a(p)$ zu bestimmen, benutzen wir die Orthogonalitätsrelation (B.2.5), nach der mit dem Ansatz (B.2.17)

$$\begin{aligned} L^k{}_i L_j{}^i &= \delta^k{}_j - L^k{}_0 L_j{}^0 \\ &= (a\delta^k{}_i + \frac{b}{m^2}p^k p_i)(a\delta_j{}^i + \frac{b}{m^2}p_j p^i) \\ &= \sum_{i=1}^{3}[a^2\delta^k{}_i\delta_j{}^i + \frac{b^2}{m^4}p^k p_j p_i p^i + \frac{ab}{m^2}(\delta^k{}_i p_j p^i + \delta_j{}^i p^k p_i)] \\ &= a^2\delta^k{}_j + \frac{b}{m^2}(2a - \frac{b}{m^2}\mathbf{p}^2)p^k p_j \\ &= a^2\delta^k{}_j + \frac{b}{m^2}(a + \frac{E}{m})p^k p_j \ , \end{aligned} \tag{B.2.20}$$

wo wir in der letzten Zeile $(b/m^2)\mathbf{p}^2$ durch die Relation (B.2.19) ersetzten. Mit

$$L^k{}_0 L_j{}^0 = \frac{1}{m^2}p^k p_j$$

nach Gl. (B.2.11) (man beachte $L_j{}^0 = -L^j{}_0 = -\frac{p^j}{m}$) geht Gl. (B.2.20) über in

$$(1 - a^2)\delta^k{}_j = \frac{1}{m^2}[1 + b(a + \frac{E}{m})]p^k p_j \ . \tag{B.2.21}$$

Über den Zusammenhang nach Gl. (B.2.19) berechnet man

$$\frac{1}{m^2}[1 + b(a + \frac{E}{m})] = -\frac{(1 - a^2)}{\mathbf{p}^2} \ ,$$

womit wir zur Bestimmung von a aus (B.2.21) die Bedingung

$$(1 - a^2)(\delta^k{}_j + \frac{1}{\mathbf{p}^2}p^k p_j) = 0 \tag{B.2.22}$$

erhalten.

Der Tensor in der rechten Klammer ist i. allg. $\neq 0$, woraus wir $a^2 = 1$ schließen. Das Vorzeichen von a läßt sich über die Relation (B.2.19) für $b(p)$ festlegen, wenn man den Limes $|\mathbf{p}| \to 0$ betrachtet. Daraus folgert man

$$a = 1 \ , \tag{B.2.23}$$

womit

$$\frac{b(p)}{m^2} = \frac{(m-E)}{m\mathbf{p}^2}\Big/_{\mathbf{p}^2=E^2-m^2}$$
$$= -\frac{1}{m(E+m)} \; . \tag{B.2.24}$$

Über den Ansatz (B.2.17) erhalten wir endlich

$$L^k{}_i(p) = \delta^k{}_i - \frac{1}{m(E+m)} p^k p_i, \quad i,k = 1,2,3 \; . \tag{B.2.25}$$

Wir wollen die Ergebnisse der Berechnungen in der *boost-Matrix* $L^\mu{}_\nu(p)$ zusammenstellen. Für die Transformationen

$$p'^\mu = L^\mu{}_\nu(p) p^\nu \quad \text{und} \quad p^\nu = [L^{-1}(p)]^\nu{}_\mu p'^\mu \tag{B.2.26}$$

mit

$$p'^\mu = \{E;\mathbf{p}\}, \quad p^\nu = \{m,\mathbf{0}\}, \quad E^2 = \mathbf{p}^2 + m^2 \; , \tag{B.2.27}$$

ergeben sich nach Gl. (B.2.11), (B.2.15) und (B.2.25) die Matrizen

$$L^\mu{}_\nu(p) = \begin{pmatrix} L^0{}_0 & L^0{}_j \\ L^i{}_0 & L^i{}_j \end{pmatrix}, \quad i,j = 1,2,3$$
$$= \left(\begin{array}{c|c} \dfrac{E}{m} & -\dfrac{p_j}{m} \\ \hline +\dfrac{p^i}{m} & \delta^i{}_j - \dfrac{p^i p_j}{m(E+m)} \end{array}\right), \quad i,j = 1,2,3 \; , \tag{B.2.28}$$

und wegen

$$L^{-1}(p^0;p^i) = L(p^0;-p^i) \tag{B.2.29}$$

$$[L^{-1}(p)]^\mu{}_\nu = \left(\begin{array}{c|c} \dfrac{E}{m} & +\dfrac{p_j}{m} \\ \hline -\dfrac{p^i}{m} & \delta^i{}_j - \dfrac{p^i p_j}{m(E+m)} \end{array}\right), \quad i,j = 1,2,3 \; . \tag{B.2.30}$$

B.3 Die n-dimensionale Regularisierung

Bei der Berechnung von Strahlungskorrekturen treten ultraviolett- (UV-) divergente Schleifenintegrale auf, deren Divergenzen zur *Renormierung* der Theorie Anlaß geben (siehe dazu Kapitel 8 und 9).

Die *n-dimensionale Regularisierung* ist ein geeignetes Schema, um die UV-Divergenzen vom endlichen – und damit physikalischen – Anteil der Strahlungskorrekturen in Form von einfachen Polen abzuspalten.

Ist $k^\mu = \{k^0; \mathbf{k}\}$ der Schleifenimpuls, so sind die Schleifenintegrale über die Feynman-Regeln von der Form

$$I = \int \frac{d^4k}{(2\pi)^4} f(k) \quad \text{mit } d^4k = dk^0 d^3\mathbf{k} \; .$$

Der Integrand $f(k)$ ist ein Produkt von Feynman-Propagatoren. Im einfachsten Fall eines Schleifendiagramms ist $f(k)$ das Produkt zweier Propagatoren. Betrachten wir z. B. den Feynman-Graphen

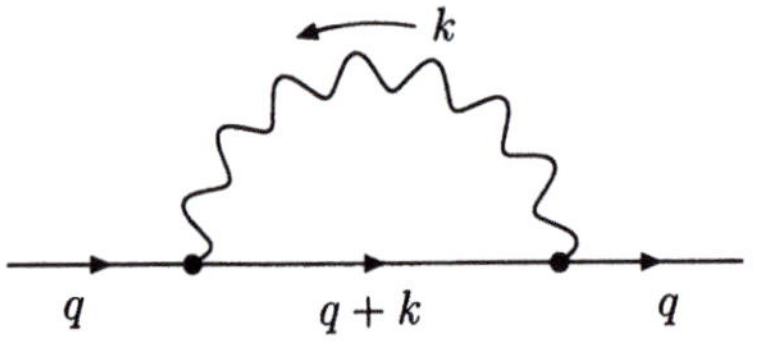

,

in dem die durchgehende Linie einem geladenen skalaren Teilchen der Masse m, die Schlangenlinie einem virtuellen Photon entsprechen soll, so lautet das zugehörige Schleifenintegral

$$I = \int \frac{d^4k}{(2\pi)^4} \frac{1}{(k^2 + i\epsilon)[(q+k)^2 - m^2 + i\epsilon]}\bigg|_{\epsilon \to +0} ,$$

und $f(k)$ geht im Limes $k \to \infty$ wie

$$f(k) \xrightarrow{k\to\infty} \frac{1}{k^4} \, .$$

Das Schleifenintegral ist folglich wegen

$$\int \frac{d^4k}{(2\pi)^4} f(k) \xrightarrow{k\to\infty} \int \frac{d^4k}{k^4}$$

logarithmisch divergent.

Die logarithmische Divergenz ist die schwächste UV-Divergenz und ist in unserem Beispiel eine Folge der Minkowski-Dimension 4.

Die n-dimensionale Regularisierung besteht nun darin, die Minkowski-Dimension durch eine Dimension $n < 4$ zu ersetzen und das Integral

$$I(n) = \int \frac{d^n k}{(2\pi)^n} f(k), \quad n < 4 , \tag{B.3.1}$$

zu betrachten. Dadurch werden die Divergenzen zunächst in Abhängigkeit des Parameters

$$\epsilon := \frac{4-n}{2}, \quad n < 4 \longrightarrow \epsilon > 0 , \tag{B.3.2}$$

regularisiert und folglich das Integral mathematisch definiert.

Um die Technik der n-dimensionalen Regularisierung entwickeln zu können, in der die Integrale im n-dimensionalen euklidischen Raum gelöst werden, haben wir sowohl die sog. *Feynman-Parametrisierung* als auch die *Wick-Rotation* zu diskutieren. Darüberhinaus benötigen wir Eigenschaften der Gammafunktion und für die Anwendung die Clifford-Algebra in n Dimensionen.

Clifford-Algebra in n Dimensionen

Da die Dimension n eine Verallgemeinerung der Minkowski-Dimension des Schleifenimpulses, nicht aber der Dimension der Matrixdarstellung der Algebra bedeutet, gelten folgende Relationen:

$$\{\gamma^\mu, \gamma^\nu\} = 2g^{\mu\nu}\mathbb{1}, \quad g^\mu{}_\mu = n, \quad \gamma^\mu\gamma_\mu = n , \tag{B.3.3}$$

wo $\mathbb{1}$ die vierdimensionale Einheitsmatrix ist.

Daraus folgen

$$\mathrm{Sp}\,\gamma^\mu\gamma^\nu = 4g^{\mu\nu}, \quad \gamma^\mu \not{a} \gamma_\mu = (2-n)\not{a} , \tag{B.3.4a}$$

$$\gamma^\mu \not{a}\not{b} \gamma_\mu = 4(a \cdot b) - (4-n)\not{a}\not{b} , \tag{B.3.4b}$$

$$\gamma^\mu \not{a}\not{b}\not{c} \gamma_\mu = -2\not{c}\not{b}\not{a} + (4-n)\not{a}\not{b}\not{c} . \tag{B.3.4c}$$

Eigenschaften der Gamma- und Betafunktion

Die Gammafunktion $\Gamma(n)$ (siehe z. B. [GRRY 94]) wird durch das Integral

$$\Gamma(n) = \int_0^\infty dx\, e^{-x} x^{n-1} \tag{B.3.5}$$

definiert, das für $n > 0$ konvergiert. Spezielle Eigenschaften der Gammafunktion sind

$$z\Gamma(z) = \Gamma(z+1), \quad \Gamma(1) = 1, \quad \Gamma\left(\frac{1}{2}\right) = \sqrt{\pi} \tag{B.3.6}$$

sowie

$$\Gamma(n+1) = n! \quad \text{für positives ganzzahliges } n.$$

Für $n = 0, -1, -2, \ldots$ besitzt $\Gamma(n)$ Pole, und für $\epsilon > 0$ aber $\epsilon \to +0$ gilt die Entwicklung

$$\lim_{\epsilon \to +0} \Gamma(\epsilon) = \frac{1}{\epsilon} - \gamma_{\mathrm{E}} + O(\epsilon) \tag{B.3.7}$$

mit der Euler-Mascheroni-Konstanten

$$\gamma_{\mathrm{E}} \simeq 0{,}5772 \ . \tag{B.3.8}$$

Setzen wir in Gl. (B.3.6) $z = \epsilon - 1$, so gilt im Limes $\epsilon \to +0$

$$\Gamma(\epsilon - 1) = \frac{\Gamma(\epsilon)}{(\epsilon - 1)} \underset{(\epsilon \to +0)}{\simeq} -(1+\epsilon)\Gamma(\epsilon) \ , \tag{B.3.9}$$

also

$$\begin{aligned} \lim_{\epsilon \to +0} \Gamma(\epsilon - 1) &= \Gamma(-1) \\ &\simeq -\Gamma(\epsilon) - \epsilon\Gamma(\epsilon) \ . \end{aligned}$$

Mit der Entwicklung (B.3.7) gewinnen wir daraus

$$\Gamma(-1) = -\left[\frac{1}{\epsilon} - \gamma_{\mathrm{E}} + 1 + O(\epsilon)\right]_{\epsilon \to +0} \ . \tag{B.3.10}$$

Die Pole treten danach mit alternierenden Vorzeichen auf.

In direktem Zusammenhang mit der Gammafunktion steht die Betafunktion $B(m,n)$ (siehe hierzu z. B. [GRRY 94]), die über das Integral

$$B(m,n) = \int_0^1 dx\, x^{m-1}(1-x)^{n-1} \tag{B.3.11}$$

definiert wird. Für $m > 0$, $n > 0$ ist das Integral konvergent.

Den Zusammenhang zwischen der Beta- und Gammafunktion beschreibt die Relation

$$B(m,n) = \frac{\Gamma(m)\Gamma(n)}{\Gamma(m+n)} \ . \tag{B.3.12}$$

Mit der Variablentransformation

$$x = \sin^2\theta \longrightarrow dx = 2\sin\theta\cos\theta d\theta$$

geht Gl. (B.3.11) in die Darstellung

$$B(m,n) = 2\int_0^{\pi/2} d\theta\ \sin^{2m-1}\theta\cos^{2n-1}\theta \tag{B.3.13}$$

über. Diese Form der Betafunktion eignet sich zur Berechnung des n-dimensionalen euklidischen Volumenelements.

Eine andere wichtige Darstellung der Betafunktion folgt aus der Definition (B.3.11) mit der Variablentransformation

$$x = \frac{t}{t+a^2} \longrightarrow dx = \frac{a^2}{(t+a^2)^2}dt$$

mit dem Ergebnis

$$\int_0^\infty \frac{dt\, t^{m-1}}{(t+a^2)^n} = \frac{1}{(a^2)^{n-m}}B(m,n-m) \ , \tag{B.3.14}$$

wo nach Gl. (B.3.12)

$$B(m, n-m) = \frac{\Gamma(m)\Gamma(n-m)}{\Gamma(n)} \,. \tag{B.3.15}$$

Die Darstellung (B.3.14) konvergiert für $n > m \geqslant 1$.

Für $n = m$ folgt aus Gl. (B.3.12)

$$B(m, m) = \frac{\Gamma^2(m)}{\Gamma(2m)} \,. \tag{B.3.16}$$

Diese spezielle Betafunktion läßt sich mit der *Verdopplungsformel*

$$\Gamma(1/2)\,\Gamma(2m) = 2^{2m-1}\Gamma(m)\Gamma(m+1/2) \tag{B.3.17}$$

der Gammafunktionen umschreiben auf die Form

$$B(m, m) = \frac{\sqrt{\pi}\,\Gamma(m)}{2^{2m-1}\Gamma(m+1/2)} \,, \tag{B.3.18}$$

wo wir nach (B.3.6) $\Gamma(1/2) = \sqrt{\pi}$ einführten.

Feynman-Parametrisierung

Die *Feynman-Parametrisierung* erlaubt, den Nenner eines Produkts von Operatoren derart zu kombinieren, daß sich die Schleifenintegrale auf die Form (B.3.14) der Betafunktion umschreiben lassen. Die allgemeine Form der Feynman-Parametrisierung ist durch folgende Identität gegeben:

$$\frac{1}{\prod\limits_{i=1}^{n} a_i^{\alpha_i}} = \frac{\Gamma\left(\sum\limits_{i=1}^{n} \alpha_i\right)}{\prod\limits_{i=1}^{n} \Gamma(\alpha_i)}$$

$$\times \int\limits_0^1 dx_1 \ldots \int\limits_0^1 dx_n \, \delta\left(1 - \sum_{i=1}^{n} x_i\right) \frac{\prod\limits_{i=1}^{n} x_i^{\alpha_i - 1}}{\left(\sum\limits_{i=1}^{n} a_i x_i\right)^{\sum\limits_{i=1}^{n} \alpha_i}} \,. \tag{B.3.19}$$

Darin sind a_i, $i = 1, \ldots, n$, die Nenner der Propagatoren und α_i, $i = 1, \ldots, n$, die Potenzen, mit der diese Nenner auftreten. Die Variablen x_i heißen *Feynman-Parameter.*

Für das einfache Beispiel

$$n = 2, \quad a_1 = A, \quad a_2 = B, \quad \alpha_1 = 1, \quad \alpha_2 = 1$$

lautet danach die Parametrisierung

$$\begin{aligned} \frac{1}{AB} &= \Gamma(2) \int_0^1 dx_1 \int_0^1 dx_2 \, \delta(1 - x_1 - x_2) \frac{1}{(Ax_1 + Bx_2)^2} \\ &= \int_0^1 \frac{dx}{[Ax + B(1-x)]^2} \,. \end{aligned} \tag{B.3.20}$$

Wick-Rotation

Die *Wick-Rotation* gestattet, die Impulsintegration vom Minkowski-Raum in den euklidischen Raum gleicher Dimension zu überführen.

Als Beispiel wollen wir das Integral

$$I(\alpha) = \int \frac{d^4\ell}{(2\pi)^4} \frac{1}{(\ell^2 - a^2 + i\epsilon)^\alpha}\bigg|_{\epsilon \to +0}, \quad \alpha \geqslant 1 \tag{B.3.21}$$

betrachten mit dem Schleifenimpuls

$$\ell^\mu = \{\ell^0; \boldsymbol{\ell}\}, \quad \ell^2 = \ell^{0^2} - \boldsymbol{\ell}^2 \tag{B.3.22}$$

und dem Volumenelement

$$d^4\ell = d\ell^0 d\ell^1 d\ell^2 d\ell^3 \tag{B.3.23}$$

im Minkowski-Raum.

Der Integrand von Gl. (B.3.21) hat Pole für

$$\begin{aligned} \ell^2 &= a^2 - i\epsilon \\ &\equiv \ell^{0^2} - \boldsymbol{\ell}^2 \,, \end{aligned}$$

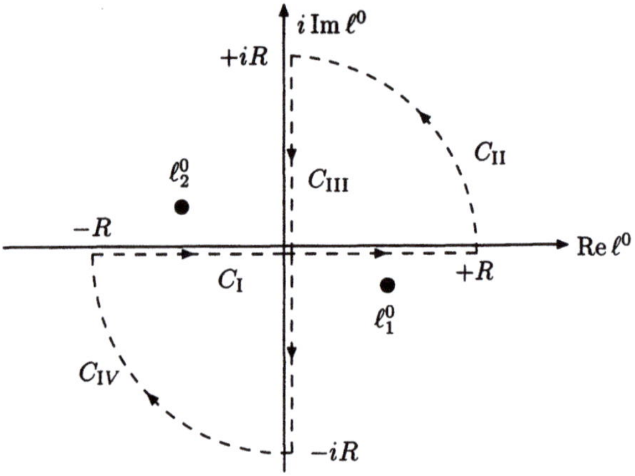

Abb. B.1 Integrationskontur in der komplexen ℓ^0-Ebene.

und somit in der komplexen ℓ^0-Ebene an den Stellen

$$\begin{aligned} \ell_{1,2}^0 &= \pm\sqrt{\boldsymbol{\ell}^2 + a^2 - i\epsilon} \\ &\simeq \pm\sqrt{\boldsymbol{\ell}^2 + a^2} \mp i\epsilon', \quad \epsilon' \to +0 \,. \end{aligned} \tag{B.3.24}$$

Betrachten wir die komplexe ℓ^0-Ebene nach Abb. B.1 mit der geschlossenen Kontur

$$C = C_{\mathrm{I}} + C_{\mathrm{II}} + C_{\mathrm{III}} + C_{\mathrm{IV}} \,, \tag{B.3.25}$$

so liegen die Pole $\ell_{1,2}^0$ außerhalb von C, und es gilt nach dem Cauchy-Theorem

$$\oint_C d\ell^0 \, f(\ell^0) = 0 \,. \tag{B.3.26}$$

Das bedeutet nach Gl. (B.3.25) für die einzelnen Wegintegrale

$$0 = \left\{ \int_{C_{\mathrm{I}}} + \int_{C_{\mathrm{II}}} + \int_{C_{\mathrm{III}}} + \int_{C_{\mathrm{IV}}} \right\} d\ell^0 \, f(\ell^0)$$

$$= \int_{-R}^{+R} d\ell^0\, f(\ell^0) + \int_{+iR}^{-iR} d\ell^0\, f(\ell^0)$$

$$+ \int_{C_{\mathrm{II,IV}}} d\ell^0\, f(\ell^0)\Big|_{\ell^0 = Re^{i\varphi}} \quad \text{für } 0 \leqslant \varphi \leqslant \frac{\pi}{2} \text{ bzw. } -\frac{3}{2}\pi \leqslant \varphi \leqslant -\pi\,. \tag{B.3.27}$$

In Gl. (B.3.21) ist die Integration über $d\ell^0$ für $-\infty \leqslant \ell^0 \leqslant +\infty$ durchzuführen, weshalb wir die Integrale von (B.3.27) im Limes $R \to \infty$ zu diskutieren haben.

Für die Integrale über dic Viertelkreise $C_{\mathrm{II,IV}}$ ist

$$\ell^0 = Re^{i\varphi} \longrightarrow d\ell^0 = iRe^{i\varphi} d\varphi, \quad R = |\ell^0|\,,$$

zu setzen. Damit erhalten wir nach Gl. (B.3.21) mit

$$f(\ell^0) = \frac{1}{(\ell^{0\,2} - \boldsymbol{\ell}^2 - a^2 + i\epsilon)^\alpha} = \frac{1}{(R^2 e^{2i\varphi} - \boldsymbol{\ell}^2 - a^2 + i\epsilon)^\alpha}, \quad \alpha \geqslant 1\,,$$

$$\lim_{R\to\infty} \int_{C_{\mathrm{II,IV}}} d\ell^0\, f(\ell^0)$$

$$= i \lim_{R\to\infty} \int \frac{d\varphi\, Re^{i\varphi}}{(R^2 e^{2i\varphi} - \boldsymbol{\ell}^2 - a^2 + i\epsilon)^\alpha} \longrightarrow 0, \quad \alpha \geqslant 1\,,$$

und es folgt aus (B.3.27) für $R \to \infty$

$$\int_{-\infty}^{+\infty} d\ell^0\, f(\ell^0) = \int_{-i\infty}^{+i\infty} d\ell^0\, f(\ell^0)\,. \tag{B.3.28}$$

Führen wir auf der rechten Seite dieser Gleichung die Transformation

$$\ell^0 = i\ell^4 \longrightarrow d\ell^0 = i d\ell^4 \tag{B.3.29}$$

durch, so wird

$$\int_{-\infty}^{+\infty} d\ell^0\, f(\ell^0) = i \int_{-\infty}^{+\infty} d\ell^4 f(i\ell^4)\,. \tag{B.3.30}$$

Für das Folgende definieren wir als vierdimensionalen euklidischen Impuls den Vektor

$$k^n = (\ell^1, \ell^2, \ell^3, \ell^4) \tag{B.3.31}$$

mit dem Volumenelement

$$d^4k = d\ell^1 d\ell^2 d\ell^3 d\ell^4 \tag{B.3.32}$$

und dem euklidischen Skalarprodukt

$$\begin{aligned} k^2 &= \sum_{n=1}^{4} k^n k^n \\ &= (\ell^1)^2 + (\ell^2)^2 + (\ell^3)^2 + (\ell^4)^2 \, . \end{aligned} \tag{B.3.33}$$

Somit gilt wegen (B.3.22) und (B.3.29)

$$\begin{aligned} k^2 &= \boldsymbol{\ell}^2 - (\ell^0)^2 \\ &\equiv -\ell^2 \, , \end{aligned} \tag{B.3.34}$$

und wir erhalten für das Integral $I(\alpha)$ nach (B.3.21)

$$\begin{aligned} I(\alpha) &= i \int \frac{d^4k}{(2\pi)^4} \frac{1}{(-k^2 - a^2 + i\epsilon)^\alpha} \\ &\equiv i(-1)^\alpha \int \frac{d^4k}{(2\pi)^4} \frac{1}{(k^2 + a^2 - i\epsilon)^\alpha}_{\epsilon \to +0} \, , \quad \alpha \geqslant 1 \, . \end{aligned} \tag{B.3.35}$$

Zur Auswertung des Integrals werden vierdimensionale Polarkoordinaten mit dem Volumenelement (vgl. $d^3\mathbf{k} = \mathbf{k}^2 \, d|\mathbf{k}| \, d\varphi \, \sin\theta d\theta$ in drei Dimensionen)

$$\int d^4k = \int_0^\infty dk \, k^3 \int_0^{2\pi} d\varphi \int_0^\pi d\theta_1 \, \sin\theta_1 \int_0^\pi d\theta_2 \, \sin^2\theta_2 , \qquad k = \sqrt{k^2} \; (\triangleq |\mathbf{k}|) \, , \tag{B.3.36}$$

eingeführt. Damit läßt sich $I(\alpha)$ nach Gl. (B.3.35) auf die Integralform (B.3.14) der Betafunktion transformieren. Für die n-dimensionale Regularisierung interessiert aber die auf n Dimensionen verallgemeinerte Integralform von Gl. (B.3.21), die wir im Folgenden diskutieren wollen.

Das skalare Integral

Zur Berechnung des sog. *skalaren Integrals*[1] betrachten wir die Darstellung

$$I(n,\alpha) := \int \frac{d^n\ell}{(\ell^2 - a^2 + i\epsilon)^\alpha}\bigg|_{\epsilon\to+0}, \tag{B.3.37}$$

die für $n < 2\alpha$ UV-konvergent ist.

Der auf n Dimensionen verallgemeinerte Minkowski-Impuls ℓ^μ hat die Komponenten

$$\ell^\mu = \{\ell^0; \ell^1, \ldots, \ell^{n-1}\}, \tag{B.3.38}$$

die wir über die Wick-Rotation mit der anschließenden Transformation

$$\ell^0 = i\ell^n \longrightarrow d\ell^0 = i d\ell^n$$

zum n-dimensionalen euklidischen Vektor

$$k = (\ell^1, \ell^2, \ldots, \ell^n) \tag{B.3.39}$$

zusammenfassen. Damit erhalten wir in Analogie zu Gl. (B.3.35) für $I(n,\alpha)$ die n-dimensionale euklidische Integraldarstellung

$$I(n,\alpha) = i(-1)^\alpha \int \frac{d^n k}{(k^2 + a^2 - i\epsilon)^\alpha}\bigg|_{\epsilon\to+0}, \tag{B.3.40}$$

In n-dimensionalen Polarkoordinaten ergibt sich für das Volumenelement $d^n k$ die Darstellung

$$\int d^n k = \int_0^\infty dk\, k^{n-1} \Omega_{n-1} \tag{B.3.41a}$$

mit

$$\Omega_{n-1} = \int_0^{2\pi} d\theta_1 \int_0^\pi d\theta_2 \sin\theta_2 \int_0^\pi d\theta_3 \sin^2\theta_3 \ldots \int_0^\pi d\theta_{n-1} \sin^{n-2}\theta_{n-1}\,. \tag{B.3.41b}$$

[1] Zur Diskussion skalarer Ein-Schleifen-Integrale siehe ['tHVE 79].

Da der Integrand in (B.3.40) unabhängig von den Winkeln ist, kann über diese ausintegriert werden, wonach

$$\Omega_{n-1} = \int_0^{2\pi} d\theta_1 \prod_{k=1}^{n-2} \int_0^{\pi} d\theta \, \sin^k \theta = 2\pi \prod_{k=1}^{n-2} \int_0^{\pi} d\theta \, \sin^k \theta \tag{B.3.42}$$

zu berechnen ist. Die Integrale über θ lassen sich aus der Betafunktion $B(m,m)$ mit der Darstellung nach Gl. (B.3.13) gewinnen, wonach

$$\begin{aligned} B(m,m) &= 2 \int_0^{\pi/2} d\theta \, (\sin\theta \cos\theta)^{2m-1} \\ &= \frac{2}{2^{2m-1}} \int_0^{\pi/2} d\theta \, (\sin 2\theta)^{2m-1} \end{aligned}$$

gilt. Mit der Variablentransformation $\varphi = 2\theta$ folgt daraus

$$B(m,m) = \frac{1}{2^{2m-1}} \int_0^{\pi} d\varphi \, \sin^{2m-1} \varphi \, , \tag{B.3.43}$$

und wir erhalten mit $k := 2m-1$

$$\begin{aligned} \int_0^{\pi} d\theta \, \sin^k \theta &= 2^k B\left((k+1)/2, (k+1)/2\right) \\ &\equiv \sqrt{\pi} \, \frac{\Gamma((k+1)/2)}{\Gamma((k+2)/2)} \, , \end{aligned} \tag{B.3.44}$$

wo wir im letzten Schritt die Eigenschaft (B.3.18) der Betafunktion gleichen Argumentes ausnutzten.

Aus (B.3.44) berechnen wir

$$\prod_{k=1}^{n-2} \int_0^{\pi} d\theta \sin^k \theta = \pi^{(n-2)/2} \frac{\Gamma(1)\Gamma(3/2) \ldots \Gamma((n-1)/2)}{\Gamma(3/2)\Gamma(2) \ldots \Gamma((n-1)/2)\Gamma(n/2)}$$

und erhalten für die Winkelintegrationen (B.3.42)

$$\Omega_{n-1} = \int_0^{2\pi} d\theta_1 \prod_{k=1}^{n-2} \int_0^{\pi} d\theta \, \sin^k \theta = \frac{2\pi^{n/2}}{\Gamma(n/2)} \, . \tag{B.3.45}$$

Für das Integral $I(n, \alpha)$ nach (B.3.40) folgt damit über (B.3.41)

$$I(n, \alpha) = \frac{2i(-1)^\alpha \pi^{n/2}}{\Gamma(n/2)} \int_0^\infty \frac{dk\, k^{n-1}}{(k^2 + a^2 - i\epsilon)^\alpha}_{\epsilon \to +0} . \tag{B.3.46}$$

Um das verbleibende Integral auf die Form (B.3.14) zu transformieren, ersetzen wir

$$k^2 = t \longrightarrow 2kdk = dt ,$$

wonach

$$\begin{aligned} dk\, k^{n-1} &= \frac{1}{2} k^{n-2} dt_{/k=t^{1/2}} \\ &= \frac{1}{2} dt\, t^{n/2-1} , \end{aligned}$$

und mit (B.3.14)

$$\begin{aligned} \int_0^\infty \frac{dk\, k^{n-1}}{(k^2 + a^2 - i\epsilon)^\alpha} &= \frac{1}{2} \int_0^\infty \frac{dt\, t^{n/2-1}}{(t + a^2 - i\epsilon)^\alpha} \\ &\equiv \frac{1}{2} \frac{1}{(a^2 - i\epsilon)^{\alpha - n/2}} \frac{\Gamma(n/2)\Gamma(\alpha - n/2)}{\Gamma(\alpha)} . \end{aligned} \tag{B.3.47}$$

Mit diesem Ergebnis folgt für $I(n, \alpha)$ nach (B.3.46)

$$I(n, \alpha) = \frac{i(-1)^\alpha \pi^{n/2} \Gamma(\alpha - n/2)}{\Gamma(\alpha)(a^2 - i\epsilon)^{\alpha - n/2}}_{\epsilon \to +0} . \tag{B.3.48}$$

Die logarithmische UV-Singularität für $n = 2\alpha$ (siehe (B.3.37)) ergibt sich in (B.3.48) aus dem zugehörigen Pol der Gammafunktion $\Gamma(\alpha - n/2)$ im Limes (vgl. (B.3.7))

$$\lim_{n \to 2\alpha} \Gamma(\alpha - n/2) = \left(\frac{2}{2\alpha - n} \right) - \gamma_{\mathrm{E}} + O(2\alpha - n) . \tag{B.3.49}$$

Das Integral $I(n, \alpha)$ nach (B.3.40) mit der Lösung (B.3.48) ist der Ausgangspunkt zur Berechnung beliebiger Schleifenintegrale für Strahlungskorrekturen. Wir wollen dies an folgendem Beispiel eines Feynman-Integrals demonstrieren.

Zu berechnen sei das Schleifenintegral

$$\tilde{I}(p) = \int \frac{d^4\ell}{(2\pi)^4} \frac{1}{[(\ell-p)^2 - m^2 + i\epsilon](\ell^2 - m^2 + i\epsilon)}_{\epsilon\to+0} \tag{B.3.50}$$

mit der Feynman-Parametrisierung (siehe (B.3.20))

$$\begin{aligned} \frac{1}{AB} &= \int_0^1 \frac{dx}{[Ax + B(1-x)]^2} \\ &\equiv \int_0^1 \frac{dx}{[B + (A-B)x]^2} \end{aligned} \tag{B.3.51}$$

und den Definitionen

$$A := (\ell - p)^2 - m^2 + i\epsilon, \quad B := \ell^2 - m^2 + i\epsilon\ , \tag{B.3.52}$$

wonach

$$B + (A-B)x = \ell^2 - 2\ell\cdot px - m^2 + p^2x + i\epsilon\ . \tag{B.3.53}$$

Definieren wir

$$Q := -px, \quad M^2 := m^2 - p^2x\ , \tag{B.3.54}$$

so ergibt sich für (B.3.53)

$$\begin{aligned} B + (A-B)x &= \ell^2 + 2\ell\cdot Q - M^2 + i\epsilon \\ &\equiv (\ell+Q)^2 - (Q^2 + M^2) + i\epsilon \end{aligned} \tag{B.3.55}$$

mit

$$Q^2 + M^2 = m^2 - p^2x(1-x)\ . \tag{B.3.56}$$

Gehen wir im Schleifenintegral nach Gl. (B.3.50) zu n Dimensionen über, so erhalten wir mit (B.3.51) und (B.3.55)

$$\begin{aligned} \tilde{I}(n,p) &= \tilde{I}(n,Q) \\ &= \frac{1}{(2\pi)^n} \int d^n\ell \int_0^1 \frac{dx}{[(\ell+Q)^2 - b^2 + i\epsilon]^2}_{\epsilon\to+0} \end{aligned} \tag{B.3.57}$$

mit der Definition

$$\begin{aligned} b^2 &:= Q^2 + M^2 \\ &\equiv m^2 - p^2 x(1-x) \; . \end{aligned} \tag{B.3.58}$$

Das Integral $\tilde{I}(n, Q)$ ist für $n < 4$ UV-konvergent. Um $\tilde{I}(n, Q)$ über $I(n, \alpha)$ nach (B.3.40) lösen zu können, bedarf es sowohl des Vertauschens der Integrationsreihenfolge in Gl. (B.3.57) als auch der Verschiebung des Ursprungs im Integranden. Beides ist für absolut konvergente Integrale erlaubt.

Im Rahmen der n-dimensionalen Regularisierung sind das Vertauschen der Integrationsreihenfolge und die Ursprungsverschiebung stets erlaubt, da durch den Übergang von der Minkowski-Dimension 4 nach $n < 4$ die UV-Divergenzen als reguliert und mathematisch definiert anzusehen sind. Die Pole, die erst im Limes $n \to 4$ auftreten, werden später von den physikalischen Integralanteilen subtrahiert (siehe dazu Kap. 9).

Nach diesen Bemerkungen können wir $\tilde{I}(n, Q)$ nach Gl. (B.3.57) umschreiben in

$$\begin{aligned} \tilde{I}(n, Q) &= \frac{1}{(2\pi)^n} \int_0^1 dx \int \frac{d^n \ell}{[(\ell + Q)^2 - b^2 + i\epsilon]^2} \\ &= \frac{1}{(2\pi)^n} \int_0^1 dx \int \frac{d^n k}{(k^2 - b^2 + i\epsilon)^2}_{\epsilon \to +0} , \end{aligned} \tag{B.3.59a}$$

wo durch die Variablentransformation

$$k^\mu = \ell^\mu + Q^\mu \longrightarrow dk^\mu = d\ell^\mu \tag{B.3.59b}$$

der Ursprung verschoben wurde und nach Gl. (B.3.58) $b^2 = Q^2 + M^2 = b^2(x)$ gilt. Vergleichen wir dieses Ergebnis mit der Relation (B.3.37), so gilt für das vorliegende Beispiel

$$\tilde{I}(n, Q) = \frac{1}{(2\pi)^n} \int_0^1 dx \, I(n, 2)\Big|_{a^2 = b^2} \, . \tag{B.3.60}$$

Betrachten wir ein beliebiges Produkt von α Propagatoren, so folgt über Gl. (B.3.59) und (B.3.60) mit der Ausgangsform (B.3.55) für den Nenner in $\tilde{I}(n,Q)$ das Ergebnis

$$\begin{aligned}
&\int \frac{d^n k}{(k^2 + 2k\cdot Q - M^2 + i\epsilon)^\alpha} \\
&= \int \frac{d^n k}{[k^2 - (Q^2 + M^2) + i\epsilon]^\alpha} \\
&\equiv \frac{i(-1)^\alpha \pi^{n/2}}{\Gamma(\alpha)} \left. \frac{\Gamma(\alpha - n/2)}{(Q^2 + M^2 - i\epsilon)^{\alpha - n/2}} \right|_{\epsilon \to +0}, \qquad \text{(B.3.61)}
\end{aligned}$$

wo wir im letzten Schritt das Ergebnis für $I(n,\alpha)$ nach Gl. (B.3.48) mit $a^2 = Q^2 + M^2$ einsetzten.

Die Relation (B.3.61) bezeichnet man auch als *skalares Integral* im Gegensatz zu *Tensorintegralen* höherer Stufen, die man aus Gl. (B.3.61) durch Ableitungen nach dem Impuls Q^μ gewinnen kann.

Tensorintegrale höherer Stufen

Die Herleitung der *Tensorintegrale* wollen wir nur für die Tensoren erster und zweiter Stufe skizzieren und uns ansonsten darauf beschränken, allgemeine Ergebnisse zusammenzustellen.

(i) Tensorintegral erster und zweiter Stufe

Leiten wir die linke Seite der Gl. (B.3.61) nach Q^μ ab, so ergibt sich für den Integranden[2]

$$\frac{\partial}{\partial Q_\mu}(k^2 + 2k\cdot Q - M^2)^{-\alpha} = -2\alpha k^\mu (k^2 + 2k\cdot Q - M^2)^{-(\alpha+1)} . \qquad \text{(B.3.62)}$$

Für dieselbe Ableitung des Q^2-abhängigen Anteils der rechten Seite von (B.3.61) folgt

$$\frac{\partial}{\partial Q_\mu}(Q^2 + M^2)^{-(\alpha - n/2)} = -2(\alpha - n/2) Q^\mu (Q^2 + M^2)^{-(\alpha+1-n/2)} . \qquad \text{(B.3.63)}$$

[2]Wir schreiben im Folgenden M^2 für die Größe $M'^2 - i\epsilon$.

Ableitung von (B.3.62) nach Q_ν ergibt

$$\frac{\partial^2}{\partial Q_\nu \partial Q_\mu}(k^2 + 2k\cdot Q - M^2)^{-\alpha}$$
$$= +4\alpha(\alpha+1)k^\nu k^\mu (k^2 + 2k\cdot Q - M^2)^{-(\alpha+2)} \tag{B.3.64}$$

und von Gl. (B.3.63)

$$\frac{\partial^2}{\partial Q_\nu \partial Q_\mu}(Q^2 + M^2)^{-(\alpha-n/2)}$$
$$= -2(\alpha - n/2)\Big\{ -2(\alpha+1-n/2)Q^\nu Q^\mu (Q^2+M^2)^{-(\alpha+2-n/2)}$$
$$+ g^{\nu\mu}(Q^2+M^2)^{-(\alpha+1-n/2)}\Big\}\,. \tag{B.3.65}$$

Mit den Gl. (B.3.62) und (B.3.63) erhalten wir über (B.3.61)

$$-2\alpha \int \frac{d^n k\, k^\mu}{(k^2 + 2k\cdot Q - M^2)^{\alpha+1}}$$
$$= -\frac{2i(-1)^\alpha(\alpha - n/2)\pi^{n/2}\Gamma(\alpha - n/2)}{\Gamma(\alpha)(Q^2+M^2)^{\alpha+1-n/2}}\, Q^\mu\,. \tag{B.3.66}$$

Über die Ergebnisse (B.3.64) und (B.3.65) folgt aus Gl. (B.3.61)

$$+4\alpha(\alpha+1)\int \frac{d^n k\, k^\mu k^\nu}{(k^2 + 2k\cdot Q - M^2)^{\alpha+2}}$$
$$= -\frac{4i(-1)^\alpha(\alpha - n/2)\pi^{n/2}\Gamma(\alpha - n/2)}{\Gamma(\alpha)}$$
$$\times\Big\{ -\frac{(\alpha+1-n/2)}{(Q^2+M^2)^{\alpha+2-n/2}}Q^\mu Q^\nu + \frac{1}{2}g^{\mu\nu}\frac{1}{(Q^2+M^2)^{\alpha+1-n/2}}\Big\}. \tag{B.3.67}$$

Um Gl. (B.3.66) auf die Form (B.3.61) umzuschreiben, definieren wir

$$\beta := \alpha + 1 \tag{B.3.68}$$

und benutzen als Eigenschaft der Gammafunktion (siehe (B.3.6))

$$\alpha\Gamma(\alpha) = \Gamma(\alpha+1)$$
$$\equiv \Gamma(\beta)\,, \tag{B.3.69a}$$

$$
\begin{aligned}
(\alpha - n/2)\Gamma(\alpha - n/2) &= \Gamma(\alpha + 1 - n/2) \\
&\equiv \Gamma(\beta - n/2) \ .
\end{aligned}
\tag{B.3.69b}
$$

Damit folgt aus Gl. (B.3.66)

$$
\int \frac{d^n k \, k^\mu}{(k^2 + 2k \cdot Q - M^2)^\beta} = \frac{i(-1)^{\beta+1}\pi^{n/2}}{\Gamma(\beta)} \frac{\Gamma(\beta - n/2)}{(Q^2 + M^2)^{\beta - n/2}} Q^\mu \ .
\tag{B.3.70}
$$

Analog definieren wir für Gl. (B.3.67)

$$
\beta := \alpha + 2
\tag{B.3.71}
$$

und benutzen

$$
\begin{aligned}
\alpha(\alpha + 1)\Gamma(\alpha) &= (\alpha + 1)\Gamma(\alpha + 1) \\
&= \Gamma(\alpha + 2) \\
&\equiv \Gamma(\beta) \ ,
\end{aligned}
\tag{B.3.72a}
$$

$$
\begin{aligned}
&(\alpha - n/2)\Gamma(\alpha - n/2) \\
&= \Gamma(\alpha + 1 - n/2) \\
&\equiv \Gamma(\beta - 1 - n/2) \ ,
\end{aligned}
\tag{B.3.72b}
$$

$$
\begin{aligned}
&(\alpha + 1 - n/2)(\alpha - n/2)\Gamma(\alpha - n/2) \\
&= (\alpha + 1 - n/2)\Gamma(\alpha + 1 - n/2) \\
&= \Gamma(\alpha + 2 - n/2) \\
&\equiv \Gamma(\beta - n/2) \ .
\end{aligned}
\tag{B.3.72c}
$$

Damit lautet Gl. (B.3.67)

$$
\begin{aligned}
\int \frac{d^n k \, k^\mu k^\nu}{(k^2 + 2k \cdot Q - M^2)^\beta} &= \frac{i(-1)^\beta \pi^{n/2}}{\Gamma(\beta)} \\
&\times \left\{ \frac{\Gamma(\beta - n/2)}{(Q^2 + M^2)^{\beta - n/2}} Q^\mu Q^\nu - \frac{1}{2} g^{\mu\nu} \frac{\Gamma(\beta - 1 - n/2)}{(Q^2 + M^2)^{\beta - 1 - n/2}} \right\}.
\end{aligned}
\tag{B.3.73}
$$

Die höheren Tensorintegrale berechnen sich analog über die höheren Ableitungen nach Q. Im Folgenden geben wir eine Zusammenstellung der Tensorintegrale bis zur vierten Stufe.

(ii) Zusammenstellung von Tensorintegralen

$$\int \frac{d^n k}{(k^2 + 2k \cdot Q - M^2)^\alpha} = \frac{i(-1)^\alpha \pi^{n/2}}{\Gamma(\alpha)} \frac{\Gamma(\alpha - n/2)}{(Q^2 + M^2)^{\alpha - n/2}} . \tag{B.3.74}$$

$$\int \frac{d^n k\, k^\mu}{(k^2 + 2k \cdot Q - M^2)^\alpha} = \frac{i(-1)^{\alpha+1} \pi^{n/2}}{\Gamma(\alpha)} \frac{\Gamma(\alpha - n/2)}{(Q^2 + M^2)^{\alpha - n/2}} Q^\mu . \tag{B.3.75}$$

$$\int \frac{d^n k\, k^\mu k^\nu}{(k^2 + 2k \cdot Q - M^2)^\alpha} = \frac{i(-1)^\alpha \pi^{n/2}}{\Gamma(\alpha)} \left\{ \frac{\Gamma(\alpha - n/2)}{(Q^2 + M^2)^{\alpha - n/2}} Q^\mu Q^\nu \right.$$
$$\left. - \frac{1}{2} g^{\mu\nu} \frac{\Gamma(\alpha - 1 - n/2)}{(Q^2 + M^2)^{\alpha - 1 - n/2}} \right\} . \tag{B.3.76}$$

$$\int \frac{d^n k\, k^\mu k^\nu k^\lambda}{(k^2 + 2k \cdot Q - M^2)^\alpha} = \frac{i(-1)^{\alpha+1} \pi^{n/2}}{\Gamma(\alpha)} \left\{ \frac{\Gamma(\alpha - n/2)}{(Q^2 + M^2)^{\alpha - n/2}} Q^\mu Q^\nu Q^\lambda \right.$$
$$\left. - \frac{1}{2} (g^{\mu\nu} Q^\lambda + g^{\mu\lambda} Q^\nu + g^{\nu\lambda} Q^\mu) \frac{\Gamma(\alpha - 1 - n/2)}{(Q^2 + M^2)^{\alpha - 1 - n/2}} \right\} . \tag{B.3.77}$$

$$\int \frac{d^n k\, k^\mu k^\nu k^\lambda k^\sigma}{(k^2 + 2k \cdot Q - M^2)^\alpha} = \frac{i(-1)^\alpha \pi^{n/2}}{\Gamma(\alpha)} \left\{ \frac{\Gamma(\alpha - n/2)}{(Q^2 + M^2)^{\alpha - n/2}} Q^\mu Q^\nu Q^\lambda Q^\sigma \right.$$
$$- \frac{1}{2} (g^{\mu\nu} Q^\lambda Q^\sigma + g^{\mu\lambda} Q^\nu Q^\sigma + g^{\mu\sigma} Q^\nu Q^\lambda + g^{\nu\lambda} Q^\mu Q^\sigma + g^{\nu\sigma} Q^\mu Q^\lambda$$
$$+ g^{\lambda\sigma} Q^\mu Q^\nu) \frac{\Gamma(\alpha - 1 - n/2)}{(Q^2 + M^2)^{\alpha - 1 - n/2}}$$
$$\left. + \frac{1}{4} (g^{\mu\nu} g^{\lambda\sigma} + g^{\mu\lambda} g^{\nu\sigma} + g^{\mu\sigma} g^{\nu\lambda}) \frac{\Gamma(\alpha - 2 - n/2)}{(Q^2 + M^2)^{\alpha - 2 - n/2}} \right\} . \tag{B.3.78}$$

In allen Gleichungen ist $M^2 \to M^2 - i\epsilon$ zu lesen.

B.4 Die Operatoridentität $e^A e^{-B} = e^{f(A,B)}$

Für zwei nicht miteinander kommutierende Operatoren A und B gilt die Operatoridentität

$$e^A e^{-B} = e^{f(A,B)} , \tag{B.4.1}$$

in der $f(A, B)$ eine Funktion dieser Operatoren ist, die wir bestimmen wollen. Dazu definieren wir einen Operator

$$L(\xi) := e^{A\xi} e^{-B\xi} \tag{B.4.2}$$

mit den Randbedingungen

$$L(0) = \mathbb{1}, \quad L(1) = e^{f(A,B)} , \tag{B.4.3}$$

und folglich

$$\ln L(1) = f(A, B) . \tag{B.4.4}$$

Differentiation von Gl. (B.4.2) nach ξ ergibt

$$\begin{aligned} \frac{\partial L(\xi)}{\partial \xi} &= A e^{A\xi} e^{-B\xi} - e^{A\xi} B e^{-B\xi} \\ &\equiv e^{A\xi}(A - B) e^{-B\xi} . \end{aligned} \tag{B.4.5}$$

Aus (B.4.2) folgt

$$e^{A\xi} = L(\xi) e^{B\xi} ,$$

womit Gl. (B.4.5) übergeht nach

$$\frac{\partial L(\xi)}{\partial \xi} = L(\xi) e^{B\xi} C e^{-B\xi} \tag{B.4.6}$$

mit der Definition

$$C := A - B . \tag{B.4.7}$$

In Gl. (B.4.6) können wir die *Hausdorffsche Reihe* einsetzen, die für zwei Operatoren S und T folgende Identität beschreibt:

$$e^T S e^{-T} = S + \frac{1}{1!}[T, S] + \frac{1}{2!}[T, [T, S]] + \cdots . \tag{B.4.8}$$

Damit geht (B.4.6) über in

$$\begin{aligned} \frac{\partial L(\xi)}{\partial \xi} &= L(\xi)\Big\{C + \xi[B, C] + \frac{\xi^2}{2!}[B, [B, C]] + \cdots\Big\} \\ &:= L(\xi) h(\xi) \end{aligned} \tag{B.4.9}$$

mit der Definition

$$h(\xi) = C + \xi[B, C] + \frac{\xi^2}{2!}[B, [B, C]] + \cdots . \tag{B.4.10}$$

Integration der Gleichung (B.4.9) ergibt

$$\begin{aligned} \ln L(\xi) &= \int_0^\xi d\xi_1\, h(\xi_1) + \text{konst.} \\ &= \int_0^\xi d\xi_1\, h(\xi_1) , \end{aligned} \tag{B.4.11}$$

denn nach Gl. (B.4.3) gilt

$$\text{konst.} = \ln L(0) = 0 .$$

Die Integration von $h(\xi_1)$ ist nach Gl. (B.4.10) elementar, wonach wir für $\ln L(\xi)$ erhalten

$$\begin{aligned} \ln L(\xi) &= C\xi + \frac{\xi^2}{2!}[B, C] + \frac{\xi^3}{3!}[B, [B, C]] + \cdots \\ &\equiv (A - B)\xi + \frac{\xi^2}{2!}[B, A] + \frac{\xi^3}{3!}[B, [B, A]] + \cdots , \end{aligned} \tag{B.4.12}$$

wo wir im zweiten Schritt die Definition von C nach Gl. (B.4.7) einsetzten. Es folgt somit nach Gl. (B.4.4)

$$\begin{aligned} f(A, B) &= \ln L(1) \\ &= A - B + \frac{1}{2!}[B, A] + \frac{1}{3!}[B, [B, A]] + \cdots , \end{aligned} \tag{B.4.13}$$

und daraus über die Definition (B.4.1)

$$e^A e^{-B} = e^{A - B + \frac{1}{2!}[B,A] + \frac{1}{3!}[B,[B,A]] + \cdots} . \tag{B.4.14}$$

B.5 Feynman-Regeln bei asymmetrischer Definition der Fourier-Darstellung

Die Feynman-Regeln im Impulsraum, die wir in Kapitel 7 aus der e^-e^+-Streuung ableiteten, basieren auf der *symmetrisch* definierten Fourier-Darstellung für die Feldoperatoren im Ortsraum, also z. B.

$$\psi(x) = \frac{1}{(2\pi)^{3/2}} \sum_r \int \frac{d^3\mathbf{p}}{2p^0} \{\cdots\} \,.$$

Symmetrisch bezieht sich dabei auf den Faktor $(2\pi)^{-3/2}$, der in gleicher Weise die Fourier-Darstellung der Impulsraumoperatoren charakterisiert. Dieser Normierungsfaktor bedingt sowohl die π-Faktoren in den Feynman-Regeln $(2\pi)^{-3/2}u^r(\mathbf{p}), \cdots, (2\pi)^{-3/2}\epsilon^\mu_\lambda(k)$ für die äußeren Linien der Graphen als auch das Ergebnis für die Teilchendichten

$$\frac{\rho}{V} = \frac{p^0}{(2\pi)^3} \,,$$

und spiegelt sich in den π-Faktoren des Wirkungsquerschnittes $d\sigma_{\mathrm{ae}}$ nach Gl. (7.165) wider.

Definiert man die Fourier-Darstellung im Ortsraum ohne den Vorfaktor $(2\pi)^{-3/2}$, wie dies häufig der Fall ist, so führt das zu folgender Ersetzung unserer Feynman-Regeln und Dichten:

Äußere Linien (Kapitel 7)		Äußere Linien (z. B. [Qui 83])	
$(2\pi)^{-3/2}u^r(\mathbf{p}), \cdots, (2\pi)^{-3/2}\epsilon^\mu_\lambda(k)$	$\longrightarrow$	$u^r(\mathbf{p}), \cdots, \epsilon^\mu_\lambda(k)$,	(B.5.1)
Teilchendichten		Teilchendichten	
$\frac{\rho}{V} = \frac{2p^0}{(2\pi)^3}$	$\longrightarrow$	$\frac{\rho}{V} = 2p^0$.	(B.5.2)

Die Feynman-Regeln für Vertices und Propagatoren bleiben unverändert.

Aus der Ersetzungsvorschrift Gl. (B.5.1) folgern wir für das Betragsquadrat des Übergangsmatrixelementes

$$|T_{\mathrm{ae}}|^2 = |\,\langle \mathbf{q}_1, \ldots, \mathbf{q}_{\mathrm{a}}|\, \mathcal{T}\, |\mathbf{p}_1, \mathbf{p}_2\rangle\,|^2 \tag{B.5.3}$$

mit $1, 2, \ldots, a$ auslaufenden und 2 einlaufenden Linien

$$\prod_a (2\pi)^{-3} |\bar{u}|^2 \longrightarrow \prod_a |\bar{u}|^2 , \tag{B.5.4}$$

$$(2\pi)^{-6} |u|^2 |u|^2 \longrightarrow |u|^2 |u|^2 . \tag{B.5.5}$$

Wollen wir also an die Notation von [QUI 83] anschließen, so haben wir $d\sigma_{\mathrm{ae}}$ nach Gl. (7.165) durch $(2\pi)^6$ und pro auslaufendem Teilchen a durch $(2\pi)^3$ zu dividieren. Danach erhalten wir

$$d\sigma_{\mathrm{ae}}\Big|_{\mathrm{Quigg}} = \frac{(2\pi)^4 \delta^{(4)}(P_{\mathrm{a}} - P_{\mathrm{e}}) |T_{\mathrm{ae}}|^2}{4F} \prod_a \frac{d^3\mathbf{p}_a}{(2\pi)^3 2p_a^0} . \tag{B.5.6}$$

Den invarianten Møller-Faktor

$$F = \sqrt{(p_1 \cdot p_2)^2 - p_1^2 p_2^2} \tag{B.5.7}$$

ersetzt man häufig durch eine Form, in der von der Definition der Mandelstam-Variablen

$$s := (p_1 + p_2)^2 \tag{B.5.8}$$

und den Invarianten $p_i^2 = m_i^2$, $i = 1, 2$, Gebrauch gemacht wird. Führt man diese Relationen in (B.5.7) ein, so berechnet man

$$\begin{aligned} S_{12} &:= \left\{ [s - (m_1 + m_2)^2][s - (m_1 - m_2)^2] \right\}^{1/2} \\ &\equiv 2F , \end{aligned} \tag{B.5.9}$$

womit $d\sigma_{\mathrm{ae}}$ nach (B.5.6) übergeht in die gebräuchliche Darstellung

$$d\sigma_{\mathrm{ae}}\Big|_{\mathrm{Quigg}} = \frac{(2\pi)^4 \delta^{(4)}(P_{\mathrm{a}} - P_{\mathrm{e}}) |T_{\mathrm{ae}}|^2}{2S_{12}} \prod_a \frac{d^3\mathbf{p}_a}{(2\pi)^3 2p_a^0} . \tag{B.5.10}$$

Für die differentielle Zerfallsbreite nach Gl. (7.168) ergibt sich entsprechend im Ruhsystem des zerfallenden Teilchens

$$d\Gamma_{\mathrm{ae}}\Big|_{\mathrm{Quigg}} = \frac{(2\pi)^4 \delta^{(4)}(P_{\mathrm{a}} - P_{\mathrm{e}}) |T_{\mathrm{ae}}|^2}{2m_{\mathrm{e}}} \prod_a \frac{d^3\mathbf{p}_a}{(2\pi)^3 2p_a^0} . \tag{B.5.11}$$

C Anhang • Herleitung einiger im Hauptteil benutzter Ergebnisse

C.1 Darstellung des magnetischen Momentes in der Dirac-Theorie

Das Impulsmatrixelement des Dirac-Stromes

Bei der Diskussion des Streuoperators im Dirac-Formalismus in Kap. 3 stellten wir den Kern des Operators über eine Matrixfunktion zwischen den Spinoren $\bar{u}^r(\mathbf{p}) \cdots u^{r'}(\mathbf{p}')$ dar (siehe Gl. (3.51)). Diese Formulierung wollen wir am Beispiel des Dirac-Stromes[1]

$$j_\mu(x) = \overline{\psi}(x)\gamma_\mu\psi(x)$$

herleiten. Dazu betrachten wir das Matrixelement

$$\langle \mathbf{q}', s'|\, j_\mu(x)\, |\mathbf{q}, s\rangle = \langle \mathbf{q}', s'|\, \overline{\psi}(x)\gamma_\mu\psi(x)\, |\mathbf{q}, s\rangle \tag{C.1.1}$$

mit der Annahme, daß es sich bei den Impuls-Spinzuständen $|\mathbf{q}, s\rangle$ um Ein-Teilchen-Zustände mit der Eigenschaft

$$|\mathbf{q}, s\rangle = b_s^\dagger(\mathbf{q})\, |0\rangle \tag{C.1.2}$$

handelt.

Die Fourier-Entwicklungen der Feldoperatoren $\overline{\psi}(x)$, $\psi(x)$ enthalten Linearkombinationen von Teilchen- und Antiteilchenoperatoren. Mit der Annahme (C.1.2) tragen zum Matrixelement (C.1.1) wegen der Orthogonalität von Ein-Teilchen- und Ein-Antiteilchen-Zuständen von

$$\overline{\psi}(x) \quad \text{nur} \quad \overline{\psi}^{(-)}(x) = \frac{1}{(2\pi)^{3/2}} \sum_r \int \frac{d^3\mathbf{p}}{2p^0}\, \bar{u}^r(\mathbf{p}) b_r^\dagger(\mathbf{p}) e^{+ip\cdot x}$$

[1] Für den physikalischen Dirac-Strom ist genauer die normalgeordnete Größe zu betrachten (siehe Kap. 5). Für das hier diskutierte Beispiel ergibt sich jedoch dadurch keine Änderung.

und von

$$\psi(x) \quad \text{nur} \quad \psi^{(+)}(x) = \frac{1}{(2\pi)^{3/2}} \sum_{r'} \int \frac{d^3\mathbf{p}'}{2p'^0} u^{r'}(\mathbf{p}') b_{r'}(\mathbf{p}') e^{-ip'\cdot x}$$

bei, wonach

$$\langle \mathbf{q}', s' | \, j_\mu(x) \, | \mathbf{q}, s \rangle = \frac{1}{(2\pi)^3} \sum_{r,r'} \int \frac{d^3\mathbf{p} d^3\mathbf{p}'}{2p^0 2p'^0} \bar{u}^r(\mathbf{p}) \gamma_\mu u^{r'}(\mathbf{p}') e^{-i(p'-p)\cdot x} \times \langle \mathbf{q}', s' | \, b_r^\dagger(\mathbf{p}) b_{r'}(\mathbf{p}') \, | \mathbf{q}, s \rangle \; . \tag{C.1.3}$$

Mit

$$b_{r'}(\mathbf{p}') \, | \mathbf{q}, s \rangle = 2p'^0 \delta_{r's} \delta^{(3)}(\mathbf{p}' - \mathbf{q}) \, | 0 \rangle$$

und der entsprechenden bra-konjugierten Relation für den bra-Vektor ergibt sich für (C.1.3)

$$\langle \mathbf{q}', s' | \, j_\mu(x) \, | \mathbf{q}, s \rangle = \frac{1}{(2\pi)^3} e^{-i(q-q')\cdot x} \bar{u}^{s'}(\mathbf{q}') \gamma_\mu u^s(\mathbf{q}) \; , \tag{C.1.4}$$

wo wir die Normierung $\langle 0|0 \rangle = \mathbb{1}$ des physikalischen Vakuums ausnutzten. Aus der Translationsinvarianz in Raum und Zeit folgt (siehe Kap. 5, Gl. (5.17))

$$j_\mu(x) = e^{i\mathcal{P}\cdot x} j_\mu(0) e^{-i\mathcal{P}\cdot x} \; . \tag{C.1.5}$$

Wenden wir den Viererimpulsoperator $\mathcal{P}^\mu$ auf die Impulszustände mit den Eigenwerten $\mathcal{P}^\mu \, | \mathbf{q}, s \rangle = q^\mu \, | \mathbf{q}, s \rangle$ an, so wird

$$\langle \mathbf{q}', s' | \, e^{i\mathcal{P}\cdot x} j_\mu(0) e^{-i\mathcal{P}\cdot x} \, | \mathbf{q}, s \rangle = e^{-i(q-q')\cdot x} \langle \mathbf{q}', s' | \, j_\mu(0) \, | \mathbf{q}, s \rangle \; . \tag{C.1.6}$$

Damit erhalten wir nach Gl. (C.1.4) für das Matrixelement von $j_\mu(0)$

$$\langle \mathbf{q}', s' | \, j_\mu(0) \, | \mathbf{q}, s \rangle = \frac{1}{(2\pi)^3} \bar{u}^{s'}(\mathbf{q}') \gamma_\mu u^s(\mathbf{q}) \; . \tag{C.1.7}$$

In diesem speziellen Fall ist die Matrixfunktion folglich $\tilde{K}_{\alpha\beta}(q', q) = (\gamma_\mu)_{\alpha\beta}$.

Das Matrixelement des elektromagnetischen Stromes für endliche Ladungsverteilung

In Verallgemeinerung des Dirac-Stromes nach Gl. (C.1.7) machen wir für $j_\mu^{\text{em}}(0)$ den Ansatz

$$\langle \mathbf{p}', r'|\, j_\mu^{\text{em}}(0)\, |\mathbf{p}, r\rangle$$
$$= \frac{1}{(2\pi)^3} \bar{u}^{r'}(\mathbf{p}') \Big\{ A(q^2)(p'+p)_\mu + B(q^2) q_\mu + C(q^2)\gamma_\mu \Big\} u^r(\mathbf{p}) \quad \text{(C.1.8)}$$

mit $q_\mu = (p'-p)_\mu$. Dies ist der allgemeine Ansatz für das Matrixelement des Vierervektors $j_\mu^{\text{em}}(0)$ in Abhängigkeit der Vierervektoren p_μ, p'_μ und γ_μ. A, B und C sind sog. Strukturfunktionen, abhängig von der einzigen kinematischen skalaren Variablen q^2.

Aus der Stromerhaltung $\partial^\mu j_\mu^{\text{em}}(x) = 0$ folgt als Bedingung im Impulsraum

$$q^\mu j_\mu^{\text{em}}(0) = 0 \; . \quad \text{(C.1.9)}$$

Multiplizieren wir die rechte Seite von Gl. (C.1.8) mit q^μ, so gelten wegen $p^2 = p'^2 = m^2$ und aufgrund der Dirac-Gleichung

$$q^\mu (p'+p)_\mu \equiv 0, \quad q^\mu \bar{u}^{r'}(\mathbf{p}')\gamma_\mu u^r(\mathbf{p}) = \bar{u}^{r'}(\mathbf{p}')(\not{p}' - \not{p}) u^r(\mathbf{p}) = 0 \; ,$$

aber

$$q^\mu q_\mu = q^2 \neq 0 \text{ im allgemeinen.}$$

Somit ist zu fordern

$$B(q^2) \equiv 0 \; ,$$

und wir erhalten

$$\langle \mathbf{p}', r'|\, j_\mu^{\text{em}}(0)\, |\mathbf{p}, r\rangle$$
$$= \frac{1}{(2\pi)^3} \bar{u}^{r'}(\mathbf{p}') \Big\{ A(q^2)(p'+p)_\mu + C(q^2)\gamma_\mu \Big\} u^r(\mathbf{p}) \; . \quad \text{(C.1.10)}$$

Mit der Gordon-Zerlegung im Impulsraum (siehe Kap. 2, Aufgabe 2.9)

$$\bar{u}^{r'}(\mathbf{p}')(p'+p)_\mu u^r(\mathbf{p}) = \bar{u}^{r'}(\mathbf{p}') \Big\{ 2m\gamma_\mu - i\sigma_{\mu\nu} q^\nu \Big\} u^r(\mathbf{p}) \quad \text{(C.1.11)}$$

folgt für (C.1.10) die Darstellung

$$\begin{aligned}
&\langle \mathbf{p}', r' | \, j_\mu^{\text{em}}(0) \, | \mathbf{p}, r \rangle \\
&= \frac{1}{(2\pi)^3} \bar{u}^{r'}(\mathbf{p}') \Big\{ [2mA(q^2) + C(q^2)]\gamma_\mu - A(q^2) i\sigma_{\mu\nu} q^\nu \Big\} u^r(\mathbf{p}) \\
&:= \frac{1}{(2\pi)^3} \bar{u}^{r'}(\mathbf{p}') \Big\{ F_1(q^2)\gamma_\mu + \frac{i}{2m}\sigma_{\mu\nu} q^\nu F_2(q^2) \Big\} u^r(\mathbf{p}) \qquad \text{(C.1.12)}
\end{aligned}$$

mit den Definitionen

$$F_1(q^2) = 2mA(q^2) + C(q^2) \; , \qquad \text{(C.1.13)}$$

$$F_2(q^2) = -2mA(q^2) \; . \qquad \text{(C.1.14)}$$

Die Parametrisierung über $F_{1,2}(q^2)$ in Gl. (C.1.12) ist die in der Literatur übliche. Darin heißt $F_1(q^2)$ der elektrische Formfaktor, während $F_2(q^2)$ mit dem magnetischen Formfaktor zusammenhängt, und die Normierungsgröße $F_2(0)$ dem anomalen magnetischen Moment entspricht, wie wir im folgenden herleiten werden.

$F_1(0)$ gewinnt man über die Definition des Ladungsoperators

$$Q := q \int d^3\mathbf{x} \, j_0^{\text{em}}(x) \; , \qquad \text{(C.1.15)}$$

worin q die Ladung eines Teilchens definiert ($q = -e$, $e > 0$, für das Elektron). Aus Gl. (C.1.6) folgt für Teilchen gleicher Masse (d. h. mit $\mathbf{p}' = \mathbf{p}$ ist auch $p'^0 = p^0$)

$$\begin{aligned}
\langle \mathbf{p}', r' | \, Q \, | \mathbf{p}, r \rangle &= q \int d^3\mathbf{x} \, e^{-i(p-p')\cdot x} \langle \mathbf{p}', r' | \, j_0^{\text{em}}(0) \, | \mathbf{p}, r \rangle \\
&= (2\pi)^3 \delta^{(3)}(\mathbf{p} - \mathbf{p}') q \, \langle \mathbf{p}', r' | \, j_0^{\text{em}}(0) \, | \mathbf{p}, r \rangle \\
&\equiv (2\pi)^3 \delta^{(3)}(\mathbf{p} - \mathbf{p}') q \, \langle \mathbf{p}, r' | \, j_0^{\text{em}}(0) \, | \mathbf{p}, r \rangle \; ,
\end{aligned}$$

so daß nach (C.1.12) wegen $q^\nu = 0$ für $p' = p$

$$\begin{aligned}
\langle \mathbf{p}', r' | \, Q \, | \mathbf{p}, r \rangle &= \delta^{(3)}(\mathbf{p} - \mathbf{p}') q F_1(0) \bar{u}^{r'}(\mathbf{p}) \gamma_0 u^r(\mathbf{p}) \\
&\equiv \delta^{(3)}(\mathbf{p} - \mathbf{p}') q F_1(0) u^{r'\dagger}(\mathbf{p}) u^r(\mathbf{p}) \; . \qquad \text{(C.1.16)}
\end{aligned}$$

Mit der Eigenwertgleichung

$$Q\,|\mathbf{p},r\rangle = Q_{\mathbf{p}}\,|\mathbf{p},r\rangle \ ,$$

wo $Q_{\mathbf{p}} \equiv q$ für einen Ein-Teilchen-Zustand, folgt über die Normierungen

$$u^{r'\dagger}(\mathbf{p})u^{r}(\mathbf{p}) = 2p^0\delta^{rr'} \ ,$$

$$\langle\mathbf{p}',r'|\mathbf{p},r\rangle = 2p^0\delta^{rr'}\delta^{(3)}(\mathbf{p}-\mathbf{p}') \ ,$$

schließlich aus (C.1.16)

$$F_1(0) = 1 \ . \tag{C.1.17}$$

Auf die Normierung von $F_2(0)$ gehen wir später ein.

Die Gordon-Zerlegung im Ortsraum

Wir wollen die Gordon-Zerlegung (C.1.11) in den Ortsraum übersetzen. Dazu betrachten wir das Wellenpaket

$$\psi_p(x) = u(\mathbf{p})e^{-ip\cdot x} \tag{C.1.18}$$

mit den Ableitungen

$$\begin{aligned}\partial_\mu\psi_p(x) &= -ip_\mu\psi_p(x)\\ &\equiv -ip_\mu u(\mathbf{p})e^{-ip\cdot x} \ ,\end{aligned} \tag{C.1.19}$$

$$\begin{aligned}\partial_\mu\overline{\psi}_{p'}(x) &= +ip'_\mu\overline{\psi}_{p'}(x)\\ &\equiv +ip'_\mu\bar{u}(\mathbf{p}')e^{+ip'\cdot x} \ .\end{aligned} \tag{C.1.20}$$

Aus (C.1.19) und (C.1.20) folgen

$$\begin{aligned}\overline{\psi}_{p'}(x)\overleftrightarrow{\partial_\mu}\psi_p(x) &:= \overline{\psi}_{p'}(x)[\partial_\mu\psi_p(x)] - [\partial_\mu\overline{\psi}_{p'}(x)]\psi_p(x)\\ &= -i(p'+p)_\mu\overline{\psi}_{p'}(x)\psi_p(x) \ ,\end{aligned} \tag{C.1.21}$$

$$\begin{aligned}\overline{\psi}_{p'}(x)iq^\nu\psi_p(x) &\equiv \overline{\psi}_{p'}(x)(ip'^\nu - ip^\nu)\psi_p(x)\\ &= \partial^\nu\left[\overline{\psi}_{p'}(x)\psi_p(x)\right] \ .\end{aligned} \tag{C.1.22}$$

Multiplizieren wir also Gl. (C.1.11) mit $e^{-i(p-p')\cdot x}$, so folgt aus (C.1.21) und (C.1.22) als Gordon-Zerlegung im Ortsraum

$$\begin{aligned}\overline{\psi}_{p'}(x)\gamma_\mu\psi_p(x) &= \frac{i}{2m}\overline{\psi}_{p'}(x)\overleftrightarrow{\partial_\mu}\psi_p(x) + \frac{1}{2m}\partial^\nu\left[\overline{\psi}_{p'}(x)\sigma_{\mu\nu}\psi_p(x)\right] \\ &\equiv j_\mu(x)\ . \end{aligned} \tag{C.1.23}$$

Diese Aufspaltung des Dirac-Stromes $j_\mu(x)$ definiert den *Bahnstrom* und den *Polarisationsstrom*, wonach

$$j_\mu(x) = j_\mu^{\text{Bahn}}(x) + j_\mu^{\text{Polar}}(x) \tag{C.1.24}$$

mit

$$j_\mu^{\text{Bahn}}(x) := \frac{i}{2m}\overline{\psi}_{p'}(x)\overleftrightarrow{\partial_\mu}\psi_p(x)\ , \tag{C.1.25}$$

$$j_\mu^{\text{Polar}}(x) := \frac{1}{2m}\partial^\nu\left[\overline{\psi}_{p'}(x)\sigma_{\mu\nu}\psi_p(x)\right]\ . \tag{C.1.26}$$

Entsprechend der Zerlegung definiert man die Wechselwirkungsdichten

$$\begin{aligned}\mathcal{H}(x) &= j_\mu(x)A^\mu(x) \\ &= \mathcal{H}^{\text{Bahn}}(x) + \mathcal{H}^{\text{Polar}}(x)\end{aligned} \tag{C.1.27}$$

mit

$$\mathcal{H}^{\text{Bahn}}(x) := \frac{i}{2m}\left[\overline{\psi}_{p'}(x)\overleftrightarrow{\partial_\mu}\psi_p(x)\right]A^\mu(x)\ , \tag{C.1.28}$$

$$\mathcal{H}^{\text{Polar}}(x) := \frac{1}{2m}\left\{\partial^\nu\left[\overline{\psi}_{p'}(x)\sigma_{\mu\nu}\psi_p(x)\right]\right\}A^\mu(x)\ . \tag{C.1.29}$$

Das magnetische Moment

Der dreidimensionale Vektor $\boldsymbol{\mu}$ des magnetischen Momentes eines Spin-1/2-Teilchens, bezogen auf eine Ladung, ist definiert durch

$$\boldsymbol{\mu} = \frac{1}{2m}\frac{1}{2}g\boldsymbol{\sigma}\ . \tag{C.1.30}$$

Darin sind $\boldsymbol{\sigma} = (\sigma^1, \sigma^2, \sigma^3)$ die Pauli-Matrizen und g ist der Landé-Faktor des Teilchens, der für ein punktförmiges Elektron $g_e = 2$ ist. Die Abweichung von $g = 2$ definiert das *anomale* magnetische Moment nach

$$a = \frac{1}{2}(g-2) \; . \tag{C.1.31}$$

Das *totale* magnetische Moment ist durch den Faktor $g/2$ definiert. Die Bezeichungen *Momente* unterscheiden also nicht zwischen dem Vektor $\boldsymbol{\mu}$ und den Proportionalitätsfaktoren zu $\boldsymbol{\sigma}$.

Der Vektor $\boldsymbol{\mu}$ wechselwirkt mit dem Magnetfeld $\mathbf{H}$ mit der magnetischen Wechselwirkung

$$\begin{aligned} W_{\text{magn}} &= \boldsymbol{\mu} \cdot \mathbf{H} \\ &= \frac{1}{2m}\frac{1}{2} g \boldsymbol{\sigma} \cdot \mathbf{H} \; . \end{aligned} \tag{C.1.32}$$

Die zweidimensionale Operatordarstellung durch die Pauli-Matrizen in Gleichung (C.1.30) entspricht zweikomponentigen Wellenfunktionen, auf die der Operator $\boldsymbol{\mu}$ wirkt. In der Dirac-Theorie liegt eine relativistische Beschreibung durch Bispinoren vor. Zur Identifikation des Operators des magnetischen Momentes in der Dirac-Theorie ist es deshalb zweckmäßig, eine nichtrelativistische Zwei-Komponenten-Näherung durchzuführen.

Der Spin der Dirac-Teilchen war nach Kap. 2, Gl. (2.40), gegeben durch

$$\mathbf{S} = \frac{1}{2}\boldsymbol{\Sigma} = \frac{1}{2}\begin{pmatrix} \boldsymbol{\sigma} & 0 \\ 0 & \boldsymbol{\sigma} \end{pmatrix} \tag{C.1.33}$$

mit der Definition

$$\Sigma^i = \sigma^{jk} , \quad i, j, k \text{ zyklisch } 1, 2, 3 \; , \tag{C.1.34}$$

wo σ^{jk} die räumlichen Komponenten des Tensors $\sigma^{\mu\nu}$ in Gl. (C.1.29) sind. Somit haben wir das magnetische Moment mit der Dichte $\mathcal{H}^{\text{Polar}}(x)$ des Polarisationsstromes in Beziehung zu bringen.

Der Wechselwirkungsoperator $H^{\text{Polar}}(t)$ ist danach

$$\begin{aligned} H^{\text{Polar}}(t) &= \frac{1}{2m} \int_t d^3\mathbf{x} \left\{ \partial^\nu \left[\overline{\psi}_{p'}(x) \sigma_{\mu\nu} \psi_p(x) \right] \right\} A^\mu(x) \\ &= -\frac{1}{2m} \int_t d^3\mathbf{x} \, \overline{\psi}_{p'}(x) \sigma_{\mu\nu} \psi_p(x) [\partial^\nu A^\mu(x)] \; , \end{aligned} \tag{C.1.35}$$

wo wir nach partieller Integration von der physikalischen Annahme Gebrauch machten, daß die Randterme verschwinden.

Aus der Asymmetrie von $\sigma_{\mu\nu} = -\sigma_{\nu\mu}$ folgt

$$\sigma_{\mu\nu} = \frac{1}{2}(\sigma_{\mu\nu} - \sigma_{\nu\mu}) \ ,$$

und damit

$$\begin{aligned} \sigma_{\mu\nu}\partial^\nu A^\mu &= \frac{1}{2}(\sigma_{\mu\nu}\partial^\nu A^\mu - \sigma_{\nu\mu}\partial^\nu A^\mu) \\ &\equiv \frac{1}{2}\sigma_{\mu\nu}(\partial^\nu A^\mu - \partial^\mu A^\nu) \\ &\equiv \frac{1}{2}\sigma_{\mu\nu}F^{\mu\nu} = \frac{1}{2}\sigma^{\mu\nu}F_{\mu\nu} \ . \end{aligned} \tag{C.1.36}$$

Für den Spin interessieren nach Gl. (C.1.33) und (C.1.34) nur die räumlichen Komponenten des Feldtensors $F_{\mu\nu}$.

Für sie gelten nach der Matrixdarstellung in Kap. 2.2, Gl. (2.96),

$$F_{12} = -F_{21} = H_3, \quad F_{13} = -F_{31} = -H_2, \quad F_{23} = -F_{32} = H_1 \ . \tag{C.1.37}$$

Aus (C.1.33) und (C.1.34) folgen

$$\sigma^{12} = -\sigma^{21} = \Sigma^3 = \begin{pmatrix} \sigma^3 & 0 \\ 0 & \sigma^3 \end{pmatrix}, \quad \sigma^{13} = -\sigma^{31} = -\begin{pmatrix} \sigma^2 & 0 \\ 0 & \sigma^2 \end{pmatrix},$$

$$\sigma^{23} = -\sigma^{32} = \begin{pmatrix} \sigma^1 & 0 \\ 0 & \sigma^1 \end{pmatrix} \ . \tag{C.1.38}$$

Bezüglich der Dirac-Bispinoren (siehe Gl. (2.64)) verbinden im nichtrelativistischen Limes die Pauli-Matrizen im linken oberen (*rechten unteren*) Sektor große mit großen (*kleine mit kleinen*) Komponenten[2], wonach wir aus (C.1.37) und (C.1.38) berechnen

$$\frac{1}{2}\sigma^{ij}F_{ij} = \Sigma^k H_k \xrightarrow[\substack{\text{Zwei-Komp.-Näherung} \\ |\mathbf{p}| \ll p^0}]{} \sigma^k H_k = -\boldsymbol{\sigma}\cdot\mathbf{H} \tag{C.1.39}$$

---

[2]Die *kleinen* Komponenten verhalten sich wie $|\mathbf{p}|/p^0$ zu 1 gegenüber den *großen* Komponenten.

Damit ergibt sich für $H^{\text{Polar}}(t)$ nach Gl. (C.1.35) in der nichtrelativistischen Zwei-Komponenten-Näherung

$$H^{\text{Polar}}(t) = +\frac{1}{2m} \int_t d^3\mathbf{x} \left[\bar{\tilde{\psi}}(x) \boldsymbol{\sigma} \tilde{\psi}(x)\right] \cdot \mathbf{H}(x) , \tag{C.1.40}$$

wo wir mit $\tilde{\psi}(x)$ die großen Komponenten des Bispinors bezeichnen. Vergleichen wir diese Näherung mit der magnetischen Wechselwirkung nach Gl. (C.1.32), so ergibt sich für die Dichte $\boldsymbol{\mu}(x)$ des magnetischen Momentes

$$\boldsymbol{\mu}(x) = \frac{1}{2} g \, \frac{1}{2m} \bar{\tilde{\psi}}(x) \boldsymbol{\sigma} \tilde{\psi}(x) . \tag{C.1.41}$$

Entsprechend unserer Herleitung ist diese Dichte bis auf den Faktor $g/2$ der in Gl. (C.1.26) gegebene Polarisationsanteil des Dirac-Stromes mit der Impulsraumdarstellung

$$\langle \mathbf{p}', r' | \, j_\mu^{\text{Polar}}(0) \, | \mathbf{p}, r \rangle = \frac{1}{(2\pi)^3} \bar{u}^{r'}(\mathbf{p}') \left(\frac{i}{2m} \sigma_{\mu\nu} q^\nu \right) u^r(\mathbf{p}) . \tag{C.1.42}$$

Führen wir dementsprechend in Gl. (C.1.12) die Gordon-Zerlegung von $\bar{u}^{r'}(\mathbf{p}')\gamma_\mu u^r(\mathbf{p})$ nach Gl. (C.1.11) ein, so erhalten wir

$$\begin{aligned} \langle \mathbf{p}', r' | \, j_\mu^{\text{em}}(0) \, | \mathbf{p}, r \rangle &= \frac{1}{(2\pi)^3} \\ &\times \bar{u}^{r'}(\mathbf{p}') \left\{ \frac{(p'+p)_\mu}{2m} F_1(q^2) + \frac{i}{2m} \sigma_{\mu\nu} q^\nu [F_1(q^2) + F_2(q^2)] \right\} u^r(\mathbf{p}) \\ &:= \frac{1}{(2\pi)^3} \bar{u}^{r'}(\mathbf{p}') \left\{ \frac{(p'+p)_\mu}{2m} G_{\text{E}}(q^2) + \frac{i}{2m} \sigma_{\mu\nu} q^\nu G_{\text{M}}(q^2) \right\} u^r(\mathbf{p}) \end{aligned} \tag{C.1.43}$$

mit den Definitionen

$$G_{\text{E}}(q^2) = F_1(q^2) \quad \textbf{elektrischer Formfaktor}, \tag{C.1.44}$$

$$G_{\text{M}}(q^2) = F_1(q^2) + F_2(q^2) \quad \textbf{magnetischer Formfaktor} . \tag{C.1.45}$$

Der Faktor $g/2$ in Gl. (C.1.41) ist somit durch den magnetischen Formfaktor bei einem festen Wert von q^2 gegeben. Da der elektromagnetische Strom an das reelle masselose Photonfeld ankoppelt, auf das der Impuls $q^\mu = (p' - p)^\mu$ übertragen wird, ist für die Normierung der Wert $q^2 = 0$ zu wählen.

Folglich definiert

$$\begin{aligned} G_{\mathrm{M}}(0) &= F_1(0) + F_2(0) \\ &:= \frac{1}{2} g \quad \text{das totale magnetische Moment,} \end{aligned} \tag{C.1.46}$$

wonach mit der Normierung in Gl. (C.1.17)

$$\begin{aligned} F_2(0) &= \frac{1}{2} g - F_1(0) \\ &= \frac{1}{2} g - 1 \,. \end{aligned} \tag{C.1.47}$$

Mit Gl. (C.1.31) beschreibt danach

$$\begin{aligned} F_2(0) &= \frac{1}{2}(g - 2) \\ &\equiv a \end{aligned} \tag{C.1.48}$$

das anomale magnetische Moment.

C.2 Polarisationsvektoren $\epsilon_\lambda^\mu(k)$

In Kapitel 2 haben wir bei der Diskussion allgemeiner (massiver) Vektorfelder $A^\mu(x)$ die Polarisationsvektoren $\epsilon_\lambda^\mu(k)$ als Wellenfunktionen im Impulsraum eingeführt, deren räumliche Anteile $\epsilon_\lambda(k)$ per definitionem die Eigenfunktionen des Helizitätsoperators

$$h_k = \frac{\mathbf{S} \cdot \mathbf{k}}{|\mathbf{k}|} \tag{C.2.1}$$

zu den Helizitätseigenwerten $\lambda = 0, \pm 1$ sind.

Aus der Lorentz-Bedingung $\partial_\mu A^\mu(x) = 0$ im Ortsraum ergibt sich als Forderung an die Wellenfunktionen im Impulsraum

$$k_\mu \epsilon_\lambda^\mu(k) = 0, \quad \lambda = 0, \pm 1 \,, \tag{C.2.2}$$

und die Normierung der Polarisationsvektoren ist

$$\epsilon_{\lambda}^{\mu *}(k)\epsilon_{\mu,\lambda'}(k) = -\delta_{\lambda\lambda'}, \quad \lambda, \lambda' = 0, \pm 1 \ . \tag{C.2.3}$$

Die Eigenfunktionen $\boldsymbol{\epsilon}_\lambda(k)$, $\lambda = 0, \pm 1$, des Helizitätsoperators (C.2.1) genügen nach Kap. 2, Gl. (2.120), der Relation (mit $\boldsymbol{\epsilon}_\lambda(k) := \mathbf{a}_\lambda(k)$)

$$i[\hat{\mathbf{k}} \times \boldsymbol{\epsilon}_\lambda(k)] = \lambda \boldsymbol{\epsilon}_\lambda(k), \quad \lambda = 0, \pm 1 \ , \tag{C.2.4}$$

mit dem Einheitsvektor

$$\hat{\mathbf{k}} = \frac{\mathbf{k}}{|\mathbf{k}|} := (\hat{k}^1, \hat{k}^2, \hat{k}^3) \tag{C.2.5}$$

und den Definitionen

$$\hat{k}^i = \frac{k^i}{|\mathbf{k}|}, \quad i = 1, 2, 3 \ . \tag{C.2.6}$$

Explizite Darstellung der Polarisationsvektoren für massive Vektorteilchen

Für $\lambda = \pm 1$ folgt aus (C.2.4)

$$\begin{aligned} \lambda \mathbf{k} \cdot \boldsymbol{\epsilon}_\lambda(k) &= i\mathbf{k} \cdot [\hat{\mathbf{k}} \times \boldsymbol{\epsilon}_\lambda(k)] \ , \\ &\equiv 0 \end{aligned}$$

und somit

$$\mathbf{k} \cdot \boldsymbol{\epsilon}_\lambda(k) = 0, \quad \text{für } \lambda = \pm 1 \ . \tag{C.2.7}$$

Damit ergibt sich für $\epsilon_\lambda^0(k)$, $\lambda = \pm 1$, nach Gl. (C.2.2)

$$\epsilon_\lambda^0(k) = 0, \quad \text{für } \lambda = \pm 1 \ . \tag{C.2.8}$$

Für die Helizität $\lambda = 0$ lesen wir aus Gl. (C.2.4) als normierte Lösung $\boldsymbol{\epsilon}_0(k)$ die Form

$$\boldsymbol{\epsilon}_\lambda(k) = \hat{\mathbf{k}}, \quad \lambda = 0 \ , \tag{C.2.9}$$

ab, wonach über Gl. (C.2.2)

$$\epsilon_\lambda^0(k) = \frac{\mathbf{k}\cdot\hat{\mathbf{k}}}{k^0} = \frac{|\mathbf{k}|}{k^0}, \quad \lambda = 0\ . \tag{C.2.10}$$

Mit diesen Eigenschaften lassen sich die auf -1 normierten Polarisationsvektoren $\epsilon_\lambda^\mu(k)$, $\lambda = 0, \pm 1$, für beliebigen Impuls durch folgende Vierervektoren darstellen

$$\begin{aligned}&\epsilon_+^\mu(k)\\ &= -\{2[1-(\hat{k}^1)^2]\}^{-1/2}\{0; 1-(\hat{k}^1)^2, -(\hat{k}^1\hat{k}^2 - i\hat{k}^3), -(\hat{k}^1\hat{k}^3 + i\hat{k}^2)\}\ ,\end{aligned} \tag{C.2.11a}$$

$$\epsilon_-^\mu(k) = -[\epsilon_+^\mu(k)]^*\ , \tag{C.2.11b}$$

$$\epsilon_0^\mu(k) = (k^2)^{-1/2}\{|\mathbf{k}|; \hat{k}^1 k^0, \hat{k}^2 k^0, \hat{k}^3 k^0\} \tag{C.2.11c}$$

mit

$$\begin{aligned}k^2 &= {k^0}^2 - \mathbf{k}^2\\ &= M^2\ .\end{aligned} \tag{C.2.12}$$

Für den Einheitsvektor $\hat{\mathbf{k}}$ gilt in Polarkoordinaten

$$\hat{\mathbf{k}} = (\sin\theta\cos\varphi, \sin\theta\sin\varphi, \cos\theta)\ . \tag{C.2.13}$$

(i) $\epsilon_\lambda^\mu(k)$ im System $\hat{\mathbf{k}} = (0,0,1) \to \theta = 0$

$$\epsilon_\pm^\mu(\hat{\mathbf{k}} = \mathbf{e}^3) = \mp\frac{1}{\sqrt{2}}\{0; 1, \pm i, 0\}\ , \tag{C.2.14a}$$

$$\epsilon_0^\mu(\hat{\mathbf{k}} = \mathbf{e}^3) = \frac{1}{\sqrt{k^2}}\{|\mathbf{k}|; 0, 0, k^0\}_{/k^2 = M^2}\ . \tag{C.2.14b}$$

(ii) $\epsilon_\lambda^\mu(k)$ im Ruhsystem $\hat{\mathbf{k}} = 0$

Beim Übergang zum Ruhsystem, also für $\hat{\mathbf{k}} \to \mathbf{0}$, bleiben die Winkel der Polarkoordinaten unbestimmt. Zur Definition der $\epsilon_\lambda^\mu(k)$ in diesem System geht man deshalb üblicherweise zunächst in das System $\hat{\mathbf{k}} = \mathbf{e}^3$, und bildet danach den Limes $|\mathbf{k}| \to 0$. Mit dieser Konvention erhalten wir aus Gl. (C.2.14)

$$\epsilon^\mu_\pm(\hat{\mathbf{k}} = \mathbf{0}) = \mp\frac{1}{\sqrt{2}}\{0; 1, \pm i, 0\} \ , \tag{C.2.15a}$$

$$\begin{aligned} \epsilon^\mu_0(\hat{\mathbf{k}} = \mathbf{0}) &= \frac{1}{\sqrt{k^2}}\{0; 0, 0, k^0\}_{/k^2=k^{0\,2}} \\ &= \{0; 0, 0, 1\} \ . \end{aligned} \tag{C.2.15b}$$

Explizite Darstellung der Polarisationsvektoren für das masselose Photon

Das masselose Photonfeld läßt die Coulomb-Eichung $\epsilon^0_\lambda(k) = 0$ zu, was nach Gl. (C.2.2) zur speziellen Lorentz-Bedingung

$$\mathbf{k} \cdot \boldsymbol{\epsilon}_\lambda(k) = 0 \tag{C.2.16}$$

führt (siehe dazu Kap. 2, Gl. (2.124) ff.).

Nach Gl. (C.2.7) und (C.2.8) sind diese Bedingungen für die Polarisationsvektoren $\epsilon^\mu_\pm(k)$ automatisch erfüllt.

Für $\lambda = 0$ hingegen verlangt die Bedingung (C.2.16) über Gl. (C.2.9)

$$\mathbf{k} \cdot \boldsymbol{\epsilon}_0(k) = |\mathbf{k}| \stackrel{!}{=} 0 \ ,$$

was wegen $k^0 = |\mathbf{k}|$ zu $k^\mu \equiv 0$ führen würde und deshalb i. allg. nicht zulässig ist. Das Photonfeld besitzt nur die Helizitäten $\lambda = \pm 1$, deren Polarisationsvektoren durch die Gl. (C.2.11a), (C.2.11b) und (C.2.14a) gegeben sind.

Polarisationssumme für massive Vektorteilchen

Als Vierervektoren im Minkowski-Raum bilden die drei Polarisationsvektoren $\epsilon_\lambda^\mu(k)$, $\lambda = 0, \pm 1$, keine vollständige Basis. Das wird uns später zur Diskussion der (unphysikalischen) *longitudinalen* und *skalaren* Photonen und ihren zugehörigen Polarisationsvektoren führen. Bei dieser Beschreibung wird auch der Helizitätsindex λ als Minkowski-Index mit den Werten $\lambda = 0, 1, 2, 3$ interpretiert. Üblicherweise vereinbart man folgende Zuordnungen:

Tab. C.1

Helizitätsindex		Minkowski-Index
$\lambda = +1$	transversal	$\lambda = 1$
$\lambda = -1$	transversal	$\lambda = 2$
$\lambda = 0$	longitudinal	$\lambda = 3$
$\longrightarrow$	skalar	$\lambda = 0$

Umgeschrieben auf Minkowski-Indizes wollen wir die Polarisationssumme $\sum_{\lambda=1}^{3} \epsilon_\lambda^{\mu *}(k)\epsilon_\lambda^\nu(k)$ aus dem allgemeinen Ansatz

$$\sum_{\lambda=1}^{3} \epsilon_\lambda^{\mu *}(k)\epsilon_\lambda^\nu(k) = A g^{\mu\nu} + B k^\mu k^\nu \tag{C.2.17}$$

berechnen. Zur Festlegung der Konstanten A und B (sie können nur von der Invarianten $k^2 = M^2$ abhängen) genügen die Bedingungen (C.2.2) und (C.2.3).

Kontrahieren wir Gl. (C.2.17) mit dem Impulsvektor k_μ, so folgt aus der Bedingung (C.2.2)

$$\sum_{\lambda=1}^{3} [k_\mu \epsilon_\lambda^{\mu *}(k)]\epsilon_\lambda^\nu(k) = 0$$

$$= A k^\nu + B k^2 k^\nu \,,$$

also

$$B = -\frac{A}{k^2} = -\frac{1}{M^2} A \ . \qquad \text{(C.2.18)}$$

Kontrahieren wir (C.2.17) mit dem metrischen Tensor $g_{\mu\nu}$, so folgt über die Normierung (C.2.3)

$$\begin{aligned} \sum_{\lambda=1}^{3} \epsilon_{\lambda}^{\mu *}(k) \epsilon_{\mu,\lambda}(k) &= -\sum_{\lambda=1}^{3} \delta_{\lambda\lambda} = -3 \\ &= A g^{\mu}{}_{\mu} + B k^2 = 4A + Bk^2 \ , \end{aligned}$$

und wegen (C.2.18)

$$A = -1 \quad \longrightarrow \quad B = \frac{1}{M^2} \ . \qquad \text{(C.2.19)}$$

Damit gewinnen wir aus dem Ansatz (C.2.17) für die Polarisationssumme

$$\sum_{\lambda=1}^{3} \epsilon_{\lambda}^{\mu *}(k) \epsilon_{\lambda}^{\nu}(k) = -g^{\mu\nu} + \frac{1}{M^2} k^{\mu} k^{\nu} \ . \qquad \text{(C.2.20)}$$

Polarisationssumme für das masselose Photonfeld

Die Polarisationsvektoren des masselosen Photonfeldes haben nach Gl. (C.2.11a) und (C.2.11b) nur räumliche Komponenten, was zunächst zu einer dreidimensionalen – also nicht kovarianten – Polarisationssumme führt.

(i) Dreidimensionale Polarisationssumme

Zur Berechnung der Summe machen wir den allgemeinen Ansatz

$$\sum_{\lambda=1}^{2} \epsilon_{\lambda}^{i *}(k) \epsilon_{\lambda}^{j}(k) = A g^{ij} + B k^i k^j \ . \qquad \text{(C.2.21)}$$

Multiplikation mit der Impulskomponente k^i und Summation über $i = 1, 2, 3$ ergibt mit der Bedingung (C.2.7)

$$\sum_{\lambda=1}^{2}\sum_{i=1}^{3}[k^i\epsilon_\lambda^{i*}(k)]\epsilon_\lambda^j(k) = 0$$

$$= A\sum_{i=1}^{3}k^i g^{ij} + B\sum_{i=1}^{3}(k^i)^2 k^j$$

$$= -Ak^j + B\mathbf{k}^2 k^j \ ,$$

wo wir von $g^{ij} = -\delta^{ij}$ Gebrauch machten.

Also gilt

$$B = \frac{A}{\mathbf{k}^2} \ . \qquad \text{(C.2.22)}$$

Für $j = i$ und Summation über $i = 1, 2, 3$ erhalten wir aus dem Ansatz (C.2.21) mit der Normierung (C.2.3) wegen $\epsilon^0_{\lambda=1,2}(k) = 0$

$$\sum_{\lambda=1}^{2}\sum_{i=1}^{3}\epsilon_\lambda^{i*}(k)\epsilon_\lambda^i(k) = \sum_{\lambda=1}^{2}\delta_{\lambda\lambda} = 2$$

$$= A\sum_{i=1}^{3}g^{ii} + B\sum_{i=1}^{3}(k^i)^2$$

$$= -3A + B\mathbf{k}^2 \ ,$$

und mit Gl. (C.2.22)

$$A = -1 \quad \longrightarrow \quad B = -\frac{1}{\mathbf{k}^2} \ . \qquad \text{(C.2.23)}$$

Die dreidimensionale Polarisationssumme ist somit nach Gl. (C.2.21)

$$\sum_{\lambda=1}^{2}\epsilon_\lambda^{i*}(k)\epsilon_\lambda^j(k) = -g^{ij} - \frac{1}{\mathbf{k}^2}k^i k^j, \quad i,j = 1,2,3 \ . \qquad \text{(C.2.24)}$$

(ii) Polarisationssumme in kovarianter Formulierung

Zur kovarianten Formulierung der Polarisationssumme erinnern wir an den Gupta-Bleuler-Formalismus von Kapitel 5, über den wir die physikalischen

Hilbert-Raum-Zustände der reellen Photonen definierten. Durch Verallgemeinerung des Helizitätsindex λ auf die Minkowski-Werte $\lambda = 0, 1, 2, 3$ erhielten wir für die physikalisch nicht relevanten Polarisationsvektoren $\epsilon^\mu_{0,3}(k)$ die Bedingung (siehe Gl. (5.140))

$$\sum_{\lambda=0,3} k_\mu \epsilon^\mu_\lambda(k) = k_\mu \left[\epsilon^\mu_{\lambda=0}(k) + \epsilon^\mu_{\lambda=3}(k)\right] = 0 \ , \tag{C.2.25}$$

bei deren Herleitung von der Masselosigkeit $k^2 = k^{0^2} - \mathbf{k}^2 = 0$ des physikalischen Photons Gebrauch gemacht wurde.

• Longitudinale Photonen $\lambda = 3$

Die longitudinalen Photonen (nach Tab. C.1 entsprechen sie der Helizität $\lambda = 0$) diskutiert man in Anlehnung an das massive Vektorfeld mit der Normierung nach Gl. (C.2.3). Für den räumlichen Anteil von $\epsilon^\mu_{\lambda=3}(k)$ übernehmen wir somit aus Gl. (C.2.9)

$$\boldsymbol{\epsilon}_{\lambda=3} = \hat{\mathbf{k}} \ . \tag{C.2.26}$$

Da die Lorentz-Bedingung (C.2.2) jetzt keine Gültigkeit hat, berechnen wir $\epsilon^0_{\lambda=3}(k)$ aus der allgemeinen Darstellung

$$\epsilon^\mu_{\lambda=3}(k) = \{\epsilon^0_{\lambda=3}(k); \hat{\mathbf{k}}\} \tag{C.2.27}$$

über die Normierungsbedingung

$$\begin{aligned} \epsilon^{\mu *}_{\lambda=3}(k)\epsilon_{\mu,\lambda=3}(k) &= -1 \\ &= |\epsilon^0_{\lambda=3}|^2 - |\boldsymbol{\epsilon}_{\lambda=3}|^2 \ , \end{aligned}$$

wonach wegen $\hat{\mathbf{k}}^2 = 1$

$$\epsilon^0_{\lambda=3}(k) = 0 \ . \tag{C.2.28}$$

Der Polarisationsvektor der longitudinalen Photonen ist somit

$$\epsilon^\mu_{\lambda=3}(k) = \{0; \hat{\mathbf{k}}\}, \quad \hat{\mathbf{k}} = \frac{\mathbf{k}}{|\mathbf{k}|} \ . \tag{C.2.29}$$

• Skalare Photonen

Zur Konstruktion von $\epsilon^{\mu}_{\lambda=0}(k)$ gehen wir von der Bedingung (C.2.25) aus und berücksichtigen die zu fordernde Orthogonalität auf $\epsilon^{\mu}_{1,2,3}(k)$.
Aus (C.2.25) folgt

$$\begin{aligned} k_{\mu}\epsilon^{\mu}_{\lambda=0}(k) &= -k_{\mu}\epsilon^{\mu}_{\lambda=3}(k) \\ &= \mathbf{k}\cdot\hat{\mathbf{k}} \\ &\equiv k^0\epsilon^0_{\lambda=0}(k) - \mathbf{k}\cdot\boldsymbol{\epsilon}_{\lambda=0}(k) \ , \end{aligned}$$

und wegen $\mathbf{k}\cdot\hat{\mathbf{k}} = |\mathbf{k}| \equiv k^0$

$$\epsilon^0_{\lambda=0}(k) = 1 + \frac{\mathbf{k}\cdot\boldsymbol{\epsilon}_{\lambda=0}}{k^0} \ . \tag{C.2.30}$$

Als Orthogonalitätsbedingungen erhalten wir die Forderungen

$$\epsilon^{\mu *}_{\lambda}(k)\epsilon_{\mu,\lambda=0}(k) \stackrel{!}{=} 0 \quad \text{für } \lambda = 1,2,3 \ , \tag{C.2.31}$$

die wir als vierdimensionale Skalarprodukte im System $\hat{\mathbf{k}} = \mathbf{e}^3$ berechnen können. Danach werden mit (C.2.14a) und (C.2.29)

$$\mp\frac{1}{\sqrt{2}}\left(\epsilon^1_{\lambda=0} \mp i\epsilon^2_{\lambda=0}\right) \stackrel{!}{=} 0$$

bzw. $\mathbf{e}^3\cdot\boldsymbol{\epsilon}_{\lambda=0} \stackrel{!}{=} 0$, wonach

$$\boldsymbol{\epsilon}_{\lambda=0} \equiv \mathbf{0} \tag{C.2.32}$$

und folglich

$$\epsilon^{\mu}_{\lambda=0}(k) = \{1;0,0,0\} \ . \tag{C.2.33}$$

Für die Normierung der skalaren Photonen ergibt sich daraus

$$\epsilon^{\mu *}_{\lambda=0}(k)\epsilon_{\mu,\lambda=0}(k) = +1 \tag{C.2.34}$$

in Übereinstimmung mit der kovarianten Normierung

$$\epsilon^{\mu *}_{\lambda}(k)\epsilon_{\mu,\lambda'}(k) = g_{\lambda\lambda'}, \quad \lambda,\lambda' = 0,1,2,3 \ . \tag{C.2.35}$$

Kontraktion dieser Relation mit $g^{\mu\nu}$ ergibt

$$\epsilon_\lambda^{\mu *}(k)\epsilon_{\lambda'}^\nu(k) = g_{\lambda\lambda'}g^{\mu\nu} \ . \tag{C.2.36}$$

Zum Verständnis der kovarianten Polarisationssumme notieren wir als Folge der Darstellungen (C.2.29) und (C.2.33)

$$\epsilon_{\lambda=3}^{0*}\epsilon_{\lambda=3}^0 = 0, \quad \epsilon_{\lambda=3}^{i*}\epsilon_{\lambda=3}^j = \frac{k^i k^j}{\mathbf{k}^2} \ , \tag{C.2.37}$$

$$\epsilon_{\lambda=0}^{0*}\epsilon_{\lambda=0}^0 = g^{\mu 0}g^{\nu 0}, \quad \epsilon_{\lambda=0}^{i*}\epsilon_{\lambda=0}^j = 0 \ . \tag{C.2.38}$$

Ergänzen wir hiermit die dreidimensionale Polarisationssumme der physikalischen Photonen nach Gl. (C.2.24) zu einer Summe über $\lambda = 0,1,2,3$, so erhalten wir (da $\epsilon_{1,2}^0 = 0$)

$$\sum_{\lambda=0}^{3} \epsilon_\lambda^{\mu *}\epsilon_\lambda^\nu = \underbrace{-g^{ij} - \frac{k^i k^j}{\mathbf{k}^2}}_{\lambda=1,2} + \underbrace{\frac{k^i k^j}{\mathbf{k}^2}}_{\lambda=3} + \underbrace{g^{\mu 0}g^{\nu 0}}_{\lambda=0} \ , \tag{C.2.39}$$

worin die beiden ersten Summanden den (physikalischen) transversalen Photonen, die beiden letzten den (unphysikalischen) longitudinalen und skalaren Photonen entsprechen. Der Vorzeichenunterschied zwischen dem räumlichen und zeitlichen Anteil des metrischen Tensors in Gl. (C.2.39) kann durch Multiplikation mit dem Tensor $g_{\lambda\lambda}$ kompensiert werden, womit in Übereinstimmung mit Gl. (C.2.36)

$$\sum_{\lambda=0}^{3} g_{\lambda\lambda}\epsilon_\lambda^{\mu *}\epsilon_\lambda^\nu = g^{\mu\nu} \ . \tag{C.2.40}$$

Für physikalische Aussagen reeller Photonen kompensieren sich über den Gupta-Bleuler-Formalismus die Beiträge der longitudinalen und skalaren Komponenten, so daß man für die physikalischen transversalen Photonen wegen $g_{11} = g_{22} = -1$ die Ersetzung machen kann

$$\sum_{\lambda=1}^{2} \epsilon_\lambda^{\mu *}(k)\epsilon_\lambda^\nu(k) \longrightarrow -g^{\mu\nu} \ . \tag{C.2.41}$$

Für *virtuelle* Photonen dagegen, die z. B. in einem Streuprozeß mit dem Graphen

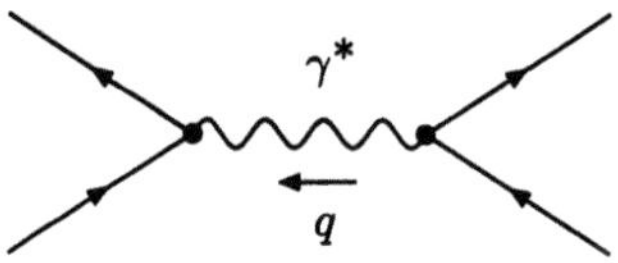

auftreten, und deren Feynman-Propagator (siehe im folgenden Kap. C.4) gegeben ist durch

$$P_{\gamma}^{\mu\nu} = \frac{i\sum_{\lambda}\epsilon_{\lambda}^{\mu *}\epsilon_{\lambda}^{\nu}}{q^2 - i\epsilon} = \frac{-ig^{\mu\nu}}{q^2 - i\epsilon} \ ,$$

kompensieren sich longitudinale und skalare Anteile nur für $q^{0^2} \simeq \mathbf{q}^2$, d. h. für *fast* reelle Photonen (siehe dazu [HAMA 84], S. 139 ff.) Für reelle Photonen dagegen ist die Ersetzung (C.2.41) stets zulässig.

C.3 Die Dichte des Drehimpulstensors $M^{\mu}{}_{\rho\tau}(x)$ (Anwendung des Noether-Theorems)

Der totale Drehimpuls als Erhaltungsgröße setzt sich additiv aus dem Bahndrehimpuls und dem Spin zusammen. Der Ausgangspunkt für eine feldtheoretische Beschreibung des Spins, der für sich i. allg. keine Bewegungskonstante ist, muß somit zwingend die Diskussion des totalen Drehimpulses sein, der über das Noether-Theorem durch das Raumintegral über seine Dichte definiert ist. Für eine ausführliche Diskussion des Noether-Theorems verweisen wir z. B. auf [BOSH 80]. Das Theorem besagt, daß der Invarianz der Wirkung unter eigentlichen Lorentz-Transformationen und den ihnen zugeordneten Feldtransformationen Feldinvariante im Sinne von erhaltenen Strömen entsprechen. Raumintegration über die Nullkomponente dieser Ströme führt zu Bewegungskonstanten. Im speziellen Fall des erhaltenen totalen Drehimpulses ist die Invariante der Drehimpulstensor $M^{\mu}{}_{\rho\tau}(x)$, und die zugrundeliegende eigentliche Lorentz-Transformation ist die – infinitesimale – Rotation. Wie sich aber im folgenden zeigen wird, ist für die Separation des Spintensors vom Drehimpulstensor auch die Diskussion der infinitesimalen Translation notwendig, deren Erzeugende die Komponenten des Vierersimpulses sind. Da das Spinorfeld hinsichtlich seiner Transformation eine besondere Rolle spielt, wollen wir unsere Betrachtungen am Beispiel des skalaren und des Vektorfeldes durchführen, und die Aussagen anschließend mit Hilfe von – aus Kap. 2 – bekannten Ergebnissen auf das Spinorfeld verallgemeinern.

Einer allgemeinen inhomogenen Lorentz-Transformation (Λ, a) der Koordinaten

$$x^\mu \xrightarrow{(\Lambda,a)} x'^\mu = \Lambda^\mu{}_\nu x^\nu + a^\mu, \quad a^\mu = \text{konst.}\ , \tag{C.3.1}$$

ist als Transformation eines Tensors N-ter Stufe die Gleichung

$$T'^{\mu_1\mu_2\dots\mu_N}(x') = \sum_{(\nu)} \Lambda^{\mu_1}{}_{\nu_1} \dots \Lambda^{\mu_N}{}_{\nu_N} T^{\nu_1\dots\nu_N}(x) \tag{C.3.2}$$

zugeordnet, wobei $\sum_{(\nu)}$ die Kontraktionen über die Minkowski-Indizes ν_i, $i = 1, \dots, N$ kennzeichnet. Daraus ergeben sich als Transformationsgesetze für Skalar (Tensor nullter Stufe) und Vierervektor (Tensor erster Stufe)

$$\text{Skalar:} \qquad u'(x') = u(x)\ , \tag{C.3.3}$$

$$\text{Vierervektor:} \qquad u'^\mu(x') = \Lambda^\mu{}_\nu u^\nu(x)\ . \tag{C.3.4}$$

Aussagen des Noether-Theorems

Eine infinitesimale Koordinatentransformation

$$x^\mu \longrightarrow x'^\mu = x^\mu + \delta x^\mu \tag{C.3.5}$$

läßt sich durch infinitesimal kleine Parameter $\delta\omega^\alpha$, $\alpha = 1, \dots, s$, beschreiben, so daß man für die Variation δx^μ den Ansatz machen kann

$$\delta x^\mu = \sum_\alpha X^\mu{}_\alpha \delta\omega^\alpha, \quad \delta\omega^\alpha \ll 1 \text{ für alle } \alpha = 1, \dots, s\ . \tag{C.3.6}$$

Darin gibt s die Anzahl der die Transformation charakterisierenden Parameter an. Definiert man die, Gl. (C.3.5) zugeordnete, Transformation des Feldvektors u^σ durch

$$u^\sigma(x) \longrightarrow u'^\sigma(x') = u^\sigma(x) + \delta u^\sigma(x)\ , \tag{C.3.7}$$

so enthält $\delta u^\sigma(x)$ offensichtlich sowohl die Variation der Koordinaten als auch die der Funktion, so daß

$$\begin{aligned} \delta u^\sigma(x) &= u'^\sigma(x) - u^\sigma(x) + u^\sigma(x') - u^\sigma(x), \quad x' = x + \delta x, \\ &:= \bar\delta u^\sigma(x) + \delta x^\mu \partial_\mu u^\sigma(x)\ , \end{aligned} \tag{C.3.8}$$

wo wir

$$u^{\sigma}(x^{\nu}+\delta x^{\nu})-u^{\sigma}(x^{\nu})=\delta x^{\mu}\frac{\partial}{\partial x^{\mu}}u^{\sigma}(x^{\nu})$$

setzten und die Definition

$$\bar{\delta}u^{\sigma}(x)=u'^{\sigma}(x)-u^{\sigma}(x) \tag{C.3.9}$$

einführten.

Mit δx^{μ} läßt sich auch $\delta u^{\sigma}(x)$ nach den infinitesimalen Parametern $\delta\omega^{\alpha}$ entwickeln mit dem Ansatz

$$\delta u^{\sigma}(x)=\sum_{\alpha}\Psi^{\sigma\alpha}(x)\delta\omega_{\alpha}, \quad \delta\omega_{\alpha}\ll 1\ . \tag{C.3.10}$$

Bei vorgegebener infinitesimaler Koordinatentransformation sind die Parameter $\delta\omega^{\alpha}$ und (oder) die Lorentz-Matrix $\Lambda^{\mu}{}_{\nu}$ gegeben, womit sich die Tensoren $X^{\mu}{}_{\alpha}$ und $\Psi^{\sigma\alpha}(x)$ nach Gl. (C.3.6) und (C.3.10) berechnen lassen. In Abhängigkeit dieser Größen liefert das Noether-Theorem für die Invarianten $\Theta^{\mu}{}_{\nu}(x)$ die Darstellung

$$\Theta^{\mu}{}_{\nu}(x)=\frac{\partial\mathcal{L}(x)}{\partial[\partial_{\mu}u_{\rho}(x)]}\Big\{[\partial_{\alpha}u_{\rho}(x)]X^{\alpha}{}_{\nu}-\Psi_{\rho\nu}(x)\Big\}-\mathcal{L}(x)X^{\mu}{}_{\nu} \tag{C.3.11}$$

mit

$$\partial_{\mu}[\Theta^{\mu}{}_{\nu}(x)]=0 \tag{C.3.12}$$

als erhaltenen *Noether-Strom* mit der Bewegungskonstanten

$$C_{\nu}(x^0)=\int_{x^0}d^3\mathbf{x}\,\Theta^{0}{}_{\nu}(x)\ . \tag{C.3.13}$$

(i) Infinitesimale Translation in Raum und Zeit

Die infinitesimale Translation in Raum und Zeit ist nach Gl. (C.3.1) durch die inhomogene Lorentz-Transformation

$$\begin{aligned} x^{\mu} \xrightarrow{(\mathbf{1},\delta a)} x'^{\mu} &= g^{\mu}{}_{\nu}x^{\nu}+\delta a^{\mu} \\ &= x^{\mu}+\delta a^{\mu}, \quad \delta a^{\mu}\ll 1 \text{ für alle } \mu\ , \end{aligned} \tag{C.3.14}$$

gegeben. Die spezielle Lorentz-Matrix ist folglich

$$\Lambda^{\mu}{}_{\nu} = g^{\mu}{}_{\nu} , \tag{C.3.15}$$

und für die infinitesimalen Parameter $\delta\omega^{\mu}$ gilt

$$\delta\omega^{\mu} = \delta a^{\mu} , \tag{C.3.16}$$

womit wir aus dem Vergleich von (C.3.5) mit (C.3.14) über (C.3.6) die Aussage gewinnen

$$\begin{aligned} \delta x^{\mu} &= \delta a^{\mu} = \delta\omega^{\mu} \\ &\equiv \sum_{\alpha} X^{\mu}{}_{\alpha} \delta\omega^{\alpha} . \end{aligned}$$

Daraus schließen wir

$$X^{\mu}{}_{\alpha} = g^{\mu}{}_{\alpha} . \tag{C.3.17}$$

Mit der Lorentz-Matrix (C.3.15) ergibt sich für den transformierten Feldvektor nach Gl. (C.3.4)

$$u'^{\sigma}(x') = u^{\sigma}(x) , \tag{C.3.18}$$

woraus wir durch Vergleich mit der Relation (C.3.7)

$$\begin{aligned} \delta u^{\sigma}(x) &= 0 \\ &\equiv \sum_{\alpha} \Psi^{\sigma\alpha}(x) \delta\omega_{\alpha} \end{aligned}$$

schließen, wo im zweiten Schritt die Entwicklung nach Gl. (C.3.10) eingesetzt wurde. Daraus folgt, da

$$\delta\omega_{\alpha} \neq 0 \quad \text{i. allg.} \quad \longrightarrow \quad \Psi^{\sigma\alpha}(x) = 0 \quad \text{für alle } \sigma, \alpha . \tag{C.3.19}$$

Mit Gl. (C.3.17) und (C.3.19) liefert das Noether-Theorem nach (C.3.11) als Invariante der infinitesimalen Raum-Zeit-Translation

$$\begin{aligned} \Theta^{\mu}{}_{\nu}(x)\Big|_{\text{Transl.}} &:= T^{\mu}{}_{\nu}(x) \\ &= \frac{\partial \mathcal{L}(x)}{\partial[\partial_{\mu} u_{\rho}(x)]} [\partial_{\nu} u_{\rho}(x)] - \mathcal{L}(x) g^{\mu}{}_{\nu} . \end{aligned} \tag{C.3.20}$$

Die Bewegungskonstante der Raum-Zeit-Translation ist der Viererimpuls P^{ν}, wonach über Gl. (C.3.13) der Tensor $T^{0\nu}(x)$ die Dichte des Energie-Impulstensors ist mit

$$C^{\nu}(x^0)\big/_{\text{Transl.}} := P^{\nu} = \int_{x^0} d^3\mathbf{x}\, T^{0\nu}(x) \,. \tag{C.3.21}$$

(ii) Infinitesimale Rotation

Die allgemeine infinitesimale Rotation wird durch die homogene Lorentz-Transformation

$$x^{\mu} \xrightarrow{(\Lambda^{\mathrm{R}},0)} x'^{\mu} = (\Lambda^{\mathrm{R}})^{\mu}{}_{\nu} x^{\nu} \tag{C.3.22}$$

beschrieben mit der Lorentz-Matrix

$$(\Lambda^{\mathrm{R}})^{\mu}{}_{\nu} = g^{\mu}{}_{\nu} + \epsilon^{\mu}{}_{\nu} \tag{C.3.23}$$

und den – als Folge der Orthogonalität von Λ^{R} – asymmetrischen infinitesimalen Parametern

$$\epsilon_{\mu\nu} = -\epsilon_{\nu\mu}, \quad \epsilon_{\mu\nu} \ll 1 \text{ für alle } \mu \neq \nu \text{ (siehe dazu Kap. 2)} \,. \tag{C.3.24}$$

Die Bedingung (C.3.24) beschränkt die Zahl unabhängiger Parameter auf 6. Da die infinitesimalen Parameter $\epsilon_{\mu\nu}$ Tensoren im Minkowski-Index sind, wird in den Entwicklungen (C.3.6) und (C.3.10) der Index α auf zwei Indizes verallgemeinert. Damit ergeben sich

$$\begin{aligned} \delta x^{\mu} &= \sum_{\alpha} X^{\mu}{}_{\alpha} \delta\omega^{\alpha} \\ &\xrightarrow[\alpha\to\rho\tau]{} \quad \sum_{\substack{\rho,\tau \\ (\rho<\tau)}} X^{\mu}{}_{\rho\tau} \delta\omega^{\rho\tau} \,, \end{aligned} \tag{C.3.25}$$

$$\begin{aligned} \delta u^{\sigma}(x) &= \sum_{\alpha} \Psi^{\sigma\alpha}(x) \delta\omega_{\alpha} \\ &\xrightarrow[\alpha\to\rho\tau]{} \quad \sum_{\substack{\rho,\tau \\ (\rho<\tau)}} \Psi^{\sigma,\rho\tau}(x) \delta\omega_{\rho\tau} \,. \end{aligned} \tag{C.3.26}$$

Die Festlegung $\rho < \tau$ in der Summenbildung ist wegen der Asymmetrie der $\epsilon_{\mu\nu}$ nach Gl. (C.3.24) zulässig.

Nach Gl. (C.3.22) gilt mit (C.3.23) für die Koordinatentransformation

$$x'^{\mu} = x^{\mu} + \epsilon^{\mu}{}_{\nu} x^{\nu} \ ,$$

wonach wir durch Vergleich mit (C.3.5) für die Variation der Koordinaten die Relation

$$\delta x^{\mu} = \epsilon^{\mu}{}_{\nu} x^{\nu} \tag{C.3.27}$$

erhalten, die wir mit der Identifikation

$$\delta\omega^{\rho\tau} \equiv \epsilon^{\rho\tau} \tag{C.3.28}$$

auf die Form (C.3.25) umzuschreiben haben.

Mit der Identität

$$\epsilon^{\mu}{}_{\nu} x^{\nu} = \epsilon^{\rho\tau} g^{\mu}{}_{\rho} g_{\tau\nu} x^{\nu} \tag{C.3.29}$$

erhalten wir

$$\epsilon^{\mu}{}_{\nu} x^{\nu} = \epsilon^{\rho\tau} g^{\mu}{}_{\rho} g_{\tau\nu} x^{\nu} /_{\rho<\tau} + \epsilon^{\rho\tau} g^{\mu}{}_{\rho} g_{\tau\nu} x^{\nu} /_{\rho>\tau} \tag{C.3.30}$$

mit

$$\begin{aligned} \epsilon^{\rho\tau} g^{\mu}{}_{\rho} g_{\tau\nu} x^{\nu} /_{\rho>\tau} &\equiv \epsilon^{\tau\rho} g^{\mu}{}_{\tau} g_{\rho\nu} x^{\nu} /_{\tau>\rho} \\ &\equiv -\epsilon^{\rho\tau} g^{\mu}{}_{\tau} g_{\rho\nu} x^{\nu} /_{\rho<\tau} \ , \end{aligned} \tag{C.3.31}$$

wo wir im ersten Schritt die Summationsindizes $\rho \leftrightarrow \tau$ vertauschten, und im zweiten von der Asymmetrie (C.3.24) Gebrauch machten. Folglich ergibt sich für (C.3.27)

$$\begin{aligned} \epsilon^{\mu}{}_{\nu} x^{\nu} &= \epsilon^{\rho\tau} (g^{\mu}{}_{\rho} g_{\tau\nu} - g^{\mu}{}_{\tau} g_{\rho\nu}) x^{\nu} /_{\rho<\tau} \\ &= \epsilon^{\rho\tau} (g^{\mu}{}_{\rho} x_{\tau} - g^{\mu}{}_{\tau} x_{\rho}) /_{\rho<\tau} \\ &\equiv \delta x^{\mu} \ . \end{aligned}$$

Da über ρ, τ summiert wird, lesen wir über die Identität (C.3.28) aus Gl. (C.3.25) ab

$$X^{\mu}{}_{\rho\tau} = g^{\mu}{}_{\rho} x_{\tau} - g^{\mu}{}_{\tau} x_{\rho} \; . \tag{C.3.32}$$

Die Transformation des Feldvektors folgt aus Gl. (C.3.4) mit der Lorentz-Matrix (C.3.23) zu

$$u'^{\sigma}(x') = u^{\sigma}(x) + \epsilon^{\sigma}{}_{\nu} u^{\nu}(x) \; , \tag{C.3.33}$$

woraus wir durch Vergleich mit der Relation (C.3.7) für die Feldvariation ablesen

$$\delta u^{\sigma}(x) = \epsilon^{\sigma}{}_{\nu} u^{\nu}(x) \; . \tag{C.3.34}$$

Schreiben wir in dieser Relation die rechte Seite in Analogie zu den Schritten (C.3.29)–(C.3.31) auf eine Gleichung proportional $\epsilon_{\rho\tau}/_{\rho<\tau}$ um, so erhalten wir

$$\begin{aligned} \delta u^{\sigma}(x) &= \epsilon_{\rho\tau} (g^{\rho\sigma} g^{\tau}{}_{\nu} - g^{\tau\sigma} g^{\rho}{}_{\nu})/_{\rho<\tau} u^{\nu}(x) \\ &:= \epsilon_{\rho\tau} B^{\rho\tau,\sigma}{}_{\nu} u^{\nu}(x)/_{\rho<\tau} \end{aligned} \tag{C.3.35}$$

mit der Definition

$$B^{\rho\tau,\sigma}{}_{\nu} = g^{\rho\sigma} g^{\tau}{}_{\nu} - g^{\tau\sigma} g^{\rho}{}_{\nu} \; . \tag{C.3.36}$$

Vergleichen wir (C.3.35) mit der Relation (C.3.26), so folgt über die Identifikation (C.3.28)

$$\Psi^{\sigma,\rho\tau}(x) = B^{\rho\tau,\sigma}{}_{\nu} u^{\nu}(x) \; . \tag{C.3.37}$$

Mit (C.3.32) und (C.3.37) erhalten wir über Gl. (C.3.11) als Invariante der infinitesimalen Rotationen

$$\begin{aligned} &\Theta^{\mu}{}_{\nu}(x)\Big|_{\substack{\text{Rot.}\\(\nu\to\rho\tau)}} := M^{\mu}{}_{\rho\tau}(x) \\ &= \frac{\partial \mathcal{L}(x)}{\partial[\partial_{\mu} u_{\beta}(x)]} \Big\{ [\partial_{\alpha} u_{\beta}(x)](g^{\alpha}{}_{\rho} x_{\tau} - g^{\alpha}{}_{\tau} x_{\rho}) - B_{\rho\tau,\beta\sigma} u^{\sigma}(x) \Big\} \\ &\qquad\qquad - \mathcal{L}(x)(g^{\mu}{}_{\rho} x_{\tau} - g^{\mu}{}_{\tau} x_{\rho}) \; . \end{aligned} \tag{C.3.38}$$

Fassen wir in dieser Gleichung den ersten und dritten Term zusammen, so wird

$$M^{\mu}{}_{\rho\tau}(x) = \left\{ \frac{\partial \mathcal{L}}{\partial[\partial_\mu u_\beta(x)]}[\partial_\rho u_\beta(x)] - \mathcal{L}(x) g^{\mu}{}_{\rho} \right\} x_\tau - (\rho \leftrightarrow \tau)$$
$$- \frac{\partial \mathcal{L}}{\partial[\partial_\mu u_\beta(x)]} B_{\rho\tau,\beta\sigma} u^\sigma(x) \; . \qquad \text{(C.3.39)}$$

Vergleichen wir die erste $\{\cdots\}$ mit Gl. (C.3.20), so entspricht sie dem Tensor $T^{\mu}{}_{\rho}(x)$. Entsprechend erscheint im Summanden $(\rho \leftrightarrow \tau)$ der Tensor $T^{\mu}{}_{\tau}(x)$, und wir können die Dichte $M^{\mu}{}_{\rho\tau}(x)$ umschreiben in die Form

$$M^{\mu}{}_{\rho\tau}(x) = T^{\mu}{}_{\rho}(x) x_\tau - T^{\mu}{}_{\tau}(x) x_\rho - \frac{\partial \mathcal{L}}{\partial[\partial_\mu u_\beta(x)]} B_{\rho\tau,\beta\sigma} u^\sigma(x) \; . \qquad \text{(C.3.40)}$$

(iii) Die Dichte des Spintensors

Nach den Aussagen des Noether-Theorems muß das Raumintegral über die Dichte $M^{0}{}_{\rho\tau}(x)$ mit den Bewegungskonstanten der infinitesimalen Rotation zusammenhängen, also mit den Komponenten des totalen Drehimpulses. Damit muß sich die rechte Seite von Gl. (C.3.40) additiv aus den Dichten des Bahndrehimpulses und des Spins zusammensetzen. Um die Dichte des Spintensors zu identifizieren, wollen wir ein skalares Feld betrachten, das per definitionem spinlose Teilchen beschreibt.

Skalare Felder sind invariant unter eigentlichen Lorentz-Transformationen, was sich in der Transformationsgleichung (C.3.3)

$$u'(x') = u(x)$$

widerspiegelt. Folglich gilt nach Gl. (C.3.7) für die Feldvariation

$$\delta u(x) \equiv 0 \; .$$

Die Feldvariation, parametrisiert durch Gl. (C.3.10), ist für die Rotation nach Gl. (C.3.37) proportional der Größe $B^{\rho\tau,\sigma}{}_{\nu}$, die somit für skalare Felder kein Analogon besitzt. Somit ist zu vermuten, daß der letzte Term in Gl. (C.3.40) für $\mu = 0$ und räumliche Indizes ρ, τ die Dichte des Spintensors beschreibt. Dann müssen sich aber die beiden ersten Summanden von

(C.3.40) für $\mu = 0$ und ρ, τ räumlich als Dichten des Bahndrehimpulses interpretieren lassen. Definieren wir danach

$$L^0{}_{mn}(x) := T^0{}_m(x)x_n - T^0{}_n(x)x_m, \quad m, n \text{ räumlich} , \tag{C.3.41}$$

als Dichte des Bahndrehimpulses, so gelten z. B. für $m = 1$, $n = 2$ nach Gl. (C.3.21)

$$T^0{}_{1,2}(x) := P_{1,2}(x), \quad \text{Dichten der Impulskomponenten } P_{1,2} \, .$$

Damit wird

$$\begin{aligned} L^0{}_{12} &= P_1(x)x_2 - P_2(x)x_1 \\ &\equiv -[x^1 P^2(x) - x^2 P^1(x)] \\ &= -[\mathbf{x} \times \mathbf{P}(x)]^3 \, , \end{aligned}$$

also

$$L^0{}_{12}(x) = -L^3(x) \, ,$$

wo $L^3(x)$ als dritte Komponente der Bahndrehimpulsdichte gedeutet werden kann.

Die Polarisationseigenschaften des Feldes sind somit im letzten Term der Dichte $M^{\mu}{}_{\rho\tau}(x)$ nach (C.3.40) enthalten, was zu folgender Definition der Dichte $S^0{}_{mn}(x)$ des Spintensors führt:

$$S^0{}_{mn}(x) := -\frac{\partial \mathcal{L}}{\partial[\partial_0 u_\beta(x)]} B_{mn,\beta\sigma} u^\sigma(x) \, . \tag{C.3.42}$$

Das Raumintegral über diese Dichte definiert die *kovarianten* Komponenten S_k des Spinvektors nach

$$S_k := \int d^3\mathbf{x}\, S^0{}_{mn}(x), \quad k, m, n \text{ zyklisch } 1,2,3 \, . \tag{C.3.43}$$

Als Minkowski-Tensor gilt für $S^0{}_{mn}(x)$ bei zwei räumlichen Indizes

$$S^0{}_{mn}(x) = S^{0,mn}(x) \, . \tag{C.3.44}$$

Die Zuordnung zum räumlichen kovarianten Index k in Gl. (C.3.43) ist Konvention (vgl. $\Sigma^k = \sigma^{mn}$ beim Spinorfeld). Verabredungsgemäß werden aber die räumlichen Komponenten eines Vektors durch kontravariante Indizes beschrieben, so daß für den physikalischen Spinvektor über (C.3.43) mit (C.3.44) die feldtheoretische Beschreibung gegeben ist durch

$$\begin{aligned} S^k &= -S_k \\ &= -\int d^3\mathbf{x}\, S^{0,mn}(x), \quad k,m,n \text{ zyklisch} . \end{aligned} \tag{C.3.45}$$

Folglich gilt nach Gl. (C.3.42)

$$S^k = \int d^3\mathbf{x}\, \frac{\partial \mathcal{L}(x)}{\partial[\partial_0 u_\beta(x)]} B^{mn}{}_{\beta\sigma} u^\sigma(x), \quad k,m,n \text{ zyklisch } 1,2,3 , \tag{C.3.46}$$

mit (siehe Gl. (C.3.36))

$$B^{mn}{}_{\beta\sigma} = g^m{}_\beta g^n{}_\sigma - g^n{}_\beta g^m{}_\sigma . \tag{C.3.47}$$

(iv) Darstellungsformen des Spinvektors für räumliche Vektorfelder

In der Literatur findet man unterschiedliche feldtheoretische Darstellungen für die Spinkomponenten S^k, $k = 1,2,3$, eines Vektorfeldes $\mathbf{U}(x) = (U^1, U^2, U^3)$, die sich aus der allgemein gültigen Form (C.3.46) mit der Definition (C.3.47) herleiten lassen.

Benutzen wir die Definition des *Feldimpulses* $\pi^\beta(x)$ über den Lagrange-Formalismus, wonach (siehe Gl. (5.5))

$$\pi^\beta(x) := \frac{\partial \mathcal{L}(x)}{\partial[\partial_0 U_\beta(x)]} , \tag{C.3.48}$$

so berechnen wir aus (C.3.46) mit (C.3.47)

$$\begin{aligned} S^k &= \int d^3\mathbf{x}\, \pi^\beta(x)(g^m{}_\beta g^n{}_\sigma - g^n{}_\beta g^m{}_\sigma) U^\sigma(x) \\ &= \int d^3\mathbf{x}\, [\pi^m(x) U^n(x) - \pi^n(x) U^m(x)], \quad k,m,n \text{ zyklisch} , \end{aligned}$$

also

$$S^k = \int d^3\mathbf{x}\; [\boldsymbol{\pi}(x) \times \mathbf{U}(x)]^k, \quad k = 1,2,3\;. \tag{C.3.49}$$

Eine andere Darstellung für S^k ergibt sich über die bekannten Matrixelemente $(S^k)_{\beta\sigma}$, $k = 1,2,3$, des Spins eines Vektorfeldes, die nach Kap. 2, Gl. (2.111), gegeben sind zu

$$(S^k)_{\beta\sigma} = -i\epsilon_{k\beta\sigma}\;. \tag{C.3.50}$$

Benutzt man die Regel für die Kontraktion zweier dreidimensionaler ϵ-Tensoren bezüglich eines Index, so folgt aus Gl. (C.3.50)

$$\begin{aligned} i(S^k)_{\beta\sigma}\epsilon^{kmn} = \epsilon_{k\beta\sigma}\epsilon^{kmn} &= -(g^m{}_\beta g^n{}_\sigma - g^n{}_\beta g^m{}_\sigma) \\ &\equiv -B^{mn}{}_{\beta\sigma}\;, \end{aligned} \tag{C.3.51}$$

wo wir die Definition (C.3.47) einsetzten. Somit gilt (da k ein räumlicher Index)

$$B^{mn}{}_{\beta\sigma} = i(\epsilon_k{}^{mn}S^k)_{\beta\sigma}\;, \tag{C.3.52}$$

und wir gewinnen über Gl. (C.3.47) als eine andere übliche Darstellungsform

$$S^k = i\int d^3\mathbf{x}\,\frac{\partial\mathcal{L}(x)}{\partial[\partial_0 U_\beta(x)]}\,(\epsilon_l{}^{mn}S^l)_{\beta\sigma}\,U^\sigma(x), \quad k,m,n \text{ zyklisch}\;. \tag{C.3.53}$$

Diese Darstellung des Spinoperators gilt bis auf ein Vorzeichen auch für das Spinorfeld, wie wir im folgenden zeigen wollen.

(v) Der Spinvektors des Dirac-Feldes

Da das Spinorfeld ein vom Vektorfeld verschiedenes Transformationsverhalten besitzt, haben wir die durch Gl. (C.3.35) definierte Größe $B^{\rho\tau,\sigma}{}_\nu$ aus der speziellen Spinortransformation der infinitesimalen Rotation neu zu berechnen.

Die Spinortransformation der allgemeinen infinitesimalen Rotation ist (siehe Kap. 2, Gl. (2.26))

$$\psi'_\alpha(x') = S(\Lambda^{\mathrm{R}})_{\alpha\beta}\psi_\beta(x) \tag{C.3.54}$$

mit

$$S(\Lambda^{\mathrm{R}})_{\alpha\beta} = \mathbb{1}_{\alpha\beta} - \frac{i}{4}\epsilon_{\mu\nu}(\sigma^{\mu\nu})_{\alpha\beta} \ . \tag{C.3.55}$$

Folglich gilt

$$\begin{aligned} \psi'_\alpha(x') &= \psi_\alpha(x) - \frac{i}{4}\epsilon_{\mu\nu}(\sigma^{\mu\nu})_{\alpha\beta}\psi_\beta(x) \\ &:= \psi_\alpha(x) + \delta\psi_\alpha(x) \end{aligned} \tag{C.3.56}$$

mit der zu Gl. (C.3.7) analogen Definition der Feldvariation, die somit gegeben ist durch

$$\begin{aligned} \delta\psi_\alpha(x) &= -\frac{i}{4}\epsilon_{\mu\nu}(\sigma^{\mu\nu})_{\alpha\beta}\psi_\beta(x) \\ &:= \sum_{\substack{\mu,\nu \\ (\mu<\nu)}} \widetilde{\psi}^{\mu\nu}_\alpha(x)\delta\omega_{\mu\nu} \ , \end{aligned} \tag{C.3.57}$$

wo wir eine dem Vektorfeld entsprechende Entwicklung (siehe Gl. (C.3.26)) der Feldvariation nach den infinitesimalen Parametern

$$\delta\omega_{\mu\nu} \equiv \epsilon_{\mu\nu} \tag{C.3.58}$$

definierten, deren Funktionen wir zur Unterscheidung vom Spinorfeld mit $\widetilde{\psi}^{\mu\nu}_\alpha(x)$ bezeichneten.

Benutzen wir

$$\epsilon_{\mu\nu}\sigma^{\mu\nu} \equiv \epsilon_{\mu\nu}(\sigma^{\mu\nu} - \sigma^{\nu\mu})_{/\mu<\nu} \ , \tag{C.3.59}$$

so folgern wir aus Gl. (C.3.57) mit der Identifikation (C.3.58)

$$\begin{aligned} \widetilde{\psi}^{\mu\nu}_\alpha(x) &= -\frac{i}{4}(\sigma^{\mu\nu} - \sigma^{\nu\mu})_{\alpha\beta}\psi_\beta(x) \\ &:= B^{\mu\nu}{}_{\alpha\beta}\psi_\beta(x) \ , \end{aligned} \tag{C.3.60}$$

wo wir den Zusammenhang zwischen $\widetilde{\psi}^{\mu\nu}_\alpha$ und $B^{\mu\nu}{}_{\alpha\beta}$ nach Gl. (C.3.37) auf das Spinorfeld übertragen haben.

Somit gilt

$$B^{\mu\nu}{}_{\alpha\beta} = -\frac{i}{4}(\sigma^{\mu\nu} - \sigma^{\nu\mu})_{\alpha\beta} \ . \tag{C.3.61}$$

Nach Gl. (C.3.46) haben wir für die Komponente S^k des Spinorfeldes

$$B^{mn}{}_{\alpha\beta} = -\frac{i}{4}(\sigma^{mn} - \sigma^{nm})_{\alpha\beta}, \quad k, m, n \text{ zyklisch}, \tag{C.3.62}$$

zu bilden. Nun gilt aber wegen der Asymmetrie der σ^{mn}

$$\begin{aligned} B^{mn}{}_{\alpha\beta}\big/_{k,m,n \text{ zyklisch}} &= -\frac{i}{2}(\sigma^{mn})_{\alpha\beta}\big/_{k,m,n \text{ zyklisch}} \\ &\equiv -\frac{i}{2}(\Sigma^k)_{\alpha\beta} \\ &\equiv -i(S^k)_{\alpha\beta}, \end{aligned} \tag{C.3.63}$$

wo wir die für das Spinorfeld gültigen Relationen

$$\begin{aligned} \Sigma^k &= \sigma^{mn}, \quad k, m, n \text{ zyklisch} \\ &\equiv 2S^k, \quad \text{da } \mathbf{S} = \frac{1}{2}\mathbf{\Sigma}, \end{aligned} \tag{C.3.64}$$

benutzten (siehe dazu Gl.(2.32) und (2.40)). Somit erhalten wir über (C.3.46) für den Spinoperator die Darstellung

$$S^k = -i \int d^3\mathbf{x} \, \frac{\partial \mathcal{L}(x)}{\partial[\partial_0 \psi_\alpha(x)]}(S^k)_{\alpha\beta}\psi_\beta(x). \tag{C.3.65}$$

Diese Relation läßt sich auf eine mit (C.3.53) vergleichbare Form bringen, wenn man beachtet, daß

$$\begin{aligned} \sigma^{mn} &= \Sigma^l, \quad l, m, n \text{ zyklisch} \\ &\equiv \frac{1}{2}\epsilon_{mnl}\sigma^{mn}, \end{aligned} \tag{C.3.66}$$

und

$$\begin{aligned} (\sigma^{mn} - \sigma^{nm}) &= \sigma^{ij}(g^m{}_i g^n{}_j - g^n{}_i g^m{}_j) \\ &\equiv -\sigma^{ij}\epsilon_{ijl}\epsilon^{mnl} \\ &\equiv -2\sigma^{ij}\epsilon^{mnl}, \quad i, j, l \text{ zyklisch}, \end{aligned} \tag{C.3.67}$$

wo wir von Gl. (C.3.51) und (C.3.66) Gebrauch machten. Benutzen wir noch einmal (C.3.66), so geht (C.3.67) über in

$$\begin{aligned} (\sigma^{mn} - \sigma^{nm})_{\alpha\beta} &= -2\epsilon^{mnl}(\Sigma^l)_{\alpha\beta} \\ &\equiv 4\epsilon^{mn}{}_l(S^l)_{\alpha\beta}, \end{aligned}$$

und wir erhalten für ${B^{mn}}_{\alpha\beta}$ nach Gl. (C.3.62)

$$ {B^{mn}}_{\alpha\beta} = -i({\epsilon_l}^{mn} S^l)_{\alpha\beta} \ , \tag{C.3.68} $$

womit sich die Größe im Vorzeichen von der des Vektorfeldes nach Gl. (C.3.52) unterscheidet. Es ergibt sich danach für den Spin des Spinorfeldes

$$ S^k = -i \int d^3\mathbf{x} \, \frac{\partial \mathcal{L}(x)}{\partial[\partial_0 \psi_\alpha(x)]} ({\epsilon_l}^{mn} S^l)_{\alpha\beta} \psi_\beta(x) \tag{C.3.69} $$

bzw. aus Gl. (C.3.65), mit

$$ \pi_\alpha(x) = \frac{\partial \mathcal{L}}{\partial[\partial_0 \psi_\alpha(x)]} = i\psi_\alpha^\dagger(x) $$

als Feldimpuls des Dirac-Feldes, die übliche Darstellung

$$ \begin{aligned} \mathbf{S} &= \int d^3\mathbf{x} \, \psi_\alpha^\dagger(x) \mathbf{S}_{\alpha\beta} \psi_\beta(x) \\ &\equiv \frac{1}{2} \int d^3\mathbf{x} \, \psi^\dagger(x) \mathbf{\Sigma} \psi(x) \end{aligned} \tag{C.3.70} $$

mit

$$ \mathbf{\Sigma} = \begin{pmatrix} \boldsymbol{\sigma} & 0 \\ 0 & \boldsymbol{\sigma} \end{pmatrix} . $$

C.4 Vertexfaktoren und Propagatoren in der nichtrelativistischen Störungstheorie

Das Streumatrixelement T_{ae} ist in der nichtrelativistischen Störungstheorie durch folgende Entwicklung definiert:

$$ \begin{aligned} T_{\text{ae}} &= -2\pi i \delta(E_{\text{a}} - E_{\text{e}}) \Big(\langle a| V |e\rangle \\ &\quad + \sum_{n \neq e} \langle a| V |n\rangle \frac{1}{(E_{\text{e}} - E_n)} \langle n| V |e\rangle + \cdots \Big) \\ &\equiv 2\pi \delta(E_{\text{a}} - E_{\text{e}}) \Big(\langle a| -iV |e\rangle \\ &\quad + \sum_{n \neq e} \langle a| -iV |n\rangle \frac{i}{(E_{\text{e}} - E_n)} \langle n| -iV |e\rangle + \cdots \Big) , \end{aligned} \tag{C.4.1} $$

wo V das Potential und $|n\rangle$ ein vollständiges System von Eigenzuständen zum freien Hamilton-Operator H_0 ist mit

$$H = H_0 + V, \quad H_0 |n\rangle = E_n |n\rangle , \quad \sum_n |n\rangle \langle n| = \mathbb{1} \ . \tag{C.4.2}$$

$E_{\mathrm{a,e}}$ sind die Eigenwerte des totalen Hamilton-Operators von aus- und einlaufenden Zuständen. In Gl. (C.4.1) wurde im zweiten Schritt ein Faktor $-i$ zum Potential hereingezogen, was sich im folgenden als zweckmäßig erweisen wird.

Mit der Eigenwertgleichung und der Vollständigkeitsrelation nach (C.4.2) kann die Störungsreihe (C.4.1) umgeschrieben werden auf

$$T_{\mathrm{ae}} = 2\pi\delta(E_{\mathrm{a}} - E_{\mathrm{e}}) \langle a| \left[(-iV) + (-iV)\frac{i}{(E_{\mathrm{e}} - H_0)}(-iV) + \cdots\right] |e\rangle . \tag{C.4.3}$$

Die relativistische Störungstheorie wird im Wechselwirkungsbild durchgeführt (siehe dazu Kap. 7). Mit der Aufspaltung

$$H = H_0 + \tilde{H} \tag{C.4.4}$$

ist die Dyson-Entwicklung eine Störungsreihe nach Potenzen des Wechselwirkungsoperators $\tilde{H}_{\mathrm{W}}(t)$ im Wechselwirkungsbild, der der Operatorgleichung

$$i\frac{\partial}{\partial t}U(t,t') = \tilde{H}_{\mathrm{W}}(t)U(t,t')$$

genügt. Über die iterative Lösung der Integralgleichung

$$U(t,t') = \int_{t'}^{t} dt_1 \, [-i\tilde{H}_{\mathrm{W}}(t_1)]U(t_1,t') + U(t',t') \tag{C.4.5}$$

ist der Streuoperator durch den doppelten Limes

$$S = \lim_{\substack{t\to\infty \\ t'\to-\infty}} U(t,t') \tag{C.4.6}$$

definiert. Vergleichen wir (C.4.2) mit (C.4.4) und die Entwicklung (C.4.3) mit der zu iterierenden Integralgleichung (C.4.5), so gilt die Entsprechung

$$-iV \triangleq -i\tilde{H}_\mathrm{W} \ .$$

Diese Größen liefern den Vertexfaktor, wovon wir uns am Beispiel der QED überzeugen wollen, und der Faktor $(-i)$ pro Vertex entspricht dem Faktor $(-i)^n$ im n-ten Term der Dyson-Entwicklung des Streuoperators.

Der Ausgangspunkt der feldtheoretischen Beschreibung ist die Lagrange-Dichte. Da für den Wechselwirkungsanteil

$$\mathcal{L}_\mathrm{WW}(x) = -\tilde{\mathcal{H}}_\mathrm{W}(x) \ , \tag{C.4.7}$$

berechnen sich folglich die Vertexfaktoren aus der Regel

$$\begin{aligned} \text{Vertexfaktor} = i\mathcal{L}_\mathrm{WW}(x) &= -i\tilde{\mathcal{H}}_\mathrm{W}(x) \\ &\triangleq -iV \ . \end{aligned} \tag{C.4.8}$$

Zwischen den Vertexfaktoren stehen die Propagatoren. Somit folgern wir aus Gl. (C.4.3) für den Propagator der nichtrelativistischen Störungstheorie

$$\begin{aligned} \text{Propagator} &= \frac{i}{(E_\mathrm{e} - H_0)} \\ &\equiv [-i(E_\mathrm{e} - H_0)]^{-1} \ . \end{aligned} \tag{C.4.9}$$

Propagator in der nichtrelativistischen Schrödinger-Gleichung

Wir betrachten die Schrödinger-Gleichung

$$\begin{aligned} i\frac{\partial}{\partial t}\psi &= H\psi \\ &= (H_0 + V)\psi \end{aligned} \tag{C.4.10}$$

mit der Eigenwertgleichung

$$H\psi_\mathrm{e} = E_\mathrm{e}\psi_\mathrm{e} \tag{C.4.11}$$

für den totalen Hamilton-Operator. Somit gilt nach (C.4.10)

$$(H - H_0)\psi_e = (E_e - H_0)\psi_e$$
$$= V\psi_e ,$$

und daraus

$$[-i(E_e - H_0)]\psi_e = (-iV)\psi_e . \tag{C.4.12}$$

Auf der rechten Gleichungsseite steht der Vertexfaktor $(-iV)$, auf der linken nach (C.4.9) das Inverse des Propagators. Somit läßt sich aus der Bewegungsgleichung mit Wechselwirkung der Propagator herleiten. Wir wollen aus dieser Aussage die Propagatoren für die relativistische Theorie konstruieren.

Propagatoren in der relativistischen Theorie

(i) Das skalare Feld

Der Ausgangspunkt zur Herleitung des Propagators ist die freie Klein-Gordon-Gleichung des skalaren Feldes

$$(\Box + m^2)\phi(x) = 0 \tag{C.4.13}$$

mit dem Viereckoperator

$$\Box = \partial^\mu \partial_\mu, \quad \partial_\mu = \frac{\partial}{\partial x^\mu} . \tag{C.4.14}$$

Die ebene Welle

$$\phi(x) = e^{-ip\cdot x} \tag{C.4.15}$$

ist eine spezielle Lösung der Wellengleichung (C.4.13), wonach

$$(\Box + m^2)\phi(x) = 0$$
$$= (-p^2 + m^2)\phi(x) , \tag{C.4.16}$$

und folglich $p^2 = m^2$ die bekannte Impuls-Massebeziehung freier Teilchen ist.

Der Propagator beschreibt aber die analytische Struktur innerer Linien und somit virtueller Teilchen, für die $p^2 \neq m^2$ gilt. Entsprechend den nichtrelativistischen Schrödinger-Gleichungen (C.4.10) bzw. (C.4.12) haben wir somit die Klein-Gordon-Gleichung mit Wechselwirkung in der Form

$$(\Box + m^2)\phi(x) = \pm V\phi(x) \tag{C.4.17}$$

zu betrachten, die wir über den Frequenzanteil der allgemeinen Lösung $\phi(x)$ ebenfalls in der Form

$$(-p^2 + m^2)\phi(x) = \pm V\phi(x) \tag{C.4.18}$$

schreiben können. Dabei gilt aber nun

$$p^2 = E^2 - \mathbf{p}^2 \neq m^2 \ , \tag{C.4.19}$$

womit (C.4.18) übergeht in

$$[\mathbf{p}^2 - (E^2 - m^2)]\phi(x) = \pm V\phi(x) \ . \tag{C.4.20}$$

Vergleichen wir (C.4.18) mit (C.4.12) und der Aussage (C.4.9), so erscheint auf der linken Seite der Gl. (C.4.18) bis auf einen Faktor $\pm i$ das Inverse des skalaren Propagators. Um das Vorzeichen festzulegen, betrachten wir den nichtrelativistischen Hamilton-Operator der Schrödinger-Theorie in der Form

$$\begin{aligned} H &= T + V \\ &= -\frac{\nabla^2}{2m} + V \end{aligned} \tag{C.4.21}$$

mit dem Operator der kinetischen Energie

$$T = -\frac{\nabla^2}{2m} \ , \tag{C.4.22}$$

der über das Schrödingersche Korrespondenzprinzip

$$\mathbf{p} \longrightarrow -i\nabla$$

übergeht in

$$T = \frac{\mathbf{p}^2}{2m} \; . \tag{C.4.23}$$

Diese Form der kinetischen Energie stimmt überein mit der nichtrelativistischen Näherung für

$$\begin{aligned} E &= \sqrt{\mathbf{p}^2 + m^2}\,/_{\mathbf{p}^2 \ll m^2} \\ &\simeq m + \frac{\mathbf{p}^2}{2m} \; , \end{aligned}$$

in der m die Ruhenergie ist.

Schreiben wir für den Hamilton-Operator (C.4.21) die Schrödinger-Gleichung (C.4.10) auf, so ergibt sich mit (C.4.23)

$$(H - \frac{\mathbf{p}^2}{2m})\psi = V\psi \; , \tag{C.4.24}$$

und der Vergleich der kinetischen Anteile von Gl. (C.4.20) und (C.4.24) verlangt für das skalare Feld das untere Vorzeichen in (C.4.20). Folglich gilt nach (C.4.18)

$$i(-p^2 + m^2)\phi(x) = (-iV)\phi(x) \; , \tag{C.4.25}$$

und wir schließen aus (C.4.12) mit der Feststellung (C.4.9), daß der Propagator P_S des skalaren Teilchens gegeben ist durch

$$P_S = [i(-p^2 + m^2)]^{-1}$$

bzw.

$$P_S = \frac{i}{(p^2 - m^2)} \; . \tag{C.4.26}$$

(ii) Das Dirac-Feld

Ausgehend von der freien Dirac-Gleichung

$$(i\partial\!\!\!/ - m\mathbb{1})\psi(x) = 0, \quad \partial\!\!\!/ = \gamma^\mu \partial_\mu \; ,$$

die wir über den Frequenzanteil von $\psi(x)$ in Analogie zu (C.4.16) umschreiben können auf

$$(\not{p} - m\mathbb{1})\psi(x) = 0 \ , \tag{C.4.27}$$

erhalten wir für die Wechselwirkungsgleichung des Elektrons in der QED nach Kap. 6, Gl. (6.9) mit $q = -e$, $e > 0$,

$$(\not{p} + e\not{A} - m\mathbb{1})\psi(x) = 0 \ , \tag{C.4.28}$$

und somit

$$(\not{p} - m\mathbb{1})\psi(x) = -e\not{A}\psi(x), \quad e > 0 \ . \tag{C.4.29}$$

Es ist bei dieser Diskussion wichtig, von der Wechselwirkungsgleichung des Elektrons auszugehen, das in der feldtheoretischen Beschreibung als Teilchen definiert wird. Denn die Propagatoren werden für Teilchen eingeführt (siehe dazu Kap. 7, Gl. (7.95)), wovon wir im folgenden Gebrauch machen werden. Ersetzen wir in (C.4.29) $\not{p}$ durch die explizite Form

$$\not{p} = p^0\gamma^0 - \mathbf{p}\cdot\boldsymbol{\gamma} \longrightarrow E\gamma^0 - \mathbf{p}\cdot\boldsymbol{\gamma} \ ,$$

wonach

$$(E\gamma^0 - \mathbf{p}\cdot\boldsymbol{\gamma} - m\mathbb{1})\psi(x) = -e\not{A}\psi(x) \ , \tag{C.4.30}$$

so entspricht dieser Zusammenhang durch Vergleich mit (C.4.12) der Relation

$$(E\gamma^0 - \cdots)\psi(x) \triangleq \gamma^0 V\psi(x) \ , \tag{C.4.31}$$

also

$$\gamma^0 V \triangleq -e\not{A} \ . \tag{C.4.32}$$

Folglich haben wir zur Konstruktion des inversen Propagators Gl. (C.4.29) mit dem Faktor $(-i)$ zu multiplizieren und erhalten als Propagator P_{D} des Dirac-Feldes

$$P_{\mathrm{D}} = \frac{i}{(\not{p} - m\mathbb{1})} \equiv \frac{i(\not{p} + m\mathbb{1})}{p^2 - m^2} \ . \tag{C.4.33}$$

Der Operator $(\not{p} + m\mathbb{1})$ ist nach Kap. 2, Gl. (2.70), bis auf den Faktor $1/(2m)$ der Projektionsoperator $\Lambda_+(\mathbf{p})$ auf die positiven Energielösungen im Ein-Teilchen-Raum bzw. der Teilchenlösungen im Mehr-Teilchen-Raum.

Nach Gl. (2.92) gilt

$$\sum_{r=1,2} u^r_\alpha(\mathbf{p}) \otimes \bar{u}^r_\beta(\mathbf{p}) = 2m[\Lambda_+(\mathbf{p})]_{\alpha\beta}$$
$$\equiv (\not{p} + m\mathbb{1})_{\alpha\beta} \; . \tag{C.4.34}$$

Danach können wir für den Dirac-Propagator nach Gl. (C.4.33) schreiben:

$$P_\mathrm{D} = \frac{i\sum_{r=1,2} u^r_\alpha(\mathbf{p}) \otimes \bar{u}^r_\beta(\mathbf{p})}{p^2 - m^2} \; . \tag{C.4.35}$$

Wie wir im folgenden sehen werden, gilt allgemein für den Propagator eines Teilchens mit Spin

$$P = \frac{i\sum_\mathrm{Spins}}{p^2 - m^2} \; , \tag{C.4.36}$$

wobei für Vektorteilchen

$$i\sum_\mathrm{Spins} \longrightarrow i \sum_\mathrm{Polarisationen}$$

zu setzen ist. Die *iε-Beschreibung* in den Propagatoren läßt sich aus der Störungstheorie nicht herleiten. Sie ist durch die Diskussion der Pole in der komplexen p^0-Ebene nach Kap. 7.3 festgelegt (siehe z. B. Fig. 7.1).

(iii) Vektorfelder

- Das masselose Photonfeld

Aus der allgemeinen Lagrange-Dichte für die Wechselwirkung des Elektrons ($q = -e$, $e > 0$) mit dem Photonfeld übernehmen wir nach der Regel Gl. (C.4.8)

$$i\mathcal{L}_\mathrm{WW}(x) = ie\overline{\psi}\gamma^\mu\psi A_\mu$$
$$\hat{=} -iV \; . \tag{C.4.37}$$

Die zugehörige allgemeine Wechselwirkungsgleichung für das Photon ist nach Gl. (6.10), aufgespalten in freien und wechselwirkenden Anteil,

$$\Box A^\nu(x) - \partial^\nu[\partial_\mu A^\mu(x)] = -e\overline{\psi}(x)\gamma^\nu\psi(x) \; . \tag{C.4.38}$$

Multiplizieren wir diese Gleichung mit $(-i)$, so ergibt sich

$$\begin{aligned} -i\{\Box A^\nu(x) - \partial^\nu[\partial_\mu A^\mu(x)]\} &= ie\overline{\psi}(x)\gamma^\nu\psi(x) \\ &\mathrel{\hat{=}} -iV \; , \end{aligned} \tag{C.4.39}$$

wo wir die Zuordnung zum Vertexfaktor nach Gl. (C.4.37) ausnutzten. Der Unterschied zwischen (C.4.37) und der Zuordnung in Gl. (C.4.39) – also die Kontraktion mit $A_\nu(x)$ – spielt für den Vertexfaktor keine Rolle, da der Kopplungsterm in Gl. (C.4.37) ableitungsfrei und der Vertexfaktor durch den feldfreien Anteil $ie\gamma^\nu$ gegeben ist. Allein wichtig ist das Vorzeichen, das in die Konstruktion des Propagators eingeht.

Das Inverse des Photonpropagators P_γ ist somit nach Gl. (C.4.39) durch den auf das Feld $A_\mu(x)$ wirkenden Differentialoperator

$$-i(\Box g^{\nu\mu} - \partial^\nu\partial^\mu)A_\mu(x)$$

gegeben, der nach Anwenden auf den Frequenzanteil des Feldes $A_\mu(x)$ in den Tensor

$$(P_\gamma^{-1})^{\nu\mu} = -i(-k^2 g^{\nu\mu} + k^\nu k^\mu), \quad k^2 \neq 0 \; , \tag{C.4.40}$$

übergeht. Für den Propagator erhalten wir danach

$$(P_\gamma)^{\nu\mu} \mathrel{\hat{=}} \frac{-i}{(k^2 g^{\nu\mu} - k^\nu k^\mu)}, \quad k^2 \neq 0 \; . \tag{C.4.41}$$

Diese Gleichung ist lediglich eine formale Darstellung von P_γ. Um die Minkowski-Indizes in den Zähler zu transformieren, machen wir zur Inversion von P_γ^{-1} nach (C.4.40) den Ansatz (es gibt nur den einen Impuls k)

$$(P_\gamma)_{\lambda\nu} = B_1 g_{\lambda\nu} + B_2 k_\lambda k_\nu \tag{C.4.42}$$

und fordern zur Festlegung der B_i, $i = 1, 2$, mit $B_i = B_i(k^2)$

$$\begin{aligned}(P_\gamma)_{\lambda\nu}(P_\gamma^{-1})^{\nu\mu} &= \mathbb{1}_\lambda^\mu \\ &\equiv g_\lambda{}^\mu \ . \end{aligned} \tag{C.4.43}$$

Mit (C.4.40) und (C.4.42) wird danach

$$\begin{aligned} &i(B_1 g_{\lambda\nu} + B_2 k_\lambda k_\nu)(k^2 g^{\nu\mu} - k^\nu k^\mu) \\ &= i[B_1(k^2 g_\lambda{}^\mu - k_\lambda k^\mu) + B_2(k^2 k_\lambda k^\mu - k^2 k_\lambda k^\mu)] \\ &= iB_1(k^2 g_\lambda{}^\mu - k_\lambda k^\mu) \\ &\stackrel{!}{=} g_\lambda{}^\mu \ . \end{aligned} \tag{C.4.44}$$

Diese Bedingung läßt sich durch kein $B_1(k^2)$ erfüllen, und $B_2(k^2)$ bleibt unbestimmt. Das heißt, für das Photonfeld läßt sich die Gleichung (C.4.40) bzw. die allgemeine Bewegungsgleichung (C.4.39) nicht invertieren. Man muß zur Lorentz-Eichung $\partial_\mu A^\mu(x) = 0$ (Lorentz-Bedingung) übergehen, wonach anstelle von Gl. (C.4.40)

$$(P_\gamma^{-1})^{\nu\mu} = ik^2 g^{\nu\mu} \ , \tag{C.4.45}$$

und der Ansatz (C.4.42) zu ersetzen ist durch

$$(P_\gamma)_{\lambda\nu} = B g_{\lambda\nu} \ . \tag{C.4.46}$$

Damit folgt aus (C.4.43)

$$\begin{aligned} iBg_{\lambda\nu}g^{\nu\mu}k^2 &\stackrel{!}{=} g_\lambda{}^\mu \\ &\equiv ik^2 B g_\lambda{}^\mu \ , \end{aligned}$$

also

$$B = -\frac{i}{k^2} \ .$$

Somit erhalten wir als Photonpropagator

$$\begin{aligned} P_\gamma^{\mu\nu} &= \frac{-ig^{\mu\nu}}{k^2} \\ &\equiv \frac{i\sum_\lambda \epsilon_\lambda^{\mu *} \epsilon_\lambda^\nu}{k^2} \ , \end{aligned} \tag{C.4.47}$$

wo wir $-g^{\mu\nu}$ durch die Polarisationssumme nach Gl. (C.2.41) ersetzt haben.

• Das massive Vektorfeld

Für das massive Vektorfeld ist in der – Gl. (C.4.39) entsprechenden – Wellengleichung der Viereckoperator $\Box$ durch den Klein-Gordon-Operator zu ersetzen, d. h.

$$\Box \longrightarrow \Box + m^2 \longrightarrow -k^2 + m^2 \ ,$$

womit wir für den inversen Propagator P_V^{-1} des Vektorfeldes in Verallgemeinerung von (C.4.40) die Darstellung

$$(P_V^{-1})^{\nu\mu} = i[(k^2 - m^2)g^{\nu\mu} - k^\nu k^\mu] \tag{C.4.48}$$

erhalten. Mit dem Ansatz

$$(P_V)_{\lambda\nu} = B_1 g_{\lambda\nu} + B_2 k_\lambda k_\nu \tag{C.4.49}$$

lautet die zu (C.4.44) analoge Bedingung

$$\begin{aligned} &i(B_1 g_{\lambda\nu} + B_2 k_\lambda k_\nu)[(k^2 - m^2)g^{\nu\mu} - k^\nu k^\mu] \\ &= i\{B_1[(k^2 - m^2)g_\lambda{}^\mu - k_\lambda k^\mu] + B_2[(k^2 - m^2)k_\lambda k^\mu - k^2 k_\lambda k^\mu]\} \\ &= i[B_1(k^2 - m^2)g_\lambda{}^\mu - k_\lambda k^\mu(B_1 + m^2 B_2)] \\ &\stackrel{!}{=} g_\lambda{}^\mu \ . \end{aligned} \tag{C.4.50}$$

Die Bedingung läßt sich erfüllen durch

$$B_1 = \frac{-i}{k^2 - m^2}, \quad B_2 = -\frac{1}{m^2} B_1 \ ,$$

womit wir für den Propagator P_V der Vektorteilchen nach Gl. (C.4.49) die Darstellung gewinnen

$$\begin{aligned} P_V^{\mu\nu} &= \frac{-i}{k^2 - m^2}\left(g^{\mu\nu} - \frac{k^\mu k^\nu}{m^2}\right) \\ &\equiv \frac{i \sum_\lambda \epsilon_\lambda^{\mu *} \epsilon_\lambda^\nu}{k^2 - m^2} \ , \end{aligned} \tag{C.4.51}$$

wo wir die Polarisationssumme nach Gl. (C.2.20) für massive Vektorteilchen einsetzten.

Literaturhinweise

Die folgende Auflistung gibt eine Literaturauswahl zur QED und Quantenfeldtheorie:

- I. J. R. Aitchison und A. J. G. Hey, *Gauge Theories in Particle Physics* (Hilger, Bristol, 1989).
- V. B. Berestetskiĭ, E. M. Lifshitz und L. P. Pitaevskiĭ, *Quantum Electrodynamics* (Pergamon, Oxford, 1982).
- J. D. Bjorken und S. D. Drell, *Relativistic Quantum Mechanics* (McGraw-Hill, New York, 1964).
- J. D. Bjorken und S. D. Drell, *Relativistic Quantum Fields* (McGraw-Hill, New York, 1965).
- N. N. Bogoliubov und D. V. Shirkov, *An Introduction to the Theory of Quantized Fields* (Wiley-Interscience, New York, 1980).
- T.-P. Cheng und L.-F. Li, *Gauge Theory of Elementary Particle Physics* (Clarendon Press, Oxford, 1984).
- F. Halzen und A. D. Martin, *Quarks and Leptons: An Introductory Course in Modern Particle Physics* (Wiley, New York, 1984).
- C. Itzykson und J.-B. Zuber, *Quantum Field Theory* (McGraw-Hill, New York, 1980).
- F. Mandl und G. Shaw, *Quantenfeldtheorie* (Aula-Verlag, Wiesbaden, 1993).
- O. Nachtmann, *Elementary Particle Physics: Concepts and Phenomena* (Springer-Verlag, Berlin, 1990).
- M. E. Peskin und D. V. Schroeder, *An Introduction to Quantum Field Theory* (Addison-Wesley, Reading, Massachusetts, 1995).
- S. Pokorski, *Gauge Field Theories* (Cambridge University Press, Cambridge, 1987).

- C. Quigg, *Gauge Theories of the Strong, Weak, and Electromagnetic Interactions* (Benjamin/Cummings, Menlo Park, California, 1983).
- L. R. Ryder, *Quantum Field Theory* (Cambridge University Press, Cambridge, 1985).
- S. Weinberg, *The Quantum Theory of Fields*, Bd. I u. II (Cambridge University Press, Cambridge, 1995).
- F. J. Ynduráin, *Relativistic Quantum Mechanics and Introduction to Field Theory* (Springer-Verlag, Berlin, 1996).

Literaturverzeichnis

[AIHE 89] I. J. R. Aitchison und A. J. G. Hey, *Gauge Theories in Particle Physics* (Hilger, Bristol, 1989).

[BELI 82] V. B. Berestetskiĭ, E. M. Lifshitz und L. P. Pitaevskiĭ, *Quantum Electrodynamics* (Pergamon, Oxford, 1982).

[BJDR 64] J. D. Bjorken und S. D. Drell, *Relativistic Quantum Mechanics* (McGraw-Hill, New York, 1964).

[BJDR 65] J. D. Bjorken und S. D. Drell, *Relativistic Quantum Fields* (McGraw-Hill, New York, 1965).

[BOSH 80] N. N. Bogoliubov und D. V. Shirkov, *An Introduction to the Theory of Quantized Fields* (Wiley-Interscience, New York, 1980).

[BYKA 73] E. Byckling und K. Kajantie, *Particle Kinematics* (Wiley, London, 1973).

[CHLI 84] T.-P. Cheng und L.-F. Li, *Gauge Theory of Elementary Particle Physics* (Clarendon Press, Oxford, 1984).

[COL 84] J. C. Collins, *Renormalization* (Cambridge University Press, Cambridge, 1984).

[DYS 49] F. J. Dyson, *Phys. Rev.* **75** (1949) 1736.

[GRRY 94] I. S. Gradshteyn und I. M. Ryzhik, *Table of Integrals, Series, and Products* (Academic Press, New York, 1994).

[HAMA 84] F. Halzen und A. D. Martin, *Quarks and Leptons: An Introductory Course in Modern Particle Physics* (Wiley, New York, 1984).

[ITZU 80] C. Itzykson und J.-B. Zuber, *Quantum Field Theory* (McGraw-Hill, New York, 1980).

[JARO 76] J. M. Jauch und F. Rohrlich, *The Theory of Photons and Electrons* (Springer-Verlag, Berlin, 1976).

[KIN 95] T. Kinoshita, *Phys. Rev. Lett.* **75** (1995) 4728.

[KIN 90] T. Kinoshita (Hg.), *Quantum Electrodynamics* (World Scientific, Singapore, 1990).

[MASH 93] F. Mandl und G. Shaw, *Quantenfeldtheorie* (Aula-Verlag, Wiesbaden, 1993).

[MES 91] A. Messiah, *Quantenmechanik*, Bd. 1 (De Gruyter, Berlin, 1991).

[MES 90] A. Messiah, *Quantenmechanik*, Bd. 2 (De Gruyter, Berlin, 1990).

[NAC 90] O. Nachtmann, *Elementary Particle Physics: Concepts and Phenomena* (Springer-Verlag, Berlin, 1990).

[PAVI 49] W. Pauli und F. Villars, *Rev. Mod. Phys.* **21** (1949) 434.

[PDG 96] Particle Data Group, R. M. Barnett *et al.*, *Phys. Rev.* **D54** (1996) 1.

[PESC 95] M. E. Peskin und D. V. Schroeder, *An Introduction to Quantum Field Theory* (Addison-Wesley, Reading, Massachusetts, 1995).

[POK 87] S. Pokorski, *Gauge Field Theories* (Cambridge University Press, Cambridge, 1987).

[QUI 83] C. Quigg, *Gauge Theories of the Strong, Weak, and Electromagnetic Interactions* (Benjamin/Cummings, Menlo Park, California, 1983).

[RYD 85] L. R. Ryder, *Quantum Field Theory* (Cambridge University Press, Cambridge, 1985).

[SCH 61] S. S. Schweber, *An Introduction to Relativistic Quantum Field Theory* (Row-Peterson, Evanston, Illinois, 1961).

[SAK 67] J. J. Sakurai, *Advanced Quantum Mechanics* (Addison-Wesley, Reading, Massachusetts, 1967).

[STU 43] E. C. G. Stueckelberg, *Helv. Phys. Acta* **17** (1943) 3.

['tHVE 79] G. 't Hooft und M. Veltman, *Nucl. Phys.* **B153** (1979) 365.

[WAE 66] B. L. van der Waerden, *Algebra*, Teil 1 (Springer-Verlag, Berlin, 1966).

[WAR 50] J. C. Ward, *Phys. Rev.* **78** (1950) 1824.

[WEI 95] S. Weinberg, *The Quantum Theory of Fields*, Bd. I u. II (Cambridge University Press, Cambridge, 1995).

[WIC 50] G. C. Wick, *Phys. Rev.* **80** (1950) 268.

[YND 96] F. J. Ynduráin, *Relativistic Quantum Mechanics and Introduction to Field Theory* (Springer-Verlag, Berlin, 1996).

Sachverzeichnis

MIX
Papier aus verantwortungsvollen Quellen
Paper from responsible sources
FSC® C105338

If you have any concerns about our products,
you can contact us on
ProductSafety@springernature.com

In case Publisher is established outside the EU,
the EU authorized representative is:
Springer Nature Customer Service Center GmbH
Europaplatz 3, 69115 Heidelberg, Germany

Printed by Libri Plureos GmbH
in Hamburg, Germany